U0168545

海洋的世界史

探索、旅游与贸易

[美] 斯蒂芬·K.斯坦因◎编著

陈　菲　冯维江◎译

下

THE SEA IN WORLD HISTORY

EXPLORATION, TRAVEL, AND TRADE

中国社会科学出版社

分 目 录

第二卷　从革命的世界到现在

第二卷　从革命的世界到现在

第六章　革命的世界：1750 年至 1900 年

概　述

1750—1914 年之间世界发生了巨大变化。美国革命（1775—1783 年）创造了美利坚合众国，法国大革命（1789—1799 年）让民主观念广为传布。1804 年，海地的奴隶成功从法国殖民统治下独立出来，一系列独立战争在 19 世纪 20 年代初达到高潮，解放了西班牙在中美洲和南美洲的大多数殖民地。曾经是 17 和 18 世纪跨大西洋经济支柱之一的奴隶制，随着采取这一制度的国家不断缩减而式微，并在 19 世纪完全被废除。民主和自由的观念在世界范围内继续蔓延，推动政治变革。人民革命迫使俄罗斯改革（1905 年），后来又颠覆了沙皇政府（1917 年），并激励中国革命者推翻了皇帝（1911 年）。

同样，自由贸易的观念稳步取代了作为 17 和 18 世纪欧洲殖民主义观念基础的重商主义原则。随着竞争的加剧，巨大的贸易垄断组织逐渐瓦解，显著的例子莫过于 1834 年英国议会废除东印度公司对亚洲贸易的垄断。然而，海洋大国仍然使用武力打开中国、日本等不愿意开展国际贸易的国家的国门。

这一个半世纪里，技术和产业发生了巨大的变化。机械化和蒸汽机改变了工厂，增加了生产，助长了全球贸易。到 19 世纪 20 年代，英国商人们用机器生产的布料与全世界做贸易。发明家们争先恐后地把蒸汽机应用于船舶，这也给航海带来革命性变化。但是，轮船成为长途海运经济可靠的工具，还是花了几代人的时间。在此之前的 19 世纪 40—60 年代，货运航船达到了帆船设计的极致——这种设计由美国人发明，被英国人接受并加以改进。这些帆船船头尖利、船体狭窄、船帆众多，船速之快前所未有。为了在 19 世纪 60 年代从印度到英国快速运载茶叶的“飙船大赛”

中获胜，造船商和船长们竞相打破船速记录。帆船持续航行的速度一度冠绝海上，当时没有蒸汽轮船可以匹敌。

发展轮船需要疏浚河道和修建运河，这为美国、英国和西欧创造了巨大的内部市场，将其农业和工业腹地与沿海港口相连，并通过港口接入国际市场。得益于半个世纪修筑运河的专业积累，苏伊士运河于1869年建成通航，将伦敦至孟买的航程由11500英里缩短至6200英里，这大大缩短了运输时间。但这也终结了帆船作为主要远洋运载工具的命运，因为它们无法通过长达120英里的运河。1914年建成的巴拿马运河同样缩短了美国东海岸到西海岸的运输时间，并让船舶得以避免通过麦哲伦海峡那漫长而不乏危险的通道。

早在这些运河修筑之前，科学研究已经致力于缩短航行时间。导航指导和手册得到改进，六分仪成为利用恒星导航的标准工具。詹姆斯·库克（1728—1779）等探险家率先发现了新的更快的越洋航线。本杰明·富兰克林（1706—1790）在地图上标明了墨西哥湾流，詹姆斯·伦内尔（1742—1830）测绘出了大西洋和印度洋的其他洋流。亚历山大·冯·洪堡（1769—1859）——普鲁士探险家、博物学家和地理学家——四处游

六分仪通过测量天体与地平面之间的角度来导航（Bernard Maurin /Dreamstime.com）

历，并进行了详细的测量和观察，据此显著改进了地图。马修·方丹·莫里（1806—1873）从船长那里收集数据，完成了记录世界各地风向和洋流的详细图表。这些成果让船长们得以按最有效的航线航行，并将从英国绕过好望角到澳大利亚 11000 英里的航程从 125 天减少到只需 92 天。

蒸汽机进一步缩短了航行时间，但环大西洋世界的发明家们把蒸汽机运用到船舶之上并改进其效率，却是一个缓慢的过程。1812 年战争期间，美国人罗伯特·富尔顿（1765—1815）建造了蒸汽动力的狄莫罗哥斯号战舰，这是一艘装备有 30 门火炮的护卫舰，其双体船的船体中间安装了一个桨轮。战争结束后，富尔顿将蒸汽船投入哈德逊河上的客运服务，这种做法迅速传播到其他可通航的河流，并鼓励了连通河流和湖泊从而扩展更多航路的运河建设。早期的蒸汽船运行缓慢并且经常遇到安全问题——特别是锅炉爆炸。1838 年这在美国造成 400 人死亡，为此人们制订了一系列标准来改善下一代蒸汽船的安全状况。

几位先驱者建造了适于远洋航行的明轮船。伊桑巴德·金德姆·布鲁内尔（1806—1859）在这方面的贡献尤其突出。作为一位成功的创新型工程师，他是铁路建设和建造蒸汽船的先驱。1838 年布鲁内尔设计建造的大西方号（Great Western）蒸汽船在 15 天又 5 小时内横跨大西洋，后来的航行中又以 12 天又 6 小时刷新了纪录。约翰·艾瑞克森（1803—1889）和弗朗西斯·佩蒂特·史密斯（1808—1874）各自独立发明了螺旋桨，极大地提升了蒸汽船的船速并使发动机可以放置在吃水线以下。工程师们建造出高压锅炉——压强由 19 世纪 30 年代的每平方英寸 50 磅提升至 80 年代的每平方英寸超过 250 磅——以及复式蒸汽机，它可以循环利用蒸汽以获得更大动力，从两胀式、三胀式到 19 世纪 80 年代的四胀式，蒸汽机不断改进。早期的蒸汽船保留了桅杆和帆，但发动机功率和燃油效率的提升使这变得不再必要。到 1880 年，很少有蒸汽船保留辅助风帆，到 1890 年，全球蒸汽船的吨位超过了帆船。帆船很快从海洋运输中消失了，只有少量作为娱乐船只还存在。

19 世纪下半叶，船舶的性能和尺寸得到显著改善。布鲁内尔建造的第一艘螺旋桨船，3400 吨的大不列颠号，是当时世界上最大的客船，1845 年横穿大西洋时用了 15 天。1889 年，10650 吨的巴黎城市号在不到 6 天的时间内完成横渡。1909 年 37938 吨的毛里塔尼亚号——与更有名的卢西塔尼亚号作为同型号的姐妹船是当时世界上最大的船只——承载

2100名乘客，只用4天11个小时就横穿了大西洋，这个纪录保持了20年。从飞剪式帆船起，钢铁就开始取代木材成为造船的材料，这使船体尺

OCEAN STEAMSHIPS.

CUNARD

EUROPE VIA LIVERPOOL

LUSITANIA

Fastest and Largest Steamer
now in Atlantic Service Sails
SATURDAY, MAY 1, 10 A. M.

Transylvania, Fri., May 7, 5 P.M.
Orduna, - - Tues., May 18, 10 A.M.
Tuscania, - - Fri., May 21, 5 P.M.
LUSITANIA, Sat., May 29, 10 A.M.
Transylvania, Fri., June 4, 5 P.M.

Gibraltar–Genoa–Naples–Piraeus
S.S. Carpathia, Thur., May 13, Noon

NOTICE!

TRAVELLERS intending to embark on the Atlantic voyage are reminded that a state of war exists between Germany and her allies and Great Britain and her allies; that the zone of war includes the waters adjacent to the British Isles; that, in accordance with formal notice given by the Imperial German Government, vessels flying the flag of Great Britain, or of any of her allies, are liable to destruction in those waters and that travellers sailing in the war zone on ships of Great Britain or her allies do so at their own risk.

IMPERIAL GERMAN EMBASSY

WASHINGTON, D. C., APRIL 22, 1915.

World War I newspaper announcement of the sailing of the *Lusitania*, and notice from the German embassy warning passengers. (Everett Collection Historical/Alamy Stock Photo)

第一次世界大战的报纸公布的卢西塔尼亚号的航行，以及德国大使馆警示乘客的通告（埃弗雷特收集历史/阿拉米素材图库）

寸从大不列颠号到毛里塔尼亚号乃至后面更大的轮船得以迅速增大。货运和客运费率下降，从1853年到1914年，世界贸易额增长了10倍。

捕鲸在18世纪就是一项重要职业，由于鱼叉枪的普及使用，这个行业在19世纪更是得到长足发展。在鲸鱼骨骼和鲸脂市场达到顶峰的50年代，每年被捕获并杀死的鲸鱼多达10000头。不过在此之后，随着鲸鱼被

过度捕捞而变得稀缺，加之石油产品替代了鲸脂，鲸鱼市场开始衰落。

电报的出现为协调日益庞大和复杂的铁路网络提供了便利，同样也为轮船公司提供了帮助。1851 年，第一条水下电报电缆跨英吉利海峡铺设，1858 年，第一条跨大西洋电缆铺设，很快水下电缆就跨越了全世界的大洋。轮船和电报的结合促进了班轮公司的创建，这些公司经营着许多船舶，按固定的时间表航行。班轮公司建立了庞大的跨洋贸易和商业网络，运送旅客和高价值货物，其中一些以前从未大量运输过。例如，新英格兰商人早就开始零星地从加勒比海进口香蕉，但是使用帆船来运输这种易坏食品并不可靠。轮船的使用，特别是在引入制冷技术之后，海上大规模香蕉运输才成为可能。辅以新营销活动的宣传，香蕉成为美国餐桌上的主角之一。为满足随之而来的高涨需求，各家公司纷纷在中美洲建立新的香蕉种植园。还有一种不定期货轮（tramp freighter），它们不是按固定的时间表运行，而是从港口到港口“流浪”（tramped）以寻找货物。它们载运散装货物，例如煤炭、谷物和木材，对于这些货物而言，及时到达目的地并不重要。

轮船航行速度提升和按定期时间表航行促进了客运量的增加，在 19 世纪的最后几十年中，海上客运量激增。各国政府，特别是英国政府，看到了快速轮船的优势，并通过运输邮件的合同来补贴其运营，这种做法在 20 世纪 30 年代被处于幼稚期的航空业所照搬。冠达邮轮公司（Cunard Line）成为大西洋上的主要客运公司，而另一家英国公司——半岛暨东方轮船公司（Peninsular and Oriental，P&O）——主导了通往印度的路线，由此帮助大不列颠把辽阔的帝国联通起来。欧洲轮船公司甚至成为朝觐的固定一环，将穆斯林特别是印度尼西亚的穆斯林按时可靠地运送到麦加朝圣。

在帆船时代，大多数乘客海上旅行的条件很差。出发自欧洲的移民们通常是挤在狭窄的空间里，几乎没有隐私，睡觉、喝水和使用炉子煮自己携带的食物等都在这里。在这种条件下，疾病传染很快，病死的现象非常普遍。到了 19 世纪中叶，美国法律规定每位乘客居住空间最少 16 平方英尺，并且对船长处以每死亡一位乘客缴纳 10 美元罚款的处罚，但情况仍然恶劣。直到 90 年代，轮船可以在几天之内横渡大西洋，而不是帆船所需要的几周，这才彻底改变了乘客跨洋航行的境遇，并推动了向美洲的移民。19 世纪下半叶，轮船将大约 6000 万欧洲移民带到美洲。在 1907 年（赴美移民的高峰年），大约有 130 万移民抵达，几乎全部是乘轮船而来。

风帆式军舰在 18 世纪达到顶峰。七年战争（1756—1763 年）、法国大革命以及拿破仑战争（1793—1815 年）期间，英法舰队在若干激烈的战斗中相互攻伐，结果英国笑到最后，成为世界一流的海军强国。武装人员在船舷边排出两到三列，火炮多至 100 门。火炮在两船相距几百码的位置上轰击对方，摧毁对方船体，折断其桅杆，并把对方的火炮打得七零八落。打碎的木片喷洒出去，在拥挤的舰船上吞噬人命。当时的记述中经常提到，被打残的舰船之上，鲜血从排水管中汩汩流下。主要大国在 19 世纪 20 年代扫除了海盗的最后一个据点之后，海盗活动几乎从公海上消失了。1856 年的《巴黎宣言》宣布私掠（privateering）为非法，从而终结了引发海战的最大乱源。蒸汽轮船时代，海盗和私掠都再无立足之地。

19 世纪 20 年代爆炸性炮弹问世并在随后一代人中得到广泛使用。俄罗斯人在锡诺普战役（1853 年）中用爆炸性炮弹对奥斯曼舰队小试牛刀，发现这种炮弹对木质舰船有摧枯拉朽的功效。至此，提高舰船防护力成为当务之急。1859 年法国人建造的蒸汽动力战舰光荣号（La Gloire）下水，开了木制船体外加装铁甲的先河。其他国家紧随其后。英国人建造的勇士号（Warrior）虽然 1861 年才下水，但开启了全铁质军舰的新时代。美国南北战争（1861—1865 年）期间装甲炮舰建造迎来井喷，莫尼特号（Monitor）是其中最著名的一艘，上面首次装备了旋转炮塔。尽管如此，英国海军仍然在舰船数量和质量上都处于领先地位。其代表性战舰蹂躏号（Devastation）铁甲舰的规格制式成为后来世界各国战舰建造群起效仿的标准：摒弃辅助帆，外装铁甲的钢制分舱室水密舱，主炮台由两门 12 英寸口径火炮炮塔组成，外加一列轻型速射火炮。与帆船时代不同，蒸汽轮船时代军舰的样貌很快就与民用商船大相径庭。

19 世纪 80 年代，随着后膛装填炮取代炮口装填的大炮，武器的射程急剧增加。在特拉法尔加战役（1805 年）中，英国、法国和西班牙的战舰在数百码的范围内作战。不到一个世纪的时间，在甲午战争（1894 年）中，中国和日本舰队在 3000 码处开火，而在对马海战（1905 年）中，日俄舰队开火距离更是在前述中日军舰开火距离的两倍以上。与民用船舶一样，军舰的吨位也越来越大。英国的无畏号战列舰（1906 年）重达 18000 吨，是蹂躏号的两倍，即便如此，无畏号的吨位也很快被更大的战舰盖过。

19 世纪上半叶，各国派遣了许多探险队，经过长期努力，探险家和地理学家们基本上完成了对世界地图的绘制。美国也加入了这一行列，派查尔斯·威尔克斯（Charles Wilkes，1798—1877）来探索太平洋（1838—1842 年）。越来越多的远洋勘探成为科学研究的动力，例如查尔斯·达尔文（Charles Darwin，1809—1882）搭乘小猎犬号（1831—1836 年）出海考察，以及挑战者号的远洋调查（1872—1876 年）。轮船的机动性及其在河流中出色的航行能力促进了勘探。欧洲加强了对亚洲和非洲的干预，世界主要海军强国也迫使中国、日本和其他国家打开市场。

六分仪

六分仪（Sextant）是一种小型手持导航仪，使水手能够测量天体的角度。它们在 18 世纪就成为利用天体进行导航时必不可少的工具，并在 20 世纪仍被广泛使用，甚至阿波罗宇航员都使用六分仪。

六分仪系从类似的八分仪（或反射四分仪）发展而来，六分仪将八分仪的弧度从 45 度（八分之一圆）扩展到 60 度（六分之一圆）。六分仪大致呈三角形，装有两面反光镜和一个小望远镜。一面镀银的镜子固定在适当的位置上，另一面镜子连接到可移动的臂上。底部的弯曲部分标有刻度。水手将目镜保持水平位置，并调整移动臂，直到将两个反光镜的图像叠加在一起，然后读取弯曲刻度上的角度。再通过查阅描述重要天体位置的航海历书并进行计算，就可以确定当前的纬度。

据说是伦敦天文学家和仪器制造商约翰·伯德（John Bird，1709—1776）首先在 1757 年或 1759 年制造出可实用于天体导航的六分仪。此前，天文学家们已经开发出类似的大型装置，但这些装置只能测量 60 度角，对海上导航并不实用。伯德设计以及后来改进的六分仪——手持式且专为天体导航设计——使用了反光镜，这样就能够测量 120 度的角度。六分仪成为海上航行的主要工具，并且在整个 20 世纪的大部分时间内一直如此。近年来，尽管越来越依赖 GPS（全球定位系统）导航，美国海军仍然增加了天体导航和六分仪使用的训练。

卡伦·S. 加文

斯蒂芬·K. 斯坦

到19世纪末，地球上除了北极和南极洲之外，几乎没有什么可以探索的新地区了。于是围绕这两个地方的竞争日益激烈，常常充满民族主义色彩。各国探险家一次又一次地探险，试图到达最远的地球北端或南端，这两个地区的冰冻水域吞噬了许多船只和船员。那些返回家园的人们受到英雄般的欢迎，热烈程度堪比20世纪60年代美国和苏联进行太空竞赛高峰期的宇航员所受。

快速帆船以及后来的蒸汽轮船促进了贸易、旅行和移民，也为探索和征服以前人迹罕至的土地并建立庞大殖民帝国提供了便利。到1914年，人们比以往任何时候都更加了解所处的世界，并且彼此之间的联系也更加紧密。但是，这种更大的联系所带来的好处，更多惠及了欧洲主要大国，以及后来加入势力范围争夺的美国。它们的工厂消耗世界商品的份额越来越大，其制成品的份额也越来越大，它们的船舶几乎包揽了所有贸易。几乎触及地球上每一个人的全球经济在这些年中逐渐形成。

斯蒂芬·K. 斯坦

拓展阅读

Brodie, Bernard.1941.*Sea Power in the Machine Age*.Princeton: Princeton University Press.

Fox, Stephen. 2003. *Transatlantic: Samuel Cunard, Isambard Brunel, and the Great Atlantic Steamships*.New York: HarperCollins.

Jefferson, Sam.2014.*Clipper Ships and the Golden Age of Sail: Races and Rivalries on the Nineteenth Century High Seas*.London: Adlard Coles.

Robinson, Michael F. 2006. *The Coldest Crucible: Arctic Exploration and American Culture*.Chicago: University of Chicago Press.

Rosen, William. 2010. *The Most Powerful Idea in the World: A Story of Steam, Industry, and Invention*.Chicago: University of Chicago Press.

年表　1750年至1900年

1756—1763年	七年战争
1766—1769年	路易斯—安托万·德·布干维尔探索了太平洋
1768年	詹姆斯·库克的第一次太平洋航行记录了金星穿越太阳的过程
1769年	詹姆斯·瓦特改进了蒸汽机
1770年	詹姆斯·库克在他的第二次太平洋航行中绘制了新西兰的地图，并探索了澳大利亚海岸
1775年	美国独立战争爆发
1776年	美国宣布独立。经济学家亚当·斯密出版了《国富论》
1778年	詹姆斯·库克成为他的第三次太平洋航行期间第一个访问夏威夷的欧洲人；第二年他在夏威夷逝世
1780年	第四次英荷战争爆发
1783年	美国独立战争以《巴黎条约》结束
1784年	第四次英荷战争结束
1788年	由拉佩鲁兹伯爵率领的法国探险队在南太平洋失踪 英国在澳大利亚建立了一个流放殖民地
1789年	法国大革命开始 慷慨号船员哗变，反对船长威廉·布莱
1793年	伊莱·惠特尼发明轧棉机
1794年	“光荣的六月一日海战”爆发，英法舰队在5月28日至6月1日之间开战，这是第一次超出陆地视线的大型海上战役
1795年	荷兰东印度公司解散
1797年	奥拉达·伊基亚诺①去世
1798年	霍雷肖·纳尔逊在尼罗河之战中摧毁了一支法国舰队
1799年	俄美公司成立
1803年	拿破仑战争开始
1804年	拿破仑·波拿巴加冕为皇帝
1805年	霍雷肖·纳尔逊在特拉法尔加战役中击败了法国和西班牙的联合舰队，但其本人在此役中阵亡
1807年	罗伯特·富尔顿设计制造的北河号（又称克莱蒙特号）蒸汽轮船首航 英国在大英帝国范围内取缔奴隶贸易

① 译者注：奥拉达·伊基亚诺是尼日利亚三角州阿沙卡（Ashaka）的作家和废奴主义者。

续表

1815 年	拿破仑在滑铁卢战役中被击败，结束了统治和军事生涯
1820 年	第一批基督教传教士抵达夏威夷
1823 年	美国发布“门罗主义”，声称外界对美洲政治的干预将被视为对美国怀有敌意
1827 年	希腊独立战争期间发生纳瓦里诺海战，这是风帆战船的最后一次大海战
1830 年	委内瑞拉军事领导人西蒙·玻利瓦尔逝世，他帮助该国脱离西班牙独立
1831—1836 年	查尔斯·达尔文登上小猎犬号
1831 年	葛饰北斋画出《神奈川冲浪里》
1836 年	弗雷德里克·马里亚特出版小说《见习船员以西先生》
1837 年	天狼星号完成了首次蒸汽动力的跨大西洋航行，平均航速为 8 节
1838 年	美国派查尔斯·威尔克斯进行为期四年的探索太平洋之旅
1839 年	中国与英国之间的第一次鸦片战争爆发
1840 年	塞缪尔·库纳德创立了不列颠北美皇家邮轮公司，即后来的冠达邮轮公司 小理查德·亨利·达纳出版回忆录《航海两年》
1842 年	第一次鸦片战争结束。《南京条约》签署
1845—1852 年	爱尔兰发生马铃薯饥荒
1847 年	汉堡美洲航运公司成立 马修·方丹·莫里发行了第一本风场和洋流图 约翰·富兰克林在北极失踪
1849 年	加利福尼亚淘金热开始。大多数潜在的矿工都是通过海上抵达
1850 年	美国国会立法禁止在船上鞭打船员
1851 年	赫尔曼·麦尔维尔出版小说《白鲸》 第一条水下电报电缆横跨英吉利海峡 美洲号帆船赢得了考斯举行“几内亚 100 杯”帆船赛冠军，该帆船赛更名为美洲杯 法国邮轮公司法兰西帝国轮船公司成立
1853 年	英法联合对俄的克里米亚战争爆发 马修·佩里将军抵达日本
1854 年	日本与美国签署《神奈川条约》，向美国开放了两个港口
1855 年	法国邮轮公司大西洋轮船总公司成立
1856 年	克里米亚战争结束 第二次鸦片战争在中国与英法之间爆发 《巴黎宣言》宣布私掠为非法
1859 年	法国第一艘铁甲蒸汽动力战舰光荣号下水 约翰·富兰克林 1847 年在北极探险的遗迹被发现

续表

1861 年	美国南北战争开始
1862 年	铁甲战舰莫尼特号和梅里马克号（又名弗吉尼亚号）在汉普顿锚地之战中首次交战
1865 年	美国内战结束
1867 年	英国《1867 年商船法案》要求皇家海军和商船每日向水手提供柠檬汁以对抗坏血病
1868 年	明治维新结束了日本的德川幕府，日本将神户港对外开放
1869 年	苏伊士运河开业， 快船卡蒂萨克号下水， 儒勒・凡尔纳出版了《海底两万里》
1870—1871 年	普法战争导致德国统一
1872—1876 年	挑战者号科考船开展环球海洋考察，进行了许多科学实验
1872 年	遭到遗弃的玛丽・塞勒斯特号幽灵船在海上被发现
1873 年	荷美邮轮公司成立
1874 年	英国东印度公司解散
1875 年	帆船比赛协会成立
1876—1877 年	安娜和托马斯・布拉西乘阳光号游艇环游世界
1877 年	约翰・霍兰德展示了他的第一艘潜水艇
1879 年	智利和秘鲁之间爆发南美太平洋战争
1880—1914 年	欧洲国家发起“非洲争夺战”，征服并殖民了非洲大部分地区
1882 年	大不列颠占领埃及
1884 年	中法战争爆发 美国海军营救了阿道夫・格里利北极探险队的幸存者
1885 年	中法战争结束，法国控制了越南北部 日本成立日本邮船株式会社 夏威夷王子访美并在加利福尼亚表演冲浪
1888 年	巴西宣布奴隶制为非法
1890 年	阿尔弗雷德・塞耶・马汉出版《海权对历史的影响》
1894 年	中日甲午战争爆发
1895 年	德国基尔运河通航 日本在甲午战争中击败中国并占据了台湾
1898 年	中国义和团运动开始 美国在美西战争中击败西班牙，吞并了夏威夷，并建立了对古巴、关岛、菲律宾和波多黎各的控制
1901 年	义和团运动结束
1904 年	日俄战争开始

续表

1905 年	日本在对马海战中摧毁俄罗斯舰队 俄国波将金号战舰水兵起义 日俄战争以签订《朴次茅斯条约》告终
1911 年	中国革命结束清王朝的统治

非洲，1750 年至 1900 年

从非洲与世界其他地区通过海洋发生的联系来看，大西洋奴隶贸易进入鼎盛时期，继而是废奴运动和随之而来的镇压，以及非洲大陆几乎所有沿海地区的殖民化，这些都是 1750—1914 年间涌现出的最显著的发展态势。然而，到此为止，这些还不是在这段时间里，关于海洋如何塑造非洲社会和文化的全部重大现象。尽管在所有大陆之中，非洲的海岸线与陆土之比率是最低的，而且其大部分人口生活在远离海洋的内陆，海洋环境依旧在各个层面上极大地影响了非洲历史。

从海军历史这个经典主题来看，不太为人所注意的是，在这一时期非洲国家部署了军用舰船。从 18 世纪 90 年代到大约 1820 年，马达加斯加的萨卡拉瓦人（sakalava）和贝齐米萨拉卡人（Betsimisaraka）就曾派出多达 500 艘大型独木舟的舰队攻击莫桑比克海峡和非洲东海岸的岛屿，袭击和奴役当地居民。在 19 世纪中叶，东非的甘达王国凭借一支带舷外支架的独木舟组成的舰队，在维多利亚湖的部分地区建立了军事霸权。再如，在乍得湖上，布杜马人维持了一支由数百只芦苇独木舟（reed canoes）组成的舰队，用于军事行动。在西非，拉各斯潟湖和尼日尔三角洲地区的沿海国家不仅在作战用的独木舟上安装了加农炮和旋转炮，还建造了水寨和障碍物作为沿海防御工事。非洲水域还充当了外国舰队之间海战的舞台。仅举一个例子，拿破仑战争期间，英国皇家海军在非洲东部遭受了最重大的挫败。在 1810 年的大港之战（Battle of Grand Port）中，一支法国海军中队摧毁了两艘英国护卫舰，并在毛里求斯附近俘获了另外两艘。

15 世纪以来，当葡萄牙开始沿非洲海岸的探险之旅以后，非洲人就被作为奴隶运送到欧洲和欧洲的殖民地。欧洲人殖民美洲的步伐向前迈

进，对非洲奴隶劳工的需求增加，由此在 16 世纪形成了一个包括中西部非洲、加勒比海地区和美洲在内的大西洋奴隶贸易体系。从 17 世纪开始，加勒比海和美洲的棉花、烟草、水稻、靛蓝，尤其是甘蔗种植的扩张，大大增加了该奴隶贸易体系内的贸易量。奴隶的来源从中西部非洲地区（如上几内亚沿岸、贝宁湾和比夫拉湾以及刚果），延伸到更南部的地区，包括安哥拉以及非洲的东南海岸。

奴隶贸易在 18 世纪中叶达到鼎盛状态，当时有六大帝国参与其中：英国、法国、葡萄牙、西班牙、丹麦和荷兰。在 1500—1866 年间，估计奴隶贩子跨越大西洋向新大陆输送了 1200 万非洲奴隶，其中 1750 年之后运往美洲的约有 780 万，占全部运输量的 62%。在乌伊达（Ouidah）、邦尼（Bonny）和埃尔米纳（Elmina）等非洲登船口岸，奴隶出口产生了多种影响，其中包括贸易要塞和仓库的建造，沿海国的繁荣，统治者和掮客的个人财富，以及社会关系的各种变化。奴隶贸易最具破坏力的影响，是数以百万计的健全人的损失和非洲各国之间战争的加剧，其中，非洲内陆受到的破坏性影响比沿海地区更大。

工业革命的过程中，废奴主义的兴起和经济上的变化导致英国在 1807 年宣布奴隶贸易为非法，美国（1808 年）、法国（1818 年）和其他国家也紧随其后加入反对奴隶贸易的行列。这给非洲沿海地区的奴隶贸易经济带来了严重后果，因为世界领先的海军大国英国自我授权，可以巡逻非洲沿海水域并捕获运送奴隶的船只。为了维持南美和加勒比海地区以奴隶劳动为基础的种植园经济的劳动力供应，奴隶运输船转向了更南端的航线。这一变化将许多港口转变为重要的商业中心，并将新的非洲奴隶掮客群体转变为富有而有实力的精英阶层。当今非洲最大的城市拉各斯，就是在这个背景下从一个渔村演变成一个主要港口的，拉各斯腹地的森林促进了当地独木舟建造经济的兴起。拉各斯的统治者奥巴·科索科（Oba Kosoko，1815—1872）拥有一艘奴隶船，他将子女送往巴西的商业伙伴处接受教育。卡宾达湾奴隶贸易的主要掮客弗朗西斯科·弗朗克（约 1777—1875），保有一支桨帆船船队，用于沿着海岸并穿越刚果河来运输奴隶。18 世纪 80 年代，弗朗克的父亲曾将他和一位奴隶运输船船长一起派往巴西接受教育并建立业务联系。

尽管奥巴·科索科、弗朗西斯科·弗朗克等人成功进行了数十年的奴隶贸易，但从长远来看，非洲沿海国家不得不寻找替代性的经济战略，例如出口棕榈油、咖啡和象牙。1850年后的20年间，大西洋奴隶贸易退出历史舞台。南北战争（1861—1865年）后，美国废除了奴隶制。而巴西（当时是奴隶的主要进口国）则受到了英国的压力，开始严格限制奴隶贸易，并在1888年彻底废除奴隶制。在某些地区（例如达荷美），经济过渡过程顺利完成，但在另一些地区（例如阿桑特），则引发了危机。这些危机暂时或永久地破坏了经济和社会结构，并让政治体系变得不稳定。总的来说，从奴隶贸易到所谓的合法贸易的转变导致非洲沿岸特别是其西部沿岸的国际运输量增加。此外，这一转变还刺激了当地沿河和沿海地区运输货物的小型帆船的建造，特别是在利比里亚（1822年成立，是美国为前奴隶设立的殖民地）和冈比亚河一带。

进一步刺激非洲海洋经济结构变化的动力可以从技术史角度来探寻。1832年，由理查德（Richard）和约翰·兰德（John Lander）率领的英国探险队对尼日尔河进行商业性探索，这也是在非洲首次有蒸汽轮船航行。从1852年起，这项技术就经常用于跨洋商船运输，尤其是在非洲的西部和南部海岸，在那里，城堡邮轮和非洲轮船公司等英国邮轮公司与英国殖民地签订了邮轮合同。引擎对煤炭和木材的需求不断攀升，为轮船驶往以前在航运业务中没有占据中心位置的停靠港提供了动力。例如，德班（开普殖民地）和明德洛（佛得角）发展成为具有全球重要性的枢纽。其他港口，例如路易斯港（毛里求斯），由于无法根据蒸汽轮船的需要而调整基础设施，结果船舶运输量下降。还有一些地方，例如桑给巴尔，则将海上商业划分为轮船经济和帆船经济两个部分，每个部分都有专门的商品链与腹地基础设施与之配套。进一步的结果是，由于轮船之上在锅炉口铲煤的劳动十分繁重，蒸汽动力的普及反倒加重了国际航运中对非洲劳动力的剥削。

蒸汽动力的使用不仅影响海外运输，而且影响到河岸和沿海的航行。欧洲以及非洲的商人和企业家乘坐蒸汽轮船航行于主要河流之上来拓展商业活动，这又促进了接触区（contact zones）和贸易边界向内陆转进。轮船的出现，以及奎宁作为欧洲人预防疟疾措施的广泛应用，为19世纪下半叶欧洲人发起的新一波殖民入侵铺平了道路。英国凭借坚船利炮控制了尼日尔河，获得了开发西非棕榈油资源的特权。比利时则用蒸汽动力炮艇将刚果河纳入囊中。轮船作为帝国扩张的关键技术，不仅能运送商人，还沿非洲各条河流的流域运送来大量的传教士、士兵和殖民地官员。

东非沿海地区的航运业务也有所增长，但原因有所不同：1840年，马斯喀特及阿曼苏丹将首都从阿拉伯半岛搬到了桑给巴尔岛。他在斯瓦希里（Swahili）海岸的广泛商业活动不仅导致沿海贸易中“单桅三角帆船”（dhow）的运输量增加，还吸引了来自欧美的商船。桑给巴尔发展成为东非对外贸易的主要地区，其苏丹很快就购买了大型帆船以进行更长的航行。1872年从开普殖民地开往桑给巴尔的班轮开通，这也是桑给巴尔拥有的第一条定期轮船航线。也正是那年，桑给巴尔发生了飓风，苏丹的小帆船尽毁于飓风之中。

从欧洲经好望角前往东方的重载轮船运费高昂，寻找一条东行捷径的构想不断被旧事重提。1859—1869年，一家法国公司在奥斯曼帝国驻埃及和苏丹总督的支持下，强制征用东北非洲的劳动力，凿通了苏伊士运河。这条连接地中海和红海的运河改变了欧洲通向印度洋世界的海运航线，对非洲的海洋经济产生了重大影响。苏伊士运河极大地减少了轮船需要在非洲沿岸停靠的补给点。许多非洲港口因此陷于萧条，好望角附近的开普敦只是因为发现钻石矿才幸免于难。然而，苏伊士运河使来自欧洲的船只更容易到达非洲的东海岸，促进了帝国在那里的殖民扩张。运河还带动了埃及的殖民化。为了清偿外债，哈蒂夫·伊斯梅尔·帕夏（Khedive Isma'il Pasha，1830—1895）于1875年将埃及在苏伊士运河中的股份出售给了英国，由此英国在埃及的影响力不断增强，并最终在1882年实现了对埃及的占领。

1880—1914年间欧洲大国之间的“非洲争夺战”，导致非洲几乎所有沿海地区都沦为殖民地。为了满足殖民地经济和军事基础设施建设的需求，这些大国建立了许多新的港口城市，例如科纳克里（几内亚，建于1887年），斯瓦科普蒙德（德属西南非洲，1892年），苏丹港（1905年，苏丹），以及盖尼特拉（摩洛哥，1912年）。这些新城市不仅是为了便于欧洲对非殖民的殖民地港口，还具有被外国广泛控制其经济以及存在严格的种族隔离等特征。在这个“新的”或“高度帝国主义”的时代，前往非洲港口的班轮航线越开越多，竞争越来越激烈，货运和客运服务价格随之下跌。这一时期的轮船运输路线不仅将非洲港口与欧洲和非洲其他地方连接起来，而且通达印度，为印度向东非移民提供了便利。

非洲争夺战

非洲争夺战指大约1880—1914年间欧洲大国在非洲的扩张。对非洲殖民地的争夺是在19世纪后期欧洲经济和社会变革的推动下兴起的。工业时代的军事技术（例如轻型火炮和机枪）固然发挥了重要作用，但是交通运输的进步更是关键所在。轮船和蒸汽机车可以迅速运送大量部队，从而征服以前因地势险远而难以纳于治下的地方。运输技术以及其他技术的进步，也为橡胶、棉花和铜等原材料创造了不断发展的市场。

这些殖民帝国大同小异，都用备受争议的军事和文化政策来建立统治，并为其残酷征服辩护。欧洲人压倒性的胜利和令人不快的冒险经历，再加上居高临下的优越感和灌输欧洲价值观的使命感，激发起愈演愈烈的民族主义冲动。现实中，充斥着战场上血流成河的杀戮，和以维持秩序和确保原材料开采之名而实施的恐怖暴行。后一类事件中，就包括了德国对西南非洲赫雷罗人（Herero）的种族灭绝以及对刚果自由邦的残酷剥削。

1884—1885年的柏林会议致力于解决有关刚果控制权、维护欧洲各国共同利益以及——顺带为了正义——在非洲和伊斯兰国家废除奴隶制的争议。实际上，这次会议和随后达成的系列协议，诸如解决在苏丹南部的法索达（Fashoda）发生的英法冲突的协议等，使欧洲的征服正式化，并且降低了因为非洲争夺战而引发欧洲大战的可能性。

迈克尔·莱曼

迄今为止，本书所讨论的主题仅部分涵盖了海洋如何影响非洲社会和文化生活的各种现象。还有一些不太为人所知的角色在其中发挥作用，即美国捕鲸者，他们在非洲海岸的各个地方停下来捕捞鲸鱼并出售鲸鱼产品，还与那些并不涉足奴隶贸易或其他贸易形式的地区建立了联系。近期对非洲海洋历史的研究超出了贸易、探险或海战等经典主题的范围，开始涉及以往较少研究的问题，例如海岸的环境变化，与海洋生活有关的文化和宗教影响，以及冲浪、钓鱼和潜水等实践活动。

费利克斯·舒尔曼

拓展阅读

Chauveau, Jean-Pierre. 1986. "Une histoire maritime africaine est-elle possible? Historio-graphie et histoire de la navigation et de la pêche africaines à la côte occidentale depuis le XVe siècle." *Cahiers D'études Africaines* 26.1-2: 173-235.

Forbes Munro, John. 1990. "African Shipping: Reflections on the Maritime History of Africa South of the Sahara, 1800—1914." *International Journal of Maritime History* 2.2: 163-82.

Lynn, Martin. 1989. "From Sail to Steam: The Impact of the Steamship Services on the British Palm Oil Trade with West Africa, 1850—1890." *The Journal of African History* 30.2: 227-45.

Middleton, John. 2004. *African Merchants of the Indian Ocean: Swahili of the East African Coast*. Long Grove: Waveland Press.

Olukoju, Ayodeji. 2000. "Fishing, Migrations and Inter-Group Relations in the Gulf of Guinea (Atlantic Coast of West Africa) in the Nineteenth and Twentieth Centuries." *Itinerario* 24: 69-86.

Ray, Carina E., and Jeremy Rich (ed.). 2009. *Navigating African Maritime History*.

St. John's: International Maritime Economic History Association. Smith, Robert. 1970. "The Canoe in West African History." *Journal of African History* 11.4: 515-33.

Stone, Jeffrey C. (ed.). 1985. *Africa and the Sea*. Aberdeen: Aberdeen University African Studies Group.

欧美船舶上的非洲水手

从瓦斯科·达·伽马时代（约15世纪60年代至1524年）到19世纪末期的帝国时代，欧美船舶的船长非常依赖非洲沿海地区的劳动力和知识。通过充当水手、领航员、翻译、厨师，或者负责把煤炭铲进蒸汽机的锅炉工等，现代非洲船员参与了航海勘察、海战，形成并扩展了遍及世界各大洋的海上贸易。

当15世纪葡萄牙航海家着手系统地探索非洲时，他们就已经开始从非洲沿海地区招募人手，以获取有关洋流、风向和安全驻锚地的信息。这些自愿或被迫加入葡萄牙船队的当地人——葡萄牙人给他们贴上了“暴躁者”（grumetes）的标签——既可以当商务口译，也可以作为后补海员在葡萄牙海员减员时补充进去。不仅如此，事实证明，招募非洲当地人充当独木舟桨手或搬运工，对于15世纪期间及此后时间里欧洲大国沿着非洲东西海岸建立贸易和奴隶交易前哨基地的运营来说，是必不可少的。

尽管许多非洲劳动力在欧洲人定居点、要塞和船只上充当奴隶，但与跨越大西洋去往新大陆并作为动产奴隶在市场上被出售相比，他们因为在海上贸易中的重要作用而留在家乡为奴，处境要好得多。16世纪到17世纪之交，经由葡萄牙帝国和西班牙帝国建立的第一个大西洋奴隶贸易体系转变为更大的第二个奴隶贸易体系，这个体系中的托运人包括英国、葡萄牙、法国和荷兰的奴隶贸易贩子，主要目的地则是加勒比海地区和巴西。从事奴隶贸易的商船船长通常会挑选一些奴隶（一般是选来自黄金海岸的奴隶）担任看守，来控制和约束其他沦为商品的奴隶。还有一些驯服的男女奴隶则被充作仆役，担任厨师、水泵工、船员等职，或在商船遭遇私掠船时参与保护本船安全并抵御敌人攻击。这些非洲奴隶一方面被欧洲人征服和奴役，另一方面又和他们的主人联合起来，在船上的地位十分模糊。但轮船一旦抵达美洲，他们就很难再受到这种优待。

18世纪与19世纪之交，各国相继开始废除国际奴隶贸易，这极大地改变了非洲的海洋经济。棕榈油、咖啡和可可等农产品为主的合法贸易逐渐兴旺，吸引了欧美商船参与其中，为这些商船提供服务的主要是非洲的自由劳力。从大约1850年起，蒸汽动力在跨洋运输中开始越来越普及，而向蒸汽机锅炉铲煤的工作十分繁重艰苦，这进一步增加了对非洲劳动力的需求。

生活在当今的利比里亚海岸和象牙海岸（科特迪瓦）沿岸的克鲁（Kru或Kroo）人可能是最著名的非洲人群体，他们曾大规模签约受雇于欧洲商船或战舰。在这个沿海地区的小社会中，一个人暂时离开家乡在船上工作的做法已根深蒂固，影响了当地的经济、社会制度、性别关系和语言。作为海上之旅的副产品，这些被欧洲人称为克鲁人（Krumen）或克鲁小子（Krooboys）的非洲船员，他们在大西洋和印度洋的主要港口城市，特别是在非洲西海岸的其他地区，如现在的加纳和尼日利亚一带，建立了小型侨民社区。非洲西海岸的其他社会，例如恩戈约，也经历了类似的发展，只是规模略小一些。沿着东非的斯瓦希里语海岸，尤其是在桑给巴尔一带，一些穆斯林海员在 19 世纪下半叶也加入了英国皇家海军。

19 世纪，美国的捕鲸船根据其特定的活动方式，在詹姆斯敦（圣海伦娜岛）、圣安东尼奥（安诺本岛）或穆察穆杜（昂儒昂岛）等岛屿港口招募永久船员和临时的“季节工”，这些地方以前也是商船或战舰经常招募人员之地。最重要的是，在佛得角群岛上，当地年轻人利用捕鲸者对劳动力的不断需求来实现自己的移民计划。几千名盖斯（Gees）——这是捕鲸船的美国水手们对这些人的称呼——跟随捕鲸者迁移到了新英格兰，其中大部分是在 1890—1920 年之间。

费利克斯·舒尔曼

拓展阅读

Chappell, David A., 1994. “Kru and Kanaka: Participation by African and Pacific Island Sailors in Euroamerican Maritime Frontiers.” *International Journal of Maritime History* 6 (2): 83-114.

Gutkind, Peter C.W., 1990. “The Canoemen of the Gold Coast (Ghana): A Survey and an Exploration in Precolonial African Labour History.” *Cahiers D'études Africaines* 29 (1990): 339-76.

Smallwood, Stephanie E., 2007. “African Guardians, European Slave Ships, and the Changing Dynamics of Power in the Early Modern Atlantic.” *The William and Mary Quarterly*, Third Series, 64 (4): 679-716.

巴巴里海盗，1750 年至 1830 年

巴巴里国由北非地中海沿岸的摩洛哥、的黎波里、突尼斯和阿尔及尔四个公国组成。尽管名义上巴巴里国是奥斯曼帝国的一部分，但其隶属关系的意义仅限于向奥斯曼苏丹表示敬意而已。巴巴里国的经济支柱是绑人越货，主要业务是袭击基督教国家的货船，将所抢货物转售并向货船所有方索取赎回船员的赎金。如果货船国不支付赎金，这些船员就会一直被关押和奴役。不少俘虏被囚禁数年甚至数十年才重获自由。大多数欧洲国家没有选择派遣军舰在海上为商船护航，或者对巴巴里海盗国发起一场彻底的清剿，而是选择每年向巴巴里统治者进贡——本质上是通过行贿来让其船只能在地中海自由航行。

尽管巴巴里国的统治者用宗教术语来包装他们的海盗行为，声称这是对非穆斯林国家的“异教徒”的战争，但为钱而战才是巴巴里海盗活动

的本质。巴巴里国统治者需要从欧洲国家的贡品和对欧洲商船的袭击中获得收入，以维持自己的权力并有余力向奥斯曼帝国进贡。到 1750 年，地中海的海盗活动已从一个世纪前的高峰开始大大下降。17 世纪中叶，英国和荷兰的海上探险极大地削弱了巴巴里的力量。但事实证明，这离彻底消灭该地区的海盗还有很长距离。拥有这个时代最强大海军力量的英国人愿意付出合理的进贡代价，从而借巴巴里海盗之手来削弱自己的经济竞争对手。

美国在立国之初就拥有比重商主义的欧洲更加自由放任的自由贸易观念，并在 1801—1805 年之间就与巴巴里海盗打过仗。1815 年结束美英“1812 年战争”之后，美国更是派遣了一支由斯蒂芬·德凯特（1779—1820）统领的庞大海军舰队到地中海，迫使巴巴里海盗释放了所有没有支付赎金的美国俘虏，并通过谈判取消了每年支付给海盗的朝贡金。英国人在 1816 年也有样学样。原本英国就想要结束非洲奴隶贸易，为此有必要首先解救那些被巴巴里海盗囚禁的欧洲奴隶。埃克斯茅斯勋爵（1757—1833）以一次远征解放了囚于巴巴里的所有奴隶，并在该地区禁绝了奴役行为。这实际上标志着巴巴里海盗活动的终结，尽管零散的劫掠仍有发生，直至 1830 年法国占领和吞并阿尔及尔才彻底肃清。

托马斯·谢泼德

拓展阅读

Lambert, Frank. 2005. *The Barbary Wars: American Independence in the Atlantic World*. New York: Hill and Wang.

Leiner, Frederick C. 2006. *The End of the Barbary Terror: America's 1815 War Against the Pirates of North Africa*. New York: Oxford University Press.

Tinniswood, Adrian. 2010. *Pirates of Barbary: Corsairs, Conquests, and Captivity in Seventeenth Century Mediterranean*. London: Jonathan Cape.

奴隶贸易，1750 年至 1859 年

尽管跨大西洋奴隶贸易是西班牙人在美洲建立殖民地之后不久就开始的，但 18 世纪初才出现从非洲至北美、中美和南美殖民地及独立国家大规模运输奴隶的高潮。欧洲殖民地、美国和全球商业的不断增长，导致了对美洲产经济作物相关的原材料和消费品的需求持续增加。结果，跨大西洋奴隶贸易在其存续的最后一个世纪出现了爆发式增长，尽管确切的数字

不得而知。据估计，从 1492 年至 1860 年间输送的奴隶总数在 500 万到 1200 万之间。然而，在 19 世纪最初十年，社会和经济的变化终结了跨大西洋奴隶贸易，并造成了其他地区奴隶贸易的减少。

与 18 世纪一样，积极参与大西洋贸易的非洲港口主要位于西非，沿塞内冈比亚河、黄金海岸、贝宁湾、比夫拉湾和塞拉利昂，甚至进一步蔓延至现在的安哥拉和纳米比亚一带。从现有估计看，这些地区乃至整个大陆的人口增长在这些年中停滞不前。1850 年以后，非洲人口恢复增长，这与跨大西洋奴隶贸易下降直接相关。尽管很难估计奴隶贸易的长期影响，但非洲奴隶在非洲、美洲和欧洲国家的经济和政治发展中发挥了重要作用。这些地区内部发生的事件加在一起，又反过来促成了奴隶贸易的下降。

在非洲和亚洲，是欧洲帝国的扩张而非收缩最终导致了跨大西洋奴隶贸易的下降。尽管反奴隶制法律在美洲变得越来越普遍，但南亚的商业帝国（例如桑给巴尔和印度的许多公国）的发展还是造成了经由东非而来的奴隶贸易的增加。这种发展是建立在印度洋地区的斯瓦希里语城邦、奥斯曼帝国和埃塞俄比亚等国家之间已有的贸易网络的基础上的。然而，随着欧洲帝国政府和公司在该地区的扩张，南亚国家的势力有所下降。结果，在经过一段时期的增长之后，印度洋的奴隶贸易也下降了。

实际上，由于大西洋贸易的下降和欧洲在南亚的扩张，非洲内部的奴隶贸易急剧增长。富裕国家发展了更强大的中央政府，但其代价却是由该大陆内部的邻近地区和偏远地区来承受。这与工业革命以来，欧洲大国在西部和南部非洲的帝国主义扩张或“争夺非洲”有关。在此过程中，一些非洲国家，就像前面提及的南亚帝国一样，与欧洲列强相遇。

与工业发展和帝国扩张一样，反奴隶制运动将政治意愿、经济利益和社会行动结合在一起。英国是率先以激进方式结束国际奴隶贸易的国家，其强大的海军力量使废奴行动真正成为可能。成立于 1808 年的废奴舰队（antislavery squadron）的活动在 1820 年后伴随英国殖民扩张的军事行动而更趋活跃，这导致了大西洋和印度奴隶贸易急剧下降。帕特里克·曼宁和埃里克·威廉姆斯等研究奴隶贸易的历史学家指出，英国对废奴行动的热衷反映了工业革命的影响，这表明资本主义所要求的劳动形式已经超越了奴隶制。这为那些声称与自由民主相关的政治发展是国家行为更大的驱动因素的人，指出了经济方面的竞争性解释。同时，中产阶级更愿意采取行动来表达好恶，新闻媒体更加发达，以及对政府越来越重视为公众意见负责等因素，都支持了废奴政策的推行。在英国、法国和美洲，不仅是白人废奴主义者，以前的奴隶本身也注意到了法律平等原则与坚持奴隶制之间的矛盾。

尽管英、美两国1808年发布的对非洲奴隶贸易的禁令大大减少了奴隶向北美的贩运，但估计20%—30%的大西洋贸易还是发生在19世纪最初十年，通过西班牙、葡萄牙和巴西的奴隶贸易贩运或各种非法手段进行。奴隶贩运的终结，是各国立法、缔结国际条约以及英国海军对从事奴隶贸易的非洲王国的军事行动等共同作用的结果。已知的最后一艘大西洋奴隶船克洛蒂尔达号（Clotilda）于1860年4月抵达亚拉巴马州。关于这艘非法运奴船以及在这条船上生活者的大量记录，与此前被贩运到美洲的数以百万计的奴隶湮没于历史长河之中的命运，形成鲜明对比。

在很大程度上，1750—1859年的主要特征，就是废奴运动和政策上反对奴隶制的运动的兴起，但是从绝对数量来说，这期间跨大西洋、通过印度洋或中东交易的奴隶规模巨大。美国和法国大革命本身也并没有停止奴隶贸易，尽管出台了法律规定和权利声明，但奴隶劳工在19世纪仍然是承担加勒比海地区和美国南部大规模商业生产的主力。在19世纪的前几十年中，海地革命和西班牙殖民地的各种独立运动导致了智利（1823年）和墨西哥（1829年）等国家的反奴隶制立法。其余的欧洲殖民地则受到宗主国法律的约束，例如，英国和法国在整个帝国范围内全面禁止奴隶制之前，从政策上对欧洲的奴隶和殖民地的奴隶进行了区分。美国在内战之后最终宣布奴隶制为非法，而巴西直到1888年才宣布奴隶制为非法。

迈克尔·莱曼

拓展阅读

Davis，David Brion.2006.Inhuman Bondage：*The Rise and Fall of Slavery in the New World*.Oxford and New York：Oxford University Press.

Kolchin，Peter.2003.*American Slavery*，*1619—1877*.New York：Hill and Wang.

Manning，Patrick. 1990. *Slavery and African Life*：*Occidental*，*Oriental*，*and African Slave Trades*.Cambridge：Cambridge University Press.

Rediker，Marcus Buford. 2007. *The Slave Ship*：*A Human History*. New York：Penguin.

苏伊士运河

苏伊士运河位于埃及东部，是连接地中海和红海的长达 101 英里的人造水道。苏伊士运河开通于 1869 年，其建成和投入使用将欧洲与南亚之间的海上航线缩短了数千英里，已经成为世界上最繁忙的运输通道之一。

自古以来，北非和亚洲西南部之间的相对狭窄的陆地，就既被视为航行的主要障碍，又被看作连接东西方世界的重要纽带。埃及人最早在公元前 2000 年就挖出了通过尼罗河连接地中海和红海的浅运河，但由于淤积而被迫放弃。

现代苏伊士运河是在法国工程师费迪南德·德·雷赛布（Ferdinand de Lesseps，1805—1894）的努力下建成的，他在 19 世纪 50 年代中期获得了埃及总督赛义德·帕夏（Said Pasha，1822—1863）的支持。雷赛布先是成立了监督施工的国际委员会，后来又于 1858 年末成立了苏伊士运河公司，通过股权方式来为开凿运河募集资金。1859 年 4 月 25 日，施工方自地中海沿岸向南边通往几个小湖的规划路线方向开凿，苏伊士运河建设正式开工。

苏伊士运河公司拥有运河 99 年的经营权，其股票在法国颇受投资者追捧，但在其他地方遭受冷遇。英国人认为这条可以连接其在印度的殖民地财产的运河非常重要，但最初对项目能获得成功持怀疑态度，还对埃及强制用工的做法加以斥责。尽管有各种各样的困难，运河还是在 1869 年 11 月 17 日开通了。

1875 年，赛义德·帕夏的继任者伊斯马伊尔·帕夏（Isma’il Pasha，1830—1895）将埃及持有的苏伊士运河公司股票出售给英国，以偿还该国的债务。英国成为该公司的最大股东，并在反欧洲动荡期间于 1882 年占领了埃及本身。六年后的 1888 年，君士坦丁堡公约保证，无论在战争还是和平时期，运河对所有国家的船只都保持开放。[①] 但是，英国直到 1904 年才签署该协议。

英国 1922 年承认埃及独立，但在苏伊士运河附近维持驻军。1956 年

① 译者注：君士坦丁堡公约是关于苏伊士运河自由通航的国际条约。1888 年 10 月 29 日德国、法国、意大利、西班牙、荷兰、俄罗斯、土耳其（奥斯曼帝国）和奥匈帝国在土耳其的君士坦丁堡签订。

7月埃及宣布将苏伊士运河收归国有，引起英国、法国和以色列军队的干预，导致运河关闭，直到第二年才恢复通航。1967年阿以战争爆发后，苏伊士运河再次关闭，直到1975年才重新开放。

自1956年成立以来，苏伊士运河一直由埃及的苏伊士运河管理局负责管理。该机构希望通过疏通运河路线45英里处的第二条通道，实现船舶双向通行，从而使交通量翻一番。该工程于2014年动工。

格罗夫·科格

拓展阅读

Karabell, Zachary. 2003. *Parting the Desert*: *The Creation of the Suez Canal*.New York: Knopf.

Kinross, Patrick, and Baron Balfour.1969.*Between Two Seas*: *The Creation of the Suez Canal*.New York: Morrow.

Morewood, Steve. 2006. "Suez: The Canal Before the Crisis." *History Today* 56 (11): 38-45.

Pudney, John.1969.*Suez*: *De Lesseps' Canal*.New York: Praeger.

桑给巴尔

桑给巴尔岛是坦桑尼亚沿海的一个群岛。狭窄的桑给巴尔海峡将这一群岛与非洲大陆分隔开。桑给巴尔岛由两个主要岛屿翁古雅岛和奔巴岛组成，还有许多较小的岛屿。2000多年来，它一直是重要的海上贸易中心和转运点。依靠印度洋季风航行的船上带着香料和其他物品（包括金属制品、武器、珠子、象牙和黄金）以及奴隶抵达。19世纪，桑给巴尔每年售出多达50000名奴隶（Hazell，2009）。有一段时间，这些岛屿被欧洲人称为“香料群岛”，后来这个术语适用于马鲁古群岛（Moluccas）。

几个世纪以来，波斯人、埃及人、腓尼基人、阿拉伯人、中国人和印度人拜访了当地的班图斯瓦希里人，并与之交易。郑和的舰队于1430年访问了这些岛屿。欧洲探险家和贸易商在15世纪末抵达这里，其中最早来这里的是达·伽马（Vasco da Gama）一行，他们在1499年首次绕过好望角后停靠在桑给巴尔。1503年，葡萄牙人将桑给巴尔纳入其不断发展的印度洋帝国之中。

荷兰和英国的船只在16世纪末之前到达这里。1591年，由詹姆斯·兰开斯特（James Lancaster）指挥的爱德华·博纳旺蒂尔号（Edward

Bonaventure）是第一艘访问桑给巴尔的英国船只。兰开斯特对该地区作为贸易路线的价值印象深刻，他帮助成立了英国东印度公司，并于 1601 年领导了东印度公司船队的第一次航行。

多年来，由于内部起义和商业竞争对手的压力，葡萄牙对该地区的统治受到侵蚀。1729 年，阿曼阿拉伯人将葡萄牙人从桑给巴尔及周边地区驱离。在接下来的一个世纪中，英国在该地区影响力的增强。1822 年，英国迫使阿曼苏丹赛德·赛义德（Seyyaid Said）签署了《莫尔兹比条约》，该条约禁止将奴隶运往其领土以南。与穆斯林世界的海上奴隶贸易持续了一代人，直到英国皇家海军巡逻队禁奴才停止。随着英国在该地区影响力的增强，桑给巴尔成为欧洲探险队进军非洲的起点。1890 年，英国宣布桑给巴尔为保护国，并于 1896 年镇压了反对其统治的短暂的起义。桑给巴尔于 1963 年独立，现在是坦桑尼亚的一部分。

凯伦·S. 加文

拓展阅读

Hazell，Alastair.2009.*The Doctor of Zanzibar*：*John Kirk and the Abolition of Slavery in Africa*.London：Constable.

Jeal，Tim.2011.*Explorers of the Nile*：*The Triumph and Tragedy of a Great Victorian Adventure*.New Haven：Yale University Press.

Pearce，Francis Barrow.1920.*Zanzibar*，*the Island Metropolis of Eastern Africa*.New York：E.P.Dutton and Co.

北极和南极，1750 年至 1900 年

自古以来，探险家被地球的两极所吸引。马萨利亚（Massalia）的皮西亚斯（Pytheas）记录了公元前 4 世纪的北极光，维京人弗洛基·维尔格里尔松（Floki Vilgerdarson）在 9 世纪末发现了冰岛。西班牙和葡萄牙 1494 年缔结旨在瓜分新世界的《托尔德西里亚斯条约》（Treaty of Tordesillas）之后，其他欧洲国家致力于搜寻另一条从海上通往中国的西北通道航线。即便探寻这条经过极地的新航道的希望破灭，对极地探索的兴趣还是延续了下来。一系列国家推动及独立开展的考察活动，将人类的探索不断向前所未至的冻土深处推进。人们试图获取找到并据有“极北”土地的殊荣，或者成为第一个抵达北极点或南极点的人。

1497 年，威尼斯人约翰·卡伯特（John Cabot，约 1455—1500）说服英格兰国王亨利七世资助他开展一次探索之旅。1497 年 5 月，卡伯特与马修号上的 20 名船员一起开始了海上航行。不过，卡伯特并没有找到一条可行的穿越冰层的通道，而是在为英国提出对纽芬兰岛的领土主张后返航。随后，其他探险家接踵而至，包括马丁·弗罗比舍（Martin Frobisher，约 1535—1594），约翰·戴维斯（John Davis，约 1550—1605），荷兰航海家威廉·巴伦茨（Willem Barents，约 1550—1597）和亨利·哈德逊（Henry Hudson，约 1560—1611），所有人都希望找到西北航道。

弗罗比舍初次抵达纽芬兰岛是在 1576 年。由于把黄铁矿（黄铁容易被误当作黄金，因此也被称为"愚人金"）误认为是黄金矿，他在 1577 年和 1578 年两次回到纽芬兰岛，不过既没有找到财富，也没有找到西北航道。戴维斯于 1585 年、1586 年和 1587 年三次航海探索，到达"狂暴之海"（后来更名为"哈德逊海峡"）的入口。巴伦茨进行了三次北极航行。1596 年，在他最后一次航行中，船被冰困住并压坏。船员们用木材建造了一个小屋，巴伦茨一行成为首批在北极过冬的欧洲人。受英格兰的莫斯科公司（Muscovy Company）所聘，哈德逊在 1607 年和 1610—1611 年率领探险队寻找西北航道，发现了哈德逊湾。不过，他手下的一些船员不愿意从哈德逊湾继续向西探索，发生了哗变。哗变的船员把哈德逊、他的儿子和另外七个人抛弃在一条小船上，从此再也没有人见过哈德逊等人。俄罗斯两次派遣北极探险队，在丹麦探险家维图斯·白令（Vitus Bering，约 1681—1741）的带领下向北极进发。他们于 1724 年和 1732 年查探了堪察加半岛、白令海和阿留申群岛。政府继续派遣探险队，希望可以在更北的地方找到西北通道。1827 年，英国海军军官威廉·爱德华·帕里（William Edward Parry，1790—1855）到达北纬 82°42′，这一人类抵达地球最北部的纪录保持了近半个世纪。

南极同样让探险家们为之着迷。1773 年 1 月，詹姆斯·库克船长（1728—1779）率领决心号和冒险号两艘船驶入南极圈。冰川阻止了他们上岸的企图，迫使他们转身离开。从 19 世纪 20 年代起，美国、英国、法国和俄罗斯的团队都组织开展了南极探险。作为美国南极探索事业的一部分，美国海军军官查尔斯·威尔克斯（1798—1877）1838—1842 年领导了考察勘测工作。查尔斯·威尔克斯为南极洲命名，并证明了它是一块大陆。

英国海军军官约翰·罗斯（1777—1856）进行了三次北极之旅（分别是1818年、1829—1831年和1850年），并在其第二次探险之旅中于1831年6月1日步行到达北极。他搭乘的舰船胜利号是一艘侧轮汽船，其轮毂可以抬起以保护船体免受浮冰损坏。尽管这条船经常遇到引擎故障，但不妨碍其成为开启北极探险新纪元的标志。蒸汽轮船在探索危险水域时具有显著的优势。

英国海军军官约翰·富兰克林（1786—1847）是帆船时代取得最多成果的北极探险家之一，他于1819年首次航行至加拿大北部并绘制了该地区海岸线的地图。到船只不能航行处，富兰克林等人就改乘独木舟。由于补给不足，20名探险队成员中有11人丧命。其他人靠吃皮鞋活了下来，富兰克林在回国后讲述了这些故事。

因为受海军部之命探索西北航道，富兰克林在1845年重返北极。随行的幽冥号（HMS Erebus）和恐怖号（HMS Terror）军舰都配备了蒸汽机。两艘军舰都包有钢覆层以抵御浮冰，但在1846年9月，两者都陷在威廉国王岛附近的浮冰中。富兰克林于1847年6月11日去世，弗朗西斯·克罗齐尔（Francis Crozier，1796—1848）上尉接替他继续指挥探险队。浮冰压碎了幽冥号，恐怖号随冰层漂流，远征队成员慢慢死亡。有超过30支探险队一直在寻找幽冥号和恐怖号的失踪者，但没有成功。直到1859年，弗朗西斯·利奥波德·麦克林托克（1819—1907年）才在石头堆标志处发现了部分富兰克林探险队员的遗骸以及探险队留下的书面信息。

19世纪下半叶，后发的探险队向北极进军，一路寻找之前遇险搁浅的探险队的幸存者，这种模式一再重复。例如，出版商查尔斯·霍尔（Charles Hall，1821—1871）1860年领导美国第一次极地探险时，还在寻找富兰克林探险队的幸存者。1869年他的探险队第二次远征时，确实找到了富兰克林船队几个探险队员的坟墓。像那个时代的许多探险家一样，霍尔沉迷于北极，1871年他在第三次探险途中去世。美国后来的两次远征北极，珍妮特号远征（1879—1881年）和格里利远征，后者由军官阿道夫斯·格里利（1844—1935）率领，都遭遇灾难而失败。珍妮特号被浮冰撞击之后，只有三分之一的人幸免于难并回到故乡。至于格里利远征，1884年由三艘船组成的远征队终于找到格里利时，他的远征队25名伙伴中只有6人还活着。

到19世纪末，除了北极和南极洲外，几乎没有其他地方可以探索了。这也使得关于北极和南极洲的竞争日益激烈，并且常常充满民族主义色彩。各国探险队一次又一次地探险，试图到达最远的北部或南部，并最终抵达了北极和南极的极点。极地的冰冻水域吞没了无数船只和船员，但是那些回到家乡的人受到英雄般的欢迎。

极地地区激发了公众的想象力，许多探险小说的创作以此为背景，产生了大量文学作品，其中包括埃德加·爱伦·坡（Edgar Allan Poe）的《楠塔基特岛的亚瑟·高登·皮姆的叙事》(1838年)。在塞缪尔·泰勒·柯勒律治（Samuel Taylor Coleridge，1774—1834）的诗作《古舟子咏》(Rime of the Ancient Mariner，1798年）中，一艘不幸的船被风暴驱赶至南极洲。在玛丽·沃斯通克拉夫特·雪莱写的《科学怪人》(1818年)中，维克多·弗兰肯斯坦（Victor Frankenstein）博士追逐他创造的怪物到北极，后因船困于冰中而亡。儒勒·凡尔纳（Jules Verne）创作了几本以极地为背景的小说，包括《哈特拉斯船长历险记》(1864年）和《南极之谜》(1897年)，而玛丽·E.布兰德利·雷恩（Mary E.Bradley Lane）在《米佐拉》(1880年）中选择北极作为女权主义乌托邦的所在地。埃德加·赖斯·伯劳斯（Edgar Rice Burroughs）将他的《那段时间被遗忘的土地》(1918年）的故事背景设定在南极洲，而H.P.洛夫克拉夫特在他的中篇小说《疯狂的山脉》(1931年）中为远古种族遗落的城市选择了相同的地点。

人们对极地的探索一直在继续。1888年，挪威人弗里特约夫·南森(1861—1930年）带领六人小组，使用滑雪板和特制的装有风帆的雪橇从东向西穿越格陵兰。南森还专门设计了前进号帆船，用于1893—1896年间的北极探险。南森为前进号精心设计了圆形船体，当冰川接近时，船体将被顶起，而不是被冰川挤碎。他希望前进号能随着浮冰漂越北极点，但洋流只把他们带到极点南边的一个地方。不过，南森还是靠滑雪板抵达了北纬86°14′的地方。

另一位挪威人罗尔德·阿蒙森（Roald Amundsen，1872—1928）对北极和南极都进行了探索。他在1897—1899年的一次探险中未能到达南极，但在1905年的探险中成功越过北极抵达加拿大北部。阿蒙森的探险证实了西北通道的存在，但这条路线在商业上并不实用。1911年9月，阿蒙森登上前进号，重返南极洲并到达罗斯冰架。他们继续通过滑雪和狗拉雪橇前进，于12月14日到达南极点。在此前一年，日本向南极洲派遣了本国第一批探险者。在白濑矗（1861—1946）的带领下，日本探险队探索了爱德华七世半岛。

前进号帆船

前进号（Fram）帆船系科林·阿彻（Colin Archer，1832—1921）应弗里德约夫·南森所请而建造的，其走南闯北的距离远远超过其他任何木制船。南森是为其1893—1896年的北极之行而特别定制的这艘船。前进号是一艘三桅纵帆船，船长127英尺，由三级膨胀蒸汽发动机提供动力，配有可伸缩的方向舵和螺旋桨，该功能可保护它们不受浮冰的损害，船上还设计了简单的索具，以便在恶劣天气下轻松操控。船体由绿心木制成，这是一种异常坚硬的木材，需要特殊的工具才能加工。船体重量轻，水线以下部分经过仔细的修整形成圆面和锥面，因此当冰川靠近时，船体会被顶起来而不是被挤碎。船上装有隔温层，可以保护船员免受北极严寒之苦。南森希望这艘船能够长时间在浮冰中航行。船上装有风车，必要时还可以用手转动，来为灯和其他系统发电。

奥托·斯维尔德鲁普（Otto Sverdrup，1854—1930）曾多次随同南森探险，前进号帆船的设计也采纳了他的建议。1897年，他借来前进号绕行了格陵兰岛，1898—1902年又乘前进号探索了加拿大以北的许多北极岛屿，此举还引发了加拿大和挪威之间关于这些岛屿所有权的争议。十年后，罗尔德·阿蒙森将前进号帆船上老化的蒸汽机更换为新的柴油发动机，并搭乘它在1910—1912年间探索南极。前进号在这次探险结束后退役。20世纪30年代，经过修缮后的前进号成为挪威奥斯陆前进号博物馆的展品向公众开放参观，至今仍在那儿。

斯蒂芬·K. 斯坦

阿蒙森的主要竞争对手罗伯特·法尔康·斯科特（Robert Falcon Scott，1868—1912）领导了1901—1904年的英国国家南极探险活动。斯科特一行乘热气球升空勘测路线，不过未能到达极点。1910—1913年斯科特率领探险队乘特拉诺瓦号再赴南极。斯科特的队伍想赶在阿蒙森之前到达南极点，不过他们于1912年1月17日抵达极点时，还是比阿蒙森的队伍晚了一个月。回船途中斯科特等人遭遇暴风雪，全军覆没。

阿蒙森和斯科特专注于南极，是因为在1909年，美国人罗伯特·埃德温·皮瑞（Robert Edwin Peary，1856—1920）声称在首位非裔美国极地探险家马修·亚历山大·汉森（Matthew Alexander Henson，1866—1955）的协助下到达了北极。尽管有人认为皮瑞的航向不准，对其是否到达北极点存疑，但皮瑞活着的时候多数人认为他是第一个到达北极点的人。算起来皮瑞领导了八次北极探险，最终在这次抵达了北极点。

极点被征服之后，探险家们开始关注其他壮举。1914年，欧内斯特·沙克尔顿（1874—1922）从伦敦乘坐忍耐号（HMS Endurance）起航。他的探险队试图越过南极洲，以确定它是一个陆地还是几个岛屿。然而，忍耐号被浮冰所困。经过280天浮冰的挤压，忍耐号开始沉没，沙克尔顿和他的队员们被迫弃船。他们从忍耐号上放下三艘长艇，驶向象岛，并于1916年4月15日抵达。24日，沙克尔顿和五名船员驾驶最大的一艘长艇，驶向800英里之外的南乔治亚岛。到达南乔治亚岛后，沙克尔顿立即组织营救其他留在象岛的人。

20世纪，人们越来越多地乘坐热气球、飞艇和飞机从空中探索极地。1897年7月11日，瑞典工程师所罗门·奥古斯特·安德烈（Salomon August Andrée，1854—1897）、物理学家尼尔斯·斯特林堡（Nils Strindberg）（1872—1897）和工程师努特·弗朗克尔（Knut Fraenkel，1870—1897年）乘坐一个名为“Örnen”（老鹰号）的100英尺高的热气球飞越北极。他们飞了几百英里才跌落在冰上。安德烈曾派出放鸽，但直到1930年挪威布拉特瓦格探险队发现其遗体之前，探险队的命运都不为人所知。

美国新闻记者、飞艇先驱沃尔特·韦尔曼（Walter Wellman，1858—1934）进行了三次搭乘飞艇到达北极的尝试，但均未成功。最后一次以1928年意大利号飞艇坠毁而告终，需要国际救援行动才能挽救幸存者。两年之前的1926年5月9日，美国海军官理查德·伊夫林·伯德（Richard Evelyn Byrd，1888—1957）驾驶福克三引擎单翼飞机首次飞越北极。两年后，他出发前往南极洲，并于1929年11月在南极进行了第一次驾机飞越。1931年，长达776英尺的德国齐柏林伯爵号飞艇（LZ-127）飞越北极并进行地图测绘，所需资金部分通过发行和出售飞艇航行的纪念邮票来筹集。这次航行，飞艇探险队拍摄并绘制了北极的地图，还测量了磁场的变化。

越来越多的探险家和科学家乘坐可以在冰层下移动的潜艇前往北极。首先是澳大利亚的乔治·休伯特·威尔金斯（George Hubert Wilkins，1888—1958）。他租借了退役的美国海军潜艇，将其改名为鹦鹉螺号，以向儒勒·凡尔纳致敬。潜艇上还配备了钻机，供船员钻穿浮冰用。尽管威尔金斯未能到达极点，但他证明了潜艇可以在冰层下航行。第二次世界大战后，一系列潜艇前往北极点，其中包括美国潜艇魔鬼鱼号。1958 年，魔鬼鱼号成为第一艘在北极浮出水面的核动力潜艇。

随着英雄探索时代的结束，对北极和南极的考察越来越集中于科考领域。许多国家都派遣了科考小组，赴极地研究地质学、气象学、气候学、海洋学和其他物理科学。2007—2008 年国际极地年将注意力集中在地球的极端地区，促进了 200 多个研究项目。极地研究仍在继续，南极洲有 30 多个国家或地区设有科考站，而北极地区则有数十个国家或地区。

凯伦·S. 加文

拓展阅读

Beattie，Owen.2004.*Frozen in Time*：*The Fate of the Franklin Expedition*.Vancouver：Greystone.

Brandt，Anthony.2010.*The Man Who Ate His Boots*：*The Tragic History of the Search for the Northwest Passage*.New York：Alfred A.Knopf.

Brown，Stephen R.2012.*The Last Viking*：*The Life of Roald Amundsen*.Boston：Da Capo Press.

Day，David. 2013. *Antarctica*：*A Biography*. Oxford：Oxford University Press.

Lainema，Matti，and Juha Nurmnen.2001.*A History of Arctic Exploration*：*Discovery*，*Adventure*，*and Endurance at the Top of the World*.London：Conway.

McCannon，John.2012.*A History of the Arctic*：*Nature*，*Exploration and Exploitation*.London：Reaktion.

罗尔德·阿蒙森，1872 年至 1928 年

罗尔德·阿蒙森（Roald Amundson）是最著名的英雄探索时代的极地探索者，他取得了这一时代的几项里程碑式的成就。他带领探险队率先到

达南极，并且带领探险队率先毫无争议地到达北极，他还是率领探险队穿越北极西北通道的第一人。

阿蒙森出身于挪威东南部小镇一个靠海洋谋生的家庭。他的父母鼓励他进入医学院，而不是跟随他的三个哥哥从事海上贸易。不过，阿蒙森在母亲去世后就退学了，这年他 21 岁。退学后，他先是在北欧商船上供职。1897 年，在阿德瑞恩·德·哲拉什（Adrien de Gerlache）的海外探险船比利时号上获得大副职位后，他的职业生涯转向极地探索。这次出海，他们被困在南极的冰层之中，成为首次在这一地区过冬的探险队。

对于阿蒙森来说，比利时远征队的教训主要与食物和补给方面的充分准备有关。他将这次探险的幸存归功于足智多谋的医生，后者通过获取新鲜食物（尤其是含有维生素 C 的肝脏）来帮助船员避免坏血病。在整个职业生涯中，阿蒙森都以周密细致的计划而闻名。

阿蒙森从自己首次带领探险队的经历中学到了更多。这也是第一次有人经由加拿大北极群岛的西北通道穿越北极。一行六人从奥斯陆出发，经过格陵兰岛西部的巴芬湾，经过三年（1903—1906 年）的旅程来到阿拉斯加。旅途上大部分时间，他们离开自己的约阿号（Gjoa）考察船，开展科学探索任务。阿蒙森得到了当地因纽特人的帮助，他们教给他有关寒冷天气的生存方法以及如何使用雪橇犬在极地地区长途旅行。

尽管最初目标是征服北极，但当罗伯特·皮瑞和弗雷德里克·库克都声称到达北极之后，阿蒙森就难以为北极之旅筹集资金了。因此，他改变计划，准备尝试征服南极。1910 年 6 月他乘前进号帆船向南极进军，这稍稍领先于他的英国竞争对手罗伯特·法尔康·斯科特。阿蒙森等人驾着 52 只训练有素的狗拉的雪橇，经过一段艰苦的旅程，于 1911 年 12 月 14 日到达南极点。斯科特在 30 多天后才到达这里，由于条件恶劣被迫返航，并在途中遇难殒命。1912 年 1 月下旬，阿蒙森的考察队员经由澳大利亚霍巴特港返回。

阿蒙森的下一次旅程，是 1918—1920 年间尝试通过俄罗斯的“东北通道”到达北极。这次考察中还进行了大量的科学研究。但是，漂浮和飞跃过极点的尝试却失败了。最终，这次考察让阿蒙森获得了更大声誉以及讲授经验和巡回演讲的机会，但也使他背负了沉重的债务。

阿蒙森的最后一项重大成就是 1926 年 5 月乘坐诺奇（Norge）飞艇越过北极点。尽管人们普遍认为这次飞越北极点是成功的，但对这是不是人类第一次真正越过北极点仍有争议。皮瑞、库克和美国飞行员罗伯特·伯德[①]（Robert Byrd，1926 年早些时候）都提出了类似的主张，而这些对立的主张至今仍在争论中。

前进号帆船是该时代最杰出的船只之一，专为北极考察而建造。这是罗尔德·阿蒙森一次考察途中的照片。（美国国会图书馆）

阿蒙森失踪一事，有些未解之谜。1928 年 6 月，他参加飞跃巴伦支海上空的救援任务，搜寻由意大利工程师翁贝托·诺比勒（Umberto Nobile）设计和指挥的飞艇的成员。诺比勒曾随同阿蒙森飞越北极点。阿蒙森的飞机未能返航。人们发现了飞机的部分残骸。但是，搜救机组人员的努力失败了。阿蒙森可以说是最伟大的极地探险家之一，他留下的遗产弥足珍贵，包括巨细靡遗的准备，超迈同侪的成功记录，以及对探险考察事业的殷殷热情。北极和南极的许多地标和水域都以他的名字命名，他也成为许多挪威人心目中的民族英雄。

迈克尔·莱曼

① 译注：此处的罗伯特·伯德，应该是理查德·伊夫林·伯德（Richard Evelyn Byrd）。

拓展阅读

Amundsen, Roald.2014［1927］.*My Life As an Explorer*.Cambridge University Press. Bown, Stephen R. 2012. *The Last Viking*: *The Life of Roald Amundsen*.Da Capo Press.

MacPhee, Ross D.E.2010.*Race to the End*: *Amundsen*, *Scott*, *and the Attainment of the South Pole*.Sterling Innovation.

约翰·富兰克林，1786 年至 1847 年

英国皇家海军军官兼探险家约翰·富兰克林爵士（Sir John Franklin）绘制了数千英里的加拿大海岸线，然后启程作最后的北极探险。在那次考察中，他和全体船员为寻找西北航道一去不返。

富兰克林生于林肯郡（Lincolnshire）的一个乡村贵族家庭，14 岁加入海军成为海军学校学员。他参加过几次重要的海战［包括在柏勒罗丰号（HMS Bellerophon）上参加过特拉法尔加海战］，但他更广为人知的身份是探险家。1819—1822 年间，他的第二次北极之行（这次是他首次担任指挥官）是一场灾难，探险队员们不得不靠煮皮鞋为食求生。这之后，他被冠以“吃靴人”的绰号。1825—1827 年之间，富兰克林领导进行了一次成功的陆上考察。这次考察绘制了 600 多英里的北极海岸线。因为这一成绩，他被封为爵士。1836—1843 年间，他出任范迪门斯地（今塔斯马尼亚）的副总督。

尽管富兰克林不是海军部的第一人选，但他还是在 1845 年被任命为英国迄今为止最雄心勃勃的北极探险的领导者。他的任务是率队寻找西北航道（一条穿越加拿大连接太平洋和大西洋的航线）。皇家海军舰艇幽冥号和恐怖号蒸汽船配备了当时最新的技术，包括蒸汽供热的机舱、铁舵、螺旋桨、可以破冰的加固船首，以及航速可以达到 4 节的英国铁路用蒸汽机。人们最后看到幽冥号和恐怖号，是 1845 年 7 月下旬在巴芬湾（Baffn Bay）。此后两艘船发生了什么的谜题迄今仍未解开。

富兰克林一行音信全无三年之后，英国海军部派人进行了陆上和海上搜救。他们失踪近九年后的 1854 年 3 月 31 日，这 129 名船员被正式宣布死亡。1859 年，由富兰克林夫人组织的搜救队在威廉国王岛的一块石板上发现了一份记录。该记录由富兰克林的副手和三把手撰写。记录显示，船队于 1846 年 9 月被浮冰所困。富兰克林于 1847 年 6 月 11 日去世。

1848 年 4 月船员们弃船登岸（此时已经又有 24 人死亡）。幸存者徒步出发，但最终全部罹难。

现在通过发现的遗留物、因纽特猎人的记载以及对威廉国王岛上发现的坟墓的法医分析可知，饥饿、寒冷和疾病（坏血病、肺炎、肺结核和可能由罐头食品引起的铅中毒）是造成船员们死亡的原因。互相残杀、同类相食（船员们在最后的日子里可能这样做了）的传言困扰着维多利亚时代的英国，为维护探险家的声誉，富兰克林夫人和海军部慎重地将富兰克林奉为英雄和“西北航道的发现者”（尽管事实并非如此）。1852 年，富兰克林被追授为海军上将，他的一生激发了英国和加拿大的艺术、文学和电影创作的灵感。2014 年 9 月，加拿大探险队发现了幽冥号沉船，这一发现重新引燃了人们对富兰克林探险队的命运及其本人经历的兴趣。

凯莉・P.布什内尔

拓展阅读

Beardsley，Martyn.2002.*Deadly Winter*：*The Life of Sir John Franklin*.Annapolis：U.S.Naval Institute Press.

Beattie，Owen，and John Geiger.2014.*Frozen in Time*：*The Fate of the Franklin Expedition*.Vancouver/Berkeley：Greystone Books.

Cookman，Scott.2001.*Ice Blink*：*The Tragic Fate of Sir John Franklin's Lost Polar Expedition*.New York：John Wiley and Sons.

Lambert，Andrew. 2009. *Franklin*：*Tragic Hero of Polar Navigation*. London：Faber and Faber.

Pringle，Heather.2015. “Shipwreck May Hold Clues to Famous Lost Expedition From 1800s.” *National Geographic*.http：//news.nationalgeographic.com/2015/10/151008-erebus-terror-shipwreck-franklin-expedition-canada-archaeology/.Accessed October 9，2015.

弗里德约夫・南森，1861 年至 1930 年

弗里德约夫・南森（Fridtjof Nansen）是一位海洋学家、极地探险家、政治家和人道主义者，他率领探险队第一次穿越了格陵兰岛。1922 年，他获得了诺贝尔和平奖。

1861 年 10 月 10 日，南森出生在挪威克里斯蒂安尼亚（今称奥斯陆）附近一个小村庄里的一户中产阶级家庭。小时候，他喜欢学业，也

喜欢户外运动、滑雪和游泳。1881 年，南森进入奥斯陆大学攻读动物学。第二年，他乘维京号（Viking）捕猎船出海观察海豹和北极熊，从此对北极着了迷。在接下来的六年中，他在卑尔根博物馆（Bergen Museum）担任动物学策展人，同时攻读博士学位。搭乘维京号出海的那次旅程触发了他穿越格陵兰岛的抱负，当时格陵兰岛还是一个未开发地区。1888 年，南森和他的团队在四个月内越过了这座冰冷的大岛。就这样，南森成了民族英雄，还获得了另一项学术任命。

在成功考察格陵兰岛的基础之上，南森计划使用经过特殊设计的前进号探险船开展北极探险，该船可以抵抗沉重的浮冰。尽管如此，前进号还是被困在冰层之中，历时三年的探险（1893—1896 年）未能达到极点。然而，南森和弗雷德里克·贾马尔·约翰森（Fredrik Hjalmar Johansen）使用滑雪板和狗拉雪橇向北到达北纬 86°14′，这是当时人迹所至最北的记录。两人在返回前进号途中差点殒命。回家后，南森发表了六卷关于这次旅行的科学观察。

1905 年，南森以个人声望支持挪威脱离瑞典而独立，他甚至担任公使赴英国游说其支持挪威独立。第一次世界大战后，南森仍然在外交界十分活跃，他从 1920 年一直担任挪威驻国际联盟代表，直至 1930 年 5 月 13 日逝世。1921 年，他成为难民事务高级专员公署的行政长官，在那里他发出了“南森护照”——最终被 50 个国家认可的无国籍人身份证明文件——帮助难民旅行。正是由于这项工作，南森才于 1922 年被授予诺贝尔和平奖。

爱德华·萨洛

拓展阅读

Huntford, Roland. 1997. *Nansen: The Explorer As Hero*. London: Duckworth.

Nansen, Fridtjof, Hjalmar Johansen, and Otto Neumann Sverdrup. 1897. *Farthest North: Being the Record of a Voyage of Exploration of the Ship "Fram" 1893—96, and of a Fifteen Months' Sleigh Journey by Dr. Nansen and Lieut. Johansen*. New York: Harper & Brothers Publishers.

Thyvold, Hans Olav, and Halfdan W. Freihow. 2011. *Fridtjof Nansen: Explorer, Scientist and Diplomat*. [Norway]: Font Forlag.

罗伯特·皮瑞，1856 年至 1920 年

罗伯特·皮瑞（Robert Peary）是美国海军军官和北极探险家，其最著名的事迹是通过不懈努力到达北极。尽管有人对他在 1909 年声称到达北极点的事提出异议，但毫无疑问，他比当时任何竞争对手都更加接近那里。

罗伯特·皮瑞生于 1856 年 5 月 6 日，1881 年加入美国海军。他作为土木工程师，参加了 1885 年赴尼加拉瓜的一次远征探险，去调查一条穿越地峡的运河路线是否可行。探险队中有一位成员华盛顿·欧文·钱伯斯（Wilson Irving Chambers，1856—1934）刚刚从北极返回。钱伯斯去北极是为了搜救此前赴北极考察遇险的阿道夫斯·格里利（Adolphus Greely，1844—1935）探险队。钱伯斯的北极故事激发了皮瑞对该地区的兴趣。

1886 年，皮瑞离开海军部队，前往格陵兰岛。他与一位丹麦同伴一起沿着格陵兰岛的冰盖向东探索了 100 英里，这是当时第二远的挺进。回到美国后，皮瑞遇到了马修·亨森（Matthew Henson，1866—1955）。亨森出身佃农，曾在海上讨生活达六年之久，其后在一家百货公司工作。皮瑞从百货公司招募了他，一同去尼加拉瓜探险考察，亨森也对北极产生了同样的兴趣。亨森学习了因纽特人的语言，成了皮瑞团队不可或缺的成员，并且成为这个时代最重要的非裔美国人探险家。

1891 年，皮瑞重返格陵兰岛，探索了北部海岸，并与当地的因纽特人在一起。他与他的同伴一起，穿着因纽特人的皮草和衣服，并学会了与雪橇犬一起工作以及建造冰屋，这样就不用携带帐篷和其他沉重的行李。1895 年，皮瑞和亨森再次回到格陵兰岛。他们与六个因纽特人一起度过了整个夏天，一边探索格陵兰岛，一边规划前往北极点的路线。

皮瑞领导了一系列的极地考察；每次都是先在海上航行，等到浮冰堵住去路，便登上陆地继续前进。1902 年，探险队到达了北纬 84°17′，距北极点约 400 英里，但由于补给不足而折返。他们每天只能在恶劣的条件下前进 5 英里，极点似乎遥不可及。皮瑞为新的探险筹集了资金。他们和 40 名因纽特人以及 200 条雪橇犬一起从埃尔斯米尔岛向北行进，一路靠狩猎为生。1906 年 4 月 21 日，他们达到北纬 87°06′后折返。由于补给不足，他们吃掉了带去的 80 条雪橇犬。皮瑞 1908 年卷土重来，这次他们分为七队，以彼此间隔较大的距离向极点挺进。六支队伍齐心协力，支持皮

瑞带领的第七支队伍前进。亨森的队伍以比历次考察更快的速度行进，并在北纬 89°57′处建立了一个营地。皮里从这个营地向极点发起冲击，于 1909 年 4 月 6 日到达北极点。

返乡后，皮瑞宣布了这次胜利。但他的竞争对手、探险家弗雷德里克·库克（1865—1940）声称前一年就已经抵达北极点。双方之间的争议持续了多年。仔细检查各位探险家的笔记后，1909 年 12 月，皮瑞的主张得到了支持。如今，很少有人接受库克的主张，但有关皮瑞究竟是到达了北极点，还是仅仅相信自己已经到达北极点的问题仍然存在。他的航海笔记很难确定这一点。今天，许多学者认为他离目标还差几英里。升任海军少将后，皮瑞协助组织了第一批从空中跨越北极的路线。他于 1920 年 2 月 20 日去世。

斯蒂芬·K. 斯坦

拓展阅读

Davies，Thomas D.1989.*Robert E.Peary at the North Pole：A Report to the National Geographic Society*.Rockville，MD：Navigation Foundation.

Henderson，Bruce.2005.*True North：Peary，Cook，and the Race to the Pole*.New York：W.W.Norton and Company.

Henson，Matthew.1912.*A Negro Explorer at the North Pole*.New York：Frederick A.Stokes.

Herbert，Wally.1989.*The Noose of Laurels：the Discovery of the North Pole*.London：Hodder and Stoughton.

Peary，Robert.1910.*The North Pole，Its Discovery in 1909 under the Auspices of the Peary Arctic Club*.New York：Frederick A.Stokes.

Robinson，Michael S.2006.*The Coldest Crucible：Arctic Exploration and American Culture*.Chicago：University of Chicago Press.

詹姆斯·克拉克·罗斯，1800 年至 1862 年

詹姆斯·克拉克·罗斯（James Clark Ross）是一位英国海军军官和极地探险者，参加或领导过 9 次北极探险和两次南极探险。他的主要成就包括定位北磁极（North Magnetic Pole）和绘制南极洲地图。

1800 年，詹姆斯·罗斯出生于伦敦。父亲叫乔治·罗斯，母亲叫克里斯蒂安·克拉克·罗斯。12 岁生日前不久，詹姆斯·罗斯加入英国皇

家海军。1818 年，他与叔叔约翰·克拉克·罗斯（John Clark Ross，1777—1856）一起进行了第一次北极之旅，后者致力于寻找西北通道但未获成功。罗斯在威廉·爱德华·帕里（William Edward Parry）（1790—1855）的第二次北极探险（1821—1823 年）中担任见习军官和博物学家，并在第三次探险（1824—1825 年）和第四次探险（1827 年）中与他一同航行。1827 年这次探险，罗斯担任了赫克拉号（HMS Hecla）的第二指挥官。冰雪、恶劣的天气和船员受伤，迫使帕里在离极点仅 500 英里处停止了考察。

从 1829 年至 1833 年，罗斯在侧轮式轮船胜利号上度过了在北极的四个冬天。胜利号是他的叔叔第二次西北航行考察时所乘的船，也是第一艘进入北极地区的蒸汽轮船。罗斯地磁专家的身份已为大家所公认，1831 年 6 月 1 日他找到了北磁极。作为英雄载誉而归后，他又对不列颠诸岛进行了第一次磁性测量（1835—1838 年）。其间，还因为在戴维斯海峡营救一艘被浮冰困住的捕鲸船，短暂地中断测量。

1839 年秋天，罗斯随幽冥号和恐怖号——设计有大型迫击炮的利炮坚船——航行，去寻找南磁极。1841 年元旦，船队进入南极圈，幽冥号成功地冲过了浮冰的包围。他们于 1 月 11 日看到了南极大陆——这也是首次有探险队做到——并进入南磁极 500 英里以内。在外围开展探查并代表英国占据几座岛屿之后，罗斯一行于 1843 年 9 月返回英国。次月，罗斯和安·库尔曼（Ann Coulman）结婚，并开始撰写关于自己探险考察的文章，由于这些功绩，他被封为爵士（1844 年），并当选为皇家学会会员（1848 年）。

1848 年，罗斯开展了最后一次北极之行。这次一共有三支探险队，去搜寻失踪的约翰·富兰克林探险队。罗斯是其中一支队伍的带领者。不过，三支队伍都没有成功。罗斯 1856 年被擢升为海军少将，1862 年 4 月 3 日去世。

凯伦·S. 加文

拓展阅读

Rosove，Michael H.2000.*Let Heroes Speak*：*Antarctic Explorers*，*1772—1922*.Annapolis：Naval Institute Press.

Ross，M.J.1994.*Polar Pioneers*：*John Ross and James Clark Ross*.Buffalo：McGill-Queen's University Press.

Ross，M.J.1982.*Ross in the Antarctic：The Voyages of James Clark Ross in Her Majesty's Ships Erebus and Terror*.Whitby，UK：Caedmon

极地科学

当18世纪欧洲探险家首先将探索的步伐迈入极地海洋那些遥远而未知的水域，去寻找新的领域、资源和地理知识的时候，他们遇到了海上冰川和（在南极或南大洋）强风巨浪的巨大障碍。

早期远征北冰洋的动机，是找到经由北美洲沿海的西北通道或经由西伯利亚的东北通道，开辟新的贸易路线。1732年，俄国物理学家、哲学家米哈伊尔·罗蒙诺索夫（Mikhail Lomonosov）在俄罗斯海军部组织的北极探险记录中首次描述了北极海洋学。他提出了有关洋流和海上浮冰在北冰洋运动的理论，并首次提出北极点在海上。1768—1779年之间，英国航海家詹姆斯·库克受英国海军部指示进行了三次探索航行，去寻找南北极点，前往太平洋观察金星过境（1769年），寻找被认为存在于南纬40度之外跨越南太平洋的大陆。在第二次航行中，他首次穿越南极圈，打破了存在南方大陆的神话。在第三次航行中，库克航行到北太平洋调查西北航道是否存在，为此搜寻了从俄勒冈州到阿拉斯加的北美西北海岸。科学家陪同库克完成了这些发现之旅。

到19世纪中叶，极地海洋已成为新疆界的一部分。在该疆界中，科学、商业和政治利益汇聚为“科学和帝国主义探索的传统”（Rozwadowski，2009：215）。1882—1883年举行的第一次国际极地年活动，国际极地科学家汇聚一堂，标志着国际科学合作新纪元的出现。活动聚焦的议题是海洋、冰和大气的运动及其相互关系。其成功举办鼓励了第二次国际极地年活动（1932—1933年）的举行。这次极地年主要聚焦研究极地观测如何通过改进天气预报来帮助空中和海上运输。20世纪30年代到50年代之间，科学界对极地海洋的物理和生物属性的兴趣急剧增加，国际地球物理年（1957—1958年）标志着国际海洋研究进入了一个新阶段，它利用了战后新技术使科学家们能够探索深海。国际科学理事会和世界气象组织，南极条约体系和北极理事会于2007—2008年进行了第四次国际极地年活动，其背景是国际社会对使用极地地区资源的压力越来越大，同时越来越多的证据表明极地海洋在全球海洋环流系统和世界气候格局中发挥着关键作用。

乔·麦肯

拓展阅读

Benson, Keith R., and Helen Rozwadowski (eds.). 2007. *Extremes: Oceanography's Adventures at the Poles*. Sagamore Beach, MA: Watson Publishing International.

Rozwadowski, Helen. 2009. *Fathoming the Ocean: The Discovery and Exploration of the Deep Sea*. Cambridge: Harvard University Press.

Woods Hole Oceanographic Institution. Polar Discovery website. 2006. http://polardiscovery.whoi.edu/arctic/1819.html. Accessed Nov. 11, 2016.

欧内斯特·沙克尔顿，1874 年至 1922 年

欧内斯特·沙克尔顿（Ernest Shackleton）是一位英国探险家，他在 20 世纪初期参加或领导了一系列探险活动。极地探险在不断壮大的英美两国大众媒体中占据着重要地位，而凭借 1900—1917 年的南极探险以及对极地探险的迷恋，沙克尔顿成了民族英雄和国际名人。尽管由于远征队的最终失败，与许多同代探险家相比，沙克尔顿的一生获得的赞许没那么多，但他在灾难面前始终如一地表现出的英雄主义精神，令他的精神遗产长存。

沙克尔顿出生于爱尔兰，在伦敦郊外的预科学校接受教育。在学校里，沙克尔顿表现平平，但并不循规蹈矩。16 岁时，他离开学校，和商船签约。10 年里，沙克尔顿辗转于各种邮轮，逐渐干出了些成绩。他还结识了莱韦林·朗斯塔夫（Llewellyn Longstaff）的儿子。朗斯塔夫是一位实业家，他赞助了 1901 年罗伯特·法尔康·斯科特领导的发现号探险。在朗斯塔夫的安排下，沙克尔顿被委任为这次发现号探险考察的三副。他证明自己是一位干练而受人欢迎的领导者，航行之余他还编辑了一份关于这次探险的杂志。探险队在麦克默多峡湾建立了基地，然后斯科特、沙克尔顿和爱德华·阿德里安·威尔逊徒步创下了最接近南极点的新纪录（82°17′S）。漫长的跋涉使沙克尔顿筋疲力尽，在小分队返回发现号后不久，沙克尔顿就被补给船送回国内。沙克尔顿成为探险队返回的第一人，他身体康复并且名声大振，和斯科特之间的竞争也越来越激烈。

在涉足投资和政治事务之后，沙克尔顿在 1907 年筹集资金，搭乘猎人号（Nimrod）探险船开始了自己的南极探险之旅。猎人号探险队远征是沙克尔顿探险队最成功的一次，船上补给非常少，船员人数也只有探索

号的一半。除了创造新的南进最远纪录（南纬 88°23′）外，探险队成员还登上了埃里伯斯山（Mt.Erebus）并标记了南磁极的位置。沙克尔顿胜利归来成为英雄。1914 年，他又搭乘忍耐号（Endurance）进行了一次新的探险。罗尔德·阿蒙森发现南极点之后，沙克尔顿将自己的目标确定为穿越南极大陆两端。

最初的行程还算顺利，但 1915 年 1 月 19 日，忍耐号被浮冰所困。数月的冰压最终使船体破裂，11 月忍耐号沉没。沙克尔顿和他的船员困于浮冰之上漂流了四个月，然后才放出救生艇。救生艇在五天内航行 346 英里到达象岛。在那里，他们拆除救生艇，重新建造了一艘航行能力更强的船只。沙克尔顿和其他五人搭乘新船航行了 700 多英里，抵达南乔治亚岛的捕鲸站。在那里，沙克尔顿等人获得了智利海军的帮助，他们驾驶借来的拖船返回营救其他被困的船员，所有人都得以幸存。

沙克尔顿的毅力和英勇精神使他成为巡回演讲中的著名人物，并为他赢得了爱德华七世国王的骑士勋章。1921 年，他发起了另一次探险，但在途中病倒。1922 年 1 月 5 日，沙克尔顿在南乔治亚岛去世。尽管最终未能成功到达南极点，也没有成功穿越南极洲大陆，但沙克尔顿传奇的探险经历和在危机中的卓越领导力，让他在极地探险者中的声誉长存永固。

迈克尔·莱曼

斯蒂芬·K. 斯坦

拓展阅读

Lansing, Alfred. 1999. *Endurance: Shackleton's Incredible Voyage*. New York: Basic Books.

Mill, Hugh Robert. 2006. *The Life of Sir Ernest Shackleton*. London: William Heinemann.

Shackleton, Ernest Henry.1920.*South: The Story of Shackleton's Last Expedition, 1914—1917*.New York: Macmillan.

捕鲸

考古和历史研究表明，人类捕鲸的历史已经延续数千年。北太平洋地区、冰岛、格陵兰岛和挪威的沿海地区，彼此独立地发展出了用有毒的手持工具捕杀游到岸边的鲸鱼的技术。至少在 2000 年前，来自白令海峡地区的因纽特人以及比他们稍晚的北极极地区域的因纽特人，就开始用皮划艇追逐鲸鱼。

11世纪，巴斯克人（Basque）捕鲸者开创了商业捕鲸时代。他们追捕北露脊鲸（northern right whales）和其他鲸鱼，出售鲸肉、鲸骨和鲸须板。在中世纪中晚期，巴斯克人用鱼叉和长矛从小船上攻击鲸鱼，捕鲸航路深入北大西洋。1500年以后，西欧和北欧的许多沿海地区采用了巴斯克捕鲸技术，葡萄牙人还将这一技术带到他们在巴西的殖民地。大约相同时期，日本的捕鱼者独立于欧洲人发展出了用鱼叉猎杀鲸鱼的技术，并且从17世纪还开始用网捕捞。

17世纪的捕鲸活动还包括从新英格兰沿岸兴起的对北露脊鲸、领航鲸和座头鲸的捕猎。在马萨诸塞海湾殖民地和其他英国人定居点，渔民们通过诸如岸上监视平台之类的创新改进了巴斯克人的技术。18世纪中叶，他们用船上的初加工流程取代了陆上加工场所——直接在船上安装铁锅来熬制鲸油（这是当时最受人追捧的鲸鱼制品），这从根本上改变了商业捕鲸的性质。如今，载有多艘捕鲸艇的渔船可以长距离航行去各大洋捕捞鲸鱼及其他远海水产——特别是市场需求很大但很难捕获的抹香鲸。美国式远洋捕鲸法在欧洲被广泛采用，最引人注目的使用者是英国，不过在整个19世纪，捕鲸业都由美国人主导。

美国南北战争之后，挪威人成为最具创新力的捕鲸者，他们使用蒸汽驱动的捕捞船，用大炮发射鱼叉。随着欧洲殖民帝国的扩张，挪威式沿海捕鲸技术很快在19世纪后期传遍全世界。

从20世纪的第一个十年开始，巨型鲸工船使在此前难以接近的地区，特别是在北极太平洋地区和南极地区，捕捞大型鲸鱼成为可能。这些高效的鲸工船的母港广泛分布在欧洲及其殖民地、日本和苏联，几十年内就杀死了超过50万头鲸鱼。1982年，国际捕鲸委员会（IWC）暂停了商业捕鲸。然而，日本今天仍在打着科学研究的合法幌子，继续使用加工作业船捕鲸。

除了允许因科学需要而开展的捕鲸活动之外，国际捕鲸委员会的暂停令还允许一些原住民社会从事传统的小规模捕鲸活动来维持生计。这种捕鲸主要在阿拉斯加、俄罗斯远东、加拿大、格陵兰、印度尼西亚和加勒比海地区的原住民社区进行。冰岛和挪威对暂停令提出异议并拒绝接受这一限制，两国渔民继续使用中小型船只进行商业捕鲸。

费利克斯·舒尔曼

拓展阅读

Francis, Daniel.1990.*A History of World Whaling*.New York: Viking.

Reeves, Randall R., and Tim D. Smith. 2006. "A Taxonomy of World Whaling: Operations and Eras." *Whales, Whaling, and Ocean Ecosystems*. James A.Estes, Douglas P.DeMaster, Daniel F.Doak, Terrie M.Williams, and Robert L.Brownell (eds.).Berkeley: University of California Press, pp.82-101.

Tønnessen, Johan N., & Arne O. Johnsen. 1982. *The History of Modern Whaling*.Berkeley: University of California Press.

中国，1750 年至 1900 年

在 1750—1911 年之间，中国由清朝统治，其统治范围比当今中国的领土更大。王朝初期，中国的海洋经济主要表现在三个方面：一是南海区域贸易网络，涉及越南、菲律宾、爪哇、缅甸、马来西亚和泰国等国；二是帝国朝贡体系（由帝国支持的将中国与其附属国联系起来的贸易网络，是清朝事实上的对外关系模式）；三是在区域贸易机会的推动下，中国人口向沿海城市港口以及南海周边国家港口流动。随着欧洲人进入该区域贸易网络，从 16 世纪初期的葡萄牙开始，中国加入了国际贸易网络。欧洲人进入中国的区域贸易及其对中国商品的旺盛需求改变了中国的经济和社会，导致用于出口的商品生产的增加，还增强了充当外国商人与国内生产者之间中介的商人的力量。

满族 1644 年推翻明朝并建立清朝后①，放弃了明朝孤立主义的禁海令，中国商人从这种新贸易中获得了丰厚的收入。然而，清朝早期的皇帝定下了"永不加赋"的规矩，这迫使后来的皇帝（例如 1796—1820 年在位的嘉庆皇帝）不得不限制政府支出，尽管贸易迅速增长且人口急剧增加。嘉庆在治理方面的禁欲主义理念与他父亲（乾隆）的扩张主义政策相结合，导致清廷与其臣民之间的摩擦不断增加，并且因为农民相对较高的税金负担、公共工程项目（例如防洪设施和运河建设）资金不足以及政府管理不善和腐败等而趋于恶化。

18 世纪，中国的沿海和海上活动遵循了悠久的传统。18 世纪中期以

① 译者注：原文如此。实际上，推翻明朝的并非满族，而是李自成领导的农民起义者。

后，沿着珠江河口的中国南方贸易港口对劳工的需求增加，原本在海上讨生活的渔村居民越来越多地到港口务工，在那里他们找到了码头工人、水手、修理工和运河领航员的工作。在贫瘠的时期，这些人很容易被叛军、海盗和军阀招募，不时占据中国部分地区。

历史上，中国商人的进口来源市场遍及中国南海地区。随着欧洲人在该地区扩大贸易，中国人所称的歌咏夷器贸易（Sing Song Trade）[①] 发展了起来。欧洲商人取代了南海地区当地的商人，用带来的欧洲商品交换茶叶、瓷器、丝绸和其他中国产品。茶叶在西方越来越受欢迎，这使中国南方发生了重大变化。原本主要是小型家庭农场在生产茶叶，现在开始由雇用数千名年轻工人的大型企业生产。

像茶叶贸易一样，瓷器贸易也变得非常复杂。最后还发展出了定制款。英国消费者可以向贸易公司提供诸如纹章图案之类的图样，贸易公司将图样分发给瓷器商人，瓷商将其交付给为个人消费者制作定制款瓷器的工匠。与茶叶一样，蓬勃发展的瓷器业务也导致了生产的重组。因为工匠看到了瓷器生产由个性化制作到批量化生产特定图样产品的转变趋势，于是在外国采购商到来之前，就预先生产出来形成存货，以待外商前来选购。中国人同样还扩大了丝绸的生产。不过在19世纪，由于英国和荷兰增加了本国的瓷器和纺织品生产，欧洲对丝绸和瓷器的需求都减少了。

欧洲人通常是用白银来交换中国商品。但是白银的供应有限，这促使欧洲商人寻求其他方式来支付中国商品并解决日益增长的欧洲贸易逆差。铅（有时在欧洲船只中用作压舱物）被作为枪弹材料出售给中国商人。早在18世纪末，欧洲的细纺羊毛和棉花就被销售到中国北方并且很受欢迎，但由于帝国严格限制对外贸易，并且欧洲人盘桓的南部港口与北方市场之间距离十分遥远，销售规模有限。

制定限制性政策是为了应对18世纪中叶的农民起义。结果，中国政府努力减少外国商人和传教士的活动，这种努力逐渐发展成广州交易体系。该体系于1757年正式实施，外国商人被限定在中国南方港口城市广州经商，政府给予指定的中国商人与外商打交道的优惠待遇，最后发展成贸易垄断，而这阻碍了欧洲贸易公司的运营。

由于难以有效地将各种原材料和制成品出口到中国，欧洲人越来越多

---

① 译者注：主要是自英国进口的音乐盒、歌唱玩偶、自鸣钟等带有声响的商品。

地选择出口鸦片（在英属印度生产和提炼）来支付中国商品的费用。随着欧洲对中国商品的需求增加，鸦片贸易规模在18世纪和19世纪迅速扩大。鸦片被源源不断地输入中国南方，吸食鸦片之事越来越泛滥，成瘾者不断增加，这损害了中国的经济和社会。到1800年，政府官员估计，港口城市40岁以下的男性中多达90%吸食鸦片。政府官员加大了限制鸦片进口的力度，相关行动包括1838年在广州没收和销毁来自外国工厂的数百万吨鸦片，导致了鸦片战争（1839—1842年和1856—1860年）。英国——以及在第二次鸦片战争中加入的法国——击败了中国。结束第一次鸦片战争的《南京条约》开创了中国后来被迫签订的一系列不平等条约的先河。该条约要求中国向外国商人和传教士开放港口。第二次鸦片战争结束时签订的《天津条约》，则让中国向外国人开放了更多的港口，并允许外国船只在中国的内陆水道上穿梭，以及在不受限制的情况下出售鸦片和其他商品。

清朝臣民感受到的日益增加的经济和社会压力不仅加剧了会党造反，还刺激了中国沿海地区的海盗活动。郑一（1765—1807）和他的妻子郑石（1775—1844）从其越南据点扩张，成立了海盗联盟，最终纠集起包括1200艘船只和15万多人的队伍。到19世纪的前十年，他们武力控制了中国南部和越南的大部分沿海地区，长期从事鸦片走私活动。1804年，郑一封锁了葡萄牙人盘踞的澳门，还击败了一个派去清剿他的葡萄牙中队。鉴于海盗的危险，英国皇家海军开始护送商船通过该地区。郑一1807年去世后，他的妻子巩固了对海盗同盟的控制权，而海盗同盟从对当地贸易的控制中继续攫取财富。1810年，嘉庆皇帝采取了古老的中国策略，通过招安大部分海盗联盟舰船充实清政府海军的办法来解决海盗问题，在消除海盗威胁的同时增强了清政府海军的实力。尽管如此，在此后几十年内，清朝政府的海军力量仍然不足以抵抗欧洲军舰。

鸦片战争的失败、不平等条约的屈辱以及一系列国内起义的高潮——太平天国起义（1850—1864年）的发生，都刺激着政府领导人对国家机构进行改革，这些改良活动被称为自强运动（1861—1895年）[①]。运动领导人希望使清朝的军队和教育系统现代化，但观念上仍不超出儒家传统的范围。为此，他们求助于西方列强。大英帝国、法国、俄罗斯、德国和美

① 译者注：即洋务运动。

国都提供了援助，它们认为支持清政府比让中国崩溃成无政府状态要好得多，因为这样会导致那些外国在中国的投资发生损失。早期的努力着眼于使军队现代化，为此建造了大量工厂和兵工厂，以及许多军事和海军学院、工程学校和造船厂，其中包括福州船政局，这是自强运动皇冠上的明珠；福州船政局在法国人的协助下于 1871 年建成。

作为自强运动的一部分，中国成立了总理衙门，这是中国第一个官方外交部，直接与外国列强及其代表打交道，总理衙门之下还成立了皇家海关。不过，皇家海关实际上处于英国的管理之下，负责监督所有通商口岸的关税征收、打击走私以及处理地方官员的贪腐行为。皇家海关还绘制了中国的沿海水道图，并在沿海地区建造了灯塔。常驻天津港的北洋通商大臣李鸿章（1823—1895）[①] 在直隶省收入体系改革方面特别成功，该体系为地方军事现代化和中国北方舰队提供了资金。南方的类似努力集中在上海，这为中国南方舰队的发展提供了资金。

仍然对中国内部贸易不满意的外国列强继续侵犯中国的势力范围。法国渴望扩大在越南的影响力，并在中国边境附近建立自由贸易区，因此努力取代中国在越南的影响力。法国人、越南人及各种中国地方武装之间的小规模冲突日趋普遍，并在 1884 年升级为战争。当时中国政府出兵保护其视为属国的越南。尽管中国军队在中法战争期间（1884 年 8 月至 1885 年 4 月）表现良好，但其海军（由外国和国内建造的舰船组成的数量众多的大杂烩）指挥不统一，三大区域舰队各行其是，未能对南方舰队形成有效支持，致使其单独面对法国的攻击。中国最现代化的军舰是为北洋舰队配置的，德国应法国之请，推迟向中国交付其购置的新军舰。中法战争中海军交战最激烈的时候，一支法军分舰队袭击了福州船政局，击沉了 9 艘中国军舰，并摧毁了船政局造船厂（1884 年 8 月 23—26 日），使中国南方舰队陷于瘫痪。[②] 但是，中国的抵抗一直持续到 1885 年，当时政府担心日本对朝鲜的入侵，同意与法国实现和平，并接受了法国对越南中部（东京）的控制。

日本领导人利用中国的弱点，在 1884 年挑起反对朝鲜政府的政变，

① 译者注：原文如此，实际上 1895 年并非李鸿章的卒年，而是其因为中日甲午战争失利，被清廷革除直隶总督、北洋通商大臣等职务的年份。

② 译者注：这里的南方舰队实为福建水师。

但并未成功。朝鲜国王请求清廷提供军事支持，而中国有义务为其藩属国提供军事保护。日本声称中国违反了先前的不向朝鲜派兵的协定，以自己的军事力量作出回应，从而引发了中日甲午战争（1894年8月至1895年4月）。与外国分析家的预期相反，日本海军迅速击败了中国最大、最现代化的部队北洋舰队。随后日本陆续取得了陆上和海上胜利。中国政府求和，在《马关条约》(1895年）中将台湾和东北大部分地区割让给日本。俄罗斯、德国和法国政府出于自身利益行事，成功地向日本施压，迫使其放弃占据辽东半岛的企图，并将旅顺割让给俄罗斯。甲午战争之后，法国、德国和英国要求在中国增加贸易、通商口岸和产业特权。

中国军队和海军的失败凸显了自强运动未能解决中国政府和军队普遍存在的问题。15年后，辛亥革命（1911年）推翻了清朝，并成立了中华民国，中华民国继承了清代现代化军队的残余。不过，持不同政见的军队领导人很快就确立了自己的地区割据地位，军阀主义使新的民国破裂。中国北方的舰队落入四分五裂的民国军阀之手，在蒋介石北伐（1926—1928年）之后被改组。在中国内战（1927—1936年，1946—1950年）的最后几天，中华民国的一些海军舰艇转变立场，成为中华人民共和国海军的基础。

从1750年到1914年，中国的海上活动显著增加，但接着就随清政府的命运在中国“百年屈辱”时期的滑落而急剧下降。港口城市在19世纪发展迅猛，中国商人也随着港口城市的发展而兴起。然而，外国列强侵略的日益增加，一再阻碍了清廷对中国海军进行现代化改造的努力，这也使中国社会中知识分子的新阶层得以诞生和发展。在中国被迫开放的通商口岸，西方教育、商业和意识形态的影响无处不在，这为政治活跃的新一代领导人的培养提供了必要的氛围，这些领导人为20世纪后期中国的发展奠定了基础。

扎卡里·雷迪克

拓展阅读

Deng，Gang.1997.*Chinese Maritime Activities and Socioeconomic Development，c.2100 B.C.-1900 A.D.*Westport，CT：Greenwood Press.

Elleman，Bruce.2001.*Modern Chinese Warfare，1795—1989.*New York：Routledge.

Grasso，June.2004.*Modernization and Revolution in China：From the Opium Wars to World Power，3rd Edition.*Armonk，NY：M.E.Sharpe.

Gray, Jack. 2002. *Rebellions and Revolutions: China from the 1800s to 2000*. New York: Oxford University Press Inc.

Hung, Ho-Fung. 2011. *Protest with Chinese Characteristics: Demonstrations, Riots, and Petitions in the Mid-Qing Dynasty*. New York: Columbia University Press.

Spence, Jonathan. 2013. *The Search for Modern China, 3rd Edition*. New York: W.W.Norton & Company Inc.

Wang, Wensheng. 2014. *White Lotus Rebels and South China Pirates: Crisis and Reform in the Qing Empire*. Cambridge: Harvard University Press.

Wills, John E. 2011. *China and Maritime Europe, 1500—1800: Trade, Settlement, Diplomacy, and Missions*. Cambridge: Cambridge University Press.

香港

香港是位于中国南部海岸的一个岛屿，拥有天然形成的绝佳港口。在中华帝国初期，该岛是小批渔民和潜水采珠人的家园。几个世纪后，1513 年，豪尔赫·阿尔瓦雷斯（Jorge Alvares，？—1521）成为第一个有记录的到访香港的欧洲人。葡萄牙人开始在中国南方市场上做贸易时，他们还试图在香港修筑防御工事。葡萄牙人与明帝国之间的关系很快恶化，作为明代闭关锁国政策的一部分，对葡贸易以及所有其他对外贸易均被禁止。不久之后，为应对大量的海盗活动，明国朝廷下令将其人民大规模撤离中国南方沿海地区，但最终这一做法对减少海盗活动于事无补。

在 19 世纪中叶，茶叶贸易的鼎盛时期，香港成为英国的重要战略要地。由于中国政府对外国商人的严格要求，英国试图在该地区获得一处立足之地。同时，为应对迅速增长的贸易逆差，英国商人开始运送大量鸦片，以阻止白银流向中国。英国对从事鸦片非法贸易以及改善贸易条件的渴望，促使英国谋取对香港及其周边地区的控制权。在达成最早的不平等条约之一的《南京条约》结束第一次鸦片战争（1839—1842 年）后，英国占据了香港，并且在 1898 年通过《北京公约》将周边地区置于英国的控制之下长达 99 年。

1949 年后，由于香港作为自由港处于英国控制之下，得以免于计划经济期间中国大陆所遭受的管理不善困扰，并迅速发展出国际化和商业化的氛围。1997 年回归中华人民共和国后，香港成为特别行政区，中央政府赋予了香港更大的自治权。今天的香港是世界上最繁荣的制造业和金融中心之一。

扎卡里·雷迪克

拓展阅读

Carroll, John.2007.*A Concise History of Hong Kong*.Lanham: Rowman & Littlefield Publishers Inc.

Lim, Patricia. 2002. *Discovering Hong Kong's Cultural Heritage: Hong Kong and Kow-loon*.Oxford: Oxford University Press.

Redford, Duncan. 2014. *Maritime History and Identity: The Sea and Culture in the Modern World*.New York: I.B.Tauris & Co Ltd.

门户开放政策

1899年，美国国务卿约翰·海斯（John Hays）创造了门户开放政策，并在他寄给主要殖民大国的“门户开放照会”中作出了概述。这项政策的目标是为所有外国提供在中国的平等的经济机会，并防止任何一个国家统治整个中国。根据该政策，不允许各国在自己的势力范围内干涉另一国的任何通商口岸。各国也不能对自己的国民免收港口费。中国当局被授权平等地从所有通商口岸收取关税。门户开放政策取代了中国的朝贡体系。

对外开放政策呼应了19世纪初期不平等条约中包含的最惠国条款，要求清政府对所有外国提供相同的特权。1895年第一次中日战争结束后，清朝极有可能被日本和欧洲主要大国瓜分并殖民。美西战争（1898年）之后，美国通过占领菲律宾在该地区站稳了脚跟，美国政府领导人也开始寻找在中国的经济机会，但他们担心欧洲列强会像瓜分非洲的大部分地区一样，将中国划分为一块块的殖民地。

美国的门户开放提出了平等、公平地进入中国市场的政策。尽管列强从未正式接受该政策，也未将其编纂为条约，但它们普遍承认并遵守该政策。当时的美国领导人将“门户开放政策”视为保护中国主权之举，但中国领导人以及许多现代学者将其视为对“百年屈辱”期间已有的不平等条约的延伸。

通过20世纪前30年在中国发生了大规模变化，但对外开放政策或多或少地有效贯彻了下来，直到1949年中华人民共和国成立才告终结。

扎卡里·雷迪克

拓展阅读

Cohen，Warren.2010.*America's Response to China：A History of Sino-American Relations*.New York：Columbia University Press.

Israel，Jerry.1971.*Progressivism and the Open Door：America and China，1905—1921*.Pittsburgh：University of Pittsburgh Press.

Ninkovich，Frank.2001.*The United States and Imperialism*.Malden，MA：Blackwell.

鸦片战争

鸦片战争是指中英之间由贸易问题引起的两次战争，战争的结果扩大了英法在中国的贸易，并严重破坏了清朝的主权。第一次鸦片战争发生在 1839—1842 年之间；第二次鸦片战争（也称亚罗号战争）发生于 1856—1860 年之间，这回法国与英国一起进攻了中国。

在 18 世纪和 19 世纪，向中国出口鸦片（一种高成瘾性的毒品）的规模稳步增长。1800 年之后，中国清政府努力限制其进口和销售。然而，英国商人继续将英属印度生产的鸦片走私到中国。1838 年，清政府为鸦片对中国社会和国家经济的影响感到担忧，任命朝廷官员林则徐统摄禁烟事宜，努力铲除和销毁鸦片存货。

有政府撑腰的英国商人反对毁损英国财产，于是英国发动战争来保护鸦片贸易。第一次鸦片战争主要是一场海战，凭借技术优势，比中国过时的军舰强大得多的英国军舰迅速取得胜利。英军摧毁了许多中国要塞，还沿着珠江和长江上行，1841 年占领广州，1842 年占领南京。此后清政府妥协并签署了《南京条约》，将香港割让给英国，还向英国商人开放了其他一些港口城市，名曰“通商口岸”。

第二次鸦片战争发生的原因与第一次鸦片战争相同，即外国商人想提高在中国的贸易权。但是英国政府给出的战争理由是，对登上英国亚罗号商船的中国港口当局进行报复，因为后者逮捕了许多亚罗号的中国船员，据称还降下了英国国旗。[①] 在这场战争中，法国支持了英国，英法海军联

① 译者注：原文称亚罗号为英国商船是不准确的。亚罗号商船的船主为居住在香港的中国人，水手也全部是中国人。船曾经在港英当局登记，但事发时登记已经过期。该船当时参与了海盗活动。这也是中国港口当局登船搜捕的原因。事可参见《剑桥中国晚清史》(上）第四章。

军迅速占领了广州。其后继续北上，最终到达并占领了位于渤海之滨的天津，直到和谈期间才撤出。中国政府认识到军方无力阻止现代蒸汽战舰，被迫再次达成一项不平等条约。1858 年 6 月签署的《天津条约》规定，中国向外国商人开放更多港口，赋予外国船只在中国内水自由航行的权利，并保护外国基督教传教士。次年，中国军队在海河河口的大沽口向英国舰队开火，造成一些破坏和人员伤亡。敌对行动的重新爆发推迟了《天津条约》的批准。英法联军作出反应，再次发起进攻，重新占领天津并攻陷北京，随后他们的军队洗劫了圆明园。中国政府无力组织进一步的军事抵抗，于 1860 年 10 月被迫签订了《天津条约》。

第一次鸦片战争后，清廷未能克服其海军和军事上的不足。但是，第二次鸦片战争的失败，和国内的太平天国运动（1851—1864 年）一起，激发了中国军队的现代化。中国开始着手建造了许多船坞、兵工厂和训练学校。

扎卡里·雷迪克

拓展阅读

Lovell，Julia.2014. *The Opium War：Drugs，Dreams and the Making of China*.New York：Overlook Press.

Spence，Jonathan. 2013. *The Search for Modern China*. New York：W. W.Norton & Company.

法国，1750 年至 1900 年

在法国近现代史的大部分时间里，其领导人都在大陆利益和海外利益之间首鼠两端。法国君主渴望统治西欧，同时，他们也寻求建立殖民帝国，并开拓利润丰厚的海外市场。这些冲突的利益使法国陷入了欧洲和世界各地的一系列战争，最终爆发了法国大革命和拿破仑战争（1792—1815 年）。尽管多次被英国击败，法国还是维持着海上和殖民野心。它的船队在 19 世纪迅速进行了现代化改造，生产了世界上第一批蒸汽战舰。这些蒸汽战舰将法国本土与其在非洲和东亚的新殖民地联系了起来。

18 世纪，法国将殖民和经济掠夺的野心集中在加拿大、路易斯安那、西印度群岛以及印度——英国对这些地区也垂涎三尺，这导致了它们在 18 世纪和 19 世纪初之间经常发生战争。在海军及海外利益与欧洲大陆之

间划分资源上的游移不定，往往掣肘了法国在这些战争中的表现。英国在欧洲大陆的利益有限，因此将其大部分资源集中在维持世界上最强大的舰队上。此外，英国地理位置跨越法国贸易路线，还拥有优越的银行体系和财务资源，这些都为其在战争中居于上风创造了条件。

从1750年到1815年，法国海军战略取决于两个方面的因素，一是对自身能力的合理考量，二是对英国海军规模更大、技术水平更高的认识。法国领导人通常聚焦于和英国打商业战，不过也希望通过支持爱尔兰或世界其他地区的抗英起义来分散英国的注意力。也有几次，法国试图组建一支足够大的舰队入侵英格兰。在七年战争（1756—1763年）、美国独立战争（1775—1783年）以及法国大革命和拿破仑战争（1792—1815年）中，法国尝试了每一种战略，不过取得的战绩好坏参半。

在七年战争中，英国几乎将其所有资源都集中在海上和殖民地战争上，但法国的注意力则相对分散，既要顾及海外殖民地的利益，还要和英国在欧洲大陆的盟国普鲁士作战。英国海军在数场战役中击败了法国舰队，其中包括基伯龙湾战役（1759年），英国获胜后征服了加拿大。在欧洲，英国封锁了法国港口，从而中断了法国对外贸易并限制了其私营企业。法国在攻击英国贸易方面取得了一些成功，但事实表明，商战取胜不足以扭转战争大势。法国败北，将加拿大及其在印度的财产割让给英国，但保留了加勒比地区利润最高的岛屿，包括圣多明格，该地的食糖产量占法国进口量的40%。

战败后，法国重建了海军，并与拥有欧洲第三大舰队的西班牙（仅次于英国和法国）结成了同盟。法国建造了一些18世纪后期最好的“战列舰”（军舰），到18世纪70年代，法国和西班牙的联合舰队规模已超过英国皇家海军。法国领导人渴望为自己的失败复仇，而美国独立战争（1775—1783年）则提供了这个机会。一个偶然的机会，法国发现自己具有战略优势，能够攻击大英帝国暴露出来的薄弱部分。法国向印度派遣了最有能力的海军上将皮埃尔·萨弗伦·德·圣特罗佩（Pierre Suffren de Saint Tropez，1729—1788），在那里他的舰队与英军进行了四次海战，但事实证明无法在那里建立法国殖民地。在欧洲，法国和西班牙的一支联合舰队扬言要横扫英吉利海峡并入侵英格兰。法国在北美取得了最大的成功。几个防御不力的加勒比产糖岛屿沦陷于法国人之手。1781年，海军上将弗朗索瓦·约瑟夫·保罗·德·格拉斯侯爵（1723—1788）赢得了切萨皮克湾海战，驱逐了英国舰队并困住了查尔斯·康沃利斯的军队

(1738—1805)，后者最终向美国的乔治·华盛顿将军（1732—1799）投降。康沃利斯的投降让英国夺回其13个美国殖民地的希望破灭。不过，1782年，乔治·罗德尼海军上将（1718—1792）率军在桑特海峡战役（Battle of the Saints）中击败法军并俘虏了德·格拉斯，夺取了四艘法国战列舰，还击沉了第五艘。这一胜利帮助英国恢复了在加勒比海的地位。但战争所费不赀，两国财力均受到极大损耗。1783年英国和法国同意和平（以及美国独立）。

法国以总规模为英国三分之二的海军结束了这场战争，法国和西班牙的舰队规模加起来继续超过英国皇家海军。尽管存在经济问题，法国仍继续在18世纪80年代建造新船，并且由于兴办了海事工程应用学院，法国在军舰设计上总体处于世界领先地位。海事工程应用学院开办于1765年，是世界上第一所海军造船学校。法国战列舰往往比外国对手的更大、更快，武备也更强大。到1793年法国革命政府对英国宣战之时，法国增加了19艘战列舰和18艘护卫舰，其中许多由雅克-诺埃尔·塞内（Jacques-Noël Sané，1740—1831）设计，他是当时最优秀的船舶工程师。法国还拥有世界上最好的制图部门之一，即成立于1720年的海洋制图局。

然而，革命的动荡使法国海军没有做好战争准备。由于革命，海军三分之二的军官逃离或失去了职位，其中大部分是贵族。内战席卷法国时，保皇派法国军队向英国军队开放了土伦的重要港口，拿破仑·波拿巴在有条不紊的攻势中重新占领了该港口，由此声望日隆。在革命期间，法国和英国的海军仅进行了一次重大海战，即英国人所谓的“光荣的六月一日”（1794年5月28日至6月1日）。这是第一次超越陆地视野的重要海战。英国舰队拦截了一支法国舰队。当时这支法国舰队正在为把美国粮食输送至巴黎的船队护航。25艘英国战舰与26艘法国战舰交战。由于出色的训练和战术，英国人俘虏或击沉了七艘法国战舰。但是，其余法国舰船逃脱，送到的粮食拯救了法国大革命。

无法在堂堂之战中对抗英国海军，法国革命党集中力量攻击英国的商业。1793—1801年间，法国私掠船俘获了5600艘英国船，总计约60万吨。但是，武装私掠船从正规舰队中吸纳了42000名水手，让正规舰队丧失了行动能力。同期，英国人俘获或摧毁了600艘法国船只，并从海上封锁法国，扼杀其海外贸易，而英国的出口则增长了80%。法国发展私掠船的副产品之一是“四角帆船”，这是一种小型的三桅船，它使用鼻钉（在前后位置悬挂的梯形帆），并且因其速度和易操作性而受到私掠者的欢迎。战后，这些船由于其稳定性和易于操作的渔网而在商业捕鱼者中流行。

法国人还试图进攻英国在海外的殖民地。法国三次援助爱尔兰叛军，还派出拿破仑·波拿巴入侵埃及和巴勒斯坦，威胁英国在中东和印度洋的地位。法国的爱尔兰行动虽然由于派出兵力不足而未尽全功，但成功地将 10 万英国军队牵制在爱尔兰。在埃及，波拿巴迅速击败了埃及的马穆鲁克王朝统治者，但一支由霍雷肖·纳尔逊（Horatio Nelson，1758—1805）率领的英国舰队在阿布基尔湾战役（Battle of Aboukir Bay，1798）中摧毁了支持波拿巴入侵的舰队，这让法国继续扩大战果的希望落空。法国在超过荷兰之后，再次与西班牙结盟并控制了荷兰舰队。尽管有些时期法国拥有的军舰数量可以媲美英国皇家海军，但质量存在差距，经常被英国舰队击败，例如在皇家海军战史上辉煌之作的特拉法尔加战役（1805 年）中，纳尔逊赢得了巨大的胜利。法国再次转向打击英国商业的行动，法国军舰和私掠船俘获了超过 11000 艘英国商船。随着战争的继续，航运保险费率猛增，而英国的商业活动继续发展。法国找不到遏制英国海上力量的方法。英国与其欧洲大陆的盟友 1814 年击败拿破仑，并在其被短暂流放归来之后的 1815 年再次将其击败。

拿破仑战争之后，复辟的君主制限制了法国的殖民野心，除了征服阿尔及利亚（1830—1847 年）外，法国对外事务重心放到扩大贸易之上。法国继续维持着强大的海军，并和英国一起制止了奴隶贸易，这让法国海军获得声望。拿破仑三世（1808—1873）在 1852—1870 年期间担任法国皇帝。其间，他增加了对海军的资助并扩大了法国的野心。殖民塞内加尔（1854—1865 年），在克里米亚战争（1853—1856 年）中加入英国一方与俄罗斯开战，在海上英法蒸汽战舰横扫俄罗斯的过时战船。战争加速了全球海军从帆船到蒸汽轮船的过渡。1859 年法国第一艘装甲蒸汽战舰光荣号下水。在第二次鸦片战争（1857—1860 年）中，法国与英国一起作战，迫使软弱的中国清政府让步。1862 年，拿破仑三世干预墨西哥，他扶植的马克西米利安一世（1832—1867 年）统治墨西哥六年后被推翻。

18 世纪后期，法国曾四次向太平洋方向派出探险队，分别由路易斯-安托万·德·布干维尔（1766—1769 年）、让-弗朗索瓦·德·拉佩罗斯（1785—1788 年）、埃蒂安·马尔坎德（1790—1792 年）和安托万·雷蒙德·约瑟夫·德·布鲁尼·德·恩斯特雷卡斯特（1791—1793 年）率领。

另一次探险远征在尼古拉斯·鲍丁（1754—1803）领导下开展，探险队在短暂与英国和平的时期（1800—1804）离开法国。鲍丁的探险队包括了几位科学家，他们绘制了澳大利亚和塔斯马尼亚部分地区的地图，并在返回时携带了采集的18000多种植物、矿物和动物标本。但是，法国最初在该地区的领土主张较少，直到19世纪30年代才改变了做法，开始派遣炮艇保护其在塔希提岛和其他波利尼西亚群岛的传教士，并很快夺取了其中的100多个岛屿。1853年，法国占领了新喀里多尼亚（不久之后成为流放罪犯的刑事殖民地）。

光荣号

法国的光荣号战舰是世界上第一艘远洋装甲舰，1859年下水试航。光荣号的建造是为了应对舰炮不断增长的破坏力。在克里米亚战争（1853—1856年）中，舰炮摧毁了木制船和俄罗斯的防御工事。建造光荣号也是1850年开始的英法海军军备竞赛的一部分。

光荣号由法国船舶工程师亨利·杜普伊·德·洛美（1816年10月15日至1885年2月1日）设计，在法国土伦市以东的土伦勒穆里永兵工厂建造。光荣号拥有16.9英寸厚的木制船体，外面还覆盖有4.5英寸的铁甲，造价4797901法国法郎。光荣号及其姊妹舰无敌号和诺曼底号，都是长256英尺8英寸，吃水27英尺10英寸，横梁59英尺5英寸，排水量5618吨。光荣号由一台内置蒸汽机搭配三根桅杆来提供动力，航速可达13节。该舰还拥有前装线膛炮，后来又升级为后装线膛炮。

光荣号于1860年8月列装服役。作为当时少有的装甲战舰，光荣号可以在开阔水域横冲直撞，直接与敌军战舰硬碰。光荣号的优势迫使其海军竞争对手也改用铁甲舰，以避免落后。英国在1860年末响应法国的挑战，勇士号下水。勇士号以铁壳取代木制船体，是世界上第一艘铁壳铁甲战舰。勇士号长420英尺，吃水深度26英尺10英寸，横梁58英尺4英寸，排水量为9284吨，庞大的身躯让光荣号优势尽丧。尽管光荣号在1869年进行了大修，但它已经过时。1883年光荣号被废弃。

法国在普法战争（1870—1871 年）中的失败进一步加剧了其向外殖民的野心。由于在欧洲遭遇新生之德国的掣肘，法国领导人更加鼓励海外扩张，这为蒸汽轮船的发展创造了有利条件。轮船的大发展，有利于保持殖民地与法国的贸易联系，还能为法国在沿海和上游河流的军事行动提供支持。法国在“争夺非洲”中特别活跃，成为乍得、尼日尔和马达加斯加岛等许多新殖民地的宗主国。到 1900 年，只有英国拥有的殖民地数量超过法国。19 世纪 80 年代，法国控制了印度支那（今天的柬埔寨、老挝和越南）。贸易在 19 世纪末急剧增长，特别是在 1869 年苏伊士运河开放之后，这为港口城市的发展提供了动力。以马赛为例，其码头和港口设施的规模增加了两倍。

法国里维埃拉（法文称为“Cote d’Azur”，意思是“蔚蓝海岸”）地区，还包括摩纳哥公国，最初都是以健康水疗吸引游客，但到 19 世纪末，越来越多的游泳者和日光浴爱好者为了美丽的海滩和宜人的全年气候到访此地。随着游艇的普及，法国南部和摩纳哥都成了流行的旅游目的地。摩纳哥虽然没有法国的海滩，但靠博彩业也人气十足。这个地区的法国企业家成了世界上最早经营专为富豪服务的度假胜地的一批人。19 世纪后期，里维埃拉吸引了许多著名人士到此度假，其中包括维多利亚女王（1819—1901）。

在拿破仑战争之后，法国渔船捕捞业迅速恢复，但是商船运输（在战争中几乎被摧毁）仅取得了有限的进展。几家法国建造商和企业家顺应帆船向蒸汽轮船过渡的趋势，发起成立了几家法国轮船公司，包括 1851 年成立的法国邮船公司（Compagnie des Messageries Maritimes）和 1855 年成立的国家航运公司（Compagnie Générale Maritime），后者后来更名为大西洋海运公司（Compagnie Générale Transatlantique），不过其更广为人知的名称是“法兰西邮轮”（French Line）。两家公司生意兴隆，特别是 1870 年法国拓展其殖民帝国之后。远洋航递公司在克里米亚战争期间曾将法国军队运送到黑海，得到了遍及中东、亚洲，后来还有大西洋的航线作为回报，而大西洋海运公司的业务主要集中在大西洋，1880 年它拿到了政府的邮件递送合同。1886 年，大西洋海运公司班轮勃艮第号（La Bourgogne）在短短 7 天多的时间里从勒阿弗尔（Le Havre）穿越大西洋到达纽约，引发了越来越激烈的大西洋最快跨越之争。不过，该公司越来越专注于为乘客提供康乐设施，最终以豪华邮轮而闻名于世。

法国在大西洋沿岸和地中海沿岸都有天然良港，自然在海洋事务中的利益上牵涉甚广。但是，这些利益常常与18、19世纪的主要海上强国英国的利益存在直接冲突。尽管在一系列战争中受阻于英国，但是法国领导人始终保持了对海洋和殖民地的兴趣。在18世纪将其首个殖民帝国的大部分败送给英国后，法国在19世纪后期又建立起一个新的殖民帝国。在这个时代，法国领导人更加关注贸易的支柱性作用，他们为蒸汽班轮的发展提供补贴，帮助它们在世界范围内为客源和贸易有效地展开竞争。

迈克尔·W. 琼斯

斯蒂芬·K. 斯坦

拓展阅读

Corbett, Julian.1907.*England in the Seven Years' War: A Study in Combined Strategy*.London: Longmans.

Dull, Jonathan.2009.*The Age of the Ship of the Line: The British and French Navies, 1650—1815*.Lincoln: University of Nebraska Press.

Mahan, Alfred Thayer. 1890. *The Influence of Sea Power Upon History 1600—1783*.Boston: Little Brown.

Mahan, Alfred Thayer.1892.*The Influence of Sea Power Upon the French Revolution and Empire, 1793—1812*.Boston: Little Brown.

Ropp, Theodore.1987.*The Development of a Modern Navy, French Naval Policy 1871—1904*.Annapolis: Naval Institute Press.

路易斯-安托万·德·布干维尔，1729年至1811年

路易斯-安托万·德·布干维尔伯爵（Louis-Antoine, Comte de Bougainville）是一位法国士兵、海军上将和探险家，其职业生涯与启蒙思想在法国的传播相吻合。他参加了七年战争和美国独立战争，在马尔维纳斯群岛建立了第一个定居点，并成为首位环游地球的法国人。

布干维尔出身于巴黎的一个任职于皇室的小官僚家庭，精通数学，曾经谋求在法律方面的职业发展，但最终在1750年放弃了这些研究，加入了火枪队。他继续发表有关数学的论文，并在1755年担任法国驻伦敦大使馆秘书期间成为皇家学会会员。七年战争爆发时，他被派往加拿大，担任法国指挥官路易斯·约瑟夫·德·蒙特卡尔姆（1712—

1759）的侍从武官。英国取得胜利后，布干维尔于 1761 年回到法国，并协助谈判了 1763 年《巴黎条约》以结束战争。那年晚些时候，他率领一支探险队前往马尔维纳斯群岛，在那里建立了路易港，并在那里安置流离失所的阿卡迪亚人。不幸的是，当西班牙 1767 年兼并这些群岛时，他们再次流离失所。

1766 年，布干维尔获得了路易十五的许可，可以进行环球航行。他 11 月从南特乘布德兹号（Boudeuse）航行，在途中与西班牙官员会面，正式割让路易港。在里约热内卢时，他乘第二艘船埃托伊号（Etoile）航行。除了杰出的植物学家菲利伯特·康特森（Philibert Commerçon）之外，此次航行还包括珍妮·巴雷特（Jeanne Baré），她假扮成布干维尔的男仆，成了第一位环游地球的女性。这次航行过程中，探险队曾在塔希提岛和南太平洋其他岛屿停留，然后于 1769 年 3 月返回法国。330 名船员中只有 7 人死亡，这说明了布干维尔精湛的管理和在减少坏血病方面的进展。

布干维尔在 1771 年发表了一篇关于他的航行的记录，该记录在法国知识分子中广为流行，尤其是他对塔希提岛社会的描述，他将其描述为没有现代复杂性的乌托邦文明。反过来，这催生了让-雅克·卢梭（Jean Jacques Rousseau）关于野蛮的看法，并被丹尼斯·狄德罗（Denis Diderot）认为是对西方风俗和思想的批判。布干维尔在美国独立战争期间（1775—1783 年）再次在法国海军服役。他 1794 年退休，1811 年去世，拿破仑给了他伯爵的封号。

迈克尔·莱曼

拓展阅读

Dunmore, John. 2007. *Storms and Dreams: The Life of Louis de Bougainville*. Chicago: University of Chicago Press.

Suthren, Victor. 2004. *The Sea Has No End: The Life of Louis-Antoine de Bougainville*. Toronto, Dundurn.

大西洋海运公司

大西洋海运公司（也称“法兰西邮轮”）是法国一家成立于 1855 年的跨大西洋航运公司。1977 年与远洋航递公司合并之前，该公司一直保持独立运营。大西洋海运公司拥有一批声名显赫的班轮，例如 1886 年创下了勒阿弗尔和纽约航线最快纪录的勃艮第号，1912 年跻身当时吨位最大邮轮之列的法国号（SS France），运输军火造成哈利法克斯爆炸（1917 年）的万宝龙号（SS Mont-Blanc），以及当时最大远洋客轮之一的诺曼底号（SS Normandie）——1935 年，它因其风格和豪华而获得了大奖。在过去的一个多世纪里，尽管受到不断变化的技术、事故、战争和劳资纠纷的影响，大西洋海运公司还是成功地运营着，并为其服务树立了高标准。和它的竞争对手一样，在 20 世纪的最后几十年，它也在努力适应客机和其他新技术带来的挑战。

1855 年，法国金融家埃米尔（Émile，1800—1875）和动产信用公司（Crédit Mobilier）的所有者伊萨克·贝列拉（Isaac Péreire，1806—1880 年）成立了国家航运公司。1860 年，该公司在拿到法国政府的邮件递送合同后，改名为大西洋海运公司。政府希望通过邮件合同刺激法国的航运业。大西洋海运公司同意维持法国的跨大西洋邮政服务，还在重要的路线上提供客运班轮服务。例如勒阿弗尔到纽约，布雷斯特到巴拿马，以及加拿大、加勒比海、墨西哥、美国和（后来）地中海的其他港口之间的航线。公司迅速扩张，并在圣纳泽尔附近的彭霍特（Penhoët）建造了船坞，以维持不断增长的远洋班轮和货轮船队。1868 年公司陷入财政困境时，政府用补贴施以援手助其脱困。1879 年和 1882 年，政府授予公司地中海路线邮递经营权，并续签了法国在整个大西洋地区递送邮件和客运的合同。1886 年，大西洋海运公司的勃艮第号参加大西洋最快穿越赛，创造了勒阿弗尔至纽约航线的速度纪录。进入新世纪以后，其船舶仍以舒适和豪华著称。

诺曼底号

诺曼底号于 1931 年 1 月 26 日下水，是一艘为法国大西洋海运公司建造的远洋班轮。诺曼底号是一个技术上的奇迹，耗资 6000 万美元，是当时世界上最大（79280 吨）、速度最快（32.125 节）的邮轮。1935 年，诺曼底号在首航中获得了最快横渡大西洋的“蓝丝带”的称号，从法国的勒阿弗尔到纽约只用了 4 天 3 小时 14 分钟。甲板上的所有机械设备（包括锚、绞盘和吊货杆）都是封闭式的，创造了一个光滑、干净的外观——这也是后来的远洋邮轮都采用的美学风格。诺曼底号瞄准豪门贵客，在甲板以下的奢华住宿和艺术风格优雅的宴会厅，也树立了行业的标杆。然而，事实证明，这艘邮轮在经济上是失败的。大萧条导致客运量减少，大西洋海运公司需要政府补贴来完成诺曼底号的建造和支付这艘昂贵邮轮的巨大运营成本。

第二次世界大战（1939—1945 年）深刻地决定了诺曼底号的命运。1940 年 6 月法国战败前，诺曼底号在纽约港避难。参战后，美国于 1941 年 12 月 12 日征用了诺曼底号，并将其改成了部队运输船——这也是其他快速客轮的共同命运。诺曼底号被拆掉了精心设计的配饰，改名为“拉斐特”号，但它的改装从未完成。一场起于被意外点燃的一堆木棉布救生衣的大火导致该船被烧毁，随后沉没。美国海军的潜水员利用这艘沉船进行打捞训练。战后这艘船被打捞起来，作为报废品出售。

迈克尔·克雷斯威尔

在第一次世界大战期间（1914—1918 年），大西洋海运公司对其船只进行了改装，用以运送军用物资或作为部队运输和医疗船。战争期间，公司失去了超过四分之一的船只，但在 20 世纪 20 年代迎来反弹，成为主要运营豪华邮轮的公司之一，还把业务扩展到酒店等相关领域。在大萧条时期（1929—1939 年），当客运量下降时，政府通过补贴来向大西洋海运公司提供支持，还在 1935 年允许公司开通其最著名的诺曼底号班轮的航线，诺曼底号是当时最大、最豪华的邮轮之一。公司在第二次世界大战期间（1939—1945 年）遭受了损失，但其后通过对一系列美国自由轮（American Liberty ships）[①] 的收购，迅速恢复了过来。

1950 年，大西洋海运公司收购了在撒哈拉地区经营航空运输和货运的法国跨撒哈拉交通公司（Compagnie Générale Transsaharienne）。然而，跨大西洋喷气客机的出现减少了客运需求，大西洋海运公司放弃了其客运业务。1977 年，大西洋海运公司与法国另一家大型货运公司法国邮船公

① 译者注：1941 年 2 月，美国罗斯福总统在“炉边谈话”广播中表示将紧急建造 200 艘货船，并称这些船“将给欧洲大陆带去自由”。这批船以及后续建造的 5000 多艘同型船，由此被称为“自由轮”（Liberty Ships）。

司合并，成立了法国国家航运公司（Compagnie Générale Maritime，CGM）。新成立的公司很好地适应了国际航运的变化，并通过收购实现了增长。1996年，法国国家航运公司与达飞轮船公司（Compagnie Maritime d'Affrètement）合并成立达飞海运集团。此后，它一直是全球最大的航运公司之一，经营集装箱船、邮轮和其他船只。

肖恩·莫顿

拓展阅读

CMA CGM website. http：//www. cma - cgm. com. Accessed August 12，2015.

Fox，Robert.2008.*Liners：The Golden Age/Die Grobe Zeit Der Ozeanriesen/L'Age D'Or Des Paquebots*.Savage，MN：Langenscheidt Publishing Group.

Jaffray，Robert.2012.*La Compagnie Generale Transatlantique Armateur au Cabotage Caraibe*.Paris：SCITEP MDF.

儒勒·塞巴斯蒂安·塞萨尔·迪蒙·迪维尔，1790—1842年

帮助获取“米洛的维纳斯”（Venus de Milo）雕塑[①]是法国海军军官和探险家儒勒·塞巴斯蒂安·塞萨尔·迪蒙·迪维尔（Jules Sébastien César Dumen d'urville）的功业之一，但他最著名的成就是他在植物学方面的工作和对太平洋的探索。

1807年拿破仑战争期间，儒勒·迪蒙·迪维尔进入法国海军学院。像大多数法国军官一样，英国的封锁使船只能停在港口，但他利用这次机会进一步学习了植物学并学习了几种外语。1819年，他在爱琴海进行水文测量时，听说当地农民近期发现了一座古老的雕像——米洛的维纳斯。迪蒙·迪维尔收购了此雕像，并转售给其他感兴趣的人士。现在这尊雕像安置在卢浮宫中。因为这项发现，他被提升为中尉，还获得了荣誉军团勋章。

迪蒙·迪维尔被分配到海军的水文部门，担任了贝壳号（Coquille）的

① 译者注：即《断臂的维纳斯》雕像，系古希腊雕刻家阿历山德罗斯于公元前150年前后创作的大理石雕塑。1819年迪蒙·迪维尔把这尊雕像从希腊群岛搬到巴黎，现收藏于法国卢浮宫博物馆。

副指挥。贝壳号曾赴南太平洋进行勘测，并在返回时带回4000多种动植物样本。迪蒙·迪维尔对进一步勘探的前景感到兴奋，他说服海军授予他贝壳号指挥权并继续探索太平洋。迪蒙·迪维尔为纪念早期的太平洋探险家让-弗朗索瓦·德·加洛普·拉佩罗斯伯爵（1741—1788），将贝壳号改名为星盘号（Astrolabe），并在1826—1829年和1837—1840年的两次太平洋探险中都使用了这艘船。

迪蒙·迪维尔在他的第一次探险中，勘测了澳大利亚、新几内亚、新西兰和许多太平洋岛屿的部分地区。他在这些岛屿上花了相当长的时间，并推广了马来西亚、美拉尼西亚、波利尼西亚和密克罗尼西亚等名词，以区分他所发现的文化。他带回了大量的动物、矿物和植物标本，并将他的发现记录在五卷本报告中。在第二次探险中，迪蒙·迪维尔向南航行，他奉命为法国寻找南磁极并声索主权。这支探险队花了几个月的时间探索南极洲，但厚厚的冰层阻碍了探险队向南航行。尽管如此，迪蒙·迪维尔还是为法国宣示了以他妻子名字命名的阿黛利地（Terre Adelia）的领土主张。同样，冰层也使他两次环游大陆的努力受挫，在此期间，迪蒙·迪维尔返回波利尼西亚，补充补给品并继续研究该地区。他再次带着大量的标本回到法国，随后写了一部24卷的关于这次探险及其发现的记录，为人类学、植物学和其他领域做出了重要贡献。1842年5月8日，他死于火车出轨事故，与他一起丧生的还有他的妻子和孩子。

克里斯蒂·怀特

拓展阅读

Clark，Geoffrey.2003.“Dumont d'Urville's Oceania.” *The Journal of Pacific History*（38）2.

Dunmore，John. 2015. *From Venus to Antarctica：The Life of Dumont d'Urville*.Auckland，NZ：Exisle.

青年学派

由于1870年普法战争的失败，法国背负了大量战争债务，其海军开支由此减少了25%，法国还重新制定了政策来应对新的德国危险。法国调整海事政策和战略以适应新的现实，这反过来又导致了一种新的海军理论方法，即“青年学派”（School of the Youth）①。对于法国海军来说，英国仍然是法国的敌人，然而糟糕的财政状况意味着法国无法跟上英国海军的生产步伐。因此，与阿尔弗雷德·赛耶·马汉（Alfred Thayer Mahan）和其他强调大型军舰的海军思想家们不同，法国海军的先驱者们在小型军舰、蒸汽推进器和鱼雷的基础上发展出了一种新的战略方针。

鱼雷艇长度约为100英尺，初步海试证明了其在恶劣条件下的价值。这使“青年学派”的主张者认为，这种新的鱼雷艇和小型快速艇的不对称组合可以击败昂贵的战列舰。如果情况属实，那么法国就可以在将大部分资源分配给应对德国威胁的同时，解除英国的威胁。这一新理论的两个主要倡导者是泰奥菲尔·奥布（1826—1890）海军上将和记者加布里埃尔·沙尔姆（1850—1886）。为了对抗英国，奥布和沙尔姆认为法国应在海岸线上维持一系列基地。在发生战争时，鱼雷艇可以从这些基地发起攻击，打破英国战列舰预计会开展的封锁。在击溃英国的战列舰后，法国的鱼雷艇还可以攻击英国的航路和沿海城市。奥布的理由是，英国的力量来自其物质财富；因此，关闭其海上交通通道将使英国失去40%的世界贸易量。由于其经济命脉和粮食进口被切断，英格兰将屈服于法国。

批评者们指出了“青年学派”淡化或忽略的因素。首先，鱼雷技术有很大的局限性，使运载鱼雷的小船极易受到大型船只的火炮的攻击。其次，主张者认为鱼雷艇可以随意屠杀商船，但批评者认为商船可以反击或简单地躲避鱼雷艇。最后，无限制的商战违反了法国政府签署的国际法，并可能将中立国卷入地区冲突，大大增加了法国利益的风险。对于“青年学派”最大的批评可能是把英国视作敌人。许多人认为，德国显然是法国唯一的生存威胁。然而，许多“青年学派”的分析家认为，奥布和他的支持者是有先见之明的，20世纪的潜艇战争验证了他们的想法。

迈克尔·W. 琼斯

拓展阅读

Aube, Théophile.1882.*De la guerre maritime*.Berger-Levrault.

Roksund, Arne.2004. “*The Jeune Ecole: The Strategy of the Weak.*” *In Navies in Northern Waters, 1721—2000*. Rolf Hobson and Tom Kristiansen (eds.).London: Frank Cass.

① 译者注：亦译“少壮（学）派”。

Ropp, Theodore. 1987. *The Development of a Modern Navy, French Naval Policy 1871—1904*. Annapolis: Naval Institute Press.

让-弗朗索瓦·德·加洛普·拉佩罗斯伯爵，1741 年至 1788 年

让-弗朗索瓦·德·加洛普·拉佩罗斯伯爵是法国海军军官和探险家，他的探险队在前往所罗门群岛的南太平洋途中失踪。继英国上尉詹姆斯·库克之后，拉佩罗斯是欧洲 18 世纪最伟大的太平洋探险家。他的事迹在法国早期殖民主义的重要事件中名列前茅。

拉佩罗斯 1741 年 8 月 22 日生于法国阿尔比，是玛格丽特·德·加洛普和维克多·约瑟夫·德·加洛普的 10 名子女之一。他 15 岁进入海军，1759 年 11 月的基伯伦湾（Quiberon Bay）战役中，他在装有 80 门火炮的可畏号（Formidable）服役，成了英国海军上将爱德华·霍克（Edward Hawke）的俘虏之一。被遣返后，拉佩罗斯最终在加勒比海和印度洋上指挥船只，并在美国独立战争期间率领舰队出征。1782 年，他在哈德逊湾表现卓异，夺取了英国的两个防御工事，使哈德逊湾公司的皮草贸易业务暂时中断。

在库克三次远征太平洋（1768—1779 年）之后，法国国王路易十六（1754—1793）试图超越他的英国对手的成就。他派拉佩罗斯率领两艘 500 吨级的护卫舰，共 225 名船员，就太平洋上的岛屿和周围土地做广泛调查。1785 年 8 月 1 日，星盘号（L'Astrolabe）和罗盘号（La Boussole）从布雷斯特起航，在绕过合恩角之后，他们曾停靠于智利、夏威夷、阿拉斯加、加利福尼亚、澳门、马尼拉、堪察加、萨摩亚、澳大利亚和许多其他太平洋岛屿。1788 年 3 月 10 日，船只驶向所罗门群岛，但未能到达目的地。随后的调查得出结论，该探险队在新赫布里底（New Hebrides）群岛北部的圣克鲁斯（Santa Cruz）群岛的瓦尼科罗岛（Vanikoro）遇难。幸运的是，在堪察加半岛和植物学湾（Botany Bay）中途停留期间，拉佩罗斯派人将他的发现带回了巴黎。

拉佩罗斯探险队的贡献之一是，它于 1786 年将普通马铃薯从智利中部运送到加利福尼亚卡梅尔的圣卡洛斯·波罗密欧的方济各会传教团。人们并非事先计划要这样移植马铃薯，但这确实成了把西班牙的内陆省份加利福尼亚和智利联系起来的首个植物品种。在此之后的几百年中，植物继

续随人的活动跨越太平洋，由一个地方进入另一个生态系统类似的地方。

爱德华·梅利略

拓展阅读

Dunmore, John.2007.*Where Fate Beckons: The Life of Jean-François de la Pérouse*.Fairbanks: University of Alaska Press.

La Pérouse, Jean-François de Galaup de.1994—1995.*The Journal of Jean-François de Galaup de La Pérouse, 1785—1788*.John Dunmore (ed. & trans.).2 vols.London: Hakluyt Society.

Melillo, Edward D.2015.*Strangers on Familiar Soil: Rediscovering the Chile-California Connection*.New Haven: Yale University Press.

雅克-诺埃尔·塞内，1740 年至 1831 年

雅克-诺埃尔·塞内生于法国布列斯特，19 世纪后期成为法国主要的船舶工程师。他设计了大量战舰，从护卫舰到携带 74 门炮、80 门炮及 118 门炮的战列舰都有。作为七年战争（1754—1763 年）之后法国海军复兴的主要贡献者，塞内在造船上的贡献赢得了国际认可。直到 19 世纪，英国皇家海军的许多最佳战舰，要么是塞内设计船只的仿制品，要么是在战斗中俘获的塞内设计的战舰。

作为设计师和造船工程师，塞内很年轻的时候就出类拔萃。1758 年他成为一名学生工程师，是第一所海军工程学校——海军工程学院的首批毕业生之一。1774 年，他开始在布雷斯特设计和建造自己的战舰，这是两艘携带 74 门炮的汉尼拔（Annibal）级战列舰。这些使他引起了海军部长安托万·德·沙丁（Antoine de Sartine，1729—1801）和查尔斯·德·卡斯特里元帅（Charles de Castries，1727—1800）的注意，他们正努力使法国造船业标准化。塞内成为这项工作的中心人物。他设计的 74 门炮的鲁莽（Téméraire）级战列舰（1782 年）、120 门炮的海洋（Océan）级战列舰（1785 年）和 80 门炮的霹雳（Tonnant）级战列舰（1787 年）连续三届比赛获奖，这些战舰还成为单层甲板、三层甲板和双层甲板的法国战列舰的标准款式。

塞内 1786 年成为海洋科学院院士，1789 年被任命为造船副总监。1793 年，他作为布列斯特的港口总监，指导法国舰队的装备工作。塞内受到法国革命政府和拿破仑·波拿巴（1769—1821）的青睐，通过一连

串的职位升迁，他 1800 年成为海洋工程总监。在拿破仑统治期间以及君主政体复辟后的几年内，他一直担任这一职务。1820 年，政府任命他为巴黎委员会主席，负责设计下一代法国军舰。在拿破仑的要求下，他还将自己设计的战舰按比例尺制作成模型，并将其展出。1831 年塞内去世，享年 91 岁。在职业生涯中，他设计并监督建造了 150 多艘战舰，使法国舰队成为当时最现代化的舰队。

萨曼莎・海恩斯

拓展阅读

Musée National de la Marine. 2016. “Brest.” http：//www. musee - marine.fr/brest.Accessed June 7，2016.

Winfield，Rif，and Stephen S.Roberts.2015.*French Warships in the Age of Sails 1786—1861*：*Design*，*Construction*，*Careers and Fates*.England：Seaforth Publishing.

皮埃尔・萨弗伦・德・圣特罗佩，1729 年至 1788 年

皮埃尔・安德烈・德・萨弗伦・德・圣特罗佩是法国海军上将，革命前的最后几十年里，他在法国海军中服役。他的职业生涯标志着法国海军在与南亚当地列强及英国的冲突中取得的最高成就。在这些冲突中，萨弗伦以大胆的战术创新在 1782—1783 年印度洋的一系列战斗中战胜了英国舰队。

萨弗伦出生于 1729 年 7 月 17 日，是地中海沿岸附近普罗旺斯地区艾克斯的圣特罗佩侯爵的第三个儿子，当时沿海贵族的小儿子们通常有在海军服役的传统，这给了他出人头地的机会。他的早期经历包括在印度洋和地中海的法国军舰上担任初级军官。这期间，他还作为马耳他骑士团的成员，参加了打击巴巴里海盗的巡逻。1759 年，在拉各斯战役之后，他被英军在非洲西海岸俘获。1763 年七年战争结束时他被遣返，并在十年后的美国独立战争中大放异彩。

1778—1779 年间，萨弗伦在法属西印度群岛舰队中服役，担任装备有 64 门火炮的空想号（Fantasque）战舰的船长。由于在战斗中表现卓异，他受命担任一支五艘战舰组成的小舰队的指挥，该舰队于 1781 年离开布列斯特去援助荷兰人。萨弗伦的舰队在佛得角群岛附近击败了一支英国舰队，让后者从荷兰人手中夺取好望角的努力付之东流。在补入另外 6

艘战舰后，萨弗伦带领扩充后的舰队进入印度洋。1782—1783 年间，萨弗伦舰队与规模大致相当的英国舰队进行了五次激烈的战斗。最后，萨弗伦击退了约翰·休斯（John Hughes）爵士的舰队，后者试图征服迈索尔王国并消除法国在印度南部的影响。很快英法签订和平协议，结束了双方的敌对行动。萨弗伦当时已官至海军中将，五年后的 1788 年 12 月 8 日去世。

萨弗伦在指挥中不拘泥于固定的阵型，实践证明这些战术创新行之有效，产生了广泛影响。但他最著名的军事遗产是，拥有沿海哨所和防御工事对掌握海上优势至关重要，特别是在遥远的殖民地区尤其如此。这与当时流行的法国学说完全相反，后者强调机动性和节约海军资源的重要性，而不是占领和据有港口。

迈克尔·莱曼

拓展阅读

Bertrand，Michel. *Suffren：1729—1788：de Saint - Tropez aux Indes*. Paris：Perrin.

Cavaliero，Roderick.1994.*Admiral Satan：The Life and Campaigns of Suffren，Scourge of the Royal Navy*.London：I.B.Tauris

罗伯特·絮库夫，1773 年至 1827 年

罗伯特·絮库夫（Robert Surcouf）是法国大革命和拿破仑时代的私掠船主。与他在法国海军之中的那些效率低下的船长同行形成鲜明对比，絮库夫胆子大、效率高，经历富有传奇色彩，英国人曾悬赏购其项上人头。

1773 年 12 月 12 日，絮库夫出生于布列塔尼海岸的港口城市圣马洛（Saint-Malo）的一个船主家庭。圣马洛在 17 世纪和 18 世纪是法国著名的海盗避风港。絮库夫的家族一面为法国海军培养声名显赫的军官，一面也向私掠行业输送鼎鼎大名的海盗。絮库夫从小叛逆，13 岁时父母送他去狄尼安学院（Dinian College）学习圣职，但他逃之夭夭，加入商船当了船员。

1789—1794 年，在法国大革命早期的战争中，絮库夫曾在一些运奴船和法国军舰上干活。他的第一个担任船长的机会是在一艘小型运奴船上获得的。当时法国国民议会已经颁令禁止奴隶贸易，而絮库夫把这项非法营生干得风生水起。1795 年，他指挥一艘商船驶向印度洋。这艘埃米尔号（Emile）全副武装，絮库夫用之劫掠，俘获了 6 艘船。这一战果让絮

库夫赢得了对克拉丽丝号（Clarisse）的指挥权。克拉丽丝号有很强的机动性，1798 年和 1799 年，絮库夫指挥克拉丽丝号在非洲西海岸和东海岸俘获了 9 艘船。

在下一次指挥中，絮库夫用行动快速的 18 门炮双桅横帆船信心号（Confiance）劫获了 800 吨的东印度公司肯特号（Kent）商船①，船上乘客中还有一名英国将军。劫获这艘装有 40 门炮的武装商船让絮库夫名声大振。英国悬赏缉拿他，但拿破仑却委他以法国海军上尉的职位。絮库夫更愿意过私掠的生活，拒绝了这项任命。不过，1802 年法国设立荣誉军团勋章时，他还是被授勋。

洗手不干 5 年之后的 1807 年，絮库夫重操旧业，驾驶自己设计的亡魂号（Revenant）劫获了 16 艘英国商船。1809 年返回法国后，絮库夫退居幕后当船东并资助其他私掠船。滑铁卢战役（1815 年）之后他成为商人，在加拿大拥有 19 艘船和企业。他于 1827 年 7 月 8 日逝世，葬在圣马洛。

迈克尔·莱曼

拓展阅读

Briant, Théophile. 2002. *Robert Surcouf*, "*le corsaire invincible.*" Fernand Lanore. Hrodej, Philippe. 2009. "Roman Alain, La saga des Surcouf. Mythes et réalités." *Outremers* 96: 296–98, 362–63.

Norman, Charles Boswell. 2004. *The Corsairs of France*. Whitefish, MT: Kessinger.

儒勒·凡尔纳，1828 年至 1905 年

19 世纪多产的法国作家儒勒·凡尔纳（Jules Verne）写了几十部小说和故事，几乎都是以异国他乡或海上为背景，其中很多都涉及旅行，并融入了今天所谓的科幻小说的内容。

① 译者注：据马士（Morse, H.B.）的《东印度公司对华贸易编年史：1635—1834》（The Chronicles of the East India Company Trading to China 1635—1834）第 1 卷记载，1704 年肯特号商船曾携资 51450 镑赴广州，计划贩运 22 吨生丝和 117 吨茶叶回英国，当时记录的肯特号重 350 吨。Hosea Ballou Morse. The Chronicles of the East India Company Trading to China 1635—1834（5 Vols.）（Oxford 1926）pp.136.

1828年2月8日，凡尔纳出生在法国南特港附近卢瓦尔河中的一个小岛上。他虽然曾学习法律，后来还担任过股票经纪人，但最终还是被文学所吸引走上了作家的道路。起初，他写了一些杂文作品练手，后来才走出了自己的写作之路。1863年，他的第一部小说《气球上的五星期》在出版商皮埃尔—儒勒·赫泽尔（Pierre-Jules Hetzel，1814—1886）的安排下连载，后来又汇集成书出版。这部小说获得成功后，赫泽尔和凡尔纳签了长期合同。不过，赫泽尔是一个操控欲强的出版商，他经常更改凡尔纳的手稿，以便为自己谋取金钱和政治上的利益。

《气球上的五星期》结合了所有出现在凡尔纳作品中的元素：地理发现、科技进步（特别是涉及交通运输的）以及十足的勇气。他的下一部小说《哈特拉斯船长历险记》1866年在欧洲出版，分为两册，讲述了一名水手为到达北极所做的努力。《格兰特船长的儿女们》(1867—1868年)，也被译为“寻找遇难者”，描述了寻找一名为了在太平洋寻找殖民地而失踪的冒险家的经历。

赫泽尔把这些小说称为“非凡旅行”小说。凡尔纳的大多数小说首先是在赫泽尔的《教育与娱乐杂志》上连载，随后以装帧精美、插图丰富的多卷本书籍形式出版。这些小说吸引了众多读者，尤其是年轻的读者，受到他们的收集和珍惜。公众对法国迅速扩张的海外殖民帝国的好奇心，也增强了这本书的吸引力。

1859年，凡尔纳得到一个搭乘货船前往不列颠和苏格兰的机会。这似乎是他的第一次海上航行，随后在1861年，他又一次航海至斯堪的纳维亚半岛。他的小说事业越来越成功，身家日丰，还有能力购买了一些游艇，第一艘是1867年购置的圣米歇尔号（Saint-Michel)。

1869—1870年成书的《海底两万里》，一直是凡尔纳最受欢迎的作品。在神秘的尼莫船长的指挥下，鹦鹉螺号潜艇环游世界，开展了一次充满惊险的奇幻旅程，其中包括发现亚特兰蒂斯遗址和与巨型头足类动物作战的经历。尽管当时已经有原始潜艇的说法，但鹦鹉螺号是一艘高度复杂的舰船，凡尔纳对其技术奇迹的描述，以及他对各种海底奇观的呈现，确保了该书的成功。自最初发行以来，它已被翻译成数十种语言并经过了无数次改编，制作发行了多个版本的电影。

凡尔纳的另一本非常流行的小说是《八十天环游世界》(1873年)，他在书中讲述了执着的菲利亚·福格（Phileas Fogg）试图通过搭乘蒸汽船（当时蒸汽船已经取代了帆船）和火车创下环游地球时间最短纪录的故事。凡尔纳最巧妙的小说可能是《神秘岛》(1874—1875 年)，它讲述了五位美国人在太平洋的一个小岛上被放逐的经历。他们主要依靠自己的智慧，设法把这个岛变成了一个科技天堂。这部作品在某些方面是《格兰特船长的儿女们》和《海底两万里》的续集，也是凡尔纳根据丹尼尔·笛福（约 1660—1731 年）的小说《鲁滨逊漂流记》改编的第一部。凡尔纳最黑暗的书之一，是 1875 年初问世的《大臣号遇难者》(*The "Chancellor"*)。这本书的灵感来自 1816 年的梅杜萨号（Méduse）海难，描述了沉船幸存者同类相食的绝望境遇。

凡尔纳的创作才华在《神秘岛》之后崭露头角，后续作品中有一些是与人合写（往往不为人知）。他后来的小说包括：《马蒂亚斯·桑多夫》(1885 年)，其中大部分故事发生在地中海世界；《海洋入侵》(1905 年)，讲的是法国工程师开凿一条淹没撒哈拉沙漠的运河的故事；《世界尽头的灯塔》(1905 年)，故事背景是南美洲最南端的一个小岛。凡尔纳在后两本书出版的同年去世。

格罗夫·科格

拓展阅读

Butcher, William.2006.*Jules Verne*: *The Definitive Biography*.New York: Thunder's Mouth Press.

Costello, Peter.1978.*Jules Verne*: *Inventor of Science Fiction*.New York: Scribner, 1978.

Lottman, Herbert R. 1996. *Jules Verne*: *An Exploratory Biography*. New York: St.Martin's Press.

Unwin, Timothy.2005.*Jules Verne*: *Journeys in Writing*.Liverpool: Liverpool University Press.

英国，1750 年至 1900 年

英国人的身份与海洋密不可分，也许从来没有哪一个时期，国家与海洋的关系像通常被称为“帝国世纪”的时候那样重要，或者说是发生了如此巨大的变化。虽然 1750—1914 年这段时期是以战争为开场和结尾（1754—1763 年的七年战争和 1914—1918 年的第一次世界大战）的，但

中间也包括1815—1895年的大英帝国和平时期。在这一时期，大英帝国确实“统治着海浪”，基本上没有受到任何挑战。在法国大革命和拿破仑战争（1793—1815年）之后的相对和平，使英国能够在众多的海洋活动中扩大其影响力，这些活动包括贸易和航运、旅游、航海、海洋地理学和海洋科学、海岸旅游、海事工程和造船（包括从风帆到蒸汽机的转型），以及建立人类历史上最大的帝国。

1783年美洲殖民地的失利标志着大英帝国由第一帝国向第二帝国过渡，在此过程中，英国王室在非洲、亚洲和太平洋地区获得了巨大的财产。拿破仑战争的胜利在很大程度上消灭了法国作为东方贸易经济对手的角色。1806年，英国接管了位于南非开普敦的荷兰殖民地，确保了对这一欧洲和亚洲之间重要航道的控制权。1816年，英国的航运业务稳步增长，1816年，估计有6000艘商船从英国驶往外国港口。19世纪30年代，东印度公司等垄断企业（仅茶叶利润每年就超过3000万英镑）的专营权被打破，以前封闭的市场向竞争者开放。

自从1807年通过《奴隶贸易法》以来，英国在大西洋的角色发生了变化。在17世纪和18世纪，英国船只将300万非洲奴隶运送到其美国殖民地，其中多达50万人在航行中死亡。1799年的《奴隶贸易法》将英国运奴船限制在三个港口（伦敦、布里斯托尔和利物浦），1807年的《奴隶贸易法》废除了大英帝国的奴隶买卖，但仍允许对奴隶的所有权。皇家海军建立了西非舰队，根据新颁布的法律逮捕了约1600名非法奴隶贩子，这些人在1808—1860年之间沿非洲海岸运送了15万奴隶。大英帝国直到1833年《废除奴隶制法》才明确废除奴隶制（尽管其中包括东印度公司领土作为例外的规定）。

19世纪英国航海界最重大的技术变革是从风帆动力向蒸汽动力的转变。美丽而沉重的英国橡木帆船退出历史舞台，取而代之的是以煤为动力、用较轻的铁（19世纪80年代甚至用上了更轻的钢）建造的蒸汽船。特纳（J. M. W. Turner，1775—1851）在1838年创作的油画《战舰无畏号》(The Fighting Temeraire）中表现了这一转变。在画中，老旧战舰（也是参加过特拉法尔加海战的老兵）无畏号被一艘油烟滚滚、不伦不类的小汽船拖到罗瑟希德，准备拆解。到了19世纪，许多商人仍然倾向于选择飞剪式帆船——比如著名的运茶飞剪船卡蒂萨克号（Cutty Sark）——进行较长时间的航行，因为它们需要的水手较少，而且不需要储存煤炭。皇家海军在这一转型过程中落后于其他商船同行。到 1845 年，当海军部为探险家约翰·富兰克林的船只配备蒸汽机时，商船使用蒸汽动力已经有几十年。早期的蒸汽船仍然是木制的，使用烦琐的桨轮，即使在跨大西洋的航行中也是如此，这在 19 世纪 30 年代十分普遍。1839 年，弗朗西斯·佩蒂特·史密斯（Francis Pettit Smith）研制出了蒸汽动力螺旋桨，它极大地提高了船速和燃料消耗，并成为远洋船的标准配置。

19 世纪之前，只有两种主要的船舶设计：商船和军舰。随着蒸汽动力的普及，船舶的用途越来越多：货船和客船、轮船和渡船、冷藏船、货轮、货船、早期的油轮，当然还有在海上烧煤的煤船。英国在蒸汽船的设计和建造方面都很出色。1868 年，英国新铁船的吨位首次与木船的吨位相当，19 世纪 70 年代，这种平衡发生了重大变化。伦敦成为世界上最大的港口，泰晤士河两岸的船坞鳞次栉比，主要是在布莱克沃尔和伍尔威奇，以及后来的圣凯瑟琳和皇家阿尔伯特等私人码头。到 1886 年，仅在伦敦港就有 7 个封闭式码头。

其他重要的英国船坞包括赫尔、卡迪夫、布里斯托尔、朴次茅斯、普利茅斯、格拉斯哥、贝尔法斯特，甚至曼彻斯特，通过曼彻斯特船舶运河可以到达。利物浦和南安普顿等港口城市成为通关船的枢纽，而更快的汽船运输速度支持了来自英伦三岛的移民潮，目的地是 19 世纪 20 年代的加拿大、19 世纪 50 年代的澳大利亚和 19 世纪 70 年代的美国。在 1787—1868 年期间，罪犯的强制流放——先是到美国，然后到澳大利亚——将 164000 名英国人运送到海外。蒸汽船公司争先恐后地生产最快的船只，尽管更快的航行速度并不总是更安全的。1912 年号称“永不沉没”的泰坦尼克号（RMS Titanic）沉没事件就证明了这一点。

英国工程师伊桑巴德·金德姆·布鲁内尔（Isambard Kingdom Brunel，1806—1859）是这场蒸汽革命中的重要人物。他的大不列颠号（SS Great Britain）1843 年下水时是当时世界上最大的船，也是第一艘定期穿越大西洋的蒸汽船，他设计建造的“伟大的东方人”（Great Eastern）号（1858 年下水）帮助成功铺设了第一条大西洋海底电缆。1858 年初次尝试铺设大西洋海底电缆的努力在两周后失败了。1865—1866 年第二次铺设获得了成功，这也让英国在铺设跨洋线方面具备了优势。信息可以在几秒钟内穿越海洋，而不是几周内完成，这让大英帝国相距遥远的领土进一步团结到一起。到了 1900 年，30 艘漂浮在海上的电缆船中，有 24 艘是英国的，英国拥有并运营着三分之二的电缆。1914 年对德国宣战后，英国立即派出电缆铺设船警戒号切断了德国的海底电缆（只留下一条可以被战略监控的电缆），使德国的通讯在战争期间遭到破坏。

在 19 世纪，当海岸线成为热门的旅游目的地时，英国公众也以新的方式与海接触。布莱顿（Brighton）、马盖特（Margate）和韦茅斯（Weymouth）等城市因其海水的药用特性而受到赞誉（甚至成为医生开具的处方）。公民科学，如潮汐池和海藻收集等活动也开始流行，公众纷纷涌向报告有鲸鱼或其他大型或稀有"海怪"的海滩。当它的臭味变得难以忍受后，企业家可能会将海滩上的海怪保管起来，将其骨架清洗干净，并将其衔接起来，然后带着它去巡展，并向公众收费。正如《伦敦时报》1878 年所报道的那样，"对英国人来说，没有什么比海怪更令人着迷了"（《伦敦时报》1878 年 6 月 11 日，第 8 页）。这种对海洋生物的兴趣引发了 19 世纪 50 年代的"水族馆热潮"，在此期间，公共和私人水族馆都风行一时。人们第一次可以在陆地上看到活着的海洋水生动物。1883 年，伦敦举办了国际渔业展览会；1888 年，索尔兹伯里公爵（Robert Arthur Talbot Gascoyne-Cecil，1830—1903）对他的同胞说出了那句名言："我们是水族。"（Taylor，2013：3）

英国水域的鱼类非常多。鲱鱼产业在 19 世纪蓬勃发展，并在 1907 年达到顶峰，当时有 25 万吨的鲱鱼出口到欧洲大陆（在政府补贴和奖励的帮助下）。第一次世界大战削弱了该行业，因为许多渔民需要到皇家海军和后备役中服役。英国捕鲸船队在这几年也发展壮大，航行到南洋和北极，经常捕猎海豹和海象。在拿破仑战争期间，捕鲸人成为海军强征入伍的主要目标，因为他们已经是经验丰富的海员。伊丽莎白·盖斯凯尔（Elizabeth Gaskell）在 1863 年的小说《西尔维娅的情人》（Sylvia's Lovers）① 中描述了 18 世纪 90 年代捕鲸人遭受的压迫。在小说中，刚烈的捕鲸人金雷德（Kinraid）进行了抵抗，但最终被征兵队抓获。不过，到了 19 世纪中叶，英国的捕鲸业已经被美国捕鲸船提供抹香鲸油的成功所击败。

在 19 世纪，英国皇家赞助的探险活动有所增加。到 1831 年查尔斯·

① 译者注：1991 年出版的中译本书名为《西尔维亚的两个恋人》。

达尔文（1809—1882年）登上皇家小猎犬号（HMS Beagle）的时候，皇家海军已经派出了无数次科学和探险任务。其中最著名的是詹姆斯·库克船长的三次太平洋航行（1768—1771年、1772—1775年和1776—1779年），以及乔治·温哥华在1791—1795年对太平洋沿岸的海图绘制。这些航行得到了新的航海技术的支持，特别是几个世纪以来对经度测量的追求。精确的航海经线仪的发明，意味着可以在世界任何远离大陆的地方确定船只的位置。（小猎犬号第二次航行中使用的经线仪是英国广播公司BBC电台四台“从100件文物看世界历史”节目[①]重点讲解的文物）1795年，英国海军司令部成立了航道测量局，负责绘制世界各大洋的海岸线。

英国在与海洋相关的科学和医学方面表现出色。著名诗人拜伦的祖父约翰·拜伦（1723—1786），在1764—1766年间搭乘海豚号从事了英国皇家海军的第一次科考航行。挑战者号于1773—1776年期间进行了著名的海洋研究考察；而几乎在所有的发现之旅中都有自然科学家在船上服务，包括查尔斯·达尔文他在小猎犬号的第二次航行（1831—1836年）期间提出了进化论。科学家的一些发现甚至直接让海员们受益。在重新认识到使用柑橘可以预防坏血病之后，1867年颁布的《商船法》（Merchant Shipping Act）规定皇家海军和商船的所有船只都必须每日定量向水手提供酸橙［这也是人们把英国水手称作“吃酸橙者”（Limey）的由来］。

皇家海军适应了技术的发展，用燃煤蒸汽船取代了帆船。1889年，议会通过了《海军防御法案》，要求制定“两强标准”，命令皇家海军维持一支相当于或超过第二和第三大海军强国总和的舰队。登船队、火炮轰击和人形橡树碎片的时代已经被一连串的钢制舰艇所取代，这些舰艇上安装着越来越大的炮台和越来越厚的防护装甲。1906年，为了应对与德国海军的军备竞赛，英国无畏号下水了，这是新型战列舰中的第一艘。这艘527英尺长的战舰在英国女王陛下的朴次茅斯船坞建造，它改变了20世纪海军战略的面貌，配备了可以以21节的速度航行的蒸汽涡轮发动机，5门12英寸双联装火炮（总共10门）的一体化主炮台，24门12磅火炮的副炮，以及5个潜射的18英寸鱼雷管。

在1750—1914年之间，英国在战争、旅行、贸易和探索的每一个方

① 译者注：该节目由大英博物馆和英国国家广播公司（BBC）联合打造，从大英博物馆800万件馆藏中精选了100件最具代表性的物品，全面展现人类200万年的文明史。

面都塑造了海洋世界，同时也受到海洋世界的影响。木制战舰让位给了蒸汽动力战舰，皇家海军和商船队是迄今为止世界上最大、最强的海军。船上的船员可以通过航海经线仪知道自己在海上的准确位置（还可以通过每天供应柑橘类食物来避免坏血病）。王室赞助的探险航行，绘制出了欧洲人以前不知道的土地，并支持科学研究。穿越大西洋的速度变得更快，尽管其速度与整个帝国通过电报传递信息的速度相比相形见绌。1914年，英国港口的出口量是1814年的32倍，到19世纪末，世界上64%吨位的船舶由英国建造，52%吨位的船舶由英国拥有（紧随其后的竞争对手是美国，美国拥有的吨位数占比仅为5%）。在国内，沿海地区和公共水族馆都成了人们趋之若鹜的时尚场所。这些发展以及它们所承载的文化内涵，促成了人类历史上最大的帝国，其面积超过1300万平方英里，横跨亚洲、非洲、中东、澳洲、北美洲和太平洋。

从航海到蒸汽船、特拉法尔加到炮舰外交，英国被普遍理解为一种独特的、内在的海洋文化，而我们现在对英国航海的许多看法都源于这一时期。浪漫主义时期（1780—1837年）和维多利亚时期（1837—1901年）的英国艺术和文学作品强化了海洋在英国身份中的中心地位。弗雷德里克·马里亚特（Frederick Marryat）是19世纪最著名的海洋小说家，20世纪之交的英国人约瑟夫·康拉德（Joseph Conrad）紧随其后，但实际上，几乎所有的重要作家——包括简·奥斯汀、查尔斯·狄更斯以及歌剧拍档吉尔伯特（Gilbert）和沙利文（Sullivan）——都在他们的作品中加入了海洋的元素。学生和学者们仍然对这段非凡的海洋历史中的事件、人物、艺术和文学作品以及一个小岛国的民族叙事感到着迷，因为这个小岛国的往往有些粗野的海上进取之举促成了一个全球帝国的建立，而这个帝国的影响至今仍在不断地被人们所感受到。

凯莉·布什内尔

强征入伍

强征入伍是一种强迫男丁加入海军的行为。英国领导人偶尔这么做来扩充皇家海军，但在18世纪和19世纪初的海上大战中，尤其是在法国大革命和拿破仑战争（1793—1815年）期间，这种做法变得普遍起来。

皇家海军战舰上派出的强征队，主要从渔民和商船水手聚集的港口地区，有时也从公海上的英国商船上，搜捕有航海经验的人。这些人一旦上船，如果愿意加入皇家海军，往往可以获得较高的军衔和薪水。由于统计数字和记录不准确，被强征入伍的水手占皇家海军水手总数的百分比仍然是学者们争论的话题。随着时间的推移，反对强征入伍的声音越来越大，越来越多的民间领袖表示反对。他们反对的言辞声情并茂，声称男人们在睡觉时被从床上拉起来，或者被灌酒，在醉酒后被拖到皇家海军战舰上。强征入伍还加剧了英国和美国之间的紧张关系，因为英国军舰还从美国商船上强征水手，声称他们是英国臣民或皇家海军逃兵。美国人对这种做法的抗议最终导致了 1812 年战争。

马修·布莱克·斯特里克兰

拓展阅读

Edmond, Rod. 1997. *Representing the South Pacific*: *Colonial Discourse from Cook to Gaugin*.Cambridge：Cambridge University Press.

Howarth, David.1974, 2003.*British Seapower*: *How Britain Became Sovereign of the Seas*.New York：Caroll and Grad.

Killingray, David, Margarette Lincoln, and Nigel Rigby (eds.). 2004. *Maritime Empires*: *British Imperial Maritime Trade in the Nineteenth Century*. Woodbridge：Boydell Press.

Lamb, Jonathan, Vanessa Smith, and Nicholas Thomas (eds.). 2000. *Exploration & Exchange*: *A South Seas Anthology*, *1680—1900*.Chicago；London：University of Chicago Press.

Morriss, Roger.2014.*The Foundations of British Maritime Ascendancy*: *Resources*, *Logistics*, *and the State*, *1755—1815*.Cambridge：Cambridge University Press.

Parkinson, Roger. 2008. *The Late Victorian Navy*: *The Pre-Dreadnought Era and the Origins of the First World War*.Suffolk：Boydell and Brewer.

Quilley, Geoff.2011.*Empire to Nation*: *Art*, *History and the Visualization of Maritime Britain*, *1768—1829*. New Haven and London：Yale University

Press.

Taylor, Miles (ed.). 2013. *The Victorian Empire and Britain's Maritime World, 1837—1901: The Sea and Global History*. London: Palgrave Macmillan.

The Victorian Web.2014. "Nineteenth-Century Ships, Boats, and Naval Architecture and Engineering". http: //www. victorianweb. org/victorian/technology/ships/index.html.Ac-cessed November 11, 2016.

Winfield, Rif.2014.*British Warships in the Age of Sail 1817—1863: Design, Construction, Careers, and Fates*.Barnsley, UK: Seaforth.

慷慨号兵变

1789年4月28日，英国皇家海军慷慨号（HMS Bounty）的船员对他们的船长威廉·布莱（William Bligh，1754—1817）中尉发动兵变。以大副弗莱彻·克里斯蒂安（Fletcher Christian，1764—1793）为首的18名兵变者，以船长为人质，强迫船长下船，以表达他们的不满。据布莱回忆说：

> 就在太阳升起前，克里斯蒂安先生带着警卫长、副炮手和海员托马斯·伯克特，趁我睡觉的时候走进我的船舱，用绳子把我的手绑在背后，威胁我说，如果我呼救或发出一点声音，就立刻杀死我。（布莱，1792：154）

当时，慷慨号在塔希提岛以西1300英里处执行一项任务，将1015株面包树从太平洋群岛运往西印度群岛的英国种植园。

哗变者们强迫布莱和支持他的18名船员登上了一艘23英尺长的小船，让他们漂流。布莱和忠实于他的船员们只用一个象限表和一块怀表作导航，驾驶着这艘装备不足的救生艇航行了47天，3618英里，直到到达荷属东印度群岛的帝汶。

叛变的船员们在图布艾岛（Tubuai）作了短暂的、命运多舛的停留，在那里，他们多次遭到当地居民的袭击。随后，叛变的船员们返回了塔希提岛，但克里斯蒂安和其他八名船员很快决定离开，前往更安全的地方藏身。为了躲避皇家海军，他们与塔希提岛的6名男子、18名妇女和一名婴儿一起起航。在到达塔希提岛东南 1350 英里处的火山岛皮特凯恩（Pitcairn）后，他们卸下牲畜和补给品并烧毁了慷慨号。

最终布莱和几名水手返回英国。1790 年 3 月 15 日，布莱向海军部报告了叛变。次年 11 月，英国皇家海军派出爱德华·爱德华兹上尉和潘多拉号来追踪慷慨号叛乱分子。爱德华兹在塔希提岛逮捕了 10 名男子，并发现了冲上岸的慷慨号残骸和货物，但没有找到其余的逃犯。这些叛徒和他们的塔希提岛同伴成为自此以来一直生活在皮特凯恩的小型社区的第一代人。1838 年 11 月 30 日，大英帝国收编了皮特凯恩群岛，包括无人居住的汉德森岛、杜西岛和奥埃诺岛。

布莱船长于 1791 年乘坐普罗维登斯号返回太平洋，并完成了他最初的任务，将面包树运到西印度群岛。令帝国官员们感到沮丧的是，牙买加的奴隶们拒绝吃这种平淡无味的淀粉类水果。

关于兵变动机的说法有很大的差异。五部电影和许多书籍都将这次起义描述为对船长无情的纪律的回应，表达了部分船员对放弃在塔希提岛停留五个月期间所产生的人际关系的不满。历史学家格雷格·德宁（Greg Dening）指出，“‘布莱船长’几乎成了我们这个时代滥用权力的陈词滥调”（Dening，1992：340），他认为原因是布莱和他的船员之间一系列更加复杂的冲突。

爱德华·梅利略

拓展阅读

Alexander，Caroline. 2003. *The Bounty：The True Story of the Mutiny on the Bounty*. New York：Viking.

Bligh，William. 1792. *A Voyage to the South Sea，Undertaken by Command of His Majesty for the Purpose of Conveying the Bread-Fruit Tree to the West Indies，in His Majesty's Ship the Bounty，Commanded by Lieutenant William Bligh*. London：George Nicol.

Dening，Greg. 1992. *Mr. Bligh's Bad Language：Passion，Power and Theatre on the Bounty*. New York：Cambridge University Press.

挑战者号远征

1872 年 12 月，“挑战者”号起航，进行了为期四年的环球航行，以追求对深海的了解。这次探险由英国皇家海军司令部和皇家学会联合赞助，被誉为有史以来最完整、最系统的深海探索。它包括约200人的海军船员和6名科学家。挑战者号由乔治·斯特朗·纳雷斯（George Strong Nares，1831—1915）船长指挥，1875年纳雷斯船长被召回指挥英国北极探险队后，改由弗兰克·图尔·汤姆森（Frank Tourle Thomson，1829—1884）船长指挥。船上的科学家由当时担任爱丁堡大学自然历史系主任的自然学家查尔斯·怀维尔·汤姆森（Charles Wyville Thomson，1830—1882）领衔，还有自然学家约翰·默里（John Murray，1841—1914）、亨利·诺迪奇·莫斯利（Henry Nottidge Moseley，1844—1891）和鲁道夫·冯·威廉姆斯-苏姆（Rudolf von Willemoes-Suhm，1847—1875）、化学家约翰·杨·布坎南（John Young Buchanan，1844—1925）和艺术家兼秘书约翰·詹姆斯·怀尔德（John James Wild，1824—1900）。这次远航旨在通过温度和深度测量、海水的化学和物理分析、标本收集和自然历史观察，对世界海洋进行最全面的了解。考察队的科学成果以各种形式进行了报告，最后出版了50卷的报告。在1876年5月完成考察路线之前，挑战者号探险队就已经被英国科学界赞誉为取得了巨大的成功，这一遗产一直延续至今。历史上，这次远征被视为维多利亚时代科学的标志性成功，并一直被认为是现代海洋学的开端。挑战者号远征是将海洋作为科学空间的概念中的一个基本历史时刻。

这次远征原本叫做“环球科考远航”，但当现役海军螺旋桨护卫舰挑战者号（HMS Challenger）入选远征用船之后，就被广泛称为挑战者号远征了。这艘配备了风帆和蒸汽机的战舰接受了适合于科学用途的改装。正如怀维尔·汤姆森对皇家学会说的那样：“我想，这是历史上第一次，政府在充分的科学监督和装备齐全的情况下，以纯粹的科学目的，进行了一次重要而昂贵的远征。”（Thompson，1876年）该船的18门64磅炮中的16门被拆除，以容纳所需的工作空间和设备。顶层甲板包括一个疏浚平台，一个专门用于收集生物后立即筛选标本的甲板屋，以及用于放置大量的绳索和其他设备的空间，用于探测、疏浚和拖网。它还容纳了一台18匹马力的辅助蒸汽机，专门用来拖动探测和疏浚绳索。主甲板上设有科学人员的工作空间，包括一个博物学家工作间、化学实验室和摄影工作间。这些空间包括特殊的存储空间，安装了显微镜和其他设备。此外，主甲板上还有船长和首席博物学家的睡眠舱，这些舱室是对称的，并且也许是具有象征性的，大小和位置都是平等的。

挑战者号穿越了世界上所有主要的大洋，并在全球各区域进行了数十次陆地穿行。挑战者号在全球航行了近4年，航程近7万海里。它的船员在348个地点进行了测量，测量了海洋深度，并经常用拖网和挖泥船收集标本。其最深的测量点位于现在被称为马里亚纳海沟的深海区，深度达到了4475海里（约26850英尺）。在所有探测过程中，工作人员使用附在绳索上的特殊设计的温度计，每隔一定的长度间隔进行温度读数。这些综合技术产生的数据对当时的海洋知识和科学讨论做出了重大贡献。考察队的研究进一步发展了进化论的基本组成部分，包括对大洋带、当地环境和物种进化之间关系的重要知识。科学人员还研究了传统的自然史，在不同的大洋深处收集了大量的植物和动物标本，并对数千种以前不为人知的物种进行了编目，其中包括许多有孔虫和放射虫。

其他的考察工作包括深度和温度测量，进一步了解海洋潮汐和洋流，对陆地上遇到的土著居民进行观察和勾画样貌草图，对海底进行广泛的测绘，为铺设全球海底电缆电报网工作做出了贡献，还拍摄了陆地景观、地质和海洋现象的照片，包括有史以来首次拍摄的南极冰山照片。此外，许多用于获取数据的技术和工艺在考察过程中得到了发展和完善，为今后几十年来研究海洋的方式奠定了基础。

探险结束后，科研人员回到了英国，广受赞誉。这次远征推动了进一步的深海探索，并作为海洋学知识的一个相关来源持续到20世纪。这次远征仍然是科学海洋探险和海洋学领域历史上的一个著名事件。它的遗产是通过大量的资料保存下来的，包括正式的研究报告、图片、草图、草图和实物标本收藏，其中许多标本仍保存在原始状态。

艾玛·祖罗斯基

拓展阅读

Moseley, Henry Nottidge. 2014. *Notes by a Naturalist on the Challenger*. Cambridge: Cambridge University Press.

Rehbock, Philip. 1992. *At Sea with the Scientifics: The Challenger Letters of Joseph Matkin*. Honolulu: University of Hawai 'i.

Rozwadowski, Helen M. 2005. *Fathoming the Ocean: The Discovery and Exploration of the Deep Sea*. Cambridge: Belknap.

Swire, Herbert. 1938. *The Voyage of the Challenger: A Personal Narrative of the History Circumnavigation of the Globe in the Years* 1872—1876. London:

Golden Cockerel.

Thomson, C.Wyville, to Secretary of the Treasury (October 30, 1876), reproduced in *Minutes of the Meeting of the Council of the Royal Society*. December 7, 1876.Royal Society.

约瑟夫·康拉德，1857 年至 1924 年

约瑟夫·康拉德（Joseph Conrad）原名约瑟夫·特奥多尔·康拉德·科泽尼奥夫斯基（Józef Teodor Konrad Korzeniowski），1857 年 12 月 3 日出生，出生地在今乌克兰境内。[①] 他用英语撰写的海洋故事和小说备受瞩目。

康拉德在青少年时期就对航海产生了兴趣，在 1874 年进入法国商船队，四年后进入英国商船队。1886 年成为英国公民后不久，他就取得了船长证书。1894 年他放弃航海生涯时，他的航行记录已经到过南美、西印度群岛、澳大利亚和东南亚等地，其中最后一个地方是他许多作品的背景。他还在 1890 年作为比利时汽船的船长在刚果河上航行。

康拉德的第一部小说《阿尔马耶的蠢事》(Almayer's Folly）发表于 1895 年，讲述了他在东印度群岛婆罗洲海岸观察到的人物和风景。他的第一部利用自己丰富海上经验写就的作品《水仙号上的黑家伙》(1897 年)，描写了一艘船从印度到英国的返航。

康拉德最杰出的三篇作品——《青春》(Youth)、《昧心》(Heart of Darkness）和《吉姆老爷》(Lord Jim）——视点人物是一个名叫马洛的叙述者，他是一个持怀疑论的观察者，有点像康拉德本人。第一篇作品《青春》是基于康拉德 19 世纪 80 年代初期在“巴勒斯坦之舟”上进行的多次航行而来的。这是一篇非凡的作品，它诗意地唤起了一个年轻人对东方世界惊鸿一瞥的初见回忆。根据自己在刚果河上的经历，康拉德写出了饱含悲观主义色彩的《昧心》。这篇与前面一篇作品一并收录在 1902 年出版的作品集《青春》之中。康拉德最受欢迎的小说《吉姆老爷》(1900 年）的部分灵感来自发生在印度洋上的一桩臭名昭著的事件。在这起事件中，运送朝圣者的轮船吉达号（Jeddah）的船员误以为船要沉没了，于是抛下乘客弃船而去。这部小说还反映了康拉德对詹姆士·布鲁克

① 译者注：康拉德生于别尔季切夫（Berdyczew），当时是波兰的一个地区。

（James Brooke，1803—1868）的兴趣。詹姆士·布鲁克是一位英国冒险家，后来成为砂拉越的拉惹（Rajah）[①]。

康拉德的其他著名作品还包括长篇小说《台风》(1902 年)，讲述了一艘被卷入可怕风暴的船只的故事，以及《秘密的分享者》(1912 年)，这部作品戏剧性地讲述了一个年轻船长痛苦的道德困境。短篇小说《影子线》(1917 年）描述了一艘在暹罗湾遇难的帆船上的船员的苦难，被许多人认为是其晚期的杰作。

康拉德于 1924 年 8 月 3 日去世。他可以被看作风帆时代结束之年和蒸汽时代开局之年的编年史家。最终，无论如何，他所关注的是更大的问题，尤其是忠诚、勇气和责任，而在水手和海洋的世界里，他找到了一个理想的叙事背景来探索这些问题。

格罗夫·科格

拓展阅读

Allen，Jerry. 1965. *The Sea Years of Joseph Conrad.* Garden City，NY：Doubleday.Gillon，Adam.1982.*Joseph Conrad.* Boston：Twayne.

Karl，Frederick Robert.1979.*Joseph Conrad：The Three Lives.* New York：Farrar，Straus，and Giroux.

Sherry，Norman. 1966. *Conrad's Eastern World.* London：Cambridge University Press.

詹姆斯·库克，1728 年至 1779 年

英国航海家、探险家和制图师詹姆斯·库克（James Cook）的成就在 18 世纪海洋探索和发现史上占有重要地位。他探索并绘制了澳大利亚和新西兰的海岸线图，访问了许多太平洋岛屿，并率领首个欧洲探险队进入了南极水域。

1728 年 10 月 27 日，库克出生于约克郡克利夫兰的马顿，是一个苏格兰工人的儿子。作为惠特比（Whitby）贵格会的煤炭运输商约翰·沃克（John Walker）的学徒，库克学习了数学和航海技术，并在波罗的海

① 译者注：拉惹是东南亚以及印度等地对于领袖或酋长的称呼，最早源自梵文 rājan 一词。1841 年，英国探险家詹姆士·布鲁克因平息叛乱有功，获文莱苏丹委任为砂拉越的统治者，成为首位白人拉惹。砂拉越，旧称“沙捞越”。

贸易航线上的船只上获得了宝贵的航海导航经验。1755 年，他先是成为鹰号（HMS Eagle）上的大副，在英吉利海峡航行，后来在彭布罗克号（Pembroke）上担任船长，1758 年横渡大西洋，参与围攻法属加拿大的要塞路易斯堡，并勘测了圣劳伦斯河。在诺森伯兰号（Northumberland）和格伦威尔号（Grenville）上工作期间，他在北美洲东北部沿海的海岸测绘工作持续了数年。

库克的纽芬兰海图的出版和日食观测引起了英国海军部和皇家学会的注意，他随后被任命为英国远征队的队长，前往“南洋”观测金星过境。晋升中尉后，库克在 1768 年指挥奋进号从普利茅斯出发，前往南半球海洋进行大规模探险，这样的勘探之旅本次之后还有两次。第一次航行中，库克在 1769 年绕过南美洲合恩角，到达太平洋的塔希提岛，在那里他记录了金星穿过太阳的过程——这将使天文学家能够计算出太阳系的大小——并绘制了当地岛屿的地图，收集了自然历史标本。海军司令部也给了库克一个秘密指示：确定地球南端是否存在一个南方大陆。与北半球相对称的南方大陆的想法，自 2 世纪以来就影响着欧洲人对南半球地理的思考。

1770 年，库克一行绕过合恩角，驶入太平洋，绕行并绘制了新西兰群岛的岛屿图，然后向西航行到新荷兰（澳大利亚），并为英国宣称这两个地方都是英国的领土。他未能找到南方大陆，但在 1771 年返回英国后，他成功地向海军司令部申请到再一次确定是否存在南方大陆的机会。1772 年，他乘坐决心号（Resolution）起航，并任命托拜厄斯·弗诺（Tobias Furneaux）担任同行的冒险号的船长。在这次航行中，库克航行到南半球高纬度地区，在这里，他发现了一个完全包围地球的风暴洋，并在他的航海日志中命名为“南部海洋”。1774 年 1 月 30 日，他第一次有记录地穿越了南极圈，并于 1774 年 1 月 30 日到达南纬 71°10′的“最南端”。在那里，他遇到了一望无际的冰海。他航行到了南极海岸附近，但没能看到海岸。在这时，他记录了这样一段话：“没有人能够比我走得更远，而且由于浓雾、暴风雪、严寒和其他一切可能导致航行危险的因素，南边的土地将永远无法探索。”（库克，1955—1969：第二卷，629）。

詹姆斯·库克开启了科学探索世界海洋的新纪元。威廉·霍奇斯（William Hodges）的这幅画表现了库克船长到达塔希提岛马塔瓦伊湾的场景。库克本人后来在夏威夷被杀。(勒布雷希特音乐与艺术图片库/阿拉米素材图库)

越线仪式

越线仪式是一种经久不衰的非正式海上航行传统，由船员自行举办。它起源古老，杳不可考。较早的仪式发生在穿越直布罗陀海峡(大力神之柱)[①] 时，其后在赤道风行，并在国际日期变更线、北极圈和南极圈被设定后扩散到这些地区。越线仪式没有标准化的仪轨，给参与者留下了很大的创造空间，这种未知性让人对“波里蛙蝌”（pollywog，原意为“蝌蚪”，这里是对那些将要参加越线仪式的海员的称谓）们的反应更加期待。仪式结束后，“波里蛙蝌”就成了“老炮”(shellback)。越过赤道与国际日期变更线的交汇点时，还会举行类似的“金牌老炮”（golden shellback）仪式。详细的非官方记载记录了仪式的过程。

① 译者注：又称为海格力斯柱（Pillars of Hercules），海格力斯即古希腊神话中的大力士赫拉克勒斯。大力神之柱用于形容直布罗陀海峡两侧的山峰，北侧是英属直布罗陀境内的直布罗陀巨岩，南侧在北非大陆。西班牙国徽上就有两根海格力斯柱。

仪式中，老海员们通常扮作海神尼普顿、幽灵船长戴维·琼斯或其他神话人物，来欢迎那些新加入“老炮”或海神尼普顿之子行列的同伴。仪式流程通常包括将新船员浸泡在海水中、剃光头、打耳光、障碍跑等，一般都会让他们感到不舒服。这种仪式并非没有争议。威廉·布莱（即后来著名的“慷慨号兵变”中的威廉·布莱）在詹姆斯·库克的决心号上服役时，就对这种做法嗤之以鼻。美国海军舰长们一般会监督越线仪式，防止欺侮，确保每个参加仪式的人都安全而愉快。

哈里·巴伯

1777年，库克受命第三次也是最后一次指挥航行。他的任务是寻找连接大西洋和太平洋的西北航道。他先是绕过好望角，横渡印度洋到塔斯马尼亚、新西兰和塔希提岛，然后沿着北美洲的太平洋海岸线向北航行，到达白令海，并通过白令海峡到达北冰洋。他没有找到北部通道，于是转而南下夏威夷，重新补充补给，并进行修理，准备返回北太平洋。1779年2月14日，50岁的库克在夏威夷的凯阿拉凯夸湾（Karakakooa）与当地人发生小规模冲突时被杀死，当时的夏威夷岛被称为三明治群岛。

库克的发现之旅最值得称道的是他对地理知识和公海航海的贡献。他的三次发现之旅跨越了所有五大洋盆地（太平洋、大西洋、印度洋、南洋和北冰洋）。从他的第一次航行开始，库克用月球导航法绘制了非常精确的海图，覆盖了5000英里（8047公里）的海岸线。在当时，水手们可以测量船速、纬度、水深和方向，但没有精确的计时方法，就没有准确的经度测定方法，而且船只在海上的位置计算错误可能是致命的。在他的第二次航行中，库克成功地使用了拉康姆·肯德尔（Larcum Kendall）制作的、约翰·哈里森（John Harrison）发明的航海精密计时器，库克称之为“我们在所有变幻莫测气象中的忠实向导”（库克，1955—1969：第二卷，692）。然而，库克的成就并不限于地理发现和航海成就。在每次航行之后，他都会把丰富的海洋学资料、人种学观察和自然历史收藏品带回旧世界，建立了将科学投资与海洋探索相结合的传统。他被认为是一位自信、细致、知识渊博且富有人情味的海军船长，在严格遵守包括卫生和饮食在内的船上规则的同时，他还激发了与他一起服务的人的强烈忠诚，赢得了同行的尊重。他被认为是世界上最伟大的海员之一，他的一生和成就在全球各地的地名、博物馆和纪念馆中得到了认可和纪念。

乔·麦肯

拓展阅读

Beaglehole，J.C.1974.*The Life of Captain James Cook.*London：Adam & Charles Black.

Cook，James.1955—1969.*The Journals of Captain James Cook on his Voyages of Discovery* [*with*] (*Addenda and Corrigenda to Volume I and Volume II*).Three volumes.Edited by

J.C.Beaglehole (Charts & Views [with] Corrigenda).Edited by R.A.Skelton.Cambridge：Hakluyt Society.

Moorehead，Alan. 1966. *The Fatal Impact*：*An Account of the Invasion of the South Pacific*，1767—1840.New York：Harper & Row.

Robson，John.2004.*The Captain Cook Encyclopedia.*London：Chatham.

朱利安·斯塔福德·科比特，1854 年至 1922 年

朱利安·斯塔福德·科比特（Julian Stafford Corbett）是英国海军历史学家和海洋战略家，他推动了英国皇家海军的海军史研究，以了解海军战略和战争。

1854 年 11 月 12 日，科比特出生于伦敦。在剑桥大学三一学院获得法学一级荣誉学位后，他以大律师身份从事法律工作。从 1882 年起，他开启了写作生涯。写作致富后，科比特开始四处游历。起初他主要写小说，以通讯员身份报道了 1896 年非洲东奥拉远征（Dongola Expedition）之后，科比特将目光转向历史，尤其是海军史。

在第一部海军史著作《德雷克与都铎海军》(1898 年）出版后，海军记录协会的约翰·诺克斯·罗顿爵士（Sir John Knox Laughton）找到科比特，请他编辑一本关于 1585—1587 年对西班牙战争的海军战史论文集。1902 年，他被任命为格林尼治皇家海军战争学院的历史讲师。他把分析的重点放在海上战略上，成为皇家海军的主要历史学家。与他同时代的美国人阿尔弗雷德·塞耶·马汉相似，科比特将海战作为国家政策的实践来探讨。然而，与马汉不同的是，科比特认为海战的范围是有限的。他强调的是战略防御，而不是集中舰队进行决胜性的海战或利用海军力量支援陆

上战争。科比特的许多著作构成了今天的海军战略思想的基础，尤其是《海上战略的若干原则》(1911 年)，经常被分发给世界各地的战争学院的学生。

在第一次世界大战期间，科比特整理了有关战争的历史资料，并应邀撰写英国皇家海军在战争中的官方历史。由于科比特对英国海军的行动秉笔直书，有的地方还不乏批判性，结果军方和他的意见出现了不一致。英国海军部试图审查科比特的分析，特别是关于日德兰战役的分析，致使三卷本的出版被推迟。1922 年 9 月 21 日，科比特因心脏病猝然离世。三卷本英国皇家海军战史的最后一卷手稿在他辞世前两周才提交。

艾伦 · M. 安德森

拓展阅读

Callender, G. A. R., rev. James Goldrick. 2004. "Corbett, Sir Julian Stafford (1854—1922)." *Oxford Dictionary of National Biography*. Oxford: Oxford University Press.

Goldrick, James, and John Hattendorf (eds.). 1993. *Mahan Is Not Enough: The Proceedings of a Conference on the Works of Sir Julian Corbett and Admiral Sir Herbert Richmond*. Newport, RI: Naval War College Press.

Schurman, D. M. 1965. *The Education of a Navy: The Development of British Naval Strategic Thought*, 1867—1914. Chicago: University of Chicago Press.

Schurman, D.M.1981.Julian S.Corbett, 1854—1922: *Historian of British Maritime Policy from Drake to Jellicoe.London: Royal Historical Society.*

查尔斯 · 达尔文，1809 年至 1882 年

查尔斯 · 罗伯特 · 达尔文 (Charles Robert Darwin) 是英国的地质学家和博物学家，他贡献了进化论的许多基本思想。去世之前，达尔文目睹了自己的观点在整个大西洋科学界被广泛接受的盛况，包括物种传承自共同祖先及自然选择过程等概念，基于这些概念形成了进化的分支模式。他发表的著作构成了现代进化生物学的基础，而他早期在世界各地多年航行中的发现为其创新研究奠定了基础，该研究最终统一了生命科学。

1809 年 2 月 12 日，达尔文出生于英格兰的什鲁斯伯里。父亲是一位成功的医生，母亲出身于著名的废奴主义者家庭，达尔文是六个孩子中的

第五个。他最初学的是医学，然后受训成为一名圣公会牧师。他对这些职业没有什么兴趣，于是不顾父亲的反对，自愿加入皇家海军的小猎犬号（HMS Beagle）对南美洲南部的海岸进行测量。1831 年 12 月 27 日，由罗伯特·菲茨罗伊（Robert FitzRoy）驾驶的带有 10 门炮的切诺基级双桅帆船从英国普利茅斯湾（Plymouth Sound）起航，直到近五年后的 1836 年 10 月 2 日才返回其原籍港。达尔文在搭乘小猎犬号环游世界期间的发现，为他后来的许多著作奠定了基础。

这位年轻的博物学家并不喜欢海上生活，还患上了晕船病。幸运的是，由于胃部不适，达尔文在旅途中的大部分时间（三年零三个月）都在陆地上度过，他在拉丁美洲和南太平洋地区探索不同的环境，并收集了所遇到的尚未经分类编目的化石沉积物、植被和动物生命的样本。

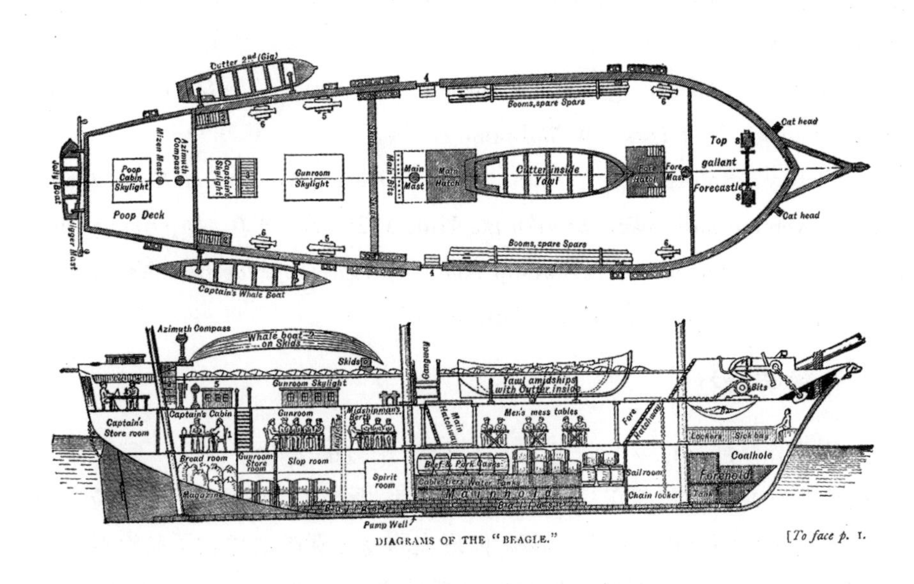

查尔斯·达尔文搭乘的驶往加拉帕戈斯群岛的
小猎犬号示意图。（自然历史博物馆/阿拉米素材图库）

在南美考察期间，达尔文成为第一个用“入侵”的比喻来描述外来植物引进成功的科学家。例如洋蓟（Cynara cardunculus），它在阿根廷和乌拉圭的大片土地上无序地蔓延。同样的，当探险队在加拉帕戈斯群岛登陆时，面对爬满海鬣蜥和巨大乌龟的火山岛，达尔文指出了物种分化及其与地理隔离的关系。当小猎犬号经过塔希提岛、新西兰和澳大利亚返回时，这位自然学家惊叹于低潮位以下形成的精美的珊瑚礁。关于棒状珊瑚礁的生长及其转化为环礁的理论，成为他的第一本专著《珊瑚礁的结构与分布》(1842 年）的主题。

在随后的几十年里，达尔文关于进化论的关键性著作《物种的起源》(1859 年）和《人类的由来》(1871 年）巩固了他作为世界领先的进化论者的声誉。1882 年 4 月 19 日，他在伦敦唐楼（Down House）的家中去世。为了表彰他对社会的深刻的思想贡献，他的遗体被安葬在威斯敏斯特修道院（Westminster Abbey)。

爱德华·D. 梅利略

拓展阅读

Darwin, Charles.1859.*On the Origin of Species by Means of Natural Selection, or the Preservation of Favoured Races in the Struggle for Life*. London: John Murray.

Desmond, Adrian, and James Moore.1991.*Darwin: The Life of a Tormented Evolutionist*.New York: W.W.Norton & Co.

FitzRoy, Robert.1839.*Narrative of the Surveying Voyages of His Majesty's Ships* Adventure *and* Beagle *between the Years* 1826 *and* 1836, *Describing Their Examination of the Southern Shores of South America, and the* Beagle's *Circumnavigation of the Globe*...London: H.Colburn.

伦敦劳合社

伦敦劳合社（Lloyd's of London）位于伦敦的金融区，是一家保险市场机构。它的历史和存在，决定了伦敦作为当今世界保险中心的地位。虽然它最初是以海上保险业务起家，但现在非海上保险业务占了整个业务的大部分。许多著名的历史灾难的保险都是通过劳合社投保的，包括 1906 年的旧金山地震、1912 年的泰坦尼克号沉没以及 2001 年 9 月 11 日的袭击事件。

爱德华·劳埃德（Edward Lloyd）1688 年创办了劳埃德咖啡馆。当时清教徒式的道德蔚然成风，其他娱乐形式受到严格限制，上咖啡馆就成了很受欢迎的消遣方式。劳埃德咖啡馆专注于为从事海上贸易的人提供服务，逐渐成为收集和交流航运新闻及海上冒险信息的首选地。

到 1700 年，劳合社已经发展成为讨论和达成海上保险交易的重要场所。它的兴起与奴隶贸易、美国革命以及后来的拿破仑战争相关的航海保险需求有关。劳合社的发展还源于英国的一项法律，即 1720 年的《泡沫法案》，该法将海上保险的承保——包括评估风险、确定保费和承保范围的过程——限制在个人承保人和两家公司之间。这两家公司——伦敦保险公司和皇家交易所保险公司——因股票市场崩溃而拖欠债务，随后在承保海上冒险活动时变得过于谨慎。劳合社进入这个真空地带，很快就控制了这个行业 90%的份额——这种局面一直持续到 1824 年《海上保险法》通过。该法令授权其他公司进入保险市场。

从劳合社购买保险通常是通过注册经纪人进行的，因为寻求保险的公司或个人无法直接联系劳合社的承保人。承保人组成联合体，由个人和公司实体提供财务支持。这些个人和公司实体分享利润，但一旦发生索赔，他们有责任支付赔款。经纪人与各种承保人进行谈判，为客户寻求最佳政策。由于特定承保人通常无法保障全部风险，因此经纪人必须与多家承保人进行交流。

首席承保人负责与经纪人进行谈判，就保险价格、条款和条件达成协议，并负责处理理赔。经纪人和首席承保人达成协议后，承保人将对保险单进行“划分”，即根据经纪人准备的风险条款摘要，确定自己希望承保的风险比例。然后，经纪人再去找其他承保人来承担风险，直到 100%的风险被覆盖为止。技术上来讲，“划分”出来的每一份承保协议都是有约束力的合同，但在超额投保的情况下，投保比例之和超过 100%，则每个承保人承担的风险必须低于 100%，从而降低客户为覆盖风险而支付给他们的保费金额。

目前，劳合社提供七种保险类型：人身意外险、财产险、海事险、能源险、汽车险、航空险和再保险。它在 2013 年录得 32 亿英镑的利润。

M. 鲍勃·高

拓展阅读

Cockerell, H.A.L.1984.*Lloyd's of London*: *A Portrait*.Cambridge: Woodhead-Faulkner.

Duguid, A. 2014. *On the Brink*: *How a Crisis Transformed Lloyd's of London*.Hampshire: Palgrave Macmillan.

Hodgson, G.1984.*Lloyd's of London*: *A Reputation at Risk*.London: Allen Lane.

弗雷德里克·马里亚特，1792年至1848年

弗雷德里克·马里亚特（Frederick Marryat）是一位备受瞩目的海军军官，后转而从事小说创作，成为英语作者中第一个以长篇小说的形式描写船上生活的重要作家。

马里亚特1792年7月10日生于伦敦。青年时代，马里亚特就向往海上生活，曾经不顾家庭反对两次私自前往海上。在拿破仑战争（1803—1815年）开始三年后的1806年，他的父亲终于松口，他如愿成为英国皇家海军的一名军官候补生。马里亚特服役的第一艘战舰是蛮横号（HMS Impérieuse），当时由托马斯·科克伦（Thomas Cochrane，1775—1860）船长指挥。他在这段时间里经历了许多海军行动，后来都记叙在他的小说佳作之中。

马里亚特1812年晋升中尉，1815年晋升指挥官，1825年晋升为舰长，其间在地中海、北海和大西洋上都有过战斗经历。他还参加了1824—1826年的第一次缅甸战争。他的最后一次指挥经历，是1828—1834年葡萄牙内战打响那年，在亚速尔群岛负责保护英国公民的安全。

1817年，马里亚特出版了一本被广泛采用的手册《商船使用信号守则》，但直到1829年，他的第一部小说《海军军官》才出版。1830年辞去军职后，他又写了21部小说作品。这些作品包括《彼特·辛普》(1834年）和他最著名的作品《海军候补生伊齐先生》(1836年），后者记述了一个可爱的年轻水手在海上的成长和冒险岁月。1848年8月9日马里亚特去世。

在马里亚特的小说出版之前，唯一对海军生活有重要意义的描写出现在托比亚斯·斯莫列特（Tobias Smollett，1721—1771）的流浪汉小说(picaresque novel)①《罗德里克·兰登历险记》中。20世纪的一些流行作家，包括塞西尔·斯科特·福雷斯特（C.S.Forester，1899—1966）和帕特里克·奥布莱恩（Patrick O'Brian，1914—2000）等人，都有意无意地以马里亚特的小说原型（以及托马斯·考克瑞恩勋爵的真实事迹）为蓝

① 译者注：流浪汉小说是诞生于16世纪中后期的西班牙的一种小说叙事类型，主人公多是社会地位低下但“有魅力”的无赖。流浪汉小说通常采取现实主义风格，并加入喜剧和讽刺的元素。

本，故事背景也多设定在相同的动荡不居年代。

格罗夫·科格

拓展阅读

Fulford，Tim. 1999. “Romanticizing the Empire：The Naval Heroes of Southey，Coleridge，Austen，and Marryat.” *Modern Language Quarterly* 60 (2)：161-96.

Parrill，Sue.2009.*Nelson's Navy in Fiction and Film：Depictions of British Sea Power in the Napoleonic Era.* Jefferson，NC：McFarland.

Pocock，Tom.2000.*Captain Marryat：Seaman，Writer，and Adventurer.* Mechanicsburg，PA：Stackpole Books.

Warner，Oliver.1953.*Captain Marryat，a Rediscovery.* London：Constable.

霍雷肖·纳尔逊，1758年至1805年

霍雷肖·纳尔逊（Horatio Nelson）在法国大革命和拿破仑战争期间，曾在英国皇家海军担任军官。作为英国历史上最著名的人物之一，纳尔逊曾三次击溃敌军舰队。纳尔逊打破了海战的先例，他追求摧毁敌人的海军能力，而不是优先考虑保存自己的部队，后者通常导致交战时优柔寡断。在摧毁法国和西班牙联合舰队的特拉法尔加战役中，纳尔逊发挥了关键性的作用。此役使英国获得了对海洋的支配权，能够对法国实施封锁，扼杀其经济。

像当时的大多数海军军官一样，纳尔逊通过捐输获得了最初的任命以及几项令人垂涎的任务。然而，他很快就脱颖而出，引起了上级的注意。他在战斗中表现出了英勇的一面，在职业生涯早期的两次不同的交战中，他失去了一只眼睛和一只手臂。他开始名震全国是在1798年。即年他指挥的舰队摧毁了一支法国舰队，当时这支舰队正受命前往增援尼罗河战役中的拿破仑·波拿巴。拿破仑的军队被困在埃及，他本人抛弃部下逃回法国。四年后，纳尔逊在哥本哈根战役中袭击了丹麦舰队，阻止了法国的占领。

纳尔逊对待下属的方式在同侪中可谓特立独行。他信任下级军官，给予他们非凡的主动权。他还以身作则、率先垂范来激励部下，而不是简单地行使专制的权力。他确保部下都能得到很好的照顾，因此在英国海员中非常受欢迎。他独特的领导方式被称为“纳尔逊式的领导方式”，这也是

他的声名和成功的重要组成部分。

然而，他受人敬仰的主要原因是在海上取得的卓越的胜利记录。在法国大革命爆发之前，皇家海军的主要攻击方式是排成单列纵队的战列线作战，即交战双方舰队都各自排成一线，进行同向异舷或异向同舷的舷侧方向火炮对射。纳尔逊却宁愿把他的舰队中的所有舰艇都发动起来。他相信英国人的卓越训练会导致更决定性的胜利。这反映了纳尔逊对他的部下的信任，但也反映了与法国战争的革命性质。与拿破仑法国的冲突不是一场为了夺取领地领土而进行的有限战争，而是一场关于民族存亡的战争。纳尔逊对于政治现实的理解使他追求彻底击败敌人，确保英国完全统治海洋。在 1805 年的特拉法尔加战役中，他有效地实现了这一目标，击溃了法国和西班牙的联合舰队，并将拿破仑限制在大陆上。

特拉法尔加战役是纳尔逊最伟大的胜利，但他几乎没能活到享受这一胜利。一名法国狙击手击中了他的脊椎，纳尔逊在战斗还没完全结束就死了。他确实活着听到了英国明显击溃敌人的消息，并在和平中死去。他死后被誉为民族英雄，至今仍是英国最著名的历史人物之一。他的石棺仍然陈列在圣保罗大教堂，而特拉法尔加广场中心的 200 英尺高的柱子上面，也树立着一尊纳尔逊的雕像，纪念他的一生和成就。

托马斯·谢泼德

拓展阅读

Knight，Roger.2005.*The Pursuit of Victory*：*The Life and Achievements of Horatio Nelson.* London：Allen Lane.

Lambert，Andrew. 2004. *Nelson*：*Britannia's God of War.* London：Faber and Faber. Rodger，N.A.M.2004. *The Command of the Ocean*：*A Naval History of Britain*，1649—1815. London：Allen Lane.

半岛与东方蒸汽航运公司

半岛与东方蒸汽航运公司——以 P&O 之名广为人知——是世界上最大的船运公司之一，该公司建立之时，正值航船由风帆动力向蒸汽动力创新和过渡的时期。该公司由两名年轻的船舶经纪人于 1815 年成立，其前身为半岛蒸汽航运公司（Peninsular Steam Navigation Company）。这两位蒸汽船先驱布罗迪·麦吉·维尔科特（Brodie McGhie Wilcox，1786—1861）和阿瑟·安德森（Arthur Anderson，1792—1868）组成了一个合伙企业，到 1822 年发展成为第一家经营英国、西班牙和葡萄牙之间航线的公司。后来，理查德·伯恩（Richard Bourne，1770—1851）加入公司。1835 年公司开始经营英国和伊比利亚半岛之间的定期蒸汽轮船运输服务。

1837 年，半岛蒸汽航运公司成为第一家与政府签订合同，将邮件从英国发送到伊比利亚半岛的公司。1840 年，该公司获得了另一份邮件合同，这是向埃及的亚历山大港提供服务。这次向东方的业务扩展，鼓励公司投资于更大、更新的船只，以及为其提供支持的加煤站。作为这次扩张的一部分，公司成为一家有限责任公司，根据皇家特许权注册成立了新的名称"半岛与东方蒸汽航行公司"，很快就以 P&O 之名为人所知。1842 年，P&O 公司的印度斯坦号邮轮开始提供到印度的邮件服务。在随后的几年里，它增加了更多的航线，成为欧洲、埃及、印度、锡兰、马来亚、槟城、新加坡和中国香港之间唯一的提供定期和可靠的邮递和客货运输服务的公司。

鸦片战争（1839—1842 年，1856—1860 年）后鸦片贸易的扩张，大大增加了 P&O 的利润。1852 年后，P&O 开拓了对澳大利亚、毛里求斯和菲律宾的航线。P&O 的大部分船只是为长途航行设计的，因此 1869 年苏伊士运河的通航打乱了它的业务。业内竞争日益激烈，公司业务进一步受到损害。公司在 19 世纪 60 年代经营困难，但到 1872 年，托马斯·萨瑟兰（Thomas Sutherland，1834—1922）成为公司的总经理，他开始重建船队，强调速度、规模和适应性。1914 年，它收购了英属印度蒸汽航运公司，并在接下来的时间里达到了成功的巅峰。尽管在两次世界大战中都有严重的航运损失，但它还是扩大了商业和客运服务。在这几年中，有超过 100 万移民乘坐 P&O 公司的船只驶往澳大利亚。

在大约一个世纪的时间里，P&O 一直是英国与其海外帝国之间的重要纽带，提供往来邮件、旅客和货物运输服务。第二次世界大战（1939—1945 年）之后，P&O 业务持续增长。2000—2006 年之间，P&O 将其邮轮服务 P&O 公主邮轮（P&O Princess Cruises）出售给了嘉年华邮轮（Carnival Line）。现在 P&O 继续从事货运和油轮贸易，并将其业务扩展到岸上，包括港口开发和建设。

吉娜·巴尔塔

拓展阅读

Artmonsky，R.2012.*P&O*：*A History*.Oxford：Shire Library.

Harcourt, F.2006.*Flagships of Imperialism: The P&O Company and the Politics of Em-pire from Its Origins to* 1867.Manchester: Manchester University Press.

Howarth, D., S.Howarth, S.Rabson, and P.Mayle.1994.*The Story of P&O: Peninsular and Oriental Steam Navigation Company* 1837—1987. London: Weidenfeld & Nicolson.

Poole, S., and A.Sassoli-Walker.2011.*P&O Cruises: Celebrating* 175 *Years of Heritage.* Amberley: Amberley Publishing.

亚当·斯密，1732 年至 1790 年

亚当·斯密（Adam Smith）是苏格兰启蒙运动的重要人物。他最重要的著作《国富论》(1776 年）挑战了当时的重商主义思想。他反对关税和殖民政策，并主张自由贸易将增加国家的财富。斯密的想法影响了许多国家采取自由贸易政策。

斯密在格拉斯哥大学（University of Glasgow）担任道德哲学教授时，写下了他的第一部主要著作《道德情操论》(*The Theory of Moral Sentiments*, 1759 年)。在这本书中，他认为道德取决于社会成员之间的相互同情或“同胞之情”。这本书奠定了斯密作为苏格兰最杰出的知识分子之一的声誉，并最终帮助他谋得了一个收入颇丰的职位：在富有的贵族家庭担任私人教师。18 世纪 60 年代中期，斯密随他的赞助人在欧洲旅行时，在政治经济学这个已经引起他兴趣的新领域中，与几位重要人物会面并交谈。在这之后，他离开私人教师的职位，回到苏格兰著书立说，花了 10 年时间写出了他最伟大的作品《国富论》。该书 1776 年一经出版，当即洛阳纸贵。

顾名思义，《国富论》试图解决国家如何致富的问题。前两个世纪的重商主义作家们认为，一个国家的财富由黄金和白银组成，他们敦促统治者通过贸易法（例如对制成品征收高额关税），力求最大限度地增加本国境内的黄金和白银数量。这些思想家和受他们影响的统治者们把对外贸易看作一个零和游戏，存在赢家（最终获得更多金银的人）和输家（最终获得更少的人)。重商主义政策甚至促成了 17 世纪和 18 世纪几场战争的爆发。

斯密反对重商主义思想。他认为，一个国家的财富是以它参与分工的

程度为基础的。贫乏的社会里，大多数家庭都是自给自足的农民，富裕的社会里，大多数家庭只专门生产一种商品或服务，然后用他们的盈余来换取其他家庭生产的不同商品和服务。斯密写道，分工社会中存在的专业化使生产力呈指数级增长，反过来又提高了人们的物质生活水平。斯密认为，真正的富裕社会，是大多数人避免了贫困威胁的社会。

斯密的理论对贸易有重大影响。要使一个社会的劳动分工增加，人们需要在这个社会内部和外部都有机会与贸易伙伴建立联系。因此，斯密建议减少或取消对国内和对外贸易的税收和管制。他认为，贸易不是一个零和游戏，而是一种互利的安排。对进口商品征收关税不仅损害了被征税的外国，也损害了国内消费者。对于那些担心个人在贸易中仅仅追求自我利益会损害整个社会的人，斯密坚持认为，强大的自然激励机制会像“一只看不见的手”，引导生产者将其资源投入对社会有益的方面。

最后，斯密对欧洲政府的重商主义殖民政策提出了质疑。他认为，大多数殖民地即使实现了重商主义的目标，增加了国家的金银存量，但也消耗了母国的资源。

亚当·斯密帮助建立了现代经济学的学科，他的影响一直延续到今天。他对重商主义传统观点的有说服力的挑战最终导致英国政府在 19 世纪初采取了自由贸易政策。19 世纪和 20 世纪，其他国家在不同程度上逐渐效仿英国。斯密对殖民政策的批判也为这一时期的反对帝国主义的声音提供了有力的论据。

杰森·杰威尔

拓展阅读

Fitzgibbons, Athol. 1995. *Adam Smith's System of Liberty, Wealth, and Virtue.* Oxford: Clarendon Press.

Jones, Peter, and Andrew Skinner (eds.).1992.*Adam Smith Reviewed.* Edinburgh: Edinburgh University Press.

Roberts, Russell.2015.*How Adam Smith Can Change Your Life.* New York: Portfolio.

特拉法尔加战役

1805 年 10 月 21 日，英国皇家海军舰队在特拉法尔加战役中击溃了法国和西班牙的联合舰队，终结了法国入侵英国的图谋，使英国皇家海军几乎无可争议地控制了海洋。然而，这场胜利对英国来说是苦乐参半，因为著名的指挥官霍雷肖·纳尔逊勋爵（1758—1805）在战斗中阵亡。然而，这场压倒性的胜利使英国得以对拿破仑·波拿巴（1769—1821年）的欧洲帝国进行了扼杀性的封锁，并且维持了自己在全球范围内的贸易不受影响。英国的经济蓬勃发展，资助了许多大陆上的盟友，而拿破仑的经济则慢慢地崩溃了。因此，特拉法尔加战役对波拿巴最终的战败和被流放起了重要作用。

作为一个岛国，英国长期以来一直依赖其海军进行国防建设。此外，其庞大的殖民地和商业航运帝国确保了英国在1803年与拿破仑爆发战争时，拥有一支经验丰富的海员队伍。英国通过招募船员，或更多的情况下通过抽调有能力的海员加入皇家海军，来补充其舰队。法国虽然船舰的质量较高，但海员的经验却很差，最优秀的海军官员大部分在法国大革命期间被判流放或被拖上了断头台。此外，法国的船只虽然比英国的船只建造得好，但却倾向于强调速度。其设计是为了逃避攻击。英国建造的战舰是为了经受住战争的考验。皇家海军的战舰更坚固，因此在交战方面更为有效。这些因素弥补了法国西班牙舰队33艘战舰对纳尔逊的27艘战舰的微弱优势。

法国和西班牙舰队由皮埃尔·查尔斯·让·维伦纽夫（Pierre Charles Jean Villeneuve，1763—1806）海军中将指挥，他在1798年的尼罗河战役中被纳尔逊击败过一次。维伦纽夫最初试图避开纳尔逊的舰队，但英国海军上将最终在西班牙南部海岸附近的特拉法尔加角附近找到了他。纳尔逊很快就突破了法国和西班牙的战线，一场全面的交战随之而来。结果是拿破仑的海军遭到了一场惨败。英国人俘获或击沉了19艘敌舰，尽管随后的一场飓风摧毁了除四艘战利品外的所有战利品。

维伦纽夫被俘虏并被押送回英国。获得假释后，他被发现死在酒店房间里，死于多处刺伤。虽然在他的尸体旁发现了一封遗书，但几乎可以确定维伦纽夫是被谋杀的。纳尔逊被法国狙击手击中致命的一枪，战斗结束后就死去了。他原来在英国就声名显赫，这下更是名声大振，被追授为国家烈士。在伦敦的特拉法尔加广场上有一根169英尺[1]高的柱子，柱子上有纳尔逊本人的雕像，以纪念这场胜利。

托马斯·谢泼德

① 译者注：原文如此。前文“霍雷肖·纳尔逊”条目称该柱高200英尺。

拓展阅读

Adkins, Roy. 2004. *Nelson's Trafalgar: The Battle that Changed the World.* London: Viking. Lambert, Andrew. 2004. *Nelson: Britannia's God of War.* London: Faber and Faber.

Rodger, N. A. M. 2004. *The Command of the Ocean: A Naval History of Britain*, 1649—1815. London: Allan Lane.

罗伯特·怀特黑德，1823 年至 1905 年

罗伯特·怀特黑德（Robert Whitehead）是现代自走式海军鱼雷的主要研制者。1823 年 1 月 3 日，怀特黑德出生在英国博尔顿·勒莫斯（Bolton-le-Moors）。他接受过工程师和制图员的教育和培训。1846 年，他到法国土伦的菲利普·泰勒父子船厂（Philip Taylor & Sons）工作。一年后，他在意大利米兰创办了一家工程咨询公司。1848 年，他搬到奥地利的里雅斯特（Trieste），在那里他为几家公司工作到 1856 年。其后，他搬到阜姆（Fiume）（今克罗地亚里耶卡），管理船用发动机及锅炉制造商——阜姆士他俾劳勉图厂（Stabilimento Technico Fiumano）。

在这家工厂，怀特黑德认识了乔瓦尼·卢皮斯（Giovanni Luppis），后者是奥地利海军的退役军官，设计过自走式鱼雷。两人合作改进鱼雷，但怀特黑德很快就放弃了卢皮斯的设计。怀特黑德与他的儿子约翰和另一个工人秘密合作，于 1866 年制造出了自己的鱼雷，用自己的姓氏命名为“白头”（whicedhead）鱼雷。白头鱼雷可以从船上发射，威力远远超过以前所有的鱼雷。然而，它并不是一个有利可图的产品。1872 年，怀特黑德和他的女婿一起买下了阜姆士他俾劳勉图厂并将企业改名为白头鱼雷股份有限公司。

在 19 世纪的最后几十年里，怀特黑德和他的公司不断改进白头鱼雷，提高了鱼雷的速度和射程，并使其从水面以上或以下发射成为可能。有两个特别的改进帮助怀特黑德的鱼雷超越了竞争对手。首先，他设计了一个“平衡室”，使鱼雷能够在一个固定的深度下运行。怀特黑德把这项发明作为商业秘密严加保护，并在 1876 年用气动伺服电动机进一步改进了设计，使鱼雷可以在预先设定的深度下运行。接下来，怀特黑德解决了保持鱼雷在预定航道上运行的问题。1896 年，他获得了由路德维希·奥布里发明的陀螺仪的使用权。陀螺仪通过伺服电机工作，帮助鱼雷在发射后保

持航向。到19世纪90年代末，世界上大多数主要海军，包括奥匈帝国、法国、英国、英国、意大利、俄国和美国海军，都购买了白头鱼雷。许多国家还购买了制造权。

怀特黑德因其设计获得了许多国家的荣誉勋章，独缺祖国英国的一块。1905年11月14日，他在苏塞克斯郡沃斯附近的庄园去世，并被安葬在那里。他死后，他的家人将公司卖给了英国两家著名的武器制造商：维克斯公司和阿姆斯特朗—惠特沃斯公司。有趣的是，怀特黑德的两个孙女嫁给了著名的家族。爱丽丝·怀特黑德的女儿玛格丽特嫁给了奥托·冯·俾斯麦的儿子赫伯特·冯·俾斯麦。詹姆斯·贝索姆·怀特黑德爵士的女儿阿加莎·怀特黑德，是奥地利海军潜水艇手乔治·里特·冯·特拉普的第一任妻子，他们的孩子们后来以“冯·特拉普家的歌手们”闻名遐迩，并在电影《音乐之声》之中蜚声世界。

艾伦·M. 安德森

拓展阅读

Epstein, Katherine C. 2014. *Torpedo: Inventing the Military - Industrial Complex in the United States and Great Britain*. Cambridge, MA: Harvard University Press.

Grey, Edwyn. 1991. *The Devil's Device: Robert Whitehead and the History of the Torpedo*. Annapolis, MD: Naval Institute Press.

快艇运动和游艇娱乐

游艇娱乐的起源可以追溯到公元前6000年，不过现代人对游艇作为皇室和富人的运动的看法起源于欧洲，特别是荷兰的水道。“游艇”一词来自荷兰语“jaght”，取自“jagen”，意为马匹在运河边的人行道上拉着的船。这些船的家具更精致，装饰更精美，是英国工艺的典范，但“快艇”一词在英国直到1660年查理二世（1630—1685）从流亡地荷兰回国后，才被用于描述游艇娱乐。

在河流上航行是一种很受欢迎、有利可图的生意，但有记载的第一艘英国游艇是1604年由菲尼亚斯·佩特大师（1570—1647）为威尔士王子亨利（1594—1612）建造的，用来以指导后者航海事务。后来，国王查理二世的游艇“玛丽号”成为他在位25年期间拥有的30艘游艇中的第一艘。这些游艇在英国精英阶层中普及了快艇运动。国王查理二世还开创了游艇竞赛。1661 年 10 月 1 日，他和他的弟弟詹姆斯（1633—1701）举行了第一场有记录的比赛，并使为比赛而建造的小型游艇得到普及。

爱尔兰的精英们也开始从事游艇制造和比赛。首家游艇俱乐部——科克港水上俱乐部 1720 年在爱尔兰成立。始建于 1775 年的坎伯兰船队，是英格兰最古老的游艇俱乐部。俱乐部和竞赛的引入，导致了赛艇规则和分类的建立。到了 1843 年，这些规则区分了两种类型的赛艇：排水量不超过 105 吨的单桅小快艇；在船头及船尾装有双桅或多桅的大型纵帆船，排水量达到甚至超过 150 吨。该规则旨在保持比赛的公平性，但也鼓励创新——这些相互冲突的目标，在美洲杯这样的比赛中也产生了一连串的争议。美洲杯赛事始于 1851 年的皇家游艇队和纽约市游艇俱乐部之间的挑战赛。美洲杯的竞争非常激烈，带动了一系列提高航速的创新。1875 年，赛艇协会成立，旨在加强赛艇的比赛规则和测量标准。

梦想号游艇油画，美国航海艺术家罗伯特·萨尔蒙（Robert Salmon，1775—1845）创作于 1839 年。[彼得·霍里（Peter Horree）/阿拉米素材图库]

到了维多利亚女王统治时期（1837—1901 年），蒸汽游艇越来越受欢迎。英国的蒸汽游艇以苏格兰的铁质帆船为蓝本，很多都是在苏格兰建造的。这些豪华的浮动式住宅拥有精美的洛可可风格的装饰，其中最好的由英国的圣克莱尔·约翰·伯恩（1831—1915）和格拉斯哥的 G. L. 沃森

（1851—1904）设计，他们都力求将艺术和科学结合在游艇上。

将游艇娱乐发扬光大的人当中，安妮（1839—1887 年）和托马斯·布拉西（1836—1918 年）夫妇表现卓异。1876 年 7 月 6 日至 1877 年 5 月 27 日，他们乘自己的蒸汽游艇阳光号（由伯恩设计）周游世界各地。安妮的《阳光号航行》(1883 年）一书鼓舞了其他享受旅程、热爱冒险的长距离航行爱好者。1890—1910 年期间，得益于英国的繁荣和皇室的赞助，游艇娱乐进入了一个黄金时代。这个时代的特点是游艇的速度越来越快，陈设也越来越舒适——甚至豪华——专为那些像布拉西夫妇一样享受长距离航行的人而设计。

到了 1914 年，英国和美国的主要游艇俱乐部都拥有数百名会员，对游艇运动的兴趣已经遍布全球。但是，第一次世界大战（1914—1918 年）及其后的经济混乱，降低了人们对游艇运动的兴趣。

萨曼莎·J. 海因斯

拓展阅读

Brassey，Annie.1883.*A Voyage in the Sunbeam*：*Our Home on the Ocean for Eleven Months.* New York：Henry Hold and Company.

Herreshoff，L.Francis.1963.*The Golden Age of Yachting.* New York：Sheridan House.

Knox-Johnsson，Robin. 1990. *Yachting*：*The History of a Passion.* New York：Hearst Ma-rine Books.

Phillips-Birt，Douglas. 1974. *The History of Yachting.* London：Hamish Hamilton Ltd.

日本，1750 年至 1900 年

尽管日本是一个由数千个岛屿组成的群岛国家，包括九州、本州、四国和北海道四个主要岛屿，但日本与海洋的关系一直很矛盾。这种矛盾的态度部分源于日本近代初期的政治局势，当时德川幕府将军（1603—1868 年的军事统治者）颁布了一系列的限制措施，禁止所有日本人出国旅行，违者处死，以此消除了日本商人与中国和东南亚贸易的悠久传统。日本统治者还限制了基督教信仰，并对允许与日本贸易的外国船只进行严格的管制。中国人和荷兰人都被限制在遥远的西部港口城市长崎的人工飞

地内，他们每年的贸易都受到严密监控。日本还与朝鲜半岛、琉球群岛及北海道的阿伊努人保持着有限的贸易往来。除了前往江户（今东京）的幕府城的少数祭祀活动外，基本上禁止外国人活动。

大海在德川沿岸居民的生活中发挥着巨大作用，许多精彩的木刻版画作品的背景或前景都有大海的身影。北斋（1760—1849）的《神奈川海边的大浪》也许是日本历史上最著名的木版画作品。在富士山景色的前景中，一些脆弱的渔船被卷入巨大的海浪中，很好地描绘了日本人的海洋意识。海在近代晚期日本的经济生活中扮演着重要的角色。许多日本人以捕鱼、采集其他海产品或几乎横跨日本全境的近海航运为生，而海洋动物也在日本人的饮食中占有重要地位。

近代早期日本对外贸易中最有利可图的商业活动之一，就是向长崎的中国商人出售日本海产品。这些海产品要么产自琉球群岛和九州岛之间的半热带海域，要么产自北海道最北端岛屿的冰冷海域。随着日本铜的供应枯竭，海产品填补了铜产量下降造成的供应缺口，其中的鲍鱼干、海参等海产品的需求量也越来越大。松浦章（Matsuura Akira）指出，19世纪时，日本产的干海参在数量上开始与中国沿海的海参竞争。显然，从18世纪末开始，这些海产品是日本商人与中国贸易的重要利润来源。

海洋为朝鲜人、琉球岛人及荷兰人的使节来访提供了便利，幕府将军及其官员很乐意接待这些使节，认为这是德川幕府的国际声誉的表现，也是幕府权力在日本以外的投影。琉球岛人和朝鲜使节团是在新将军即位等吉利的场合才派来的，而他们的人数在这一时期是相当有限的。与此不同，荷兰人每年都要到幕府拜会，感谢幕府允许荷兰东印度公司（VOC）与日本贸易。荷兰使团到访时会准备并馈赠精心制作的带有异国情调的礼物，作为向江户和长崎的日本人传播荷兰的物质文化和科学知识的一种方式，这导致了“兰学”或“西学”在少部分但越来越重要的学者中的传播。

虽然日本商人确实被禁止出国，但在明治前的日本，沿海航运是一种活跃的经济活动。沿海航运的一些例子包括从大名（封建领主）领地向江户和大阪等大型商业城市的大米运输、上文提到的海运产品，以及从大名领地向日本各地的地方和全国市场运送当地的经济作物——这是由日益繁荣和有影响力的批发商人促成的贸易。因此，虽然日本商人没有必要像中国商人那样把海洋作为在遥远的市场上销售货物的手段，但它还是直接和间接地为许多日本人提供了生计。

廻船

从12世纪到19世纪，廻船（Kaisen，字面意思为“巡回船只”）是指在日本沿海两个或多个目的地之间运输货物的任何船只。它们是海上运输的主力军，通过将本地制成的商品运往日本国内众多的市场来促进区域间贸易。

在江户时代（1603—1868年），“廻船”一词用来表示一种特定类型的货船，它比早期的船只更大，不用船桨，航程更远。新的技术发展包括：使用宽大的横向连接木板代替龙骨制成的平底、巨大的桅杆、可以滑过船舵的敞开式船尾、可拆卸的船体木板，同时没有隔板、主桅杆和较小的前桅，便于装载货物。虽然在建造上有一些风格上的变化，但这些技术的进步增加了载货量，提高了适航性，减少了人力，增加了船东和货主的利润。最大的船可以装载160吨左右，只需要15人的船员。

廻船通常会专门开辟特定的航线。有些船会从大阪直接开往江户(今东京)，然后再返回，有些船则会在沿海城市停靠，卸货和提货。这些航线中最重要的是东海航道（“东廻”）和西海航道（“西廻”）。前者连接大阪与江户的商业中心，最终向北延伸至北海道。西海航道的船只从北海道沿日本海沿岸向南，经下关海峡，再经内海到达大阪。通过不同的贸易线路，廻船从全国各地运送各种土特产到日本中部的集市上销售。

米歇尔·达米安

1853年，日本与海洋的关系发生了根本性的变化。当时，马修·C.佩里（Matthew C.Perry）准将乘坐萨斯喀那号蒸汽明轮护卫舰（USS Susquehanna）率领美军舰队驶入江户附近的浦贺港。佩里的任务是为遇难的美国水手寻求安全，获得可给美国军舰提供补给的港口，并与日本建立贸易关系。在佩里之前，已经有数次让日本向西方世界开放的努力。此前至少有三次，美国船只想在日本沿海停泊，但都遭到了幕府当局的断然拒绝。此外，日本的沿海观察员已经习惯于在日本海域监视俄罗斯、美国和英国的船只，从长崎的荷兰人那里，日本人也知道了西方列强越来越多地侵占东亚。

随着 1858 年签订全面通商条约（不平等条约），日本对西方贸易开放，“开国”的政治影响迟早会引起德川幕府的冲突。19 世纪 60 年代中期开始，西边的萨摩藩和长州藩结成秘密联盟，导致了德川幕府的战败。1868 年明治天皇登基。新任天皇虽然反西方，但仍继续将日本的军事、经济及政治制度西化。大多数的领导人都意识到，要与西方列强竞争，日本必须进行西化，这包括全面反思日本与海洋的关系。

早在 1855 年，幕府就开始了海军的筹措，当时幕府获得了第一艘西方蒸汽战舰，并成立了海军训练中心。因此，当德川政权垮台后，发展新的西式海军并非对原来路线的根本性偏离，而是改革的延续。明治政府的领导人开始建立帝国海军，其舰船来源包括了各个领地的船舰、上一代大将军向海外制造商订购的船舰，以及从国内及外国新订购的船舰。有意思的是，对新的明治朝廷进行最后一次抵抗的是德川幕府的海军中将榎本武扬。他曾在北海道岛上短暂地建立了虾夷共和国。在函馆之战中，“叛军”才被击溃。具有讽刺意味的是，在这场战役中起了决定性作用的，是一艘原本由幕府将军订购但被帝国海军没收的法国铁甲舰。

明治早期的领导人也认识到，为了与西方竞争，新国家必须发展国内和国际运输公司。这方面最显著的例子是岩崎弥太郎（1835—1885）所创立的三菱航运公司。虽然三菱公司后来发展成为日本的主要企业集团（“财阀”）之一，但其最初的业务都与海洋有关。它从政府获得了蒸汽船和造船设施，投资于煤矿以供应新船队，并成立了一家海上保险公司。因此，新政府最关心的两个最直接的领域是发展一支西式海军，以及建立一个强大的国内和国际船舶工业。

海洋将有助于日本帝国早期的扩张。自 8 世纪以来，日本人一直在寻求对琉球群岛的控制权，当日本人以替琉球被害渔民报仇为借口，登陆攻打台湾时，这个目标就实现了。中国的注意力被应对西方列强所牵扯，无法顾及琉球群岛主权，日本在 1879 年并吞琉球，设冲绳县。与此类似，1876 年签署的首个对朝鲜通商条约《江华条约》，也是通过炮艇外交达成的。日本军舰强迫朝鲜开放三个港口进行贸易，讽刺的是，这基本上是在重复 20 年前日本自己在佩里准将手下的经历。

在帝国主义日本参与的前两次重大国际冲突中，海洋都发挥了重要作用。在许多方面，这些早期海军的成功导致了日本的胜利主义精神，直到第二次世界大战（1939—1945 年）的逆转，这种精神一直在日本国内盛行。1894 年，日本为了争夺朝鲜半岛的控制权，与清朝开战。在这场战争中，日本人取得了完全的胜利，包括在当年 9 月的鸭绿江战役中建立起心理优势的巨大胜利。在这场战斗中，日本海军重创数量上占优势的中国舰队致使后者惨败，10 艘中国舰艇中的 8 艘被击毁，这也是日本迈向地区性海军强国的一个小插曲。同样，在甲午战争（1894—1895 年）中，日本海军在占领澎湖列岛及最终侵占台湾的过程中也发挥了重要作用。随后的《马关条约》也许是军事史上最一边倒的胜利之一，日本海军是日本军事胜利的重要组成部分。

同样，日本在日俄战争（1904—1905 年）中战胜俄国，很大程度上是来自日本在东北亚的海军优势。战争始于 1904 年日本海军对俄国远东舰队的进攻。俄国舰队遭到伏击后，沙皇命令波罗的海舰队转道驰援远东与日军交战，以解除后者对亚瑟港[①]的包围。当新命名的“第二太平洋舰队”终于到达东北亚时，不仅发现亚瑟港已经沦陷，还迎头碰上东乡平八郎大将指挥的日军联合舰队。日军击沉 8 艘俄国战列舰，造成俄军巨大人员伤亡，摧毁了俄罗斯舰队。海军的胜利，加上对库页岛的占领，迫使沙皇要求与日本媾和。在美国总统西奥多·罗斯福的斡旋下，1905 年双方缔结《朴次茅斯和约》实现了和平。

在日本历史的这段时期，海洋扮演着矛盾的角色。德川幕府将军禁止日本商人出海，并严格控制对外贸易。此时的海洋事务主要是商人沿着交通繁忙的海岸线运输货物的地方性事务。然而，随着 19 世纪 50 年代中期日本的“开国”，以及明治维新的领导人试图在东北亚海域建立日本与西方列强的平等地位，这种相当狭隘的海洋使用方式发生了巨大的变化。通过积极的现代化运动，日本人在 1912 年明治时代结束时，建立了从南面的中国被侵占领土台湾到北面的库页岛的强大的海军力量，并控制了从大阪等日本港口到中国主要商埠的主要商业航线。在短短的几十年间，日本在东北亚建立了自己的海上大国地位，成为第一个与西方大国实现外交平等的亚洲国家。日本的成功，很大程度上是因为日本在公海上的自保能力非常强。

迈克尔·拉弗

① 译者注：即大连旅顺口，现为辽宁省大连市辖区。

拓展阅读

Chaiklin, Martha.2003.*Cultural Commerce and Dutch Commercial Culture*: *The Influ - ence of European Material Culture on Japan.* Leiden: Leiden University Press.

Clulow, Adam. 2014. *The Company and the Shogun*: *Dutch Encounters with Tokugawa Japan.* New York: Columbia University Press.

Hellyer, Robert.2010.*Defining Engagement*: *Japan and Global Contexts*, 1640—1868. Cambridge: Harvard East Asian Monographs.

Jansen, Marius. 2000. *China in the Tokugawa World.* Cambridge, MA: Harvard University Press.

Kalland, Arne.1995.*Fishing Villages in Tokugawa Japan.* Honolulu: University of Hawai ‘i Press.

Laver, Michael. 2012. "A Whole New World (Order): Early Modern Japanese Foreign Relations, 1550—1850." In*Japan Emerging*: *Premodern History to* 1850. Karl Friday (ed.).Boulder, CO: Westview Press.

Matsuura, Akita. 2010. "Sino - Japanese Interaction via Chinese Junks in the Edo Period." *Journal of Cultural Interaction in East Asia*1.

McClain, James, John Merriman, and Kaoru Ugawa (eds.). 1994. *Edo and Paris*: *Urban Life and the State in the Early Modern Period.* Ithaca: Cornell University Press.

Paine, S.C.M.2005.*The Sino - Japanese War of* 1894—95: *Perceptions*, *Power*, *and Primacy.* Cambridge: Cambridge University Press.

Phillips, Catharine. 2015. *Empires on the Waterfront*: *Japan's Ports and Power*, 1858—1899. Cambridge, MA: Harvard University Asia Center, 2015.

Semenoff, Vladimir. 2014. *The Russo - Japanese War at Sea*, 1904—05. London: Leonaur.

Wiley, Peter Booth. 1991. *Yankees in the Land of the Gods*: *Commodore Perry and the Opening of Japan.* New York: Penguin Press.

Wilson, Noell.2015.*Defensive Positions*: *The Politics of Maritime Security in Tokugawa Japan.* Cambridge, MA: Harvard University Asia Center.

葛饰北斋，1760—1849 年

日本艺术家葛饰北斋（Katsushika Hokusai）以 1831 年的作品《神奈川海边的大浪》(简称《大浪》）而闻名于世。这幅木刻版画原名为“神奈川冲浪里”，是“富岳三十六景”系列之一，后来北斋又推出了“富岳一百景”。为了实现视觉深度大的透视版画效果，北斋创造了一个可以重复使用的《大浪》木刻版。虽然他的作品与传统上以妓女和歌舞伎演员为主题的浮世绘艺术有关，但北斋的名气建立在风景画和日常生活画面的结合上。虽然北斋有意识地将他的许多版画作品的中心点放在圣山富士山这一广为人知的对象上，但他的作品中却充满了海洋性的细节，而且往往是水路、海岸和桥梁，北斋特别描绘了江户时代后期的社会和商业生活。例如，《大浪》描绘的是在江户湾内常用的长 40 英尺的狭长运货快船“和船”（日式木船）中，划船人在湍急的海面上奋力搏击。自 19 世纪下半叶日本艺术的传播以来，无论对日本历史和陆上景物版画的了解程度如何，《大浪》戏剧性的海洋叙事和图形设计的力量都对远方的观察者产生了持久的影响。用一位艺术史学家的话说，北斋的能力是捕捉到了“大

日本艺术家和版画家北斋是 18 世纪末至 19 世纪初最著名的浮世绘艺术家之一。《大浪》是“富岳三十六景”中的一幅，显示了日本周围的汹涌海洋。反复发生的地震会产生海啸，巨大的海浪会破坏沿海地区。（吉姆 · 布林）

海的力量和多变性”（Guth，2015：3），影响了今天人们对大浪的想象以及表现其形象的方式。《大浪》成了持久的全球性标志，2010 年被批准改编为统一码 6.0 版（Unicode 6.0）中关于水波的表情符号（emoji），就是最好的说明。

北斋在“千绘之海”系列版画中，再次描绘了渔民和他们的船只在各种风吹日晒的情况下，在海岸上的生活，以及丰富的海产品的准备等社会层面的海洋景象。另一幅著名的海洋版画《千绘之海·五岛鲸突》，描绘了渔民们在近海攻击一头巨大鲸鱼的场景。捕鲸是长崎近海偏远的五岛列岛居民最重要的经济来源。北斋在 1832 年的“琉球八景”系列版画中，展示了琉球（今冲绳）和中国之间具有历史意义的海上关系。该系列的灵感来自那年琉球官方代表团抵达江户幕府。北斋将其在中国书籍中发现的中式小船及舢板形象，拼板印制入这个系列的版画之中。

比尔吉特·特莱姆·沃纳

拓展阅读

Forrer，Matthi.2015.*Hokusai*：*Prints and Drawings*.München：Prestel.

Guth，Christine M. E. 2015. *Hokusai's Big Wave. Biography of a Global Icon.* Honolulu：University of Hawai ‘i Press.

拉丁美洲和加勒比，1750 年至 1900 年

葡萄牙和西班牙帝国在 16、17 世纪从加勒比、中美洲和南美洲的殖民地中汲取了巨大的财富，并建立了持续至 18、19 世纪的生产和贸易方式。他们使用从非洲进口的奴隶劳工来种植经济作物，尤其是糖，并开采银和其他金属。该地区茂密的森林和其他地理障碍意味着几乎所有贸易都得通过水路开展，沿着河流到达海岸，沿着海岸线到达主要港口，再从那些港口横跨海洋到达欧洲。总体而言，这些殖民地进口非洲奴隶和欧洲制成品，出口糖和咖啡等原材料和农产品。

由于产出中经济作物占绝大多数，许多加勒比岛屿的粮食都依赖进口。美国独立战争（1775—1783 年）破坏了英国的贸易，在几个加勒比殖民地（尤其是牙买加）造成了大规模的饥饿。美国独立，再加上法国大革命（1789 年）和拿破仑战争（1803—1815 年），鼓励了拉丁美洲和加勒比地区的独立运动，特别是拿破仑 1808 年对西班牙的占领，破坏了

西班牙的殖民统治。西班牙人先是攻击拿破仑军队，后又抵抗拿破仑军队的进攻，在战争中遭受严重损失，对帝国的控制力被严重削弱。

海地经过14年的反法革命斗争（1791—1804年），成为第一个赢得独立的加勒比国家。其领导人杜桑·卢维杜尔（Toussaint Louverture，1743—1803），曾在美国海军和英国皇家海军的简单帮助下巩固了对该岛海岸线的控制。战后，新独立的海地组建了一支小型海军。在接下来的十年里，西班牙的大部分美洲殖民地爆发了革命。他们最重要的领袖西蒙·玻利瓦尔（Simon Bolívar，1783—1830）在第一次努力失败后逃到海地，1816年在由七艘海地军舰组成的舰队护送下返回本土。

成功的革命者通常集中在主要城市，占领港口并从改装后的商船中组织起海军，这些商船许多是从英国和美国购得。不久，一支特别庞大的起义军舰队从委内瑞拉沿海最大的岛屿——玛格丽塔岛（Margarita）起事。这些小型船只组成的简易海军部队，以及越来越多的私人船队，在切断忠于西班牙的部队获得西班牙的支持以及确保独立上发挥了关键作用。1814年，阿根廷的战舰在蒙得维的亚附近击败了西班牙军队，并攻陷了这座城市。智利的革命领袖贝尔纳多·奥希金斯·里克尔梅（1778—1842）组建了一支特别有效的海军，他招募了许多英国军官，其中就包括托马斯·科克伦（1775—1860）。科克伦将英国海军的惯例和传统带到了这些新生的舰队。1819年，智利的十几艘军舰击败了一支西班牙舰队，帮助秘鲁获得了独立。1823年，托马斯·科克伦——当时他正为巴西的起义军工作——击败了葡萄牙的一支舰队，帮助确保了巴西的独立。到了1826年，拉丁美洲大陆的大部分地区都实现了独立。

尽管美国在《门罗主义》(1823年）中宣称反对欧洲在美洲重新推行殖民主义，但正是英国的皇家海军阻止了西班牙收回殖民地的努力。英国航运公司越来越多地进入拉丁美洲市场，并在南大西洋贸易中占据了主导地位，尤其是在航海从帆船向蒸汽船过渡之后。在此之前，拉丁美洲商人在国际贸易中非常活跃，尤其是巴西人。他们继续在非洲购买奴隶，躲避英国的反奴隶制巡逻队，直到1851年巴西才禁止奴隶贸易。拉美国家逐渐废除奴隶制（这个过程非常缓慢，巴西直到1888年才正式废除），转向使用外国劳工。英国在加勒比海地区的殖民地吸引了印度劳工，许多中国人在拉美西海岸一带工作。1849年加州的淘金热，以及19世纪50年代巴西的白银繁荣，进一步刺激了移民和连接欧洲及南美洲的定期汽船航线的发展。

拉丁美洲的许多新独立国家都拥有小规模的海军。它们镇压海盗活动，还挫败了美国冒险家的行动，这些冒险家在不同时期试图在尼加拉瓜和其他小国夺取政权。19 世纪 20 年代后期，厄瓜多尔和秘鲁的海军在一系列边境争端中发生了冲突，阿根廷和巴西的海军在 19 世纪 30 年代和 40 年代也发生了冲突。多米尼加的海军在 1844 年促成该国脱离海地而独立。但是，这些部队规模很小，拥有不过十几艘小型军舰，无法与大国匹敌。欧洲国家的海军远征队经常被派去讨债，例如 1838 年法国远征队对墨西哥的征讨，这些远征队通常都比当地海军厉害，征讨债务无往不利。在墨西哥战争（1846—1848 年）中，美国海军轻而易举地击败了墨西哥的小规模舰队。1861 年，法国舰队派遣一支军队登陆，就建立了马克西米利安皇帝（1832—1867 年）对墨西哥的短暂统治。

拉美国家的海军很快转向蒸汽动力战舰，并成为最早派出铁甲战舰投入战斗的国家之一。由边界争端引发的巴拉圭战争（1864—1870 年），也被称为“三国联盟战争”，是巴拉圭对阿根廷、巴西和乌拉圭的战争。这场战争的特点是在河流上进行了一连串的海战，河流的控制对于军队在该地区的移动和补给至关重要。巴拉圭海军一开始打了胜仗，俘获了两艘阿根廷的炮艇，但随后在与巴西规模较小的舰队的激战中，损失了 14 艘战舰中的 9 艘。此后，在巴西军舰支援下，三国联军沿巴拉圭河推进。尽管巴拉圭的一枚水雷击沉了联军的里约热内卢号铁甲舰，他们还是两次击溃有堡垒支持的巴拉圭舰队。巴西的海军是通过向外国购买和国内建设扩充起来的。事实证明，巴西海军在击败巴拉圭的过程中发挥了重要作用。

在合成硝酸盐（从空气中合成硝酸盐）技术发展起来之前，第一次世界大战期间，鸟粪是富氮肥料的最佳来源。秘鲁是最好的鸟粪富集地之一。其丰富的近海渔业不仅养活了该地区最大的捕鱼船队，还养活了内陆干旱地区的鸟类。这些鸟类的粪便积累到 40 英尺以上的深度。采集鸟粪和装船的工作主要由薪酬很低的移民劳工来从事。19 世纪末，这些鸟粪大部分被运往美国，作为西部农场施用的肥料。围绕鸟粪来源地的争夺引发了几次战争，其中包括钦查群岛战争（Chincha Islands War，1864—1866 年）。西班牙的战舰占领了这些鸟粪岛，迫使秘鲁偿还债务，战争由此爆发。智利也为支持秘鲁而参战。西班牙人轰炸了智利的主要港口瓦尔帕拉西奥（Valparasio），炸毁了几十个满载货物的仓库，击沉了 33 艘船，这相当于智利的大部分商船。然而，秘鲁的铁甲舰队成功地击退了西班牙人对卡拉奥港的进攻。西班牙舰队缺乏确保大陆基地所需的兵力，在南美洲所有港口都不对其开放的情况下，只好放弃战争，经菲律宾回国。十年后，太平洋战争（1879—1883 年）也涉及鸟粪矿，这次是为了争夺阿塔卡马沙漠的丰富硝石矿藏。智利的海军经过十年的重建，取得了几次交战的胜利，俘获了秘鲁的铁甲舰胡阿斯卡号，并获得了进入阿塔卡马河的通道。

关于巴塔哥尼亚的边界争端——巴塔哥尼亚富含大量的鸟粪和煤炭——引发了一场阿根廷和智利之间的海军军备竞赛，巴西为了保持平衡也增加了海军开支。巴塔哥尼亚争端在 1902 年得到解决，但在这一年，英国和德国战舰扣押了委内瑞拉的几艘货船向委方追讨债务。美国总统西奥多·罗斯福（1858—1919）提出仲裁，但引发了对欧洲干涉促成新的海军建设竞赛的担心，就像英国的无畏号战列舰的革命性设计使现有的战列舰过时了那样。拉美海军主义者认为，这给了他们的海军一个缩小和欧洲海军强国之间差距的机会。巴西购买了两艘英国制造的战列舰，随后阿根廷在 1909 年向美国订购了两艘战列舰，智利在 1910 年向英国订购了两艘更大的战列舰。该地区较小的国家无力承担如此昂贵的战舰。美国介入加勒比海和中美洲，表面上是为了阻止欧洲以讨要债务为由的干预，但在美国打赢了美西战争（1898 年）并在古巴和波多黎各建立基地后，美国在加勒比海和中美洲的干预变得越来越普遍。美国军队 1915—1934 年间占领了海地，1916—1924 年占领了多米尼加的主要港口。

巴拿马吸引了大量的外国投资者的关注和投资。太平洋邮轮公司于 1848 年开始在巴拿马两岸之间提供驿站服务，这使乘客可以省去绕合恩角的长途旅行。1855 年建成的铁路，使货物运输成为可能——将货物在一侧海岸卸下，用铁路运过地峡，然后在另一侧岸边装船，完成后续运输。法国人试图在地峡上修建运河的努力失败了，但 1903 年巴拿马从哥伦比亚获得独立后，美国人发起修建运河的努力取得了成功。巴拿马运河于 1914 年 8 月开通，极大地改变了地区贸易。它刺激了整个地区沿海航运业的发展，并改变了航线。智利的瓦尔帕莱索（Valparaiso）曾经是船舶绕行合恩角的第一站，它在巴拿马运河开通后运输量急剧下降。越来越多的美国公司进入该地区，与格雷斯公司（W.R.Grace）这样的美国航运公司之间的竞争变得激烈。

蒸汽轮船和冷藏技术的发展使香蕉和其他易腐水果的出口成为可能，这些水果的种植也从加勒比地区扩大到中美洲。联合水果公司建立了自己的冷藏货轮船队，将香蕉运往美国，后来又运往欧洲。它还刺激了旅游业的发展，在往返香蕉港口的途中为乘客提供精美的餐饮和旅游观光。拉美地区已经有许多受欢迎的海滨度假胜地。这些度假胜地在 19 世纪 80 年代开始在阿根廷和乌拉圭边境的里约德拉普拉塔地区发展起来，而这要归功于该地区通往两国首都布宜诺斯艾利斯和蒙得维的亚的铁路开通。面向国内游客的铁路和面向外国游客的蒸汽船相结合，推动了从墨西哥的阿卡普尔科到巴西的科帕卡巴纳的整个拉丁美洲度假胜地的发展。

英国的蒸汽轮船取代了快速帆船从事咖啡贸易，并在 19 世纪 70 年代建立了一个利润丰厚的三角贸易网：英国轮船将制成品运往巴西，并将巴西产的咖啡运往纽约，而在纽约，他们把美国的小麦和原材料装船运回英国。作为回应，一些拉美国家政府对国内轮船公司进行补贴。巴西航运公司（巴西劳埃德航运公司）经营的船龄较长，速度较慢，经常亏损。1891 年的一项限制沿海贸易只限于悬挂巴西国旗的船舶的法律帮助了这家受补贴的公司，使其业务扩展到了纽约。墨西哥政府同样补贴了一条以老旧船只为主的国家航线，这条航线难以参与国际贸易竞争。内战和外国干涉进一步打乱了墨西哥发展大型商船和海军的努力，直到 1920 年以后才恢复。

与此形成鲜明对比的是，智利资助建造了几艘现代化的蒸汽船，智利航运公司在南美市场上成功与英国的竞争对手太平洋蒸汽航运公司开展竞争。到 1900 年，智利航运公司已将服务范围扩大到巴拿马和墨西哥。1906 年在阿根廷发现了石油，鼓励了小型油轮船队的建立，这为第一次世界大战后向普通货船扩展奠定了基础。秘鲁 1906 年出台了自己的航线补贴政策，但智利航线的地位已经十分稳固，秘鲁航线在竞争中举步维艰。第一次世界大战的爆发——造成了世界范围内的航运短缺——这帮助了拉美公司发展壮大，还使它们收复了被英国和美国的竞争对手占有的市场。

拉丁美洲的承运船只在两次世界大战中都受到了德国潜艇的攻击，但只有巴西对德国宣战并参加了第一次世界大战。这些攻击把拉丁美洲除了阿根廷之外的主要大国都卷入了战争。这些国家都没有造船厂能够建造远洋货船，但没收战争中被困在拉美地区的德国和意大利船只使它们能够扩大其商船队。墨西哥的国家石油公司在战前就已经购入了几艘油轮，1940

年意大利参战时，墨西哥没收了 9 艘被困在墨西哥的意大利油轮，极大地扩充了自己的力量。战争初期，因为美国的《中立法》[1]，巴拿马的船队迅速扩张。美国船东为了规避《中立法》，纷纷在巴拿马注册其船舶。由此形成了一个以巴拿马国旗作为方便旗的产业，这一情况一直延续到战后，因为航运公司发现在巴拿马或其他效仿巴拿马提供方便旗的国家注册船舶，比在本国注册更便宜。

战时运力短缺（这极大地减少了区域贸易并扰乱了当地经济），刺激了拉丁美洲政府在战后扩大舰队和造船能力。他们决心不再受制于外国托运人的摆布。1939 年，巴西在美洲地区拥有仅次于美国、加拿大和巴拿马的第四大商船队，它投资兴建了新的造船厂，并扩大了货船队。智利同样对航运业进行了再投资，并对造船设施进行了现代化改造。委内瑞拉与哥伦比亚和厄瓜多尔结成了伙伴关系，成立了大科伦比亚纳（Grancolombiana）航运公司，该公司在 20 世纪 40 年代末和 50 年代迅速发展。

在殖民时期，航运对拉丁美洲的经济作物和原材料经济至关重要，而且各国实现独立后，航运业仍然十分重要。尽管这些国家中许多都拥有庞大的船队，但在轮船时代，由于许多国家的政府开始满足于依赖外国托运人，自己的船队已经落后。航运运力短缺，特别是两次世界大战期间的运力短缺，促使许多国家开始补贴自己的船队，智利和巴西在这方面做得最成功。第二次世界大战后，大多数拉美国家利用美国出售过剩航运设备的机会，大幅扩大船队。到了 20 世纪 60 年代，南美洲的航运公司（私人和政府拥有的）在当地航运业中占据了主导地位。

斯蒂芬·K. 斯坦

拓展阅读

Clissold, Stephen. 1968. *Bernardo O'Higgins and the Independence of Chile.* London: Hart-Davis.

De Windt Lavandier, César A.1994. "Dominican Republic." *Ubi Sumus? The State of Naval and Maritime History.* John B. Hattendorf (ed.). Newport: Naval War College Press.

La Pedraja, Rene de.1998. *Oil and Coffee: Latin American Merchant Shipping from the Imperial Era to the* 1950*s.* Westport, CT: Greenwood Press.

---

① 译者注：为防止被卷入战争，《中立法》禁止美国船舶进入欧洲战区。

Scheina, Robert L. 1987. *Latin America: A Naval History*, 1810—1987. Annapolis: Naval Institute Press.

Véliz, Claudio. 1962. *Historia de la Marina Mercante de Chile*. Santiago: Ediciones de la Universidad de Chile.

Yerxa, Daniel A. 1991. *Admirals and Empire: The United States Navy and the Caribbean*, 1898—1945. Charleston: University of South Carolina Press

巴拿马运河

巴拿马运河于 1914 年完工，当年 8 月 15 日，第一艘船通过巴拿马运河。这条运河穿越巴拿马地峡，全长约 50 英里，连接加勒比海上的科隆港和太平洋上的巴尔博阿港。通过这条运河，船舶可以避免绕过南美洲的漫长航程和好望角的波涛汹涌的水域。它使从纽约到旧金山的航行距离从 13165 英里缩短到 5300 英里。美国和南美之间的贸易在运河开埠后三年内翻了一番，运河成为世界上最重要的航道之一。

1878 年，曾成功监督修建苏伊士运河的法国企业家费迪南德·德·雷赛布（Ferdinand de Lesseps）获得哥伦比亚的许可，同意修建一条穿越巴拿马地峡的运河。他成立了巴拿马国际运河公司（Companionie Universagnie du Canal Interocéanique），并于 1881 年开工。由于地势险峻，工程上的挑战，以及数千名工人因病死亡，公司于 1888 年破产。

1901 年，美国总统西奥多·罗斯福寻求修建运河的许可，但遭到哥伦比亚国会的拒绝。他以获得修建运河的权利为交换条件，提出支持巴拿马分裂主义者。1903 年 11 月 3 日，巴拿马人宣布独立，美国军舰阻止哥伦比亚军队进入巴拿马平乱。根据美国与巴拿马签订的《海—布瑙—瓦里拉条约》，美国拥有运河的建造权和控制运河两岸 5 英里的运河区的权力，交换条件是向巴拿马方面一次性支付 1000 万美元，并且每年再支付 25 万美元。修建巴拿马运河是当时最大的工程项目，历时 10 年，耗资超过 3.75 亿美元。它还使超过 5000 名工人因疾病或事故而失去了生命。

后来的条约扩大了巴拿马共和国在运河管理中的作用，并增加了其在运河收入中的份额，但是许多巴拿马人对他们认为不公平的协议感到不安，尤其是不满于美国继续掌管运河区、一分为二地控制着他们的国家。1958 年和 1964 年发生了反美抗议活动并演变成暴力事件。美国总统吉米·卡特（Jimmy Carter）决心提高美国与拉丁美洲的关系，1977 年通过

经过 10 年的建设，巴拿马运河于 1914 年 8 月 15 日开通。这条 48 英里长的运河创造了一条捷径，使北美东西两岸之间的航程缩短了 7000 英里。(美国国会图书馆)

了一项新的运河条约。它规定将运河逐步移交给巴拿马共和国，该工程已于 1999 年 12 月 31 日成功完成。

近一个世纪后，运河变得过时了。2001 年，超过 13000 艘船舶通过了运河，其中有 4000 艘是所谓的巴拿马型船，其建造与运河船闸的尺寸相匹配。但是，世界范围内船舶的吨位已经超过运河可容纳的限度。2000 年，世界上大约 40%的集装箱船因为太大而无法通过巴拿马运河。作为回应，巴拿马选民批准了一项 52.5 亿美元的计划，将船闸宽度从 110 英尺扩大到 180 英尺（并将其长度从 1050 英尺延长到 1400 英尺），通过疏浚再挖深 60 英尺。该工程于 2009 年启动，于 2016 年 6 月 26 日竣工并开业。

约翰·R. 伯奇

拓展阅读

Major, John. 2003. *Prize Possession*: *The United States and the Panama Canal*, 1903—1979, 2nd ed. New York: Cambridge University Press.

Maurer，Noel，and Carlos Yu.2011.*The Big Ditch：How America Took，Built，Ran，and Ultimately Gave Away the Panama Canal*. Princeton，NJ：Princeton University Press.

McCullough，David G. 1977. *The Path Between the Seas：The Creation of the Panama Canal*，1870—1914.New York：Simon and Schuster.

The Panama Canal Authority. http：//www. pancanal. com/eng/index. html.Accessed November 17，2014.

荷兰，1750 年至 1900 年

尽管在 18 世纪和 19 世纪，荷兰不再是欧洲最大、最重要的贸易国，但荷兰仍然保持着与海洋的联系以及活跃的海外贸易。事实证明，法国大革命和拿破仑战争是破坏性的，但荷兰人在战争之后很快就恢复了过来。到了 20 世纪初，荷兰商船队已成为世界上最大的商船队之一，并且与海洋的联系对国家来说仍然至关重要。

荷兰共和国是一个由独立省州组成的联邦制国家，政治权力在城市精英的地方权力和中央集权的力量之间摇摆不定。奥兰治家族的王族，其首领经常试图以联省共和国执政（首席治安官）的身份进行统治，与欧洲主要大国的国王相比，他是一个相对弱势的国家元首。1747—1748 年奥地利王位继承战争期间，法国军队入侵施塔茨—弗兰德尔（弗兰德尔北部），在人民压力下，被迫恢复了奥兰治·拿骚王子威廉四世（1711—1751）的王位。此后，联省共和国执政实行世袭制并持续执政到 1795 年，这年法国革命军在荷兰反对派爱国者运动的支持下，夺取了荷兰的控制权，建立了巴达维亚共和国。联省共和国执政兼奥兰治亲王威廉五世（1748—1806）逃往伦敦，并在那里流亡。1806 年，拿破仑·波拿巴担心荷兰独立，以其兄弟路易·拿破仑统治的荷兰王国取代了巴达维亚共和国。荷兰被迫与大革命时期以及后来的拿破仑法国结盟，并与英国交战。英国夺取了荷兰的许多殖民地，使荷兰在 1799—1816 年期间几乎没有了海外领土。

在革命的动荡、法国的统治和海外帝国的崩溃中，荷兰将其统治机构现代化，成为一个中央集权的民族国家。1812 年拿破仑入侵俄国损失惨重，荷兰人乘机推翻了路易·拿破仑的统治。1815 年，荷兰建立了以奥兰治王室为君主的荷兰王国，封威廉五世之子威廉·弗雷德里克

(William Frederick，1772—1843）为荷兰国王威廉一世。威廉一世是一位立宪君主，统治着一个包括荷兰和比利时在内的王国，这是战争的胜利者所鼓励的合并，他们希望以强大的缓冲国将战败的法国包围起来。

随着战争的结束，英国归还了许多在战争中夺取的荷兰的财产，但锡兰和圭亚那是重要的例外。然而，荷兰的对外贸易要到 1830 年才恢复到旧有的水平。在这几年里，荷兰人和比利时人之间的矛盾不断加剧，导致了内战，在英法两国威胁进行干预之后，比利时在 1839 年独立。此后，荷兰王国仅由北部 11 个省组成。荷兰议会不断维护其对国王的权威，并在 1848 年确定直接对国王和各殖民地负责。与比利时人在刚果建立了一个大型殖民地不同，荷兰人并没有参与 19 世纪末的非洲争夺战。然而，他们确实扩大并巩固了对荷属东印度群岛的控制权，通过多次战争征服了苏门答腊的亚齐苏丹国。

飞翔的荷兰人号

飞翔的荷兰人号（Fliegender Holländer）是一艘注定要永远航行、无法靠岸的幽灵船。看到飞翔的荷兰人号被认为是不祥之兆，意味着厄运将至。

在德国版本的故事中，一个叫冯·法尔肯贝格的船长被判处永远航行于北海之中，作为对其罪愆的惩罚。有时恶魔会去拜访冯·法尔肯伯格，双方用骰子来决定法尔肯伯格船长灵魂的归宿。在另一个版本中，一个叫范·斯特拉登的荷兰船长注定要在风暴之角（好望角）一带永远航行。

飞翔的荷兰人号在 17 世纪末首次在印刷品中被提及，18、19、20 世纪的船舶日志中也有关于这艘超自然船的报道。据描述，这艘船会发出奇异的红光，并且船帆完全竖起。

这个传说激发了戏剧、诗歌、小说、歌曲、电影和歌剧的灵感，包括理查德·瓦格纳（Richard Wagner）1843 年的歌剧《飞翔的荷兰人》。最近，这艘船还出现在儿童卡通和电子游戏中，并在迪士尼加勒比海盗系列电影中大放异彩。

凯伦·S. 加文

海军

18 世纪下半叶，荷兰海军的规模和能力下降，成为一支二流军队。西班牙王位继承战争（1701—1714 年）之后，欧洲列强纷纷增加了舰队和战舰的规模，建造了附带 100 多门火炮的战舰。由于财政问题和主要港口的淤塞，荷兰人无法跟上这一趋势，他们最大的战舰仍然是 74 门火炮的战舰。然而，由于与英国的友好关系，荷兰人在海上几乎没有遇到什么挑战，唯一持续的威胁是北非的巴巴里海盗国。1752 年荷兰与之谈判达成了持久的和平。1744—1748 年期间，荷兰人协助他们的英国盟友对法国开战（奥地利王位继承战争），但事实证明，荷兰人无法征集到英国要求的 20 艘战舰。这支由一名 73 岁的海军上将率领的荷兰舰队，自 1728 年以来一直没有出海，也几乎没有取得什么战绩，凸显了荷兰海军的衰落。第四次英荷战争（1780—1784 年）是由荷兰商人与反叛英国的美洲殖民地进行贸易而引发的，事实证明，这对荷兰人来说是一场灾难，他们的力量无法与英国的大型海军相比。

1793 年，荷兰加入反对法国革命政府的联盟，并再次遭受失败。1795 年冬，法国军队入侵荷兰，达成城下之盟。与法国结盟后，荷兰人在海上接连遭受失败，其中包括 1797 年的坎珀当海战（Battle of Camperdown）。英国人在这次战役中俘获了 11 艘荷兰船只。法国人强迫荷兰船厂只建造军舰，直到 1816 年才恢复商业造船业。法国人统治的一个积极的方面是斯海尔德（Scheld）水道的开通，它将安特卫普与北海及对外贸易连接起来。此前，荷兰为了防止来自安特卫普的竞争，曾将其关闭，禁止航运。

事实证明，比利时和荷兰的强行合并不受欢迎，很快就引发了战争。虽然荷兰和比利时的冲突几乎不是海军事件，但这一冲突确实给了荷兰人最后一个经典的海军英雄。在 1831 年的一个暴风雨的夜晚，巨大的逆风将斯海尔德河上的扬·范·斯佩克船长的船吹向安特卫普方向。范·斯佩克害怕被佛兰德的暴徒俘虏，便放火点燃火药舱，炸毁了自己的船。只有一名水手在爆炸中幸存下来。荷兰人把范·斯佩克当作民族英雄来纪念，并在此后定期以他的名字命名战舰。围绕范·斯佩克甚至兴起了狂热的崇拜——竟然形成了一个买卖爆炸之后的船碎片以及他的尸体碎片的市场——或许说明了荷兰人对过去的辉煌时代的渴望。在 19 世纪晚期的城市更新中，一些城镇建立了“海上英雄”街区，以过去的海军指挥官的名字为街道命名。

虽然英国人归还了许多在拿破仑战争中夺取的荷兰殖民地，但也迫使荷兰人停止运输奴隶并参与打击奴隶贸易。这一任务在规模很小的荷兰海军来说只是勉力为之，只抓到了为数不多的奴隶贩子。以前，荷兰海军由五个舰队组成，每个舰队都来自不同的省份。到了 19 世纪，它已经成为一支统一的力量。和它的外国对手一样，荷兰海军在 19 世纪中叶过渡到了蒸汽轮船。1852 年，一个国家委员会还建议要缓慢过渡，建造混合型战舰以保留桅杆和风帆，并节制使用蒸汽机。然而，在十年内，海军开始完全过渡到没有辅助风帆的蒸汽轮船。第一次世界大战前的十年里，荷兰舰队迅速进行了现代化建设，建造了几艘巡洋舰和潜艇。但购置现代战列舰的计划在战争爆发后被取消。

运输公司

18 世纪，荷兰在国际贸易中的份额明显下降。17 世纪 70 年代，荷兰航运占欧洲航运总量的 40%左右。到 1780 年，只占 12%。尽管荷兰人沿河流和运河维持着内部航运基础设施，但港口的淤塞——最明显的是阿姆斯特丹——却造成了持续的问题。竞争的港口很快就与阿姆斯特丹并驾齐驱。尤其是鹿特丹，它发展稳定，部分原因是与科隆的中转贸易不断增长。尽管荷兰的海外贸易减少了，但由于其与德国腹地的河流连接，它在洲际航运中的作用却在不断增长。许多荷兰城市之间的航运联系仍然是由“轮流航行”（beurtvaart）系统组织的。船长不是视船舱是否满载而决定起航与否，而是按照一套已经建立的包括可靠时间表和预先设定价格的规范的航运服务体系来运营。

到了 1820 年，轮船公司在荷兰的主要河流上都有了活跃的轮船，这些公司取代了旧有的“轮流航行”模式。事实证明，公海贸易中向轮船的过渡比较缓慢。直到 19 世纪 70 年代轮船在海外贸易中的载货量才超过了帆船。到了 19 世纪中叶，荷兰商船队已成为世界第四大商船队，而且规模还在继续增长。1898 年，8762 名海员在荷兰国旗下航行，其中三分之一供职于帆船上。到 1914 年，荷兰有 15294 名海员，其中 13406 人在 412 艘轮船上供职，仅有 1888 人在 359 艘帆船上供职（Rossum，2009：244—53）。蒸汽轮船需要更多的船员，这改变了船员岗位不稳定的模式，还促进低级船员及军官工会的发展，这些工会在 1911 年的大罢工中展示了全新的力量。

荷兰帝国的衰落与重构

在 18 和 19 世纪，虽然荷兰人在大西洋上的殖民地已从 17 世纪的巅峰缩减为只剩加勒比地区的几个，但荷兰东印度公司在亚洲的殖民地基本保持了完整。这些殖民地包括现代印度尼西亚和锡兰的部分地区、马拉巴尔海岸、科罗曼德海岸、孟加拉、南非的开普殖民地和日本的出岛（Deshima）等小而重要的岛屿。18 世纪下半叶，荷兰的军事力量逐渐衰弱，事实证明，荷兰难以保护其商船队和向海外投射力量。尤其是荷兰东印度公司发现自己的债务越来越多，无力保卫其殖民地。1795 年，荷兰政府（当时是法国统治的巴达维亚共和国）清算了荷兰东印度公司的资产，并将其财产国有化，由政府指定的委员会管理。在拿破仑战争期间，英国船只对荷兰船只进行掠夺，政府越来越多地依赖中立的商人和船只来运送货物进出其遥远的殖民地。

拿破仑战争后，荷兰和亚洲之间的海运量大幅增加，到 1819 年时已经超过整个 18 世纪的海运量。但与过去形成鲜明对比的是，英国和美国的船只在这种贸易中占了很大一部分。为了将这种贸易交还给荷兰人经营，威廉一世成立了荷兰贸易公司（NHM）。NHM 以荷兰东印度公司为蓝本，除了没有行政职能外，它促进与商业相关的贸易和航运，包括开展造船和保险业务，但运输货物还是委托私人公司开展。在爪哇岛，荷兰人要求土地所有者将 20%的土地用于种植出口作物，这保证了与 NHM 合作的公司可以获得大量的货物，荷兰人还实施港口设施现代化。东印度群岛贸易的利润不断增长，为包括新沃特伟赫运河和诺德兹卡纳尔运河在内的国家海运基础设施的改善提供了资金。这两条运河于 19 世纪 70 年代开通，改善了从鹿特丹和阿姆斯特丹通往北海的交通。这两个城市都大大扩展了港口设施，并将这些设施迁出核心城市之外，还改善了与铁路的联通状况。

1750—1914 年之间，荷兰形成了延续至今的统一民族国家，而不是全盛时期的联省共和国。虽然是个小国，但它在贸易和航运方面仍然很成功，只是缺乏一支能与更大的邻国竞争的海军。荷兰巩固了自己的海外市场，殖民地生产的利润与长途贸易的利润相媲美。荷兰人从帆船航行过渡到蒸汽轮船航行的时间相对较晚，就像工业化一样，这种过渡不仅改变了船上的生活，还改变了港口功能和城市之间的距离，以及国家的土地景观和基础设施。随着荷兰海军强国时代在人们的记忆中逐渐消失，荷兰人越来越重视和颂扬他们的航海历史和海军英雄。

卡万·J. 法塔赫—布莱克

拓展阅读

Baetens, R., Ph.M.Bosscher, and H.Reuchlin (eds.).1978.*Maritieme Geschiedenis der Nederlanden, deel 4: Tweede helft negentiende eeuw en twintigste eeuw, van* 1850—1870 *tot ca* 1970.Bussum.

Broeze, F.J.A., J.R.Bruijn, and F.S.Gaastra (eds.).1977.*Maritieme Geschiedenis der Nederlanden, deel* 3: *Achttiende eeuw en eerste helft negentiende eeuw, van ca.*1680 *tot* 1850—1870.Bussum.

Bruijn, J. R. 1993. *Dutch Navy of the Seventeenth and Eighteenth Centuries.*Columbia, SC: University of South Carolina Press.

Gaastra, Femme. 2007. *Geschiedenis van de VOC.* Zutphen: Walburg Pers.Heijer, Henk den.2013.*Geschiedenis van de WIC.*Zutphen: Walburg Pers.

Jonker, Joost, and Keetie Sluyterman. 2000. *At Home on the World Markets: Dutch International Trading Companies from the* 16*th Century until the Present.*The Hague: Sdu Uitgevers.

Rossum, Matthias van. 2009. *Hand aan hand (blank en bruin): solidariteit en de werking van globalisering, etniciteit en klasse onder zeelieden op de Nederlandse koopvaardij*, 1900—1945.Amsterdam: Aksant.

荷兰皇家邮船公司

荷兰皇家邮船公司（Koninklijke Paketvaart Maatschappij，KPM）是20世纪初期荷兰最大的航运公司之一，该公司帮助荷兰在东南亚各地扩展和巩固帝国。1891年，荷兰轮船公司和鹿特丹劳合社——欧洲和荷属东印度群岛之间的货物、旅客和邮件的长途运输商——联合成立了KPM，作为荷属东印度群岛（今印度尼西亚）当地港口之间的沿海运输的支线提供服务。在1891—1957年期间，KPM几乎垄断了官方岛际航运。尽管在第一次世界大战后和20世纪30年代，荷属东印度群岛的经济不景气，但KPM公司还是获得了巨大的发展。其由蒸汽轮船和电动船组成的大型船队，运送对殖民地至关重要的货物和乘客，包括供国内消费和出口到国外的货物，以及来自欧洲、中东和亚洲的公务员和其他殖民者，以及驻扎在群岛各地的荷兰军人。

KPM 与其他荷兰航运公司在称为“会议”的类似卡特尔的协议中合作，确定货运及客运的费率，并试图消除外部竞争者。KPM 在阿姆斯特丹设有总部，在巴达维亚（今雅加达）设有地区办事处，与荷兰殖民政府紧密合作，帮助扩大荷兰对群岛外岛的殖民地控制。殖民政府的自由经济政策补贴了 KPM 的垄断地位，但作为交换，政府希望该公司与殖民政府合作，支持荷兰帝国政策。

到第二次世界大战开始时，KPM 在荷属东印度群岛的 62 个港口都设有代理，拥有 146 艘现役船只，掌管着世界上最大的荷兰船队。KPM 在战争中损失了大部分船只，不过 20 世纪 40 年代末和 50 年代，荷兰政府帮助其进行了重建。当时的去殖民化运动影响了 KPM。虽然印尼共和国的宪法规定 1949 年开始对岛际航运业务实行国有化，但由于缺乏印尼人拥有的替代公司，KPM 得以继续运营其航线，直到 1957 年，反荷兰人的情绪最终迫使该公司退出印尼水域。1966 年，在将其业务转移到新加坡后，KPM 与荷兰渣华轮船公司（Koninklijke Java China Paketvaart Lijnen）合并为皇家国际海运公司（Royal Interocean Lines，简称 RIL）。

克里斯·亚历山德森

拓展阅读

Campo, Joseph Norbert Frans Marie à. 2002. *Engines of Empire: Steamshipping and State Formation in Colonial Indonesia*. Hilversum: Verloren.

Gouda, Frances. 1995. *Dutch Culture Overseas: Colonial Practice in the Netherlands In-dies*, 1900—1942. Amsterdam: Amsterdam University Press.

Lindblad, J. Thomas. 2002. “The Late Colonial State and Economic Expansion, 1900—1930s,” 111-52. *The Emergence of a National Economy: An Economic History of Indonesia*, 1800—2000. Howard Dick, Vincent J. H. Houben, J. Thomas Lindblad, and Thee Kian Wie (eds.). Honolulu: Asian Studies Association of Australia in association with Allen & Unwin and University of Hawai ‘i Press.

丹戎不碌港

丹戎不碌港（Tanjung Priok）是印度尼西亚雅加达的主要港口。1877年，荷属东印度总督约翰·威廉·冯·兰斯伯格（Johan Wilhelm van Lansberge，1875—1881）发起改造沼泽和红树林的填海造地行动来建设丹戎不碌，这也是荷兰人重新规划雅加达市（当时称为巴达维亚）的大规模项目的一部分。丹戎不碌港取代了雅加达市原来的港口巽他格拉巴（Sunda Kelapa），因为后者因淤积而退化，无法再支撑蒸汽轮船兴起及苏伊士运河开通所带来的剧增的交通量。1886 年，丹戎不碌投入使用，并迅速成为公共工程局在爪哇岛全境建立的交通基础设施系统的重要节点。虽然公共工程局在泗水和三宝垄等城市还建立了其他现代化的港口，但丹戎不碌仍是荷属东印度群岛种植园产品的主要出口港。船运量迅速增长，1912 年达到 1666 船次，1923 年达到 2154 船次。

丹戎不碌港经过定期扩建和升级，仍然是印尼最繁忙的港口，也是世界上 25 个最繁忙的港口之一。它为印度尼西亚一半以上的中转货物提供服务，2013 年，该港口处理了近 700 万个 20 英尺当量单位（TEU）的货物。最新的扩建项目——被称为新不碌港或卡里巴鲁（Kalibaru）港，计划于 2023 年开业——将使年吞吐量增加三倍以上，达到 1300 万标准箱。丹戎不碌港的名字也因 1982 年在港口区发生的一次事件而声名狼藉，当时印尼军队向示威者开火，至少 28 人、多至 100 多人丧生。

约翰·F. 布拉德福德

拓展阅读

Taylor，Jean Gelman. 1983. *The Social World of Batavia：European and Eurasian in Dutch Asia.* Madison：University of Wisconsin Press.

Veering，Arjan. 2001. *A History of Tanjung Priok* 1870—1942：*The Port of Batavia and Maritime Integration in the Netherlands Indies.* Amsterdam：Amsterdam School of Social Science Research.

俄罗斯，1750 年至 1900 年

纵观历史，俄罗斯的统治者们都在为他们的内陆帝国寻求通往世界海洋的通道。俄罗斯历史上的大航海时代始于 18 世纪，彼得大帝（1682—

1725）建立了俄罗斯海军，并决定政府对海上贸易和勘探提供资助。作为一个有远见的统治者，彼得大帝认识到海洋对战争和商业的重要性，鼓励他的人民从英国和荷兰这两个当时主要的航海国家的海洋知识中吸取经验，并增加他们对海洋事务的兴趣。18 世纪和 19 世纪，俄国的探险家、商人和企业家们横跨大洋，向东、西两岸拓展业务，在北极和北美地区尤其活跃。然而，战争的失败、国内的动荡和其他问题，使俄罗斯的海上活动日益减少，到 20 世纪的第一个十年，俄罗斯的海上活动几乎全部结束。

在中世纪，俄罗斯人拥有第聂伯河、顿河和伏尔加河等可通航的大河，在这些河流上发展了商业运输通道，将波罗的海和黑海连接起来。后来俄国的探险家和商人利用河流到达北冰洋和太平洋，彼得大帝鼓励俄国人发现并开发了通往美洲的东北通道。他和他的继任者还致力于扩大俄国与欧洲的贸易，并为此兴建了波罗的海上的圣彼得堡港和里加港以及黑海上的敖德萨港。在凯瑟琳大帝（1729—1796）时期，俄罗斯的对外贸易几乎有五分之三要经过圣彼得堡港。圣彼得堡港还拥有一个大型的现代化海军基地：克朗斯塔特港。进港的船只中有一半是英国船，英国人对俄国海军的发展和俄国航海观念的形成产生了重大影响。英国既成为俄国海洋发展的榜样，也是后来的对手。

通过大北方战争（1700—1721 年）、俄土战争（1768—1774 年）及俄伊战争（1826—1828 年）为主的一系列战争行动，俄罗斯在波罗的海、黑海和里海取得了统治地位。奥斯曼帝国允许俄罗斯的黑海舰队自由通行，俄罗斯的商船和军舰成为东地中海的常客。俄国的商业同样通过波罗的海和北欧，并通过里海进入中亚。俄罗斯的港口成为充满活力的大熔炉，在这里，海员（一般是英国人、荷兰人、俄罗斯人或斯堪的纳维亚人）与商人（一般是德国人、犹太人或俄罗斯人）进行贸易，他们将自己的货物运往俄罗斯，并在整个俄罗斯的多民族帝国中进行销售。

俄罗斯的统治者们继续对东北航道抱有希望，维图斯·白令（Vitus Bering，1681—1741）带领俄国人在北极和北太平洋进行了最雄心勃勃的海上冒险。17 世纪的探险家们已经绘制了世界上大部分地区的地图，但并不包括这一地区，探险家们几乎没有触及过这个仍然不为人所知的地带。白令的第一次探索（1728—1729 年）测绘了堪察加半岛和北太平洋的部分地区，但由于天气恶劣，未能到达北美洲。他的第二次探险是一次艰巨而漫长的任务，通常被称为“北方大探险”（1733—1743 年）。这次探险是有史以来规模最大、费用最高的探险之一，绘制了俄罗斯整个西伯利亚海岸线、千岛群岛和其他北太平洋岛屿的地图，并建立了通往韩国、日本、中国和阿拉斯加的海上航线。其他国家也很快跟进这一航线。在接下来的一代人中，20 多家俄罗斯捕捞及贸易企业进入阿拉斯加和阿留申群岛，以开发白令探险发现并报告的丰富的海獭和海豹资源。俄罗斯科学院（由彼得大帝于 1724 年成立）培训的水文测量师、制图师和海洋学家，曾一度与白令探险队招募的外国专家合作，绘制出北极和北太平洋的精美地图。然而，1760 年以后，俄国政府担心外国势力侵占了它所认为的属于自己的合法领土，禁止了地图的出版。

俄罗斯的担心并不完全是牵强附会或杞人忧天。詹姆斯·库克（James Cook，1728—1779）在探索北太平洋的过程中，就曾借助于俄罗斯海图。库克希望找到一条穿越北美的西北通道，他报告了对俄国海岸线、阿拉斯加海岸和北太平洋各个岛屿的观察结果。1778 年 10 月，他在阿留申群岛的俄国毛皮贸易站——乌纳拉斯加登陆，俄国人热情地接待了他，并允许他仔细查验他们的地图。然而，凯瑟琳大帝（1729—1796）很快就提出了俄国对该领土的权利主张，并强调库克应被视为访问其领地的外国外交官，而不是有权主张领土的探险家。

俄国对阿拉斯加和阿留申群岛的定居和开发，标志着一个海外殖民帝国的开始。沙皇保罗一世仿照英国东印度公司和哈德逊湾公司，于 1799 年成立了俄美公司（RAC），负责管理俄国的北美领土，并授予其皇家垄断权，直到 1867 年将阿拉斯加出售给美国为止。最有活力的 RAC 的代表人物是商人格里高利·谢利霍夫（1748—1795），他设想建立一支俄罗斯商业舰队，其航线横跨太平洋，从中国广东和中国澳门到菲律宾和夏威夷。然而，由于距离太远，面临与英国、西班牙和美国的竞争，以及缺乏新兵来看守这些遥远的前哨站，俄国人对北美的殖民努力失败了。

1803 年，约翰·克鲁森施滕（Johann Krusenstern，1770—1846），一位受过英国训练的德裔航海家，率领由两艘船组成的俄罗斯探险队环游地球，这也是俄国的首次环球航行。纳杰日达号（Nadeshda）和涅瓦号（Neva）这两艘船都是英国制造的，而且他们的船长都曾在英国海军学习，这表明俄罗斯对外国海事人才的持续依赖。克鲁森施滕鼓励沙皇亚历山大一世（1777—1825）将海上探险和这次环球航行视为国家的一项重大行动。克鲁森施滕认为俄国可以发展与英国相媲美的繁荣的海外贸易，应该发展海运并通过海路而非陆路出口更多的货物，特别是皮草。探险队从圣彼得堡起航，横渡大西洋，绕过好望角，探索太平洋，并在绕过好望角后于 1806 年返回俄罗斯。10 年后，奥托·冯·科策布（Otto von Kotzebue，1787—1846）率领一个探险队前往南太平洋开展为期三年（1815—1818 年）的考察。探险队成员撰写了有关几个岛屿及其居民文化的详尽报告。在 1819—1821 年期间，曾与克鲁森施滕一起航行的法比安·戈特利布·冯·贝林斯豪森（1778—1852）率领探险队前往南极洲，这也是俄国的又一次首次涉足新区域的探险。尽管在这个伟大的南极探险时期，终止对立的权利主张是很困难的，但贝林斯豪森的探险队可能是第一个找到南极主岛的探险队，他们后来绕行了南极大陆，并俄罗斯主张了几个岛屿的所有权。

战争与衰落

俄国的海上商业和军事活动总是受到地理环境的限制，而且俄罗斯的港口被分割在黑海和波罗的海沿岸以及符拉迪沃斯托克所在的太平洋沿岸。俄国海军的两大支柱是波罗的海和黑海舰队，它们在 18 世纪分别击败了瑞典和奥斯曼海军，使俄国成为一个海军强国。俄国幅员辽阔，其海军在波罗的海和黑海，以及后来的太平洋之间处于相对分割的状态。这在战争中一直是个长期存在的问题，从克里米亚战争（1853—1856 年）到第一次世界大战（1914—1918 年）之间的若干年中，都显示出这一问题造成的俄国海上力量的脆弱。

到了 19 世纪中叶，俄国的统治者越来越把注意力集中在内部事务上。在克里米亚战争爆发前十年，英国海军测量师威廉·西蒙兹（1782—1856）船长报告说，俄国黑海舰队中只有一半的战舰是适航的。俄国领导人没有投资于舰队，而是强调沿海防御工事，特别是为克里米亚半岛一角的塞瓦斯托波尔（Sevastopol）这个城市和港口修筑了重重防御工事。在波罗的海地区，俄国人同样把重点放在了可为海军舰队驻锚所用的海岸防御上，为克伦施塔特/圣彼得堡、斯韦博尔堡和雷瓦尔等港口修筑了防御工事。在东边，东西伯利亚总督尼古拉·穆拉维耶夫（1794—1866）发起了向阿穆尔河（黑龙江）的扩张，阿穆尔河（黑龙江）是连接西伯利亚和太平洋的唯一水道。为了加强俄国在太平洋上的存在，穆拉维耶夫在东西伯利亚沿岸建立了包括鄂霍次克和彼得罗巴甫洛夫斯克在内的防御性港口。然而，俄罗斯在该地区的海军力量仍然很薄弱，穆拉维耶夫向中国东北、朝鲜和千岛群岛扩张的计划也没有得到多少支持。

尽管这些部队在面对老对手瑞典的时候有更多的能力，但在训练、海上经验和装备上都无法达到英国人的标准。俄国人很快就发现自己在海上不敌英国和法国的战舰，这两个国家的战舰在克里米亚战争中横扫了俄国的船只。尽管英法军舰沿着俄国的太平洋海岸线行进，甚至突袭了白海，但主攻方向还是集中在克里米亚半岛和塞瓦斯托波尔的防御工事上。在黑海，海上力量和包括蒸汽轮船和电报在内的新技术使英法两国获得了决定性的优势，它们能够隔离克里米亚，围攻并最终占领塞瓦斯托波尔。

战争之后的俄罗斯现代化进程伴随着从北美洲的撤退，它将阿拉斯加卖给了美国。俄国政府将精力集中在建设一支庞大的现代化作战舰队之上，而没有注重经略海外领土，这样一来，俄罗斯的舰队再次成为世界上最大的海军之一。然而，由于舰队仍然分布在太平洋、黑海和波罗的海的广阔空间，俄罗斯舰队依旧容易受到虽然整体较弱但具备局部优势的海军打击，就像日俄战争（1904—1905 年）中受挫于日本海军一样。俄罗斯太平洋舰队的军舰被分割在阿瑟港和符拉迪沃斯托克之间，遭遇连续交战并最终被日军摧毁。俄国试图通过派遣波罗的海舰队远洋驰援来扭转这一局面，但在对马海战中，舰队的大部分舰艇都被击沉或俘虏。

尽管一些俄国统治者鼓励他们的臣民拥抱海洋，但俄国仍然是一个陆上强国，其利益，无论是商业还是军事利益，都集中在陆上。日俄战争后，俄罗斯不再是一个海军强国，直到冷战期间苏联时代才实现了舰队的复兴。与海军的衰败一样，俄罗斯的海外商业活动也要么像阿拉斯加那样被放弃了，要么随着时间的推移而逐渐消失了，除了捕鲸船、捕猎队等少数场合之外，俄罗斯的旗帜几乎从世界大洋上消失了。

伊娃·玛丽亚·斯托伯格

拓展阅读

Barratt, Glynn. 1981. *Russia in Pacific Waters*, 1715—1825: *A Survey of the Origins of Russia's Naval Presence in the North and South Pacific*. University of British Colum-bia: Vancouver.

Bellinsgauzen，Faddey F.2014.*Dvukratnye izyskanija v Juzhnom Ledovitom okeane i plavanie vokrug sveta v prodolzhenie* 1819，1820 *i* 1821 *godov.*［*Short Descriptions of the Southern Polar Ocean and the Voyage Around the World in the Years* 1819，1820 *and* 1821］.Moskva：Direkt-Media.

Chamisso，Adelbert von.1986.*A Voyage Around the World with the Romanzov Exploring Expedition in the Years* 1815—1818 *in the Brig Rurik，Captain Otto von Kotzebue.*Honolulu：University of Hawai ‘i Press.

Clarke，George S.1898.*Russia's Sea Power，Past and Present；or the Rise of the Russian Navy.*London：J.Murray

Jane，Fred.T.1983（reprint of the 1904 edition）.*The Imperial Russian Navy.*London：Conway Maritime Press.

Krusenstern，Adam Johann von，1813.*Voyage Round the World，in the Years* 1803，1804，1805 & 1806 *by Order of Alexander I.on Board the Ships Nadesha and Neva Under the Command of Adam Johann von Krusenstern.* London：Murray.

Lambert，Andrew.2011.*The Crimean War：British Grand Strategy against Russia*，1853—1856.Farnham：Ashgate.

Morris，Roger.2015.*Science，Utility，and Maritime Power：Samuel Bentham in Russia*，1779—91.Farnham：Ashgate.

Postnikov，A. 2000. “The Russian Navy as a Chartmaker in the Eighteenth Century.” *Imago Mundi* 52，79-95.

约翰·克鲁森施滕，1770年至1846年

亚当·约翰·冯·克鲁森施滕（Adam Johann voh Krusenstern）是一位航海家和探险家，在俄罗斯他被称为伊凡·费奥多罗维奇·克鲁森施滕。1770年11月19日克鲁森施滕出生在爱沙尼亚（当时是俄罗斯帝国的一部分），1787年加入俄罗斯海军。今天，他因在1803年8月7日到1806年8月19日期间，指挥俄罗斯第一支探险队经合恩角环游全球而被人们所铭记。

克鲁森施滕的环球探险队由俄美公司提供了部分赞助。探险队有两艘船，他们成功地绕过合恩角，探索了北太平洋和白令海周围的陆地，收集了包括水温在内的大量海洋学数据，并在绕过好望角后返回了家园。1810

年，克鲁森施滕发表了一篇关于这次航行的详细日志：“奉亚历山大一世陛下的命令，1803 年至 1806 年间搭乘纳杰日达号和涅瓦号完成的环游世界之旅”，他在日志中公布了此行的发现。虽然这次探险没能打开与日本的贸易关系，但它确实为俄罗斯对该地区的勘探和开发特别是为毛皮贸易铺平了道路。

克鲁森施滕的发现被收录在 1824—1835 年出版的《太平洋地图集》中，主要涉及他对阿拉斯加、阿留申群岛、堪察加半岛、萨哈林岛、千岛群岛和北海道的探索。在东南亚地区，他最让人们记住的事迹是，1798 年当他还是英国海军的一名志愿者时，从马六甲带回了《诸王起源》(如今更为大家所知的书名是《马来纪年》）手稿。回到俄国后，克鲁森施滕在 1827—1842 年期间担任俄国海军训练学校校长。1841 年被晋升为海军上将，1846 年 8 月 24 日去世。

彼得·博斯伯格

拓展阅读

Benson，K. R.，and P. F. Rehbock. 2002. *Oceanographic History*：*the Pacific and Beyond.* Seattle and London：University of Washington Press.

Harnisch，Wilhelm，A. J. von Krusenstern （alias I. F. Kruzenshtern），G. H. von Langsdorff，V. M. Golovnin，S. Hearne. 1827. *Reise um die Erde gemacht.* Vienna：Kaulfuss und Krammer.

Revunenkova，E.V.2008.*Sululat-us-Salatin*：*Krusenstern's Malay Manuscript*，*its Cultural and Historic Value.* Saint Petersburg：Russian Academy of Sciences and Peter the Great Museum of Anthropology and Ethnography [Kunstkamer].

阿道夫·埃里克·诺登斯基尔德，1832 年至 1901 年

阿道夫·埃里克·诺登斯基尔德（Adolf Erik Nordenskiöld）是芬兰地质学家和北极探险家，以首次成功穿越俄罗斯北冰洋的东北通道而闻名于世。

诺登斯基尔德生于芬兰阿里卡塔诺（当时属于俄罗斯帝国一部分）的一个显赫家庭。他拥有地质学博士学位，并曾在赫尔辛基帝国亚历山大大学任教。他的反沙皇主义的观点使他失去了工作，1857 年他去了瑞典。在 1858 年和 1861 年，他随奥托·托雷尔（Otto Torell）的探险

队航行到北冰洋沿岸的挪威岛屿斯皮茨贝尔根（Spitzbergen），后来他又两次自己率领探险队在那里研究地质学和冰川。1868年，他创造了人类所至的地球最北端的记录。1870年，他试图从格陵兰岛到达北极，但失败了。不过，他的广泛探索使他相信，他可以找到一条穿过北极的东北通道。瑞典和俄国都在寻求这条路线，它们之间对这些水域的控制权还存在争议。

诺登斯基尔德为他一生中最大的成就做了充分的准备。1875年和1876年，他探索了部分路线，穿越喀拉海到达了从蒙古流向北冰洋的叶尼塞河。1878年6月22日，他乘坐织女星号（Vega）启程。织女星号是一艘357吨重的捕鲸船，诺登斯基尔德为这次探险专门改装了织女星号的辅助发动机。还有三艘运载煤炭的货船伴随着他完成了航程的第一部分。不利的天气一再拖慢航程，织女星号一度被困在冰层中。但最后诺登斯基尔德还是成功了。探险队于1879年7月20日进入白令海峡。在探索了该地区后，织女星号航行到日本横滨，从那里出发，经印度洋和苏伊士运河回国，完成了第一次向东穿越北极的航行。

诺登斯基尔德一直是一位积极的探险家，1883年他返回格陵兰岛，探索其冰封的内陆地区。他写下了大量的探险经历，讲述了他所遇到的民族和北极旅行的艰辛，同时也记录了地质现象和动植物生命。尽管诺登斯基尔德的织女星号探险队的目的是向商业蒸汽轮船开拓东北航道，但诺登斯基尔德报告称，这条航线不适合大型船舶航行。

伊娃—玛丽亚·斯托伯格

拓展阅读

Hedin, Sven.1926.*Adolf Erik Nordenskiöld*: *en levnadsbeskrivning* (*Adolf Erik Norden-skiöld*: *A Biography*).Stockholm: Bornier [Swedish].

Leslie, Alexander.2012 (reprint of the 1879 ed.).*The Arctic Voyages of Adolf E.Norden-skiöld*, 1858—1879.New York: Cambridge University Press.

Nordenskiöld, Adolf Erik.2012 (reprint of the 1881 ed.).*The Voyage of the Vega Around Europe and Asia*.New York: Cambridge University Press

波坦金号兵变

俄罗斯黑海舰队12600吨级战列舰波坦金号（Potemkin）上的兵变是1905年革命的核心事件，这一事件成了苏联海军史上被神圣纪念的一页。

1925 年谢尔盖·爱森斯坦的电影《战舰波坦金号》上映后，宣传模糊了传说和历史的界限，兵变事件被电影戏剧化了。

在日俄战争期间（1904—1905 年），帝国海军的不满情绪不断增加，其原因是军官虐待、舰船拥挤和食物糟糕。黑海舰队中还存在一个特殊的问题，许多有经验的军官和水手都被调到了太平洋战场，留下没有经验的军官来管理船员，而其中新兵众多。社会主义宣传在舰队的水手中传播，1905 年 5 月俄国在对马海战中战败的消息传来，使本来就不高的士气骤降。

1905 年 6 月 27 日，波坦金号的 800 名水手们的不满情绪因为食物问题爆发并演变成兵变。这天，军官们送来的肉食中夹杂着蛆虫，还坚持要水手们享用。许多水手提出抗议，船上的军官们却威胁说要枪毙他们。关于谁先诉诸暴力的说法各不相同，但当硝烟散去后，波坦金号的 18 名军官中有 7 人死亡，还有 2 名兵变者也死了。兵变从停泊在塞瓦斯托波尔的波坦金号蔓延到伊斯梅尔号鱼雷艇上。兵变者将这两艘舰船开到附近的敖德萨，在那里爆发了反政府罢工和示威游行。示威者对波坦金号的水兵表示欢迎，但沙皇的军队很快就赶到，并猛烈地镇压了示威活动。示威活动没有进一步扩大。在忠于沙俄政府的舰船和军队的威胁下，示威者们航行至罗马尼亚的康斯坦塔。他们在那里得到了庇护，但凿沉了波坦金号。

这次兵变最突出的人物是阿法纳西·马秋申科（Afanasy Matyushenko，1879—1907），他是一名 26 岁的士官。他在兵变前散发社会主义小册子，并组建了一个由不满的水手组成的委员会，他领导这个委员会并短暂地控制了波坦金号。作为乌克兰人，他成为布尔什维克和乌克兰分离主义者的英雄。1917 年十月革命后，马秋申科被正式宣布为新苏维埃海军的英雄，因为布尔什维克政府把兵变变成了一个重要的革命事件，兵变的参与者也变成了大众媒体的英雄。

伊娃—玛丽亚·斯托伯格

拓展阅读

Bascomb, Neil.2007.*Red Mutiny.Eleven Fateful Days on the Battleship Potemkin.*New York: Houghton Mifflin.

Hough, Richard. 1961. *The Potemkin Mutiny*. New York: Pantheon Books.Reprint: First Bluejacket Books Printing, 1996.

Zebroski, Robert. 2005. "The Battleship*Potemkin* and its Discontents."

Christopher Bell and Bruce E.Elleman（eds.）.*Naval Mutinies of the Twentieth Century.An International Perspective.*London：Frank Cass Publishers，7-25.

俄美公司

俄美公司（RAC）成立于 1799 年，是一家国家垄断性的公司，成立目的是开发北太平洋地区的毛皮动物资源和管理俄罗斯在阿拉斯加的殖民地。公司前身是 1781 年俄罗斯商人格里高利·谢利霍夫（1748—1795）和伊万·高利科夫（1729—1805）创办的毛皮贸易企业，这家企业是维图斯·白令（1680—1741）在第二次远航美洲（1741—1742 年）发现大量海兽种群后，俄罗斯成立的众多私人公司之一。通过政治游说和在阿拉斯加建立永久定居点，谢利霍夫获得了阿拉斯加毛皮贸易的垄断权，不过这些权利在他去世四年后才得到官方承认，当时俄罗斯皇帝保罗一世（1796—1801）签署了俄美公司的公司章程。

俄美公司的第一任经理亚历山大·巴拉诺夫（Alexander Baranov，1746—1819）组织建造了几个永久性的定居点，其中包括新阿尔汉格尔斯克（今锡特卡），它成为俄属阿拉斯加的首府和毛皮贸易的中心，也是公司的主要经济活动所在地。公司从阿拉斯加原住民那里获取或收购海獭、海豹、狐狸和其他动物的毛皮，然后运往欧洲、西伯利亚和中国。其他商业活动包括采煤和将阿拉斯加冰块运往旧金山卖给那里的金矿矿工。俄罗斯的活动给土著人民带来了严重的损失。俄国人严重依赖阿拉斯加原住民的狩猎技能，特别是阿留申群岛和科迪亚克群岛的居民，于是强迫原住民非自愿服役。

俄美公司曾多次尝试向阿拉斯加以外的地区扩张。1808 年，公司的圣尼古拉号轮船驶往哥伦比亚河口，为俄罗斯人在俄勒冈的未来定居点选址，但船在奥林匹克半岛搁浅。1812 年，俄国人在加利福尼亚海岸建立了罗斯堡定居点，1817 年公司代理人乔治·安东·谢弗（Georg Anton Schaffer，1779—1836）在夏威夷考艾岛（Kaua'i）建立了伊丽莎白堡和亚历山大堡两个哨所。由于计划不周，又没有得到俄国王室的支持，谢弗的设想在同年秋天失败。直到 1842 年被卖给约翰·萨特（John Sutter，1803—1880）为止，罗斯堡一直是俄国人在加利福尼亚的前哨。

俄美公司拥有一支庞大的船队，在其巅峰时期，共有 80 艘船，其中

49艘是殖民地船厂的产品，包括在北美西北海岸建造的第一艘蒸汽轮船尼古拉1号，1838年在新阿尔汉格尔斯克下水。尽管取得了许多成就，但该公司在为殖民地提供食物和维持足够数量的雇员方面仍有困难。到了19世纪中叶，海獭和其他毛皮动物的数量下降，使得俄国人在阿拉斯加的业务越来越无利可图。经济上的亏损，加上克里米亚战争（1853—1856年）的失败，导致俄国政府以720万美元的价格将阿拉斯加卖给了美国。1867年达成的这次收购，结束了俄美公司和俄国人在北美的殖民统治。

叶夫根尼亚·阿尼琴科

拓展阅读

Black，L.T.2004.*Russians in Alaska*：1732—1867.Fairbanks：University of Alaska Fairbanks.

Khlebnikov，K. T. 1994. *Notes on Russian America.* Marina Ramsay (trans.)；Richard Pierce (ed.). Kingston，Ontario；Fairbanks，Alaska：Limestone Press.

Tikhmenev，P. A. 1978. *A History of the Russian - American Company.* Richard A.Pierce and Alton S.Donnelly (trans.and ed.).Seattle：University of Washington Press.

Vinkovetsky，I. 2011. *Russian America*：*An Overseas Colony of a Continental Empire*，1804—1867.Oxford：Oxford University Press.

美国，1750年至1900年

从18世纪中叶到第一次世界大战（1914—1918年）前夕，海洋事务对美国人的相对重要性起伏很大。在独立之前，英国的美洲殖民地紧紧地拥抱着大陆的海岸线，航运是他们的命脉。然而，在赢得独立后，美国人将目光转向西部，在19世纪的大部分时间里，人们对海洋的兴趣越来越少。19世纪末，工业的发展和海外帝国的壮大，鼓励了商业航运和美国海军的扩张，钟摆又荡回来了。无论政府的政策如何，海洋对于美国的国家利益和发展始终是重要的。它以三种主要方式塑造了美国的历史。在商业上，通过其航运业；在军事上，通过其海军；以及在经济上，通过其劳动阶级为获得保护和认可而做出的努力。

美国历史中的商业

在 18 世纪，商船运输成为美国殖民地经济的重要组成部分。造船业是该地区最大的工业之一，在 13 个殖民地有 125 家船厂。殖民地还在所谓的三角贸易中发挥了关键作用，将粮食和其他产品运往英国利润丰厚的加勒比海糖业种植园。尽管他们的财富与强大的伦敦商人相比相形见绌，但许多新英格兰的船东们却不顾其职业的风险而变得富有。即使在和平时期，市场力量和海洋也是不可预知的，尽管英国皇家海军的实力不断增强，但英国和法国之间频繁的战争加剧了这些风险。

加入大英帝国对美洲商人来说是一把双刃剑。皇家海军保护殖民地船只免受海盗、法国私掠船和其他威胁的侵害。然而，英国领导人奉行的是一种重商主义的经济政策，要求殖民贸易只在帝国内部进行，并将大部分利益归于母国。在 18 世纪上半叶，尽管英国对重商主义的执行（在一系列航海法案中有所规定）很宽松，但许多殖民地商人还是从走私中获得了可观的利润。1763 年，英国在七年战争（1754—1763 年，在殖民地被称为法印战争）中战胜法国后，英国议会试图通过新的税收和更严格地执行航海法案来偿还战争债务。这些努力助长了美国革命的爆发——许多领导人反对重商主义，赞成自由贸易。

尽管美国私掠船俘获了数百艘英国商船，而法国海军的及时赶来也帮助乔治·华盛顿（1732—1799）在 1781 年困住并俘获了查尔斯·康沃利斯（1738—1805）的军队，但海上力量在美国独立战争（1775—1783 年）中只发挥了有限的作用，以致战争在两年后才成功结束。独立后，新生的美利坚合众国失去了英国皇家海军的保护，给美国的航运带来了直接的麻烦。支持海盗攻击脆弱国家商船的北非巴巴里海盗国将注意力转向美国。1793 年，英国和法国再次开战，两国都试图阻止美国与对手进行贸易。英国军舰也开始拦截美国商船，扣押并强制征用美国水手加入人手不足的皇家海军。在法国大革命和拿破仑战争期间（1793—1815 年），估计有 6000 名美国公民被迫在皇家海军服役（Hagan，1991：64）。1807 年，一艘英国护卫舰袭击了美国海军的切萨皮克号护卫舰，英国人还登上切萨皮克号，并强制征用了四名船员，这使紧张局势升级。托马斯·杰斐逊总统以经济禁运作为回应，但事实证明，这对美国航运业，尤其是新英格兰的海港来说是一场灾难。尽管后来废除了禁运，但紧张局势升级，导致1812年战争（1812—1815年）。远比美国海军强大的英国海军，迅速对美国海岸实施了封锁，扼杀了商业，尽管这确实刺激了美国国内的制造业。

玛丽·塞莱斯特号

1872年12月4日，在亚速尔群岛以东400英里处发现了一艘漂流的美国双桅船玛丽·塞莱斯特号（Mary Celeste）。它在从纽约到意大利热那亚的途中被遗弃，乘客及船员失踪，其原因一直没有得到满意的解释。

玛丽·塞莱斯特号载着船长本杰明·斯普纳·布里格斯（Benjamin Spooner Briggs）、他的妻子和女儿以及七名船员。船上的货物包括1701桶工业酒精，其中有几桶已经爆裂。虽然船上的救生艇不见了，船舱底有水，但玛丽·塞莱斯特号是适航的，没有沉没的危险。英国船的船员们将玛丽·塞莱斯特号驶往直布罗陀，但由于该船的保险公司怀疑有犯规行为，救援者只收取到部分费用。

有人认为，船员和乘客弃船离开玛丽·塞莱斯特号是为了躲避爆裂的酒精桶所产生的危险烟雾，或者他们担心烟雾会爆炸。也可能是水下地震所产生的震动造成酒精桶爆裂，导致他们认为船要沉没了。迄今为止，关于玛丽·塞莱斯特号被遗弃事件，仍然没有一个令人满意的解释。它仍然是海洋事件中的一大谜团。

格罗夫·科格

然而，战争的结束和与英国关系的改善，并没有明显促进美国的国际运输。尽管美国的造船厂家致力于发展快速帆船，但罗伯特·富尔顿（Robert Fulton，1765—1815）的蒸汽动力船的问世引起了更多的关注。轮船减少了运输时间，鼓励了对内河运输和运河建设的投资，使水路运输成为美国境内人员和货物运输最廉价、最有效的方式。到1820年，美国国内航运吨位超过了国际贸易，除了两次世界大战期间的短暂例外，这种情况一直持续到1994年。这在一定程度上是政府不够重视造成的。尽管许多国家对其商船队进行补贴，但美国立法者普遍反对，而且在19世纪，许多美国人一心想的是陆上向西的扩张。

不过，美国捕鲸业却急剧扩张。在殖民时代，这是一个相对较小的产业，但在18世纪末迅速发展起来。拿破仑战争期间捕鲸业几乎被摧毁，但之后又反弹了。1829年，超过200艘美国捕鲸船出海。这一数量在1846年达到了736艘的峰值。南北战争（1861—1865年）期间和战争结束后，捕鲸活动有所减少。1900年，美国只剩下51艘捕鲸船。

南北战争也侵蚀了美国的国际航运，因为南部邦联的商业掠夺行为——特别是几艘英国制造的快速战舰——造成了严重的破坏，迫使美国商人不得不在外国注册他们的船只，并挂上外国船旗。从帆船到蒸汽轮船的过渡，加速了美国造船业和航运业的衰落。在战后的那一代，船东、船长和建造者都希望联邦政府能支持他们的重要产业，但在如何做这件事上却存在分歧。那些拥有和运营船舶的人认为英国船舶的质量更好，要求终止注册法，该法令禁止外国建造的船舶从事美国货物的转运。而美国的造船商则要求政府对其行业进行补贴，以扭转船舶质量的差距。最终，国会在帮助该行业方面几乎无所作为。到第一次世界大战前夕，美国商业航运业已经落后于大多数商业对手。在1850年的时候，美国在海洋上拥有近三分之一的商船（9031艘商船中的3484艘）。到1914年，这一比例下降到不到十分之一（45404艘中的4287艘）（Roland et al.，2008：419）。

美国历史上的军事

美国独立之前，北美殖民地没有正式的海军活动。在战争期间，有几艘私掠船在海上活动，但殖民地缺乏正式的海军力量，而英国皇家海军则豁免了北美殖民地水手，使之免受被强征入伍的威胁。独立战争期间，北美殖民地在建立海军方面的努力停滞不前，尽管约翰·保罗·琼斯（John Paul Jones，1747—1792）和其他大胆的船长们引起了人们的注意，但对整个战争的贡献不大。战后，政府卖掉了仅剩的两艘船，在13年内没有海军，这就造成了严重的问题。除了巴巴里海盗的袭击之外，美国与法国还发生了短暂的未宣之战，这场准战争（1797—1800年）中，私掠船还发起了对美国航运一窝蜂式的攻击。1794年美国重建海军，但发展缓慢，多数时间拥有舰船数不超过两打。1812年战争后，情况发生了变化。设计精良的美国护卫舰战胜英国军舰，赢得了一系列著名的胜利。匆忙成立的美国舰队确保了对五大湖的控制权。尽管未能打破英国人的封锁，但这场战争提高了美国海军的声誉，国会资助它继续扩张。

海军军官成了联邦政府的重要外交助手。1815 年，斯蒂芬·迪凯特准将（1779—1820）负责与巴巴里海盗国谈判新的条约。40 年后，马修·佩里准将（1794—1858）强迫日本向美国开放贸易。美国军舰作为美国海外利益的代表在世界各大洋上巡航，还多次进行探险考察，其中包括 1848 年的死海探险。美国海军虽然迟迟不能完成从风帆战船到蒸汽轮船的过渡，但它的军官们也在成长。1845 年成立的海军学院的毕业生越来越多，他们在美墨战争（1846—1848 年）中证明了自己，封锁了墨西哥海岸，并开展了两栖作战，帮助夺取了加利福尼亚，支持从韦拉克鲁斯（Veracruz）向内陆进军的部队，占领了墨西哥城。

海洋是南北战争的一个重要战场。美国海军几乎所有的资源都在北方，许多军官都来自北方。因此，南方邦联在战争一开始就存在巨大的海军劣势，而且一直没能缩小与北方的差距。北方军的战舰封锁了邦联的主要港口，扼杀了南方农业所依赖的贸易，而贸易正是南方邦联支撑战争的基础。虽然南方邦联的私掠船也损害了北方的贸易，但他们无法改变战争的进程。北方海军在国家的河流和海洋上的实力不断增强，建造了新式铁甲战舰——如莫尼特号（Monitor）——阻止了南方邦联军队的前进，夺取了新奥尔良（1862 年）、维克斯堡（1863 年）和其他沿海和河流港口，保卫了国家的水路。

内战结束后，当时在规模上仅次于英国海军的美国海军就退出了公众视野。海军的经费下降了，在规模和技术上也落后于其他国家。直到 19 世纪 90 年代，在海军军官和他们的政治支持者的成功努力下，这一趋势才得以扭转，美国转变为海军大国。阿尔弗雷德·塞耶·马汉（Alfred Thayer Mahan，1840—1914），他在《海上力量对历史的影响》（1890 年）一书中主张将大型战舰作为军事和经济实力的决定性因素，激发了人们对海军事务的讨论。西奥多·罗斯福（1858—1919），作为曾担任过一段时间海军助理部长的新崛起的政治家，他鼓励传播马汉的思想，支持扩大舰队的规模。在美西战争（1898 年）中，美国舰队在加勒比海和菲律宾迅速击败西班牙舰队。这场战争为美国在关岛、夏威夷、波多黎各和菲律宾获得了基地。罗斯福担任总统后，确保了对巴拿马运河航线的控制，见证了美国海军的急剧扩张，使美国海军在规模和实力上堪与除英国之外的任何一个国家媲美，而这一成就通过派遣其最大的舰队大白舰队

(the Great White Fleet) 进行环球巡航而展示出来。到了第一次世界大战前夕，美国海军的规模仅次于英国和德国。

美国历史上的劳工

海上劳工——无论是海员还是码头工人——在美洲殖民时期的职业中规模之大仅次于农业。在船上服务的人和码头上的人之间并没有真正的区别，因为同样的劳动者经常在两种角色之间切换。海上劳工也是最不赚钱的职业之一，海员一直是美国人中最贫穷的人。少数人战时在私掠船上发家致富，而其他的人则成了初级军官甚至船长。然而，对于大多数人来说，海上生活意味着低下的劳动报酬和对船长意志的服从。尽管如此，海员们和美国殖民时期的任何一个人一样都吸收了自由的理想。美国独立革命前，他们在抗议英国政策方面发挥了关键性的作用，有时是以暴力的方式抗议英国的政策。

独立后，革命的理想并没有转化为船上条件的改善。海路迢迢，求助无门，船长和他们的军官们认为一旦发生兵变，将面临孤立无援的境地。这种担心，再加上管理船只的复杂性，在危机中需要迅速采取行动，以及担心船员在外国港口开小差，种种因素都促使船长（不管是商船还是军舰）需要树立绝对权威，并有权利和义务强制执行这种权威，甚至不惜以暴力的方式。海员们在回忆录中经常强调鞭笞的残酷性和水手的艰苦生活。这些回忆录激发了改革者，水手们的辩护律师也赢得了几起涉及对过度残忍或不必要的虐待的补救的案件。国会在 1850 年废除了商船上的鞭刑，海军在 1862 年也循例废除。

19 世纪末，水手中的移民或非裔美国人越来越多，他们加入工会的努力停滞不前。他们几乎没有得到更广泛的劳工运动的支持，但公众的压力还是慢慢形成了立法来改善他们的工作条件。国会在 1898 年通过了《白色法案》(the White Bill)，禁止以擅离职守为由实施监禁（在国外工作岗位除外），从而使水手们有更大的能力逃离不公正的待遇。1915 年的《海员法案》规定了工作时间，并规定了食物配给及安全的最低标准。然而，这些法案要求大多数船员必须是美国公民，这促使船东改向外国政府注册其船舶。

尽管在第一次世界大战爆发时，美国顽强地坚持中立，但美国已准备好在国际事务中发挥更大的作用。美国是世界上海军最好的国家之一，拥有一支强大而现代化的战斗舰队。尽管美国的商业航运业落后于外国对手，但它也在成长，并将在战争期间大幅增长。越来越多的美国人认识到世界贸易的重要性，并认识到商船运输贸易的重要性。在进步时代席卷全国的改革也触动了那些在海上工作的人，使水手的生活得到了极大的改善。

托马斯·谢泼德

拓展阅读

Bauer, K. Jack. 1988. *A Maritime History of the United States of America: The Role of America's Seas and Waterways.* Columbia, SC: University of South Carolina Press.

Hagan, Kenneth J. 1991. *This People's Navy: The Making of American Sea Power.* New York: Free Press.

Hutchins, John. 1941. *The American Maritime Industries and Public Policy*, 1789—1914: *An Economic History*. Cambridge, MA: Harvard University Press.

Long, David Foster. 1988. *Gold Braid and Foreign Relations: Diplomatic Activities of U.S. Naval Officers*, 1798—1883. Annapolis, MD: Naval Institute Press.

Roland, Alex, W. Jeffrey Bolster, and Alexander Keyssar. 2008. *The Way of the Ship: America's Maritime History Reenvisioned*, 1600—2000. Hoboken, NJ: John Wiley and Sons.

美洲杯帆船赛，1851 年至 1937 年

定期举行的美洲杯帆船比赛，是世界上最著名的帆船赛事之一。“美洲杯”同时也是授予冠军的奖杯。它最初被称为“100 英镑杯”，1851 年颁发给了皇家游艇队年度帆船赛的胜利者——美国纵帆船美洲号。此后，美洲杯吸引了世界上最优秀的水手和游艇设计师、工业家、企业家，多年来，他们的激烈竞争引发了不少争议和法律挑战。

最初的比赛内容是环游怀特岛。获胜者美洲号帆船由刚刚成立的纽约游艇俱乐部理事会所有，约翰·史蒂文斯（John C. Stevens，1785—1857）准将领导着这个理事会。理事会成员交替保管奖杯一年之后，根据一份赠礼条款，将奖杯捐赠给了纽约游艇俱乐部，用来促进全国性的帆

船友谊赛。不过，由于美国内战的原因，直到 1870 年才有人为奖杯发起挑战。从 1871 年的挑战赛开始，比赛仅限于卫冕者和挑战者这两艘帆船之间的对抗。

从比赛开始到第二次世界大战爆发，美洲杯挑战赛主要是由英美两国的选手参加。唯一的例外是加拿大游艇俱乐部参加了两次内陆水域航行的挑战赛（分别在 1876 年和 1881 年）。尽管加拿大挑战者两次都失败了，但老牌游艇俱乐部还是更青睐远洋帆船赛，这促使纽约游艇俱乐部将奖杯交还给乔治·舒勒（George Schuyler，1811—1890），他是最初理事会成员中仅存的一位，同时设立一份新的赠礼条款，规定俱乐部只能在公海而非内河进行比赛。

著名的实业家和商人，包括摩根（J.P.Morgan，1837—1913）和范德比尔特（Vanderbilt）家族都资助了美国的参赛者。他们依靠像那森诺·赫雷斯霍夫（Nathanael Herreshoff，1848—1938）这样的游艇设计师来设计更快的帆船。在英国，邓拉文伯爵温德姆—温德姆·奎因（Windham Wyndham-Quin，1841—1926）同样聘请了著名的苏格兰游艇设计师乔治·沃森（George Watson，1851—1904）来对抗美国人。投入美洲杯比赛的资源产生了创新的设计，这些创新设计有时依赖于对现有规则的质疑，例如在船头和船尾外的凸出部分会在船身倾斜后延长水线，从而提高速度。第三份赠礼条款（1887 年）以新标准解决了其中的一些问题，并开始根据包括水线长度、帆面积和排水量在内的公式来限制赛艇的规格。

由于法律纠纷和第一次世界大战（1914—1918 年），比赛暂停了十几年。20 世纪 30 年代，比赛场地搬到了罗得岛州的纽波特，直到第二次世界大战（1939—1945 年）比赛才再次停止。这些比赛中，所谓的 J 级帆船（65—90 英尺长）大放异彩，包括流浪者号（Ranger）和三叶草五号（Shamrock）等。这些游艇是按照赫雷斯霍夫提出的严格竞赛规格建造的，它们至今依然是游艇设计的经典之作。英国设计师们引入了镀钢船体、铝制桅杆和改进的水动力设计，并在拖曳箱中进行了测试；美国游艇选手利用这些创新在比赛中占据了主导地位，在 1930—1937 年期间的三场七强赛中只输掉了两场比赛。人们对这些经典的快速帆船的迷恋仍在继续。在 2011 年的比赛中，原版的三叶草五号与仿制的流浪者号进行了比赛。

凯文·J. 德拉默

拓展阅读

Dear, Ian. 1980. *The America's Cup: An Informal History*. New York: Dodd, Mead & Company.

Stone, Herbert L., Michael H. Taylor, and William W. Robinson. 1970. *The America's Cup Races*. New York: W.W.Norton & Company.

Whipple, A. B. C. 1980. *The Racing Yachts* (*The Seafarers*). New York: Time-Life.

阿米斯塔德号起义

阿米斯塔德号起义（The Amistad Mutiny）是1839年在古巴海岸外的西班牙船只阿米斯塔德号（La Amistad）上被俘的非洲人约瑟夫·桑克（Joseph Cinqué，1814—1879）领导的一次成功的奴隶起义。起义发生后，该船在纽约沿海被扣押，船上的非洲人成为美洲国家讨论奴隶制问题的中心，争端的焦点集中在如何对待该船及其人员上。一系列的法庭案件接踵而至，马丁·范布伦（Martin Van Buren，1782—1862）总统的政府与北方废奴主义者、西班牙人对阿米斯塔德号的索赔、古巴种植园主的所有权声明以及海军援救权等问题发生了冲突。阿米斯塔德号事件引起了全国的关注，凸显了奴隶贸易的残酷性。最终，美国最高法院作出了有利于被绑架和被奴役者的裁决，允许许多幸存者返回非洲。

1839年，葡萄牙和西班牙奴隶贩子违反禁止国际奴隶贸易的法律，在塞拉利昂附近绑架了50多名西非人，并将他们作为货物偷运到哈瓦那的葡萄牙船只上。奴隶主在那里将西非人重新登记为合法的古巴奴隶。通过这种方式，阿米斯塔德号奴隶被卖给了西班牙商人何塞·鲁伊斯和佩德罗·蒙特斯，给他们取了西班牙人的名字，并列为古巴奴隶。1839年6月28日，这些非洲人被装上西班牙的阿米斯塔德号轮船，驶往普林西比港。7月2日，被绑架的非洲人中的一个叫桑克的人，用钉子强行打开了他的铁链，并带领53名俘虏发动起义，杀死了船长和几名船员。桑克要求领航员将船驶向非洲。不过领航员欺骗了他们，沿着北美海岸的迂回路线航行。8月26日，阿米斯塔德号在纽约海岸外，食物和水都快用完了，被美国的华盛顿号渔船扣押，并被拖到康涅狄格的港口。

到了美国后，鲁伊斯和蒙特斯坚持认为叛乱的非洲人是古巴奴隶，要求将他们送回，西班牙政府根据《平克尼条约》要求归还阿米斯塔德号。

而美国海军当局则主张对该船提出援救权要求。范布伦总统支持西班牙人的主张和奴隶主的权利，但当地的废奴组织成立了阿米斯塔德委员会，由律师罗杰·鲍德温（Roger Baldwin，1793—1863）代表，他抓住机会宣传奴隶贸易的非人道。1840 年 1 月 13 日，安德鲁·朱德森法官（1784—1853 年）裁定，阿米斯塔德的俘虏是被非法绑架的非洲人，因此，政府没有义务将他们送回任何国家。

作为回应，检方和范布伦政府将此案上诉至最高法院，最高法院的首席法官罗杰·塔尼（Roger Taney，1777—1864）支持奴隶主。前总统约翰·昆西·亚当斯（John Quincy Adams，1767—1848）是主要的废奴主义者，他站出来为阿米斯塔德起义者辩护。由此引发的“美国诉阿米斯塔德案”（1841 年），使关于奴隶制的争论，以及《美国独立宣言》中强调的自然法则与奴隶主的财产权之间的矛盾变得更加具体。1840 年 3 月 9 日，法院作出了对联邦政府不利的判决，指出《平克尼条约》因 1817 年的《英西条约》而无效，该条约规定奴隶贸易是非法的，并且阿米斯塔德的俘虏是被绑架的人，而不是奴隶。1842 年，阿米斯塔德号的剩余 35 名幸存者获准乘船返回非洲。虽然阿米斯塔德起义是美国关于奴隶制的争论中的一个重要事件，但这一裁决并没有创造出一个法律上的先例来挑战美国国内的奴隶制制度。

肖恩·莫顿

拓展阅读

Jones，Howard.1987.*Mutiny on the Amistad：The Saga of a Slave Revolt and Its Impact on American Abolition，Law，and Diplomacy*.New York：Oxford University Press.

Kromer，Helen. 1997. *Amistad：The Slave Uprising Aboard the Spanish Schooner*. Cleveland，OH：Pilgrim Press.

Rediker，Marcus. 2012. *The Amistad Rebellion：An Atlantic Odyssey of Slavery and Freedom*. New York：Viking.

飞剪式帆船

飞剪式帆船（Clipper ships）是 19 世纪的快速帆船，由于航速较快，是当时运输易腐货物特别是茶叶的首选。它们拥有狭窄的船体、尖锐的船头和巨大的风帆，每天能够航行超过 250 海里。飞剪式帆船的航速纪录是

22节，由著名的美国设计师唐纳德·麦凯（Donald McKay，1810—1880）设计的海洋主权号于1854年创下。

飞剪式帆船是以沿海的定期邮船为基础演变而来的，通常称为巴尔的摩快船。船型小，属于双桅船或双桅纵帆船，采用简化的索具，船员不多，吨位很少超过200吨，大约在美国独立革命时期首先出现在切萨皮克湾。1812年的战争中，巴尔的摩快船经常超过英国皇家海军的军舰，成为在封锁中突围的首选。有些飞剪式帆船被装备成了私掠船，如托马斯·博伊尔（Thomas Boyle）的查瑟尔号（Chasseur），俘获了45艘英国商船。由于这一成就，夏瑟尔号被改名为“巴尔的摩的骄傲”号。

战后，造船厂家改进了原有设计，还把船造得更大了。1833年在巴尔的摩的肯纳德和威廉姆森船厂建造的494吨级的安·麦克金（Ann McKim），被普遍认为是19世纪中叶经典的飞剪式帆船的原型，这艘船在中国、美国和南美之间航行了多年。美国、英国和苏格兰的造船商在19世纪40年代和50年代生产出越来越大的飞剪式帆船。1854年，1450吨的闪电号下水，全长277英尺，速度达到19节。另一艘麦凯设计的飞云号（Flying Cloud），1851年从纽约航行到旧金山只用了89天的时间，这一纪录直到一个多世纪后的1989年才被打破。

英国建造的卡蒂萨克号（Cutty Sark）1869年下水，它是英国茶叶贸易青睐的极限飞剪式设计的典范。低自由舷（水线与上层甲板之间的距离）和非常狭窄的船体减少了货舱空间，但这样生产出来的船速度非常快。卡蒂萨克号是一艘由木板和铁架组成的复合船，它参加了当时的一些非正式比赛，在这些比赛中，船长们争先恐后地运载着当季的茶叶到达伦敦。这艘船载货1700吨，航速达到17.5节。

1869年苏伊士运河开通后，蒸汽轮船取代了飞剪式帆船；包括卡蒂萨克号在内的许多帆船都退出了茶叶贸易，转而从澳大利亚运输羊毛。到了19世纪末，只有少数飞剪式帆船仍在航行。今天，有几艘现代建造的飞剪式帆船在海洋上航行，其中包括1812年“巴尔的摩的骄傲”号复制品“巴尔的摩的骄傲”二号。卡蒂萨克号则被保存在伦敦展出。

凯伦·S. 加文

拓展阅读

Chapelle, Howard Irving. 2012. *The Baltimore Clipper: Its Origin and Development*. New York: Dover Publications.

Jefferson, Sam.2014.*Clipper Ships and the Golden Age of Sail: Races and Rivalries on the Nineteenth Century High Seas*.London: Adlard Coles Nautical.

塞缪尔·库纳德，1787 年至 1865 年

塞缪尔·库纳德（Samuel Cunard）出生于加拿大新斯科舍，他创立了世界上最著名、最成功的航运公司之一——英国和北美皇家邮政蒸汽船运公司，也就是冠达邮轮。作为首个经营跨大西洋航线的蒸汽轮船公司，它成为最大、最成功的跨大西洋客运公司之一。

库纳德从少年时代就开始了他的商业生涯，加入了父亲的木材公司，开始多元化经营航运业务，并将业务范围扩展到西印度群岛。1812 年战争（1812—1815 年）期间在皇家海军服役结束后，库纳德将其商业企业多样化，投资于茶叶进口、银行业务（哈利法克斯银行公司）、运河建设和运营、煤炭开采、捕鲸和房地产。这些业务的成功使他跻身新斯科舍的大商人之列。他是早期的蒸汽轮船倡导者之一，创立了哈利法克斯蒸汽轮船公司，1830 年在新斯科舍建造了第一艘蒸汽轮船，并开始提供有利可图的区域性邮件和客运服务。

这一成功鼓励了库纳德拓展跨大西洋服务，1837 年他前往英国寻求资金支持。两年后，英国政府向他颁发了英国和美洲之间的第一份蒸汽轮船邮件合同。1840 年，库纳德成立了英国和北美皇家邮政蒸汽船运公司，并推出了不列颠号（Britannia）。这是一艘 1150 吨的挂式蒸汽轮船，可载 115 名乘客，住宿舒适。不久后，三艘姐妹船加入，开辟了利物浦—哈利法克斯—波士顿航线，公司在客运贸易中占据了越来越大的份额。到 1850 年，库纳德又陆续增加了八艘较大的桨轮蒸汽轮船，大部分头等舱乘客都选择搭乘这些轮船越过大西洋。

冠达邮轮建立了安全、可靠的服务声誉，并迅速发展壮大。尽管有几个竞争对手，包括柯林斯（Collins）、英曼（Inman）和白星（White Star）等航运公司进入了这一领域，但库纳德继续投资于新的船舶和技术，在 19 世纪 50 年代和 60 年代，冠达邮轮用铁壳螺旋桨船取代了老旧的桨轮船。在 1840—1865 年之间的大部分时间里，冠达邮轮的班轮都保持着最快的大西洋航行记录，并在客运服务方面保持着主导地位。

1865 年，库纳德去世，留下了一个成功并继续发展壮大的公司。他

的长子爱德华继承了他的事业，并继续发展壮大冠达邮轮。在接下来的150年里，冠达邮轮推出并运营了一些世界上最著名的客轮，其中包括荣获蓝丝带奖的卢西塔尼亚号（1907年）和毛里塔尼亚号（1907年），以及玛丽皇后号（1936年）、伊丽莎白女王号（1940年）、伊丽莎白二世（1969年）和玛丽皇后二世（2004年），这些客轮的服务标准都是后来者所设定的。1934年，冠达邮轮与老对手白星航运合并。1989年，嘉年华邮轮公司收购了冠达邮轮的大部分股份。

托马斯·尼尔森

拓展阅读

Dodman, Frank.1955.*Ships of the Cunard Line.* London: A.Coles.

Fox, Stephen. 2004. *The Ocean Railway: Isambard Kingdom Brunel, Samuel Cunard and the Revolutionary World of the Great Atlantic Steamships.* New York: Harper.

Grant, Kay.1967.*Samuel Cunard: Pioneer of the Atlantic Steamship.* London: Abelard-Schuman.

Langley, John G. 2006. *Steam Lion: A Biography of Samuel Cunard.* Halifax: Nimbus.

约翰·爱立信，1803年至1889年

约翰·爱立信（John Ericsson）是瑞典出生的美国人，他是一位多产的发明家。在航海史上，他最著名的贡献是发展了现代的“螺旋桨”，并设计了世界上第一艘安装了旋转炮筒的战舰莫尼特号（Monitor）。

自从最早的桨轮船问世以来，如何有效地将蒸汽机产生的能量转换成船舶前进运动的问题就困扰着工程师们。桨轮机的缺点很多，但主要的抱怨是，它们暴露在敌人的炮火下，占用了太多的内外空间，而且产生的速度也不是很高。

解决的办法是将许多部件移到水线以下，这就需要研制出一种完全浸没式的推进器（桨轮是一种只有在部分浸没时才能发挥作用的装置）。经过大量的实验，最终形成了螺旋桨。这种新的螺旋桨是由阿基米德螺旋桨发展而来的，虽然在视觉上两者几乎没有什么相似之处。新螺旋桨的倾斜叶片可以将水推到船后，推动船只前进。

尽管在19世纪20和30年代，有几个发明家提出了类似的螺旋桨设

计，但只有少数人能够成功地将螺旋桨与高效紧凑的发动机结合起来。爱立信就是其中之一，他在 1839 年发明并建造了罗伯特·F. 斯托克顿号，这是世界上第一艘不需要烦琐而低效的齿轮，而使用蒸汽机直接驱动水下螺旋桨的船只。

他还设计了其他几艘著名的蒸汽轮船，包括美国海军第一艘螺旋桨驱动的战舰普林斯顿号。然而，也许他在随后的几年里最重要的贡献是莫尼特号。这艘船最初是在 19 世纪 50 年代为法国皇帝拿破仑三世设计的，直到美国内战期间才建造好。北方联邦政府在收到南方邦联正在建造铁甲装甲战舰（弗吉尼亚号）的消息后，奋起直追想率先造出铁甲战舰。爱立信的设计之所以被选中，是因为该设计明显简单，能够很快造出来迎战弗吉尼亚号。

莫尼特号装配了世界上第一座旋转式炮塔——在装甲厚重的圆形外壳中，装有两门威力巨大的达尔格伦炮。这样的设计下，舰船可以在自由机动的同时，让武器始终对准目标。将现在常见的蒸汽机和螺旋桨结合起来，莫尼特号展示了融合现代战列舰基本特征的实用性。

1862 年 3 月 9 日的汉普顿路斯战役中，莫尼特号在与更大的弗吉尼亚号战列舰对峙时证明了自己。这两艘战舰的外观完全不同：莫尼特号像一个中间放了一块奶酪圆饼的突兀的木筏，而弗吉尼亚号则是沿着上层建筑排满了炮口。尽管莫尼特号只有两门火炮，而弗吉尼亚号有 10 门，但前者的炮塔和筏式配置使弗吉尼亚号无法给其造成太大的破坏。莫尼特号成功地阻止了弗吉尼亚号继续像前一日那样严重破坏北方联邦的封锁舰队。爱立信的莫尼特号已经证明旋转炮塔的有效性，而北方联邦绝大多数新战舰都是基于莫尼特号的设计来建造的。

蒂莫西·崔

拓展阅读

Church, William Conant. 1890. *The Life of John Ericsson*. New York: C. Scribner's Sons.

Gillmer, Thomas C. and Bruce Johnson. 1982. *Introduction to Naval Architecture*. Annapolis: Naval Institute Press.

James, Ioan. 2010. *Remarkable Engineers: From Riquet to Shannon*. Cambridge: Cambridge University Press.

Mindell, David A. 2012. *Iron Coffin: War, Technology, and Experience aboard the USS Monitor*. Baltimore: John Hopkins University Press.

罗伯特·富尔顿，1765 年至 1815 年

罗伯特·富尔顿（Robert Fulton）是美国发明家和企业家，以发明蒸汽轮船而闻名于世。他建造的蒸汽轮船于 1807 年下水。这艘船后来被命名为克莱蒙号，在纽约和奥尔巴尼之间的哈德逊河上从事客运，这改变了当时人们旅行的方式以及美国经济。

1765 年 11 月 14 日，富尔顿出生在宾夕法尼亚的一个小镇。由于在家乡无法实现抱负，1797 年他迁居巴黎，在那里他花了几年时间从事各种发明，但收效甚微。他曾短暂地为拿破仑·波拿巴政权工作，其间设计了世界上第一艘投入使用的潜艇。富尔顿还在这个时候试验了海军水雷（当时称为鱼雷），这种水雷可以漂向海军舰艇，并在船体上引爆。尽管自称希望法国海军能够羞辱英国皇家海军，并确保所有国家的海洋自由，但 1804 年后富尔顿转而效忠英国，希望获得英国的先进技术用于自己的研究。1812 年战争期间，他又一次改变了效忠对象，回到美国研制鱼雷和其他武器，以打破英国的封锁。他提出了若干建议，其中一项是打造世界上第一艘蒸汽动力战舰狄莫罗哥斯号（Demologos）。这艘战舰在他去世后不久建成，并被命名为富尔顿号。虽然富尔顿自己设计的作品从未参加过战斗，但它们影响了后来的战舰。

富尔顿在商业航运方面取得了更大的成功。在法国，富尔顿与美国外交官罗伯特·利文斯顿（Robert Livingston）合伙建造蒸汽轮船，垄断了哈德逊河的航运。回到美国后，1807 年富尔顿建成了一艘改进型轮船——北河号蒸汽轮船，然后驾驶着它沿着哈德逊河进行了 110 英里的航行。北河号停靠在利文斯顿家的庄园克莱蒙镇（Clermont），不久改名为克莱蒙特号，以纪念这次首航。得益于自身掌握的造船技术以及利文斯顿的政治关系，富尔顿获得了哈德逊河上客运服务的垄断权。随后，富尔顿和利文斯顿又将目光投向密西西比河准备建立类似的垄断，但却遭到许多竞争对手的激烈抵制。各方在政治和法律上的拉锯，还有数起诉讼，一直持续到 1815 年 2 月 23 日富尔顿去世才消停。

富尔顿的造船技术彻底改变了美国的水上贸易，尤其是内河贸易。在他去世后的几代人中，蒸汽轮船占据了美国商业航运的主导地位，尤其是

在密西西比河上，蒸汽轮船成了这条大河亮丽的名片。这些都促进了美国商业的巨大扩张以及美国向西扩张。富尔顿哀荣极盛，1909年的哈德逊—富尔顿百年庆典（1909 Hudson-Fulton Centennial Celebration）上，展示了一艘航行着的克莱蒙特号的复制品。

托马斯·谢泼德

拓展阅读

Flexner, James Thomas.1944.*Steamboats Come True*：*American Inventors in Action*.New York：Fordham University Press.

Philip, Cynthia Owen. 1985. *Robert Fulton*：*A Biography*. New York：Franklin Watts.

Sale, Kirkpatrick.2001.*The Fire of His Genius*：*Robert Fulton and the American Dream*.New York：The Free Press.

夏威夷

夏威夷位于世界上最大海洋的中心。这一由八个主要岛屿和100多个较小岛屿组成的群岛，是地球上地理位置最偏远的地方之一。然而，海洋将夏威夷与世界连接到了一起。海洋之神卡纳洛阿（Kanaloa）是宇宙万神殿中四个中央“阿库亚”（神）之一。“nāwai”（淡水），“nākai”（大海）和“ka moana”（大洋）等术语表示人与环境之间不同程度的互动。从近岸游泳到深海捕鱼，再到世界各地的旅行和考察，海洋融入了卡纳卡·毛利（夏威夷）人的历史、民族身份和文化的方方面面。

第一批夏威夷人在1000年之前乘坐“wa'a”（双壳独木舟）抵达。研究表明，他们从马克萨斯群岛向北而来，目的是发现新的土地。他们携带了猪、鸡、狗、老鼠、糖、芋头和其他食品；到1200年，岛上也出现了甘薯，这是波利尼西亚人与美洲接触的证据。夏威夷的“mo'olelo”（历史）讲述了持续到1400年的往返航行，带来了几波新的来自塔希提岛的定居潮。

1778年，有人在考艾岛的威美亚湾附近发现了奇怪的“moku”（船）。英国海军上尉詹姆斯·库克很可能是夏威夷的第一位“haole”（外国人）游客。他留下了种子、动物和病菌，从而使土著人口退化。库克发现的消息在18世纪80年代传到欧洲和北美，催生了跨太平洋贸易，将大西洋资本、夏威夷劳动力和资源以及传说中的中国广州（广东）市场聚集在一起。1820 年，基督教传教士从新英格兰抵达夏威夷，六年后，第一艘美国海军军舰要求夏威夷人偿还欠美国债权人的债务。

19 世纪贸易的增长推动了夏威夷货物和劳动力的跨海运输。欧美船舶装载了夏威夷盐（用于腌制肉类和毛皮）和檀香木（在广州销售），以及新鲜的食物和水，以维持长途航行。夏威夷是一个吸引人的港口，疲惫不堪的水手来此寻找“点心”（食物、饮料和性）。到了 19 世纪中叶，数千名夏威夷男子在美国捕鲸船上工作；在 19 世纪 50 和 60 年代，近 1000 人在美国控制的鸟粪岛上劳动；还有数百人赶往加利福尼亚淘金。总的来说，19 世纪大概有 1 万名夏威夷人离开了夏威夷，绝大多数人充任了海员。

到 1876 年，随着太平洋海洋贸易的下降，夏威夷的经济转向了制糖业。数百艘船把来自中国、日本和葡萄牙的外国工人带到甘蔗地里劳作。蒸汽机取代了帆，成为海洋运输的主要推动力，而美国、德国和其他列强在大洋彼岸寻找受保护的港口作为燃煤供给站。美国盯上了欧胡岛南岸的珍珠港。在 1887 年续签的双边条约中，美国以取消夏威夷糖关税为条件接收了港口。

欧洲裔美国人 1893 年推翻莉莉·瓦卡兰妮（Lili’uokalani）女王时，美国巡洋舰波士顿号的水手和海军陆战队在檀香山登陆，保护美国的利益。虽然美国政府声称在推翻女王的过程中没有扮演任何角色，但五年后，美国政府正式占领了该群岛。作为美国领地时期（1900—1959 年），越洋邮轮公司把乘客带到威基基（Waikīkī），随船源源不断而来的，还有从波多黎各和菲律宾等美帝国属地贩运过来的劳工。大萧条期间，码头工人们组织起来在 20 世纪 40 年代建立了强大的工会。1941 年 1 月日本帝国海军进行空袭后，军事化同样升级。日本偷袭珍珠港，将美国卷入了第二次世界大战。

鸟粪岛法案

鸟粪，即海鸟和蝙蝠的粪便，是制造肥料和火药的宝贵资源。1856 年，由于农业迅速发展、化肥短缺，美国国会通过了《鸟粪岛法案》。该法案授权任何美国人可以占有任何无人居住、未被其他国家主张所有权且拥有可开采的鸟粪矿藏的岛屿；为美国主张取得了任何岛屿的人有充分的权利开采所取得岛屿上的鸟粪来赚钱。无人居住的岛屿是获取天然肥料的最佳选择，因为鸟粪在几个世纪甚至几千年内都没有被人类利用过，有些地方积聚了几十英尺深。美国人根据《鸟粪岛法案》对100多个岛屿提出了权利主张，其中几个岛屿至今仍在美国的管辖范围内，包括中途岛。1859年美国人提出了对中途岛的领土主张，后来该岛成为美国在太平洋上重要的中继站和军事基地。

这一法案一直是美国获得新的领土、扩大海外帝国的手段。该法案从未被废除，一直保留在法典上。事实上，1858年一位美国海军上尉宣称对纳瓦萨岛拥有权利并占领该岛，留下的与海地之间的争议迄今仍未解决。

马修·布莱克·斯特里克兰

20世纪60年代飞机旅行的兴起结束了大规模远洋客运服务和岛际轮渡。由于环保主义者的激烈抗议和法律行动，最近为复兴后者而进行的努力也遭遇了失败（例如21世纪初的夏威夷超级渡轮危机）。1976年，波利尼西亚航海协会推出了乘坐大角星号（Hōkūle'a）这种传统的双壳独木舟并采取古代航海方法前往塔希提岛的航行。随后的航行使原住民的岛屿勘探经验合法化，并使一度被摧残的波利尼西亚人散居地重获生机。夏威夷文艺复兴是自21世纪初70年代以来的一场广泛的社会和文化运动，不仅催生了wa'a（双壳独木舟）建造及航行的复兴，还恢复了鱼塘水产养殖，中止了对卡霍奥拉韦岛（Kaho'olawe）的破坏，并通过其他努力将海洋确立为夏威夷民族主权及遗产的不可分割的部分，这也成了政治抵抗和文化生存的生动景观。

格雷戈里·罗森塔尔

拓展阅读

D'Arcy，Paul. 2006. *The People of the Sea：Environment，Identity，and History in Oceania*. Honolulu：University of Hawai ‘i Press.

Goodyear-Ka'ōpua，Noelani，IkaikaHussey，and Erin Kahunawaika ‘ala Wright（ed.）. 2014. *A Nation Rising：Hawaiian Movements for Life，Land，and Sovereignty*. Durham：Duke University Press.

Kirch, Patrick Vinton.2012.*A Shark Going Inland is My Chief*: *The Island Civilization of Ancient Hawai ʻi*.Berkeley: University of California Press.

Rosenthal, Gregory. 2015. "Hawaiians Who Left Hawai ʻi: Work, Body, and Environment in the Pacific World, 1786—1876." Ph. D. dissertation.State University of New York at Stony Brook.

阿尔弗雷德·赛耶·马汉，1840 年至 1914 年

阿尔弗雷德·赛耶·马汉（Alfred Thayer Mahan）是一位美国海军军官，19 世纪 80 和 90 年代曾任美国海军战争学院教授，他撰写了许多有关海军历史和战略的著作，从而成为世界上最重要的海上力量拥护者和当时最杰出的战略思想家。

阿尔弗雷德·赛耶·马汉的父亲丹尼斯·哈特·马汉（Dennis Hart Mahan）是美国西点军校颇受欢迎、很有影响力的教授。1859 年，阿尔弗雷德·塞耶·马汉以班级第二名的成绩毕业于美国海军学院。美国内战期间，马汉曾在三艘船上服役。此后他的职位在岸上和海上交替切换。1877—1880 年，他在海军学院任教。出版商斯克里布纳（Scribner）委托马汉（Mahan）撰写《海湾和内陆水域》(1883 年)，这是内战海军行动三部曲中的第三部。

马汉的书引起了史蒂芬·B. 卢斯（Stephen B.Luce）准将的关注，1885 年他聘请马汉到新成立的海军战争学院任教。在卢斯的鼓励下，马汉以他在战争学院的讲义为底本撰写了自己的第二部著作《海权对历史的影响》(1890 年)，这本书奠定了他作为世界上最重要的海军思想家的声誉。

马汉成了一位了不起的作家，一生中出版了近二十多本书和 100 多篇文章。1886—1889 年和 1892—1893 年间，他曾担任海军战争学院院长。其后，在 1893—1895 年间负责指挥欧洲舰队旗舰芝加哥号巡洋舰。1896 年他从海军退役，专事写作，但在美西战争期间（1898 年）作为战略顾问返回军队，并作为美国代表参加了 1899 年的海牙和平会议。1902 年，他当选为美国历史协会主席。

马汉的著作强调了制海权的重要性，认为这是决定一个国家经济和军事力量的关键因素。他强调建立一支以战列舰为中心的舰队，按照特拉法

尔加的传统，[1] 在决定性的战斗中寻找并与敌人的主力交战。这一点，而不是攻击敌人的商业——这是南北战争前美国海军思想的核心——才是一个国家赢得制海权的方式。

马汉还倡导美国海军的现代化和扩张，以及为舰队获取外国基地。这些主张不仅在他的著作中得到了进一步的阐述，而且在他与西奥多·罗斯福、亨利·卡伯特·洛奇和其他主要政治家建立的关系中得到了进一步的发展。从 1890 年在《大西洋月刊》(The Atlantic) 上发表的一篇文章《美国向外看》开始，马汉为美国谋划了获取海外海军基地、大幅扩充海军和修建一条穿越巴拿马地峡的运河等任务——这些目标他在 1914 年 12 月 1 日去世前就已经实现了。

马汉的著作激励了世界各地的海军军官，特别是在德国和日本，他们成功地游说本国政府建立起能够将力量投射到远离本国海岸之地的大型现代战斗舰队。据说德皇威廉二世（Kaiser Wilhelm II）本人也读过马汉的著作，不过他的作品被翻译成日文的比其他任何语言的都多。

斯蒂芬·K. 斯坦

拓展阅读

Hattendorf, John B., andLynn C. Hattendorf. 1986. *A Bibliography of the Works of Alfred Thayer Mahan*. Newport, RI: Naval War College Press.

Seager, Robert, II. 1977. *Alfred Thayer Mahan: The Man and His Letters*. Annapolis, MD: Naval Institute Press.

Seager, Robert, II, and Doris D. Maguire (eds.). 1975. *Letters and Papers of Alfred Thayer Mahan*, 3 vols. Annapolis, MD: Naval Institute Press.

Sumida, John Tetsuro. 1997. *Inventing Grand Strategy and Teaching Command: The Classic Works of Alfred Thayer Mahan Reconsidered*. Baltimore: Johns Hopkins University Press.

马修·方丹·莫里，1806 年至 1873 年

马修·方丹·莫里（Matthew Fontaine Maury）是美国海军军官和海洋学家，他在航海、水文学和气象学领域的开拓性工作赢得了广泛的认可。

---

[1] 译者注：特拉法尔加战役是英国皇家海军战胜法国西班牙联合舰队从而奠定大英帝国海上霸权的战役。

1806年1月14日，马修出生于弗吉尼亚州弗雷德里克斯堡附近，父亲是理查德·莫里，母亲是戴安娜·米诺·莫里。马修是荷兰胡格诺派及英国移民后裔家庭中的第七个孩子。在田纳西州上完高中后，马修跟随哥哥加入了海军。19岁时，马修成为布兰迪维因号（Brandywine）护卫舰的一名中士。在接下来的航行中（1826—1830年），马修乘坐单桅帆船战舰文森尼斯号（Vincennes）环游地球。随后，马修在1831—1834年间的太平洋航行是其最后一次海上探险，然而，这次航行开启了他对气象学和海洋学的研究。

1834年回国后，马修娶远房表妹安·赫尔·赫登为妻，与她生了五个女儿和三个儿子。同年，《美国科学与艺术杂志》发表了马修的第一篇文章《论合恩角的航行》和《一种用于寻找真实月球距离的仪器计划》。1836年，马修上尉的《航海新理论与实践新论》一书付梓。埃德加·爱伦·坡对该书大加赞赏，宣称“我们英勇的海军军官们已经唤醒了文学改良的精神”（Poe，1836：454）。

马修的事业蒸蒸日上，直到1839年后，他在一次驿站事故中股骨骨折，这一令人衰弱的伤势使他在海上生活的希望破灭。马修继续他上岸后的职业生涯，在华盛顿特区的美国海军海图和仪器部担任主管官员。作为海军改革的直言不讳的倡导者，马修对腐败、低效和贪污进行了抨击。他还通过研究船舶日志中被忽视的数据，并向数千名船长征集海洋和大气观测数据，开创了科学研究的先例。马修利用这些收集的数据集，在1847年制作了北大西洋的季风洋流图（Wind and Current Chart）。这些图表，以及他在随后几年中出版的图表，通过向海员展示如何利用风向模式和洋流的最大优势，极大地缩短了航行时间。

1861年4月美国南北战争爆发时，马修从美国海军辞职，进入南方邦联海军担任指挥官。由于马修的名气很大，邦联领导人杰弗逊·戴维斯任命他为邦联的国际发言人。战争结束后，在马克西米利安一世短暂统治墨西哥期间，马修成了他的“帝国移民专员”。流亡期间，马修提议将流离失所的南方邦联人士重新安置在格兰德河（Rio Grande）以南，但这一重新安置计划从未启动。1868年，马修利用大赦原邦联官员的机会回到美国，在弗吉尼亚军事学院教授物理学。1872年他病倒，1873年2月1日去世。

马修的遗产是多方面的。《海洋物理地理学》（1855年）是现代海洋学的奠基性著作。马修还协调了在南极洲等地的跨国研究工作，他作为美国海军天文台首任总监，对全球海洋航行的贡献在航海史上留下了持久的印记。

爱德华·D. 梅利略

拓展阅读

Corbin, Diana Fontaine Maury. 1888. *A Life of Matthew Fontaine Maury*. London: Sampson Low, Marstan, Searle & Rivington.

Hearn, Chester G. 2002. *Tracks in the Sea: Matthew Fontaine Maury and the Mapping of the Oceans*. Camden, ME: International Marine.

Poe, Edgar Allan. 1836. "Maury's Navigation." *Southern Literary Messenger* 2: 454.

Williams, Frances L. 1963. *Matthew Fontaine Maury, Scientist of the Sea*. New Brunswick, NJ: Rutgers University Press.

赫尔曼·麦尔维尔，1819 年至 1891 年

1819 年 8 月 1 日，赫尔曼·麦尔维尔（Herman Melville）出生于纽约的一个中上阶层家庭。他拥有在海上广泛旅行的经历，并将自己的经历融入了一系列小说的创作之中，其中的《白鲸》(*Moby-Dick*) 至今仍家喻户晓。

传统上他这个阶层的人应该是作为军官开始海上生涯的，但麦尔维尔的父亲在他 10 岁时破产，并在他 12 岁时去世。这导致麦尔维尔只能作为杂役登上横跨大西洋的圣劳伦斯号货轮，往返航行于纽约和利物浦之间。这次航行是他的第四部作品《雷德伯恩》(1849 年) 的创作原型，其显著的副标题是《作为水手男孩的忏悔和绅士儿子的回忆》。麦尔维尔于 1841 年 1 月 3 日开始了他最有意义的航行，乘坐捕鲸船艾曲奈特号（Acushnet）从马萨诸塞州的新贝德福德出发，绕过合恩角进入太平洋。他在马克萨斯群岛逃离了船队。当时在整个南太平洋地区，像他这样逃离自己船队的水手数不胜数。1842 年 7 月 9 日至 8 月 9 日，麦尔维尔在努库希瓦岛度过，尽管关于他在上岸后的这一个月里具体待在哪里，仍有争议。这段岸上时光成为他的第一部畅销小说《泰比》(*Typee*, 1846 年) 的灵感来源。

麦尔维尔在努库希瓦岛签约了澳大利亚捕鲸船露西·安号（Lucy Ann）上的工作。这艘船管理人员不足，而且船员之间因为意见不同而分裂。当一些船员在塔希提岛叛变时，麦尔维尔加入了他们的行列，失败后

被关押在塔希提岛的监狱里，后来他逃到邻岛埃米奥（摩尔雷亚）。这些冒险经历经艺术虚构后写进了《奥穆》(1847年）中。在埃米奥岛，麦尔维尔加入了他服务过的第三艘捕鲸船——来自楠塔基特（Nantucket）的查尔斯和亨利号（Charles and Henry)，他在这艘赴夏威夷捕捞的船上担任鱼叉手。他的第三部作品《玛迪》(*Mardi*，1849年）的开头，就是大致以这次航行为原型的。1844年10月，麦尔维尔回到波士顿，登上美国号护卫舰，这是宪法号护卫舰的姊妹舰，也是美国海军最初的六艘护卫舰之一。麦尔维尔服役了14个月，目睹了163次鞭刑；由此而生的痛斥海军不人道做法的《白外套》(*White-Jacket*，1850年）一书，在美国海军废除鞭刑的同一年出版。此后，麦尔维尔再也没有在海上服役，尽管他确实在1860年乘坐其弟托马斯驾驶的流星号（Meteor）帆船在合恩角附近航行过。

鞭　刑

鞭打——用鞭子或类似工具抽打——成为近代早期欧洲舰艇和商船上常见的惩罚手段。普通水手往往来自欧洲社会的最底层，船长们认为，鞭打对于维持这些桀骜不驯的人的纪律至关重要。奴隶船上的俘虏也经常受到鞭打，特别是那些敢于反抗的俘虏。

九尾鞭是一种特别暴力的鞭打工具。它通常由绳索制成，其打结的末端可造成严重伤害。虽然有些船长仅将其用于最严重的违法行为，例如拒绝服从命令或盗窃，但其他船长却因对船员滥用鞭刑而臭名昭著。几位19世纪的作家描述了船长对水手的残酷对待，其中就有赫尔曼·麦尔维尔。他根据自己在船上的经历，在小说《白外套》(1850年）中详细描述并谴责了鞭刑。还有理查德·亨利·丹纳（Richard Henry Dana，1815—1882)，他在《两年水手生涯》(*Two Years Before the Mast*，1840年）中描述了海上的生活。

水手和他们的同情者，越来越多地抗议鞭刑和赋予船长对船员巨大权力的法律。1850年后，美国国会禁止在所有美国船只上实施鞭刑，无论是商船还是军舰。1750年后，英国皇家海军将鞭刑限制为12鞭，并通过在议会进行广泛的辩论，于1881年禁止使用九尾鞭。其他欧洲国家的政府也通过了类似的法律，在 19 世纪末结束了船上的鞭刑。

马修·布莱克·斯特里克兰

麦尔维尔在艾曲奈特号上的时光，以及他在查尔斯和亨利号上的舵手工作，是他最伟大的作品《白鲸》的事实依据。在写书的过程中，麦尔维尔从《便士百科全书》(1843 年）中的“鲸鱼”条目、托马斯·比厄的《抹香鲸自然史》(1839 年）和小威廉·斯科尔斯比的《北极地区的一个描述，包括北极北部的历史和描述》(1820 年）等普通资料中获取信息。

麦尔维尔在艾曲奈特号上的时间和在查尔斯和亨利号上担任舵手的工作，是他最伟大的作品《白鲸》的事实基础。但他也借鉴了威廉·莎士比亚、约翰·弥尔顿和但丁·阿利吉耶里等文学资源，创造了作品中飞扬的语言和极致的美感。《白鲸》是献给《红字》(1850 年）的作者纳撒尼尔·霍桑的，它的统一性和超越性部分来自两人在 1850 年和 1851 年的深入对话。《白鲸》反响不佳，从出版到麦尔维尔去世的 40 年里没有再版，甚至连第一次印刷都没有卖完。麦尔维尔热升温始于雷蒙德·韦弗的《赫尔曼·麦尔维尔：航海家和神秘主义者》(1921 年）的出版，其后热度就没有减退过。

玛丽·K. 伯考·爱德华兹

拓展阅读

Bercaw Edwards, Mary K. 2009. *Cannibal Old Me: Spoken Sources in Melville's Early Works*. Kent, OH: Kent State University Press.

Heflin, Wilson. 2004. *Herman Melville's Whaling Years*. Nashville: Vanderbilt University Press.

Parker, Hershel. 1996; 2002. *Herman Melville: A Biography*, 2 vols. Baltimore: Johns Hop-kins University Press.

Sanborn, Geoffrey. 1998. *The Sign of the Cannibal: Melville and the Making of a Postco-lonial Reader*. Durham, NC: Duke University Press.

Springer, Haskell, and Douglas Robillard. 1995. "Herman Melville." *A-merica and the Sea: A Literary History*. Athens, GA: The University of Georgia Press.

门罗主义

门罗主义是美国总统詹姆斯·门罗（James Monroe，1758—1831）于1823年12月2日向国会发表的年度咨文中宣布的一项美国政策声明。门罗总统宣布，欧洲国家在西半球的进一步扩张、殖民或干涉将被视为危险的、不友好的行为。因此，该原则威胁说，如果任何欧洲国家违反该原则，美国将进行干预。然而，美国不会干涉或关注已经存在于西半球的欧洲殖民地或一般的欧洲国家。经修改的“门罗主义”在2013年之前一直是美国的政策。

门罗的宣言是出于对拉丁美洲独立战争后欧洲干预西半球的担忧，尽管直接的挑衅是俄国宣布阿拉斯加水域为外国船只的禁区。在给国会的致辞中，门罗描述了美国与美洲其他新兴国家之间的密切关系，并宣布：

> 因此，为了维持美国与这些［欧洲］大国之间现有的坦诚和友好关系，我们有责任宣布，我们认为他们将其制度扩展到本半球任何地区的任何企图都会危及我们的和平与安全。对于任何欧洲强国的现有殖民地或附属国，我们没有干涉，也不会干涉。但是，对于那些已经宣布独立并保持独立的政府，它们的独立是我们经过深思熟虑以后在公正的原则上予以承认的，任何欧洲列强为了压迫它们或以任何其他方式控制它们命运对它们进行干涉，那么这种干涉只能被我们看作是对美国不友好的表示。

考虑到美国陆军和海军较小的规模，这是一个大胆的声明。要有效地执行该声明，需要一支庞大的海军，以防止欧洲对西半球的干涉。因此，国际社会基本上忽视了这一声明。然而，英国支持该宣言，认为它对贸易和海洋自由的强调是有利的。英国皇家海军的至高无上地位确保了任何欧洲强国都会忌惮于违反该宣言。南美洲的新国家对该宣言表示欢迎。

美国援引该宣言反对英国1836年承认得克萨斯共和国及1842年对夏威夷的干涉。南北战争（1861—1865年）期间美国未能阻止法国征服墨西哥，但事后推动法国撤军。在1895年委内瑞拉与英国殖民地圭亚那的边界争端中，英国斥责了格罗弗·克利夫兰总统将门罗主义提升到公认的国际法地位的努力，但基本上同意其范围，没有进一步追究。在1898年海牙和平会议上，美国以和平解决国际争端作为接受公约的条件，宣称其对公约的同意不应被视为对其在《门罗宣言》中宣布的传统政策的任何偏离。

到了 20 世纪初，随着美国海军的日益强大，美国领导人修改了门罗主义，以界定一个美国占主导地位的势力范围。针对欧洲国家威胁要收回拉丁美洲国家欠它们的债务，西奥多·罗斯福总统宣布了门罗主义的“罗斯福推论”，在该推论中，美国主张有权干预“拉丁美洲国家公然和长期的错误行为”的情况。罗斯福实际上是用美国的入侵代替了欧洲在西半球的入侵。

后来的总统们利用门罗主义和“罗斯福推论”为 20 世纪上半叶对中美洲和加勒比海国家的多次干预辩护。第二次世界大战后，该理论被援引来为危地马拉（1954 年）、古巴（1962 年）、多米尼加（1965 年）和尼加拉瓜（20 世纪 80 年代）的反共军事行动辩护。2013 年 11 月，美国国务卿约翰·克里向美洲国家组织宣布结束作为美国政策的门罗主义。美国这样做，结束了 190 多年来从旨在防止外国干预到用于为美国干预辩护的宣言。

艾伦·M. 安德森

拓展阅读

May，Ernest R.1975.*The Making of the Monroe Doctrine*.Cambridge，MA：Belknap Press.

Perkins，Dexter.Rev. ed.1963.*A History of the Monroe Doctrine*.Boston：Little，Brown.

Sexton，Jay.2011.*The Monroe Doctrine：Empire and Nation in Nineteenth-Century America*.New York：Hill and Wang.

Smith，Gaddis.1994.*The Last Years of the Monroe Doctrine*，1945—1993.New York：Hill and Wang.

新奥尔良

新奥尔良市让人联想到法国区、伏都教、爵士乐、狂欢节、满是柏树的沼泽、密西西比河、贸易和商业。这座城市既是将货物从阿巴拉契亚山脉以西的土地运往世界其他地区的理想之地，又是一座饱受炎热、潮湿、疾病、飓风和种族紧张关系困扰的城市。所有这些特征都可以追溯到新奥尔良的起源和法国探险家让—巴蒂斯特·西耶尔·德·比恩维尔（Jean-Baptiste Sieur de Bienville）在1718年创立后的早期发展。

作为英国烟草出口殖民地切萨皮克（Chesapeake）的经济竞争对手，比恩维尔将新奥尔良修建于通向墨西哥湾的庞恰特雷恩湖和密西西比河之间。货物可以通过湖泊和连接的海湾进入城市，也可以通过密西西比河运出。新奥尔良的位置也离墨西哥湾足够远，使其免受该地区最严重的地方性飓风的影响。虽然比恩维尔预计到密西西比河洪水的可能性，并修建了第一道防洪堤，但18世纪没有人能够预见到现代城市扩张的程度，最终使原来城市周围的大量沼泽地被填平，使大多数居民处于海平面以下，为2005年卡特里娜飓风淹没城市创造了条件。

新奥尔良的殖民时期持续了84年。1718—1762年间法国控制了这个殖民地，1762—1801年间则在西班牙控制之下，之后西班牙又将其归还法国。法国和西班牙在需要奴隶劳动和贸易的农业基础上奠定了新奥尔良的经济和文化遗产。由于无法在密西西比三角洲的气候条件下种植烟草，新奥尔良市民不得不通过密西西比河与伊利诺伊进行走私和谷物贸易。最终，棉花和糖成为新奥尔良港的主要转运商品，新奥尔良港成为美洲最大的港口和城市之一。1762年法国将新奥尔良割让给西班牙后，西班牙军乐队和法国土著人以及非洲奴隶的民谣交织在一起，奠定了爵士乐的基础。

这座城市在1803年通过路易斯安那购买案成为美国的一部分，并随着密西西比河沿岸贸易的增长和棉花出口达到顶峰而蓬勃发展。新奥尔良成为南方最大的城市，银行资本汇集地，也是大多数出口棉花和中西部谷物的出发点，这些谷物沿密西西比河而下。南方邦联在内战（1861—1865年）中的失败，棉花贸易的下降，以及美国各地铁路的扩张，将腹地和港口连接起来，这些都降低了新奥尔良的商业重要性。然而，这个城市仍然是墨西哥湾沿岸商业的关键，并在第二次世界大战期间（1939—1945年）随着港口交通的增加而繁荣起来。不幸的是，到了20世纪60年代，腐败、犯罪和种族紧张关系困扰着这个城市。许多企业都离开了，但随着城市领导人与这些问题的斗争，旅游业得到了发展。飓风卡特里娜带来的悲剧迎来了投资的激增和公民自豪感的重生，促进了重建。

新奥尔良仍然是游轮的热门目的地，游轮定期从该市出发。尽管新奥尔良港位于密西西比河上游，但除了最大的集装箱船外，它能处理所有其他船只，按吞吐量计算，它是美国第六大繁忙港口。美国一半以上的谷物出口继续沿密西西比河流向新奥尔良。

迈克尔·W. 琼斯

拓展阅读

Campanella，Richard. 2008. *Bienville's Dilemma：A Historical Geography of New Orleans.* Baton Rouge：University of Louisiana.

Dawdy，Shannon Lee. 2008. *Building the Devil's Empire：French Colonial New Orleans.* Chicago：University of Chicago Press.

Powell，Lawrence. 2013. *The Accidental City：Improvising New Orleans.* Cambridge：Harvard University Press.

Sublette，Ned. 2009. *The World That Made New Orleans：From Spanish Silver to Congo Square.* Chicago：Chicago Review Press.

马修·卡尔布雷思·佩里，1794 年至 1858 年

马修·卡尔布雷思·佩里（Matthew Calbraith Perry）是美国海军职业军官，墨西哥战争的英雄，海军改革家，蒸汽轮船倡导者，美国全球扩张的倡导者。他以东印度舰队司令而闻名，该舰队在 1854 年与日本谈判签订了《神奈川条约》。

佩里出生于罗德岛的纽波特，15 岁就开始在哥哥奥利弗·哈扎德·佩里（Oliver Hazard Perry）指挥的一艘军舰上从事航海活动。马修·佩里慢慢晋升，在 1812 年的战争中服役，打击加勒比海盗，追捕奴隶船，并在墨西哥战争中指挥一支舰队打下了维拉克鲁斯州。他还主张进行广泛的海军改革，包括加强训练、改进武器装备，采用新的造船技术和蒸汽机技术。

当加利福尼亚及其新发现的金矿在 1850 年加入美国时，美国人看到了更容易进入中国贸易和北太平洋捕鲸场的新机会。日本是一个相对较小的奖赏，但它与鲸鱼、中国的近距离接触，以及有关其煤矿的传闻——这对蒸汽船的泛太平洋航行至关重要，引起了政治家和海军人员的关注。因此，在 1851 年，美国政府任命佩里为一个军事和外交联合特派团的指挥官，与日本建立外交关系。他不是第一个试图撬开日本锁的西方人，但 200 多年来，日本人一直严格控制着对外交往。因此，当佩里开始为他的

日本版画中，一个日本男子和一个日本男孩站在港口岸边，背景是一艘停靠的美国蒸汽轮船，该船可能是佩里海军准将的船。佩里是东印度舰队的指挥官，该舰队于 1854 年与日本洽谈了《神奈川条约》（美国国会图书馆）

使命进行研究时，他读到的很多东西都是乱七八糟的二手货。因此，他在指挥部里增加了科学家和艺术家，希望他们能扩大任务的影响力。

佩里于 1852 年 11 月起航，1853 年 5 月接近冲绳。他不知道冲绳与日本政府的关系很脆弱，他计划先在那里停留，以评估对手的军事实力，试探他们的紧张态势，并恐吓首都江户（今东京）的官员，让他们知道他的到来。7 月 2 日，佩里带着四艘船前往他的主要目标江户。

根据自己在图书馆的研究，佩里相信成功取决于行事冒进。事实上，佩里的访问与其说是激怒了日本人，不如说是扩大了日本内部关于如何应对的深刻争论。佩里只是他们最新的头疼问题。俄国人也要求签订一个条约，而每年都有更多的外国船只在日本水域附近窥探。在经历了许多争吵之后，幕府将军的谋士们仓促地达成一致并采取军事防御措施，试图减缓佩里的步伐。然而，佩里是个没有耐心的人。作为一个习惯于他人服从的海军军官，他简短地宣布，自己将在第二年返回，要求日本方面届时对他的要求作出答复。1854 年 2 月 13 日，佩里再次出现，这次带着 9 艘船和 1300 人。日本人担心发生灾难，同意为美国船只开放两个补给港，提供救援并遣返遇难水手，还允许美国领事驻扎在下田。但他们抵制了佩里提出的开放贸易的额外要求。

《神奈川条约》将日本带入了现代国际条约体系，并确保了佩里作为他那一代杰出的海军军官的声誉。

加文・詹姆斯・坎贝尔

拓展阅读

Dower, John. “Black Ships and Samurai: Commodore Perry and the Opening of Japan, 1853—54.” http://ocw.mit.edu/ans7870/21f/21f.027/black_ships_and_samurai/index.html.Accessed March 1, 2015.

Feifer, George.2006.*Breaking Open Japan: Commodore Perry, Lord Abe, and American Imperialism in* 1853.Washington, DC: Smithsonian Books.

Schroeder, John H.2001.*Matthew Calbraith Perry: Antebellum Sailor and Diplomat*.Annapolis: Naval Institute Press.

Wiley, Peter Booth. 1990.*Yankees in the Land of the Gods: Commodore Perry and the Opening of Japan*.New York: Viking.

海龟号潜水艇

海龟号潜水艇是 1775 年由美国发明家大卫・布什内尔（David Bushnell, 1754—1824）建造的潜艇，在美国独立战争中用于袭击英国军舰。它标志着首次从水下攻击敌舰的尝试以及潜水艇战争的开端。

基于 16 和 17 世纪原始的水下船只原理，海龟号高 7 英尺，宽 3 英尺，由两块用钢筋加固的橡木块压在一起而成，外面涂上柏油（因为每半块都像一个龟壳，该船由此得名）。海龟号使用了一种全新的压载系统。它通过将水吸入驾驶员下方的舱底水箱而下潜，并通过手动泵将水排出而上升，尽管该船还另外有一个 200 磅的可调节铅压舱物。一名船员用双手和脚操纵曲柄来控制两个螺旋桨和舵，大约每小时可以行驶3英里。舱门附近的小窗照亮了船舱内部，气压计和指南针上也贴上了发光的磷粉。

在空气只够支撑30分钟的情况下，海龟号的任务是潜入敌舰下方，在舰底钻一个小洞，贴上定时炸药（鱼雷），然后逃跑。大卫·布什内尔的弟弟埃斯拉（Ezra）接受过驾驶这艘船的训练，但后来生病了，由埃斯拉·李（Ezra Lee，1749—1821）中士代替。1776年9月6日，李试图用海龟号向封锁纽约港的英国旗舰鹰号（HMS Eagle）发起攻击。两次尝试后，李无法钻进鹰号的船体，攻击失败。由于水的浮力，钻头无法咬住敌人的船体。10月5日，李再次出航，但被英军发现，于是撤退。1776年末，英军在新泽西州李堡附近击沉了运载海龟号的补给船，海龟号失联。

尽管对鹰号的攻击失败了，但海龟号的革命性设计（最著名的是两叶螺旋桨、新的压载系统和“鱼雷”）奠定了现代潜艇战的基础。乔治·华盛顿（George Washington）将海龟号称为“天才之作”，并任命布什内尔为新成立的工兵团（今天的陆军工程兵团的前身）的上尉。

凯莉·P. 布什内尔

拓展阅读

Anderson，Frank（ed.）.1966.Facsimile of Henry L.Abbot's *The Beginning of Modern Submarine Warfare Under Captain Lieutenant David Bushnell*（1881）.Hamden，CT：Archon.

David Bushnell Papers（MS 1107）.Manuscripts and Archives. Yale University Library.

Manstan，Roy R.and Frederic J.Frese.2010.*Turtle*：*David Bushnell's Revolutionary Vessel.* Yardley，PA：Westholme.

Wagner，Frederick. 1963. *Submarine Fighter of the American Revolution*：*The Story of David Bushnell.* New York：Dodd，Mead，and Co.

主要文献

《南京条约》，1842年

结束第一次鸦片战争（1839—1842年）的《南京条约》为欧洲列强

强加给中国的一系列不平等条约开了先例。这些条约向外国贸易开放了中国的港口，降低或取消了中国的关税，使外国人不受中国司法制度的约束，并给予外国的其他权利，而中国却没有得到任何回报。这些条约激起了中国人越来越大的不满，并动摇了清朝的统治。

大不列颠及北爱尔兰联合王国女王陛下和中国皇帝陛下，为结束误解和随之而来的敌对行动，决心为此缔结一项条约……商定并缔结以下条款。

第一条

嗣后大不列颠及北爱尔兰联合王国女王陛下和中国皇帝陛下之间，以及他们各自的臣民之间，将保持和平与友谊，他们在对方的领地内的人身和财产将享有充分的安全和保护。

第二条

自今以后，中国皇帝陛下恩准英国人民带同所属家眷，寄居广州、厦门、福州、宁波、上海等五处港口，贸易通商无碍；且大不列颠女王陛下派设领事、管事等官住该五处城邑，专理商贾事宜，与各该地方官公文往来；令英人按照下条开叙之列，清楚交纳货税、钞饷等费。

第三条

很明显，英国臣民应该有一些港口，在需要时可以在那里停泊和维修他们的船只，并为此目的存放仓库，这是必要的，也是可取的，因此，中国皇帝陛下将香港岛割让给英国女王陛下等，由英国女王陛下、她的继承人和继任者永久拥有，并受英国女王陛下等认为合适的法律和条例的管辖。

第四条

中国皇帝同意支付洋银 600 万圆，作为 1839 年 3 月在广州为了赎回被中国高级官员囚禁并受到死亡威胁的英国女王陛下的主管和臣民的生命而交付的鸦片之价值的补偿。

第五条

中国政府曾强迫在广州贸易的英国商人专门与某些被称为行商（或“公行”）的中国商人进行交易，而这些商人系得到中国政府的许可。中国皇帝同意今后在英国商人可能居住的所有港口废除这种做法，并允许他们与任何他们喜欢的人进行商业交易，皇室陛下还同意向英国政府支付洋银300万圆的款项，因为上述一些行商（或“公行”）欠英国臣民的债务，且已经无力偿还。

第六条

大不列颠女王陛下的政府不得不派出一支远征军，要求并获得对中国最高当局对女王陛下的官员和臣民的暴力和不公正的诉讼的补偿，中国皇帝同意支付洋银1200万圆的费用，以抵消所发生的费用，……

第七条

同意按以下方式支付前三条所述的总额2100万圆洋银。即时支付600万圆。1843年支付六百万圆……1844年支付500万圆，1845年支付400万圆。

第八条

中国皇帝同意无条件释放所有此时此刻可能被禁锢在中华帝国任何地方的大不列颠女王陛下的臣民（无论是欧洲还是印度的土著）。

第九条

中国皇帝同意以其御用印章颁布圣旨，公布对曾在大英帝国陛下的统治下居住，或与大英帝国陛下有交易和交往，或曾为大英帝国陛下服务的所有中国臣民的全面和完整的大赦并进行赔偿，……

第十条

中国皇帝陛下同意在本条约第二条规定的所有港口为英国商人开放，建立一个公平和正常的进出口关税和其他费用的关税，该关税应公开通知和颁布，以供一般参考，而且皇帝陛下在此后承诺，当英国商品一旦在上述任何港口支付了与关税相适应的规定的关税和费用，中国商人可将此类商品运往中华帝国内地任何省市，但须再支付不超过此类商品关税价值1%的过境税。

第十一条

同意英国女王陛下在中国的首席高级官员可以与中国首都和各省高级官员通信……在完全平等的基础上……

第十二条

在收到中国皇帝对该条约的同意并支付第一笔款项后，英国女王陛下的军队将从南京和大运河撤退，不再骚扰或阻止中国的贸易。驻扎在镇海的兵站也将被撤走，但库伦苏岛和竹山岛将继续由英国女王陛下的军队持有，直到付清款项，并完成向英国商人开放港口的安排。

资料来源：The London Gazette.1843.November 7.Issue 20276：3597.

白鲸和海洋的呼唤；摘自赫尔曼·麦尔维尔《白鲸》，1851 年

赫尔曼·麦尔维尔（1819—1891）一生中大部分时间都在海上度过，他将自己的航海经历融入小说中。他最著名的小说《白鲸》的开篇至今仍然是关于航海特别是描写水手对出海之渴望乃至期待的最令人回味的段落之一。

你就叫我以实玛利吧。那是有些年头的事了——到底是多少年以前，且不去管它——当时我口袋里没有几个钱，说一文不名也未尝不可，而在岸上又没有特别让我感兴趣的事可干。我于是想，不如去当一阵子水手，好见识见识那水的世界。这对于去除我的心火，调节血脉流通，未始不是个办法。每当我发现自己绷紧了嘴角；每当我的心情有如潮湿阴雨的十一月天气；每当我发现自己不由自主地在棺材铺门前驻足流连，遇上一队送葬的行列必尾随其后；特别是每当我的忧郁症发作到了这等地步：我之所以没有存心闯到街上去把行人的帽子一顶顶打飞，那只是怕触犯了为人处世的道德准则；——到这种时候，我便心里有数：事不宜迟，还是赶紧出海为妙。除此之外，只有用手枪子弹了结此生一法。我很快上了船。这本没有什么可奇怪的。只要了解此中况味的人都知道：所有的人或多或少，或先或后，都会生出向往海洋的感情，和我的相差无几。

……

不过，我说我已养成习惯，每当开始感到眼里有些发蒙，开始对我的肺部过分敏感的时候，我就出海去。这么说，我绝不是要人家以为我是想花钱坐船出海。因为要当乘客你必须有只钱袋，而如果这钱袋不是鼓鼓的，它等于是块破布头。再说，当乘客会晕船——变得爱吵架——

晚上睡不着觉——一般说来，日子过得并不大受用；不，我从不上船当乘客。此外，虽然我算得上个水手，可我从来没有当过几条船的司令，或者船长，或者厨师，我不求这类职司的荣耀与显赫，把它们让给喜欢它们的人。至于我，凡是所有各种各样的显贵的受人尊敬的劳作、考验、磨难，我都避之唯恐不及。能照管好我自己，就很不错了，哪顾得上管什么大船、小船，双桅的、三桅的以及如此等等。

……

不，我要出海，我就去当一名普通的水手，站在桅杆正前面或者钻进船头水手舱，要不，就高高地爬到最高的桅顶上。不错，人家会差我干这干那，让我从一根圆木跳到另一根圆木上，活像五月天草地上的蚂蚱。刚开头，让人这样呼来喝去，实在不是滋味。它触及一个人的自尊心，如果你出生在这个国度里一户有年头的世家，就更是如此。而最难堪的是在把自己的手伸进柏油桶之前，你还是个师道尊严的乡间小学校长，连最高大的孩子在你面前也惧怕三分。我不妨告诉你，从小学校长到水手这么一个转变过程是令人有切肤之痛的，它需要服一剂塞内加和苦行的斯多噶派的强力煎药才能使你面露笑容来承受它。不过即使是这痛苦，过些时候也就消解了。

……

最后，我每次出海都是当水手，还为的是那船头楼甲板上的有益健康的运动和洁净的空气。因为在这个世界上，顶风的时候远比风从船梢吹来的时候多。只是有一条，你千万不可违反毕达哥拉斯的箴言，所以司令官待在后甲板上，他呼吸的气息多半就是在船头楼里水手们排泄出来的。司令以为空气首先到他那里，其实不然。在别的许多事情上，平民百姓也大抵领先于他们的领袖，而领袖们极少有猜想到这一点的。可是在多次当商船水手在船头闻惯了海的气息之后，我怎么会起了上一次捕鲸船的念头来的呢？毫无疑问，我这次出海捕鲸乃是老天爷许久以前就已一手策划好的宏图的一部分。

……

如今我把所有情景重温了一遍，自觉多少看穿了其中在我眼前出现时经过种种巧妙的伪装的奥妙和动因，它们引得我自行粉墨登场演那一个上船捕鲸的角色。

……

动因中首先是那头大鲸本身，它叫人一想起来就热血沸腾。这样一头凶猛异常而又神秘莫测的怪物激起了我多大的好奇心啊。其次，是那浩渺无际、远在天边的大海，而这怪物就在其中腾跃翻滚它那岛屿一般的身躯；还有那大鲸造成的无从解救、说不出名堂的危险；此外便是随之而来的巴塔哥尼亚式的千奇百怪的景色和声音；所有这些都促成了我的愿望产生。也许换了另外一些人，这些东西都不足以使之动心；不过在我，天涯海角的东西使我心痒难熬，无时或已。①

资料来源：Chapelle，Howard Irving.2012.*The Baltimore Clipper*：*Its Origin and Development*.New York：Dover Publications.

《神奈川条约》，1854 年

1853 年马修·佩里准将抵达日本，其任务是谈判一项条约，以保护该地区的美国水手，开放日本港口供美国船只购买燃料和补给，并在美日之间建立贸易。1854 年 3 月 31 日签署的《神奈川条约》中，日本同意了前两个条件。直到 1858 年日本才同意与美国进行贸易并签署通商条约。

美利坚合众国和日本帝国希望在两国之间建立坚定、持久和真诚的友谊，同意以下条款：

第一条

以美利坚合众国为一方，以日本帝国为另一方，以及两国人民之间，将实现完美、永久、普遍的和平和真诚、友好的关系，不分国界和地域。

第二条

日本将伊豆的下田港和松前的函馆港作为接待美国船只的港口，在那里，只要日本人有木料、水、粮食、煤炭和其他他们所需的物品，就可以为他们提供……

第三条

当美国的船只在日本海岸被抛弃或失事时，日本的船只将协助他们，并将他们的船员运到下田或函馆，交给指定接收他们的同胞；遇

① 这里的译文采用了人民文学出版社 2001 年出版的《白鲸》成时译本，略有修改。

难者可能保存的任何物品也同样应予归还，在营救和支援被抛弃在两国海岸的美国人和日本人过程中发生的费用将不予退还。

第四条

这些遇难者和美国的其他公民应像在其他国家一样享有自由，不应受到拘禁，而应服从公正的法律。

第五条

暂时居住在下田和函馆的美国遇难者和其他公民，不应像荷兰人和中国人在长崎那样被限制和禁闭，在下田，他们可以在从下田港内的一个小岛起七日本里的范围内自由行动，该小岛在附图中标明；在函馆，他们同样可以在美国舰队访问该地后确定的范围内自由行动。

第六条

如果需要其他种类的货物，或者需要安排任何业务，则双方之间应进行仔细的审议以解决此类问题。

第七条

商定允许美国船只在向其开放的港口内，根据日本政府为此目的临时制定的条例，以金银币和物品交换其他物品。但规定，美国船只应获准运走其不愿交换的任何物品。

第八条

所需的木材、水、粮食、煤炭和货物只能通过为此目而任命的日本官员的代理机构进行采购，而不得以其他方式进行采购。

第九条

商定，如果在未来的任何一天，日本政府将给予美国或美国公民未享有的其他任何国家或地区的特权和利益，则应同样将同样的特权和利益授予美国及其公民，无需任何协商或延迟。

第十条

美国的船只除下田和函馆外，不得在日本境内的其他港口停靠，除非遇险或因天气压力被迫停靠。

第十一条

自本条约签署之日起十八个月期满后，美国政府应指定领事或代理人在下田居住，条件是两国政府任何一方认为有必要作出这种安排。

第十二条

本公约业已缔结并正式签署，美利坚合众国和日本以及两国公民和臣民均有义务并忠实遵守；本公约将由美国总统经参议院建议和同意，并由日本君主在 8 月前批准和核准，批准书应在签署之日起 18 个月内尽量提前交换……

资料来源：U. S. National Archives. Record Group 11. General Records of the United States Government.

奴隶船克拉拉·温莎号；摘自《理查德·麦克莱门特日记》，1861 年

在 19 世纪上半叶，英国宣布禁止奴隶贸易，英国皇家海军在非洲沿岸派驻船只以制止贩卖奴隶。1861 年，一艘英国军舰占领了克拉拉·温莎号（Clara Windsor），这是一艘违反英国和美国法律运输奴隶的美国船。下面，皇家海军的外科医生 Richard C. McClement 描述了奴隶船上的情况。

上午 9 点：登上了克拉拉·温莎号。要完全形容刚登船时看到的景象是不可能的，而且对于任何未曾见过的人来说，也同样难以理解那艘小船的木墙内所包含的痛苦和恐怖。这艘船大约有 250 吨的重量，承载奴隶的甲板前后左右都有，大约有 3 英尺半高。船上的臭味是如此之大，即使在左舷两百码的距离，也几乎令人难以忍受。当我上船时，大部分奴隶都在下层甲板上，大部分，蹲成一排。每一排，都坐在后面那一排的两腿之间。在肮脏、邋遢和令人作呕的奴隶甲板上，可以看到其余的人，包括男人、女人和孩子，挤在一起；有的憔悴得像一具骷髅；有的病恹恹地躺着，对周围的一切视而不见；有的快要进入另一个世界，在那里，很难想象他们会比在这个世界上遭受更多的痛苦；男人和女人横七竖八地躺着：有的仰面躺着，有的趴着。更虚弱的人，头枕着膝盖坐着。所有的人都赤身裸体，皮肤上沾满了他们所躺的污物。

在上层甲板上，可以看到 30 岁以下的各年龄段的奴隶；这里也有男人、女人和孩子杂乱无章地躺着或坐着，呈现出与奴隶甲板上相

同的面貌。一个完全赤裸的皮包骨头的女人奄奄一息，带着一个婴儿在吸吮已经半死不活的乳房；同时还看到另一个显然已经死去的女人，她萎缩的乳房表明她的乳汁早已流尽，然而一个饥饿的婴儿却把乳头含在嘴里，努力地挣扎着，想得到人类的残忍所剥夺的东西……她的小婴儿紧紧地抱在她的胸前，仿佛那是支撑她生命的唯一纽带。

在上层甲板上有许多孩子，年龄从5岁到10岁不等，他们每个人都呈现出最可怜的样子；憔悴到极点；身体肮脏；眼疾；坏血病和皮肤病，几乎每个人都有。但是，到目前为止，最可怕的景象是40个患痢疾的孩子，他们密密麻麻地堆放在船的前部甲板屋的甲板上。这些可怜的小家伙躺在从自己身体里排出的污秽物中；他们是如此的消瘦，以至于每根骨头都突出在皮肤下，而且他们的腹部是如此的塌陷，以至于用最轻的压力都能感觉到脊柱。他们中的大多数人都表现出一副漫不经心、认命的样子，但也有少数人的骷髅脸上露出了悲哀和痛苦的表情，人们以为这样的表情应该会引起最坚硬的心灵的同情，然而，事实并非如此，那些贩卖他们的白种人就像看待一头被宰杀的牛的垂死挣扎一样看待他们的痛苦。其中有三四个小孩子抬起头来，用一种半死不活的凄惨面容看着我们，我们实在无法再忍受这种景象，就离开了他们。

……

站在船尾，看着甲板上的收藏品，以及通过舱门可以看到的奴隶甲板上的东西；一个诚实的人一定会对这种地狱式的交易感到深深的恐惧，这种交易使人的形态比畜生低级一千倍。想象一下，一大群赤裸裸的黑人尸体紧密地挤在一起，其中有憔悴的年轻妇女，她们带着饥饿的婴儿，吸吮着她们消瘦的乳房，婴儿爬在病态憔悴的母亲身上，还有半死不活的母亲。男人们坐着，神情冷漠，显然是在期待死亡来减轻他们的痛苦，病人和垂死的人躺在他们的污秽中，就像过早地被扔在太阳下腐烂的尸体，病人的呻吟声，女人的争吵声，男人的喋喋不休，刚出生的孩子的哭声。健康的孩子们的笑声和享受，几个比其他人更受宠的男人和女人明显的满足感，他们正在享受他们的烟斗。最后，但并非最不重要的是，从船上产生的可怕的、恶臭的气味，以及放置在两层甲板上的污物桶，人们可以想象出一个相当接近奴隶船外表的场景！在这个文明如此先进的时代，这是何等的景象啊！然而，这艘船不过是每年偷渡到对岸的众多船只之一！

资料来源：Diary of Richard Carr McClement，118-121.Available at the Scottish Catholic Historical Collection：http：//www.scottishcatholicarchives.org. uk/Learning /DiaryofRichardCarrMcClement/DiaryExtracts/Empire/tabid/186/Default. aspx # Extract _ 1. Used by permission of the Scottish Catholic Archives.Accessed Novem-ber 13，2016.

乘阳光号环游世界；摘自安妮·布拉西《阳光号航行：大洋上度过 11 个月的家园》，1883 年

1876 年 7 月 6 日和 1877 年 5 月 26 日，安妮（Annie Brassey，1839—1887）和托马斯（1836—1918）——一位经验丰富的水手和《布拉西海军年鉴》的出版人——带着他们的 4 个孩子，以及 5 个朋友和 30 名船员，进行了一次环球航行。这是私人游艇有史以来的第一次航行。他们横跨大西洋，绕过南美洲，访问了塔希提岛、夏威夷和日本，然后通过印度洋和苏伊士运河返航。他们的航程是如此的不寻常，以至于日本海关官员都不知道如何记录他们的访问。回来后，安妮描述了他们所到过的地方，并记录了他们的冒险经历，其中包括营救一艘因为煤炭起火的货轮上的船员。他们参观了许多有异国情调的地方，并在塔希提岛和夏威夷与皇室成员共进晚餐。他们的航行普及了游艇运动，并展示了长途航行的安全性。虽然他们的阳光号游艇有辅助蒸汽机，但他们的大部分航程都是利用风帆完成的。

11 月 23 日，星期四——［从智利］出发 24 天。我们本来希望今天就能到达塔希提岛，汤姆开始后悔我们没有从瓦尔帕莱索出发，再航行一段距离，以便更早地进行交易。不过，了解了阳光号在逆风中的航行能力还是令人满意的，同时也有机会发展她的一些优点，而我们之前几乎没有意识到这些优点。在没有足够的风力的情况下，她是如何做到以每小时四五节的速度滑行的，这对船上的每个人来说都是一个奇迹。

……

[27日] 午饭后，汤姆让人用“船夫椅”把我吊到前顶桅杆上，“船夫椅”就是一块小木板，四角用绳子吊着，男人们刮桅杆时就坐在上面。我非常小心地用绳子扎住我的衬裙，一路上敲打着各种绳索，然后被轻轻地吊起来，起初看起来很晕眩；但当我习惯了海的狭小、栖息处的空旷和船只不断滚动后，我发现我的位置绝不是一个令人不愉快的位置。汤姆爬上索具，不久后也加入了我的行列。从高处，我们可以清楚地看到岛屿的外形，以及中心的被珊瑚带环绕的泻湖。岛上有些地方是白色的、光秃秃的、狭窄的，有些地方是宽阔的，覆盖着棕榈树和丰富的植物。我在空中高兴得无心下去。水面闪闪发光，流转着你能想到的所有色彩。从最淡的绿色到最亮的祖母绿，从纯洁的浅蓝色到深邃的宝石蓝，这里和那里点缀着红色、棕色和绿色的珊瑚。各种颜色的珊瑚间，缀满了海花、海葵和棘鱼，发出只有在梦境中才能看到的光彩。成群结队的最明亮、最迅捷的鱼儿飞来飞去。贝壳，每一个都适合在海螺学家的收藏中占据荣誉的位置。

……

[在日本] 哈里爵士恐怕在游艇的问题上遇到了很大的麻烦。它是日本第一艘这种船，除了1858年女王的赠礼——现在由天皇使用的那艘船之外。官员们似乎无法分辨太阳号的类型。“它是一艘战舰？我们知道是的。”“不是。”“它是一艘商船吗？”“不是，它是一艘游艇。”但是，不装备枪炮的舰船目标是什么呢，这是无法理解的。最后已经定下来了，为了和其他国家一样，日本官员不会强迫我们在海关大楼入境，也不会强迫我们因为不入境每天交60美元的罚款。作为先例，这一点是很重要的，虽然我很难想象会有很多游艇效仿我们，通过麦哲伦海峡，横跨太平洋来到日本。

……

5月26日，星期六——第一次看到了英国的土地。我们在下午3点左右到达考斯（Cowes），立即受到几艘游艇的欢迎，他们挥舞着国旗，鸣枪示意。我们继续向黑斯廷斯（Hastings）进发。结果到了午夜时分，我们才到达比奇海德（Beachy Head），可以看到远处黑斯廷斯的灯光。当我们靠近锚地时，看到两艘船从岸边迅速向我们驶来。船员是皇家海军炮兵志愿队的成员，他们走近后高声欢迎我们。黑斯廷斯整个下午都在等着我们，子夜一点半我们抵达的时候，立刻被船队包围了……沿着从黑斯廷斯到战役的整整10英里，人们都站在路边和他们的小屋门口欢迎我们。…

资料来源：Annie Brassey. 1883. *Around the World in the Yacht "Sunbeam"*; *Our Home on the Ocean for Eleven Months*. New York: Henry Hold and Company, 1883, pp.189, 192-96, 315, 451.

船上的鞭刑；摘自小理查德·亨利·丹纳，《两年水手生涯》，1840年

小理查德·亨利·丹纳（Richard Henry Dana Jr., 1815—1882），是诗人老理查德·亨利·丹纳（Richard Henry *Dana Sr.*, 1787—1879）的儿子，他从小在新英格兰的精英阶层中长大，后来就读于哈佛。但1834年，他离开了哈佛，签约上商船工作，并在接下来的两年中大部分时间都在海上度过。回国后，他在哈佛大学法学院完成了学业，通过了律师资格考试，并发表了自己的海上回忆录：《两年水手生涯》(1840年)。丹纳令人回味的散文、对细节的关注以及对海上生活的深刻分析赢得了广泛赞誉。在他的仰慕者中，赫尔曼·麦尔维尔（1810—1891）是那个时代的伟大航海作家之一。在以下段落中，丹纳描述了他的船上的一次鞭刑，这一段落帮助说服美国国会将舰船鞭刑确定为非法。

几天来船长看起来闷闷不乐。一切都变得不对劲，或者说，他看什么都不顺眼。他和厨子吵了一架……还和大副争论了一番……但是他的不满主要转向了……山姆。这个人说话吞吞吐吐，动作迟缓，但他却是个优秀的水手，总是尽力做到最好，可是船长……觉得他怎么做都是错……

来自瑞典的约翰坐在船旁边，拉塞尔和我站在主舱口，等待还在船舱里的船长。当我们听到船长扯着嗓门儿和某人争吵起来时，……

"你要搞清自己的位置！搞清你的位置！你除了会顶嘴，你还会什么？"

没有回答。接着又传来一阵打架的声响……"你最好还是不要动，我擒住你了，"船长说，接着他又问道，"你能不顶嘴吗？""我从来没有顶过嘴，长官。"山姆说，声音很低沉，而且呜咽着。

“我不是问你这个。你还会在我面前放肆吗?”

“不会了，长官。”山姆回答道。

“回答我的问题，否则我会扭断你的双臂！鞭打你!”

“我不是黑人奴隶。”山姆说。

“那我就把你变成奴隶。”船长说。

然后船长……把大副叫出来:“把那个人给我捆起来，A 先生！捆起来！把双手捆在后面！我来教教你谁是这船的主人!”

水手们和高级船员都跟随着船长来到舱口，船长重复了命令之后，大副抓住了山姆，将他带到舷梯处，整个过程中山姆没有任何反抗。

“你为什么要打他呢，长官?”来自瑞典的约翰问船长。

听到这话，船长转身来，他知道约翰敏捷、果断，便命令膳务员把镣铐拿来，又叫来拉塞尔帮他，然后朝约翰走去。

“放开我,”约翰说,“把我铐起来吧。你不必找帮手。”于是他伸出双手，船长便把镣铐铐了上去，然后把他带到船尾后甲板。这时，山姆也被抓了起来，腰部用裹尸布紧紧缠起来，夹克被脱掉，背部裸露在外面，据称，这叫作“裹着裹尸布”。船长站在离甲板几英尺的地方……手里拿着一根又粗又结实的绳子，……船长将鞭子挥舞在头顶，弯下身子，便于用尽力气鞭打在那可怜的伙计背上。一下、两下——六下。“还顶嘴吗?”他忍着疼痛，不肯回答。船长又抽了他三下。这太残忍了，他喃喃低语着，我听不清他到底在说着什么，但这让他吃了更多苦头，让他不能承受。最后船长命令说放下他，然后径直到了船头。

“现在轮到你了,”船长走近约翰，拿掉了他的镣铐。约翰被松开后，他立马跑回了水手舱。“把他带到船尾。”船长咆哮着。二副是约翰的同船水手，他呆呆地站在甲板中央，而大副则慢慢往前走去。三副很想体现他的热心，……跑到前面，一把抓住了约翰……

正在这时，宇宙仿佛赐予了我力量去拯救那可怜的伙计，但是一切努力都显得苍白无力。船长站在后甲板，他光着脑袋，眼睛里充满了愤怒的火花，脸红得像鲜血。他挥舞着鞭子，将所有高级船员召集起来，骂骂咧咧地说着“把他拖到船尾！抓住他！我要好好驯服他!”类似的话语。[约翰]上了舷梯……很快就被抓获……

他朝向袖子卷起、准备好鞭打他的船长，问船长为什么要打他。“我偷过懒吗？长官。你看到过我犹豫，或是无礼，或是没认清自己的位置吗？”

“没有，”船长说，“这些都不是我要鞭打你的原因，我打你是因为你多管闲事——问得太多。”

“难道问个问题就该挨打吗？”

“对，”船长大吼道，“这船上除了我，没人有资格说话。”接着他开始用鞭子狠狠地抽在约翰的背上，边打边吼道：“你想知道我为什么打你，那我就告诉你吧。就是因为我喜欢打人！……”

约翰忍着疼痛，直到他承受不住，他才像船上的外国人那样感叹道：“哦，耶稣基督啊！哦，耶稣基督啊！”

“不用叫耶稣基督了，”船长怒吼着，“他帮不了你。求T船长吧，他能帮你！耶稣基督现在恐怕救不了你了。”

我永远也忘不了这些让我心惊胆战的话，简直看不下去了。我感到恶心、不舒服、恐惧，于是我转到一边，靠在围栏上，向下看着水面。……可是鞭子抽打的声音和约翰痛苦的叫喊声立马把我拉回到现实中。最终，他们停止了鞭打，我回过头，看到大副收到船长的信号说放开约翰。……船长还怒气冲冲，强调他的重要性，走向后甲板，每次回头，都会朝我们大吼：“认清你们的位置！被我揪住，看我怎么收拾你们！你们都不清楚我的性格，不知道我的脾气！现在知道了吧？我会让你们每个都乖乖听话，否则你们全都要挨打！船头的，船尾的，孩子，大人都得挨打！”①

资料来源：Richard Henry Dana Jr. 1840. Two Years Before the Mast. Philadelphia：David McKay，pp.108-13.

① 这里的译文采用了北京理工大学出版社2013年出版的《两年水手生涯》廖红译本，略有修改。

第七章　危机与成就，1900 年至 1945 年

概　述

1900—1945 年期间，海洋环境发生了巨大变化。两次世界大战和大萧条使这些年以靠海为生的人来说特别具有挑战性。移民减少，世界各地的大型航运公司把注意力集中在吸引高薪乘客上，建造精致的豪华轮船来迎合他们的口味。船舶动力燃料从煤炭转变到石油，并采用了无线电等一系列其他新技术。德国、意大利、日本和美国成为主要的海军强国，也是不断发展的航运公司的所在地。海权帮助决定了两次世界大战的胜利者，尽管作为胜利者也蒙受了巨大的航运损失。

这些年来，最后的商用帆船从海洋中消失了，战争和 1914 年巴拿马运河的开通加速了这一进程，运河的建设依靠相同的机械化疏浚设备，使港口扩大和加深，以容纳越来越大的钢制船舶。随着帆船的逐渐消失，越来越多的人把帆船航海作为一种爱好。在作家约书亚·斯洛库姆（Joshua Sloccum，1844—1909）的启发下，人们在海上寻求满足、乐趣或冒险。关于航海时代的小说和电影也变得更加流行。塞西尔·斯科特·福雷斯特（C.S.Forester，1899—1966）在 1937 年出版了他的第一部小说，描写潇洒的皇家海军船长霍雷肖·霍恩布洛尔（Horatio Hornblower）。埃罗尔·弗林（Errol Flynn，1909—1959）是当时最受欢迎的演员之一，他对海洋保持着终生的兴趣，在《喋血船长》（Captain Blood，1935 年）和《海鹰》（The Sea Hawk，1940 年）这两部翻拍自默片时代的电影中，强化了好莱坞电影人向潇洒海盗英雄角色的不断回归。到 1940 年，电影制作人已经发行了超过三打关于海盗的电影，大约每年发行一部。

石油的热量含量是煤炭的两倍，而向柴油发动机过渡的过程提高了速

度，并为货物提供了更大的空间。石油还比煤炭燃烧更清洁，因此可以开发出更安全、更高效的涡轮发动机。越来越多的石油使用带动了新船型油轮的发明，油轮的规模在20世纪中不断增长。仅在1914—1923年之间，美国的油轮吨位就增加了2500%，以供应日益增长的汽车需求。石油公司组建了自己的油轮船队，特别是其中最大的埃克森公司。

伽利尔摩·马可尼（Guglielmo Marconi，1874—1937）在1898年和1901年分别传输了第一个跨英吉利海峡和跨大西洋的无线电信号。他的成功促使人们在船舶上安装无线电，这在1910年后变得非常普遍。船舶可以与港口和管理人员进行沟通，并发出求救信号，就像泰坦尼克号在1912年撞击冰山后所做的那样。雷达有助于在空中和水中发现物体，在第二次世界大战期间以及战后所有船舶上都已经普及。同样，声呐在战争期间可以帮助定位敌方潜艇，也被用来探测海洋深度。20世纪20年代冷藏船的问世，使肉类和水果的运输得以遍及全球。

在19世纪的大部分时间里，美国向欧洲出口原材料，并自欧洲进口制成品和奢侈品。随着19世纪末美国工业出口的增长，船运公司用移民运输来弥补美国进口货运的下降，这些移民通常被挤在货舱里。头等舱乘客所期望的昂贵的豪华住宿所产生的利润微乎其微，因此班轮公司的大部分收入都依赖这些移民以及货物。运输东欧移民推动了德国最大的两个航运公司的发展：汉堡美洲航运公司和北德劳埃德航运公司。

第一次世界大战后许多美洲国家通过的移民限制法大大减少了跨大西洋的移民，这鼓励班轮公司通过增加客运来促进旅游业并吸引头等舱和二等舱乘客，从而加速了战前就出现的班轮奢华化趋势。以前用于引导旅客的舱室已改建为小型三等舱。领先的航运公司设计并推出了新一代的豪华客运班轮，但由于20世纪30年代的大萧条，这些班轮在投入运营后不久，客运量就直线下降。这些由政府补贴建造的快船可以（也曾经）被征用为战争之用，通常是作为部队运输工具。在整个20世纪20年代和30年代，主要的航运公司都在激烈地争夺乘客，承诺提供豪华的设施和更快速穿越大西洋。冠达邮轮公司（Cunard）的毛里塔尼亚号（Mauretania）1909年创造的纪录（历时4天17小时42分钟）保持了20年，随后在1929—1938年间连续八次被新的邮轮打破，最终冠达邮轮公司的玛丽皇后号拔得头筹，它保持了近31节的速度，在3天21小时48分钟内横渡大西洋。

1914—1920年，跨太平洋贸易增长了5倍，日本邮船株式会社、大阪商船会社和东洋汽船株式会社等日本主要船运公司也因此而发展壮大起来。日本政府对这些公司进行补贴，使它们能够以低价方式挤压外国竞争者，很快就在世界市场上占据了一席之地。饱受内战之苦的中国未能发展出重要的商船公司。挪威公司在快船和油轮上进行了大量投资，挪威的商船吨位在20世纪20年代和30年代都增加了一倍多。美国航运公司在第一次世界大战后也扩大了规模，向当时占主导地位的英国公司提出了另一个挑战。

大萧条摧毁了航运业。1929—1931年之间，世界贸易下降了三分之二。到1932年，荷兰和德国的航运运力几乎三分之一在港口闲置，而英国也有四分之一处于闲置状态。全世界有数百艘总计约1400万吨的船舶停工歇业。客运量下降了一半。有经验的海员论资排辈上岗，或索性彻底离职。1931年，法国的跨大西洋海运公司（CGT）需要政府的救助，其他航运公司也同样在政府的干预下纾困，或者与竞争对手合并，减少运营。德国新上台的纳粹政府强迫犹太人离开汉堡美洲航运公司和其他航运公司的岗位，纳粹的管理不善使德国航运公司的问题更加严重。

在航海时代，因风暴和意外搁浅而损失的军舰数量之多，不亚于因敌方行动而造成的损失。蒸汽动力、钢制船体以及导航和通信设备的改进使前一种损失变得罕见，并赋予了20世纪舰队巨大的机动性和续航能力，正如1907—1909年美国将其大白舰队驶向世界各地时所展示的那样。这支舰队也象征着美国加入了德国和英国之间的海军军备竞赛，这在第一次世界大战前就引起了紧张局势。世界海军强国建造的战舰越来越大。英国18000吨的无畏号舰在1906年下水时被认为是革命性的，但很快就被伊丽莎白女王级战列舰（27500吨）、德国的恺撒级战列舰（27000吨）、日本的长门级战列舰（32000吨）和美国的宾夕法尼亚级战列舰（31000吨）所超越，这些战列舰都装备了14或15英寸的火炮，航速达到28节。这些战舰又会被更大的第二次世界大战战列舰所超越，以日本的7.2万吨、18英寸炮的大和号为顶峰。海上力量帮助决定了日俄战争和第一次世界大战的胜负。对重新开始海军军备竞赛的恐惧导致了《华盛顿海军条约》（1920年）和《伦敦条约》（1930年）。这两个条约对海军军备建设的限制作用持续到1936年，这年日本废除了这些条约。

两次世界大战的海军战役在规模和范围上都使过去的战争相形见绌。

第一次世界大战期间，德国的U型潜艇横越北大西洋和地中海，在第二次世界大战中则横越世界。舰队规模如此之大，以至于英国舰队在日德兰海战（1916年）中遭遇指挥和控制问题。无线电设备的改进帮助海军将领在第二次世界大战中保持了更好的舰队控制，但是航空母舰可以起降飞机以打击100英里或更远的目标，这进一步增加了战斗的复杂性和混乱性。

在两次世界大战中，海上优势都使英国的盟友能够使用世界资源，而将其敌人阻绝在外。英国的商船队是1914年世界上最大的商船队，总吨位接近1900万吨。英国的领地还拥有约200万吨位的船舶，英国的主要盟国（法国、意大利、日本和俄国）还有600万吨位。相比之下，德国和奥地利以大约600万吨的航运力量进入第一次世界大战，其中一半以上的船舶战争爆发时被困在中立港口或在盟军港口被扣押。英国及其盟友的海军优势使德、奥等国其余的船只只能在本国沿海的安全水域或德国军舰占主导地位的波罗的海地区活动。第二次世界大战的情况也差不多，因为德国和意大利的海上商业被一扫而光，而日本的航运也被美国潜艇逐步消灭，最终不足以支持日本的战争企图。被纳粹德国入侵的希腊、挪威、荷兰等国的海军和商船也加入了盟军的行列，进一步拉大了同盟国和轴心国航运之间的差距。

事实证明，盟国的海上基础设施和航运与它们的战舰一样重要。两次战争都迫使人们改善了货物装卸，并扩大了从巴士拉、苏伊士到纽约的港口。航运业的高损失鼓励了造船业的创新（如焊接而不是铆接船体）和生产力的巨大提高。在第二次世界大战的高峰期，美国造船厂每天都有几艘自由号货轮下水，在战争期间建造了2700多艘。

由于无法对抗英国皇家海军的优势，德国人在两次战争中都动用了潜水艇来攻击盟军的海上商业活动，认为这样做，可以让四分之三的粮食和许多其他食物都依靠进口的英国陷入饥馑。在第一次世界大战中，护卫舰队中的帆船对抗了这一威胁，但在第二次世界大战中这样做就不行了，因为在第二次世界大战中，无线电和雷达使德国能够集中潜艇进行大规模攻击，从而使护航舰队不堪重负。在那场战争中，盟军卓越的破译密码、造船、技术和空中力量反击了德国潜艇的狼群战术，并为美国、英国和加拿大军队在法国登陆开辟了道路，这是有史以来最大规模的两栖登陆作战。在太平洋地区，美军在与日本海军的战斗中取得了胜利，全部歼灭了日本海军，美国海军发展成为历史上最大的舰队，战舰总数超过1000艘。

20世纪30年代，航空客运服务稳步增长，但船运公司对这种竞争却不太重视。无论是长途水上飞机，如泛美公司的波音314飞剪船（Clippers），还是飞艇，如德国的兴登堡，都没有影响到航运公司的客运。然而，在40年代末，当航运公司努力从战时损失中重建船队并恢复正常运营时，飞机带来了重大挑战，改变了航运业，就像改变第二次世界大战期间的海上战争一样。不过，散货运输业变化缓慢，美国出售了多余的自由舰和战时货轮，帮助世界各地的公司重建船队。

斯蒂芬·K. 斯坦

拓展阅读

Dawson, Philip S.2006.*The Liner: Retrospective & Renaissance*.New York: W.W.Norton.

Miller, Michael B.2012.*Europe and the Maritime World: A Twentieth Century History*.Cambridge: Cambridge University Press.

Morison, Samuel Eliot.1963.*The Two-Ocean War: A Short History of the United States Navy in the Second World War*.New York: Little Brown.

Sondhaus, Lawrence.2014.*The Great War at Sea: A Naval History of the First World War*.Cambridge: Cambridge University Press.

年表 危机与成就，1900年至1945年

1895—1898年	约书亚·斯洛克姆环游世界，完成了第一次个人航行
1901年	伽利尔摩·马可尼在大西洋上传输了第一条无线电消息
1902年	荷兰航运公司合作组建了渣华轮船公司
1903年	莱特兄弟于12月17日首飞
1904—1905年	日俄战争
1906年	英国皇家海军无畏号战舰下水
1907年	美国的“大白舰队”开始环球航行 超过130万移民来到美国，这是移民的高峰年
1908年	日本邮轮公司的班轮天洋丸号创下了太平洋穿越纪录 约书亚·斯洛克姆在海上消失 SOS被公认为海上遇险信号 亨利·福特推出了T型汽车

续表

1909 年	“大白舰队”完成环球航行 罗伯特·埃德温·皮里到达北极 冠达邮轮公司的毛里塔尼亚号创下了 4 天 17 小时 42 分钟的大西洋穿越纪录
1910 年	11 月 14 日，尤金·伊利驾驶首架舰载机由船上起飞
1911 年	中国革命推翻了清朝 罗尔德·阿蒙森带领第一支探险队到达南极 法国海军的闪电号成为第一艘搭载水上飞机的母舰
1912 年	4 月 15 日泰坦尼克号撞上冰山并沉没，沉没前发出第一个无线电遇险呼叫
1914 年	第一次世界大战开始 夏威夷公爵卡哈纳莫库在澳大利亚演示冲浪
1915 年	德国潜艇于 5 月 1 日击沉卢西塔尼亚号
1916 年	5 月 30 日至 6 月 1 日，德国舰队和英国舰队发生日德兰海战
1917 年	俄国革命 德国宣布发动无限制潜艇战 4 月 6 日，美国参加第一次世界大战并对德国宣战
1918 年	德国同意于 11 月 11 日停战，第一次世界大战结束
1919 年	美国民权领袖马库斯·加维创立了黑星航运公司
1920 年	禁酒运动在美国开始
1922 年	《华盛顿海军条约》签署，限制了战舰的建造
1923 年	查尔斯·林德伯格进行了横跨大西洋的首次个人飞行
1926 年	格特鲁德·埃德勒游泳横渡英吉利海峡
1928 年	第一部米老鼠卡通片《威利号汽船》问世
1929 年	美国股市崩盘标志着大萧条的开始
1930 年	《伦敦海军条约》扩大了限制海军武器的范围
1931 年	日本侵华
1932 年	亚里斯多德·奥纳西斯创立了奥林匹克海事公司，该公司成为世界上最大的船运公司之一
1933 年	希特勒成为德国总理
1935 年	埃罗尔·弗林凭电影《喋血船长》走红
1936 年	伦敦海军会议的谈判代表未能达成协议
1937 年	塞西尔·斯科特·福雷斯特出版了霍雷肖·霍恩布洛尔系列小说的第一部《快乐归来》 日本开始建造大和号，这是有史以来最大的战列舰 艾伦·维利尔斯出版了《康拉德邮轮》，讲述了他与一群年轻的海军学员一起刚刚完成的环球航行

续表

1938 年	纳粹德国吞并奥地利 冠达邮轮公司的玛丽皇后号以创纪录的 3 天 21 小时 48 分钟穿越大西洋
1939 年	运送德国犹太难民的圣路易斯号被古巴和美国拒之门外 9 月 1 日，德国入侵波兰，第二次世界大战在欧洲爆发 9 月 3 日，英、法对德国宣战
1940 年	德国入侵法国，后者于 6 月 21 日投降 英国的皇家空军赢得了不列颠之战
1941 年	5 月 27 日，英国皇家海军击沉德国战舰俾斯麦号战舰 6 月 22 日，德国入侵苏联 温斯顿 · 丘吉尔和富兰克林 · 罗斯福签署《大西洋宪章》 9 月 27 日，第一艘自由轮帕特里克 · 亨利号下水 12 月 7 日，日本袭击珍珠港 12 月 8 日，美国对日本宣战
1942 年	日本和美国发生珊瑚海战役（5 月 4—8 日），航空母舰编队首次在远距离以舰载机形式实施交战 美国海军在 6 月 4—6 日的中途岛战役中击沉了四艘日本航空母舰
1943 年	1 月 31 日，德国第 6 军在斯大林格勒投降 盟军在西西里岛和意大利登陆 9 月 8 日，意大利向盟军投降 雅克-伊夫 · 库斯托发明了水肺，在战后彻底改变了潜水技术
1944 年	6 月 6 日，美国、英国和加拿大军队在法国诺曼底登陆，这是历史上最大的两栖作战 美国海军在莱特海湾战役（10 月 23—26 日）中摧毁了日本剩余的大部分舰队，这是有史以来规模最大的海战
1945 年	联合国成立 2 月 19 日，美军登陆硫磺岛 5 月 8 日，德国向盟军投降 7 月 30 日，日本潜艇击沉了印第安纳波利斯号巡洋舰 9 月 2 日，日本在密苏里号上向盟军投降，第二次世界大战结束

法国，1900 年至 1945 年

自 17 世纪中期获得成功以来，法国海军的历史一直动荡不安，法国商业航运的命运也是如此。两者都随着法国的军事财富和殖民承诺以及奢侈品或客运服务贸易而波动。法国造船业和商业的声誉，因其精致的文化出口而提高——欧洲工业革命的后起之秀对其进行了彻底的推广和倡导——而军事出口通过强调创新和基本材料的质量，也在其中发挥了一定

的作用。自路易十三统治时期（1610—1643 年）成立舰队以来，法国海军既受到国家大国地位的制约，又被赋予了力量。虽然在 17 世纪到 20 世纪初的大部分时间里，法国的生产一直处于欧洲领先地位，但对欧洲大陆的承诺和政治上的不稳定，给这支已经面临独特任务的部队带来了巨大的压力。法国在工业革命爆发时的经济实力，加上参与了新一轮殖民主义浪潮，使其处于强势地位。在阿尔及利亚、突尼斯、塞内加尔和印度支那的新殖民地使商业发展和军事扩张合法化，为法国创造了新的市场和理由，使法国成为世界海军强国，而不只是主要的大陆力量。法国作为帝国主义强国的复兴和那个时代特有的民族主义竞争精神，意味着海军和法国的海上贸易都得到了政府的大力支持，尽管陆军——它需要保护法国不受预期中的德国入侵的影响——得到了法国军事开支的最大份额。

在 19 世纪末，法国海军接受了强调小型舰船独立作战的理论，这与英国皇家海军和德国公海舰队强调的大型战舰和舰队交战形成鲜明对比。虽然得到了第三共和国政府的大力支持且具备强大的工业基础，但法国既没有英国和德国海军规划者的传统，也没有他们的雄心壮志。面对与大型船舶强国结盟的可能性越来越大——到 1900 年几乎肯定是英国——法国海军在造船和战术上寻求创新。法国的规划者最终将注意力转移到大型战列舰上并下令建造，但这些舰船通常比英、德同类舰体更小，武器更轻，尽管它们受益于法国在钢铁生产、装甲硬度和发动机效率等方面的技术创新。19 世纪 60 年代，法国工程师设计了潜水者号（Plongeur），这是一种由压缩空气驱动的创新型潜艇。1900 年，法国在纳瓦尔号（Narval）潜艇上开创了双壳设计。法国航运业在 19 世纪末得到了巨大的发展，法国成为海军和商业买家的大规模出口国。法国国防承包商还为俄罗斯和日本海军提供设计。

第一次世界大战期间（1914—1918 年），法国舰队与英国皇家海军进行了协调。英国皇家海军负责牵制德国公海舰队，法国海军负责巡逻地中海并监视意大利（直到 1915 年 5 月意大利选择加入英国和法国为止），还与奥匈帝国和奥斯曼帝国军队发生了几次战斗，尤其是在支持加里波利运动（1915—1916 年）的过程中。1915 年，战争一开始，海军就发挥了关键作用，将部队从法属北非运送到整个地中海，参加了西线的防御行动。1916 年，法国海军率先在巴尔干地区行动，撤离了被击败的塞尔维亚军队。后来，它帮助向希腊政府施加压力促使其支持协约国，并在萨洛尼卡港附近建立和支持了一支不断壮大的英法军队。在加里波利战役期间，法国部队以沿海轰炸、部队运输和补给的形式提供了支持。

法军的损失主要来自小型舰艇的遭遇战以及潜艇的攻击和水雷，在加里波利战役中，法军的几艘前卫战舰被击沉。由于德国的战略越来越注重潜艇战和拦截运往大西洋港口的物资，法国海军开展护航并部署了反潜舰艇。战前，法国发明家在发展航空方面表现突出，在将飞机纳入作战方面，法国海军走在了前列。1910 年，发明家克莱门特·阿德（Clement Ader）提出了第一艘平甲板航空器航母的设计。次年，法国海军为闪电号（Foudre）配备了水上飞机，使其成为第一艘配备水上飞机的舰艇。1913 年设计者在闪电号（Foudre）上加装了飞行甲板。

尽管英国率先实施了工业化并在随后的英德海军军备竞赛中又取得长足进展，但法国工业在第二次世界大战（1939—1945 年）之前，一直在现代海军发展的许多关键领域拥有显著优势。最重要的优势包括钢铁生产，不仅在数量上，而且在精钢质量上。这使得创新的船舶设计、更强的装甲、更坚固的武器和更高效的发动机成为可能。然而，法国在国内的海军开支方面确实从来没有达到英国和德国那样的水平。在战争间歇期，法国军队继续将自己视为抵御中欧陆军侵略的堡垒。法国海军将像第一次世界大战一样参加第二次世界大战，期望扮演仅次于英国皇家海军的角色，并支持陆上行动。

在第一次世界大战和第二次世界大战之间，法国海军的重点是保护出口市场和商业企业。法国的商业航运在这些年里蓬勃发展，主要是得益于物质优势以及与法国商品和巴黎时尚相关的文化底蕴。最引人注目的是跨大西洋公司（Compagnie Générale Transatlantique，CGT），它在 19 世纪 60 年代开始了邮件运送服务，通过在法国和美国港口之间的快速旅行来获得公众的关注。英国媒体称，法国航线进入客运行业后，将成为跨大西洋客运服务的主要竞争者。CGT 在欧洲、美国、墨西哥和加勒比地区的法国属地之间运营。CGT 将法国的技术和奢华的声誉很好地结合在一起，体现在 1935 年后投入运营的客运班轮诺曼底号（Normandie）上。诺曼底号航行于勒阿弗尔和纽约之间，以其速度著称，并多次创下跨大西洋速度纪录。另一家主要航运公司法国邮船公司（Messageries Maritimes）因其为欧洲海外领土提供长途旅行便利而闻名。法国对北非、西非和印度支那殖民地的投资和进口量不断增加，扩大了法国海军的足迹，而法国邮船公司在马赛和西贡以及东南亚其他法国属地之间的航线上占据了主导地位。虽然大萧条对法国的出口贸易和航运造成了巨大的损失，但进入 20 世纪 30 年代末，法国对海洋经济和军事事业的投入比 18 世纪下半叶失去大部分美洲和印第安领土以来的任何时候都要大。

法国跨大西洋游轮诺曼底号大餐厅内景，摄于 20 世纪 30 年代。(纪事/阿拉米素材图库)

但是，第二次世界大战极大地改变了法国的海上存在和殖民承诺。战争爆发之初，由于与英国盟友的战略安排，以及法国在地中海、西非和东南亚的殖民领地日益重要，法国航运和法国海军的重点是向南发展。1940 年，德国对法国的快速征服以及法国政府向维希政权的转变，使舰队处于不确定的阴影之下。海军组织的性质使大量的控制权掌握在高级职业军官手中，他们支持维希政权的国家元首菲利普·佩坦（1856—1951），后者越来越多地与法国的纳粹占领者合作。

1940 年 6 月 21 日，法国向纳粹德国投降，法国海军陷入混乱。几艘法国军舰停在英国港口，其他军舰则与英国皇家海军军舰结伴而行。虽然法国新的维希领导人承诺不会让法国舰队落入德国人手中，但英国领导人担心他们无法兑现这一承诺。英国首相温斯顿·丘吉尔（1874—1965）下令扣押或摧毁那些拒绝继续对德作战或解除武装并驶往加勒比海法国港口的法国军舰。在普利茅斯，英军登上并扣押了几艘拒绝投降的法国战舰。苏尔库夫号潜艇的船员进行了反击，在投降前杀死了三名登船者，并损失了一名自己的船员。英国对法国海军最大规模的行动发生在阿尔及利亚的米尔斯克比尔（Mers-el-Kabir），那里是法国战舰在本土以外最集中的地方。在法国海军上将马塞尔—布鲁诺·根苏尔（Marcel-Bruno Gensoul，1880—1973）拒绝投降或解除其舰队的武装——其中包括四艘战列舰和许多小型舰艇——之后，英国人发动了攻击，击沉或打残了几艘法国战舰，其中包括现代战列舰敦刻尔克号。超过 1200 名法国水兵在这次攻击中丧生，这使英法关系恶化。9 月，英国对塞内加尔达喀尔的法国舰队也发起了攻击，但维希部队击退了英国军舰和军机，这次行动失败。

在战争余下的时间里，法国海军主要由加入自由法国的舰船和为自由法国服役的外国船只组成。这些部队在 1944 年参加了盟军对法国南部的进攻。法国解放后，法国海军主要在沿海一带活动，从事水雷清除和支援修理项目等工作。随着战争接近尾声，注意力越来越多地转向殖民地——特别是战后成为主要焦点的印度支那。但是，由于冷战初期法军重建缓慢，保护这些殖民地的努力变得越来越依赖于外国的支持。法国在第二次世界大战中的损失是惊人的，一半以上的商船和军舰在战争中被扣押、击沉或两者兼而有之。曾经是 CGT 的荣耀的诺曼底号被美国扣押，并在改装成军舰的过程中失火。然而，美国的援助——特别是美国在战后以低廉价格出售的自由轮——帮助了法国海军和法国商业航运在战后早期的复苏。

迈克尔·莱曼

拓展阅读

Bell，P. M. H. 2013. *France and Britain*，1900—1940：*Entente and Estrangement*. New York：Routledge.

Miller，M. B. 2012. *Europe and the Maritime World*：*A Twentieth Century History*. Cambridge：Cambridge University Press.

Randier，Jean. 2006. *La Royale*：*L'histoire illustrée de la Marine nationale française*. MDV Maîtres du Vent.

Stoker，Donald. 2013. *Britain*，*France and the Naval Arms Trade in the Baltic*，1919—1939：*Grand Strategy and Failure*. New York：Routledge.

Thomas，Martin. 1997. "After Mers-el-Kébir：The Armed Neutrality of the Vichy French Navy，1940—43." *The English Historical Review*，vol.

112，no.447，643-70.

德国，1900 年至 1945 年

作为一个立国相对较晚的国家，20 世纪德国在海上的影响力反映了执掌国事的政府的命运。整个时期，海军领导人从根本上致力于改造世界海洋秩序，即使他们缺乏物质手段、地理环境或政治环境来这样做。这种连续性常常迫使同样的领导人——他们的舰队两次改名，并在四面不同的旗帜下航行——创造具有创新性的经略方法。商船通过加强以阿尔弗雷德·塞耶·马汉的思想为蓝本的强国所需的经济基础来支持这一努力。然而，对于一个位于中欧的国家来说，这种解决方案是失败的。

20 世纪初，德意志帝国海军（“德皇海军”）力图威慑英国皇家海军。阿尔弗雷德·冯·提尔皮茨（Alfred von Tirpitz）海军上将将其打造成为世界第二强大的舰队，反映了德国工业实力的商船队也取得了第二名的地位。这个国家的客轮参与了横渡大西洋的速度纪录即所谓“蓝丝带奖”的角逐。在 1914 年之前，德国海军力图与英国皇家海军的战列舰和巡洋舰相抗衡，很少建造驱逐舰和潜艇（U 型船）。更多的小型舰艇可能会抵消英国战时的数量优势，或者使不列颠群岛因为地理特征而产生的扼制力失效。战列舰的建造同样挤压了大多数部队——除了远东舰队之外——培养船员专业知识所需的训练经费。

第一次世界大战（1914—1918 年）开始时，德国公海舰队的大部分都观察到了陆军的开战行动。在海外，德国商船躲在中立港口，因为协约国的远洋舰队会捕获它们。英国封锁了国内剩余的商船，许多船员都转到了海军，不过北海和波罗的海的捕鱼活动仍在继续。然而，英国不仅仅封锁沿海地区，而是在北海的入口封锁了穿过英吉利海峡和通往挪威的通道。这些突如其来的部署使德国公海舰队的出击更加困难，因为它们的距离意味着德国战舰可能会在燃料不足的情况下作战。封锁也使德国船只无法进口战时所需物资，特别是食品和原材料。德国被切断了贸易，其军舰被困在国内。

1914 年底，由格拉夫·冯·斯佩（Graf von Spee）海军上将指挥的远东舰队的专业炮手在智利附近击败了一支英国皇家海军部队，但一个月后

在马尔维纳斯群岛附近被强大的战列巡洋舰击溃。除了少量改装成商船的突击战船外，德国的 U 型潜艇开启了漫长的大西洋、地中海和北海战役，以阻止协约国特别是英国的进口。为了不让美国卷入战争，这些巡航战舰的战术各不相同，有时会在船只停靠前拦截，有时则在没有警告的情况下发射鱼雷。尽管击沉了数以千计的船只，但是 U 型潜艇部队无法独自取得胜利。

在整个战争的前半期，德国公海舰队和英国皇家海军进行了一系列小型北海行动。1915 年的多格尔沙洲海战（Battle of Dogger Bank）中，德国战列巡洋舰与数量较多的英国战舰作战。尽管损失了一艘巡洋舰，但德国舰艇证明了自己的强悍，在比对手遭受更多打击的情况下仍然保持了行动力，这种模式经常被重复。鱼雷的使用也导致了轻型部队之间的激烈冲突。在整个过程中，公海舰队一直在演练，以完善战术和提高船员的专业知识，还在训练中强调鱼雷攻击——这是小型部队打破战斗平衡的利器。商船有时挂着协约国的国旗，保持着通过中立国流向德国的涓涓细流，但不足以维持战争的意图。

为了倾覆英国海上力量，莱因哈德·谢尔（Reinhard Scheer）海军上将命令公海舰队轰击英国沿海城镇，希望吸引英国皇家海军前来拦截。如果他们这样做，谢尔希望能在该对手更大的力量加入战斗之前，与英国大舰队（British Grand Fleet）[①] 交战并摧毁其一部分。这样的成功将为随后德国的胜利奠定基础。这引发了被德国人命名为“斯卡格拉克海峡海战”的日德兰海战。

1916 年 5 月下旬，18 艘 U 型潜艇在英国海岸进行侦察，希望在大舰队出动拦截公海舰队时将其击沉。通过读取截获的德国无线电信息，大舰队在 5 月 30 日晚些时候发出警报，在公海舰队出动之前，成功避开了潜艇。到了 5 月 31 日下午，两支舰队的侦察部队开火了。起初英国人追击德国人，但随着公海舰队主力的出现，角色发生了逆转。行动三小时后，大舰队的战舰开始开火，加入了历史上最大规模的水面海战。

事实证明，德国人的炮术起初优于英国皇家海军，很快就击沉了后者

① 译者注：大舰队（Grand Fleet）是英国海军在第一次世界大战期间的主力舰队，其前身是第一舰队。第一舰队本身是英国海军中装备最好、战斗力最强的舰队。

三艘战列巡洋舰。随后，大舰队超越公海舰队，实施“T 型战术”①，获得了优越的射击角度。谢尔上将两次下令突进转弯，在其坚韧的战列巡洋舰和驱逐舰的鱼雷掩护下，迫使大舰队偏离方向。接下来的八个小时里，德国人回撤，英国人追击，包括了一连串的小规模夜间行动。公海舰队充其量因击沉了更多的英国船只而赢得了一场战术上的胜利，但最终却再也没有与敌人作战。封锁仍在继续，而保存舰队实力的愿望越来越使战舰无法动弹。

1917 年，德国以 U 型潜艇发动了“无限制潜艇战”。为了捍卫中立权利，美国对德宣战，并没收了港口的德国商船。由于军官对底层水兵态度恶劣，U 型潜艇舰队的优秀军官又被抽调离开，糟糕的伙食也加重了抱怨，德国公海舰队士气下降。只有少数几次北海突袭、U 型潜艇支援、海上布雷和 10 月对里加湾俄国人控制的岛屿的两栖行动时，才不那么沉闷。1918 年 10 月，当德国军队崩溃时，公海舰队与美国增援下的英国大舰队作战的计划，促使三艘战列舰上的水兵叛变。德意志帝国海军覆灭。

对德国来说，后果是一场灾难。1919 年凡尔赛谈判期间，一些被囚禁在英国的斯卡帕流港的船员将他们的战舰凿沉以防止协约国占有它们。军官们把这一行为描述为挽回他们的荣誉。复员的水兵要么加入了寻求建立苏维埃式共和国的武装激进分子，要么成为极端保守的“自由军”民兵的成员。巴黎和会规定德国组建一支小型舰队（1.5 万人），只用于海岸防御，没有飞机和潜艇。盟军还带走了德国剩余商船的一半作为赔款。在胜利者的坚持下，德国将 U 型潜艇艇长作为违反国际法的人进行审判。最终，被定罪的两名军官从德国监狱中脱逃。

1919 年后的德国海军（现称“国家海军”）领导人规避凡尔赛条约干了许多事。他们授意设计师将 U 型潜艇建造图纸卖给日本，还利用海军资金在荷兰注册了一家掩人耳目的公司，给芬兰、西班牙和土耳其制造潜艇。新的“袖珍战舰”——以石油为燃料，拥有更多的火力和装甲——扩大了德国海军的商业版图。海军还为第一次世界大战写下了赞美

---

① 译者注：“T 型战术”是 19 世纪末至 20 世纪中叶使用的一种经典海战战术，要点是指挥舰队抢占 T 字头上一横的位置，这样本舰队可以用上全部侧舷火炮，而敌军舰队只有前锋船头炮处于有效射击位置。

性的历史（姑且忽略沃尔夫冈·韦格纳海军中将等人从批评角度的反思[①]），以战时英雄之名来命名舰艇，进行密集训练，与假想敌作战，并设想获得海上霸权。与其他海军不同的是，大多数德国军官将自己的精力局限于作战思想，而不是技术设计或武器研制，这些工作留给了专家。他们还对详细的参谋规划进行了更多的思考。

和平时期的商业出口提高了德国的海上地位，流星号科考船因绘制南大西洋海底图而彪炳史册。在文化上，海军试图重建自己的声誉。国家社会主义者上台后，海军再次改名，成为“纳粹德国海军”（Kriegsmarine，意为“战争海军”）。为纪念斯卡格拉克战役，[②] 那次行动的20周年纪念日被用来为波罗的海的海军纪念碑揭幕。纪念碑揭幕日，元首阿道夫·希特勒莅临纪念大会，海军司令埃里希·雷德尔（Edward Raeder）海军上将亲自主持仪式。海军制定了新的军旗——加上了纳粹党的党徽“卐”字。

德国海军变化迅速。1935年与英国签订的条约允许德国拥有飞机、一支总吨位为英国皇家海军35%的舰队，以及总排水量占后者45%的潜艇。第一艘使用秘密收集的部件的新型U型潜艇在英国条约签署后几天下水，三个月内又有11艘列装，这表明海军已经做好逃避凡尔赛条约的准备。接下来要兴建的是大型主力舰，但德国经济的发展只有这么快；德国商船队落后于英国、美国、日本和挪威，资金瓶颈使德国海军唯一的航空母舰的建造停滞不前。尽管如此，1938年，雷德尔还是寻求建立世界第二大海军，并在所谓的“Z计划”中阐明，争取在不到十年的时间内完成。

可惜时不我待：次年德国就发动了第二次世界大战（1939—1945年），此时德国拥有全球第六大舰队，并且其潜艇部队还是所有大国中规模最小的。海军上将雷德尔轻描淡写地指出，他的水面舰艇官兵能做的就是“通过全面交战，展示他们知道如何英勇牺牲，从而为未来舰队的重

---

① 译者注：沃尔夫冈·韦格纳是德国著名海军战略思想家，著有海权研究经典作品《世界大战中的海军战略》。第一次世界大战结束后，德国海军内部围绕“第一次世界大战究竟让海军学到了什么”展开争论，韦格纳对提尔皮茨海军元帅的海军战略提出了尖锐的批评，遭到排挤。1926年被迫退役，最终军衔为海军中将。

② 译者注：即日德兰海战。

生奠定基础”（Bird，2006：137）。除了两艘几乎完工的战列舰——俾斯麦号和提尔皮茨号，德国战时的重点是建造驱逐舰、扫雷舰、巡逻艇、小型运输船和 U 型潜艇。在扩充舰队这个问题上，尽管可以征用商船队的船员，但主要还是舰船不够的问题。由于材料和工人短缺，上述建设计划一直没有得到充分的开展，直到 1943 年初希特勒解除了雷德尔的指挥权，德国军备部才加快了建造速度。

上一次战争的重演似乎即将到来。1939 年，英国人再次开始封锁，皇家海军巡洋舰在南大西洋摧毁了袖珍战列舰格拉夫·斯佩号。德国的水面突击队攻击英国海上运输队，U 型潜水艇对盟军的攻击也取得了战绩，虽然他们的鱼雷表现不稳定。德国动用 U 型潜艇发起攻击的规则变得更加激进，以此弥补潜艇数量少和航程有限的缺陷。补给船和在西班牙港口的秘密加油点最初扩大了这些袭击者的攻击半径。这些远距离行动的目的是分散盟军舰队以形成局部优势，重新设定欧洲水域的力量平衡，但事实证明，这些行动不足以击败他们的对手。

1940 年对挪威和法国的征服扭转了先前的战争局面。大西洋基地加快了前往作战地区的速度，并减少了德国海军舰艇和潜艇的脆弱性。商船通过英国的封锁区一度变得容易了，对北海渔业的压力也减轻了。然而，在入侵挪威期间，许多德国水面战舰被击沉。残余的水面战舰力量不足，给了 U 型潜艇用武之地，后者的攻击范围横跨大西洋、北极和地中海。德国的盟友意大利提供了帮助，牵制了英国的水面力量并为德国的 U 型潜艇提供支持。但德国舰队规模小，加上负责空中支援的空军对舰队嫉妒有加，限制了舰队成功的机会。

俾斯麦号战列舰

俾斯麦号这艘重达 5 万吨的德国利维坦式的战列舰被描绘成第三帝国舰队的象征。1940 年，俾斯麦号的排水量超过了世界上任何一艘战舰，装甲厚达 15 英寸，携带搜索雷达，拥有 2200 名船员。15 万马力的发动机使它的速度达到 30 节，而它的 8 门 15 英寸主炮的射程为 22 英里。它似乎是令人生畏的强大。

俾斯麦号在 1939 年之前下水并在 1940 年 4 月正式服役，由海军中将根特·吕特延斯（Guenther Luetjens）指挥。1941 年 5 月，俾斯麦号和重型巡洋舰欧根亲王号去袭扰英国航运。它们在绕过冰岛时被英国飞机和皇家海军巡洋舰发现。威尔士亲王号战列舰和胡德号战列巡洋舰赶来拦截。1940 年 5 月 24 日双方在丹麦海峡交战。俾斯麦号熟练的炮手集中火力攻击胡德号，致使胡德号被炸毁，1600 名船员中除 3 人外全部死亡。受损的威尔士亲王号撤离战场。欧根亲王和俾斯麦号只是轻度受损，前往法国被占领区进行维修。

两天后，英国飞机再次发现了俾斯麦号。从皇家方舟号航空母舰上起飞的舰载机向它的船舵发射了鱼雷，乔治五世国王号和罗德尼号战列舰拦截住了这艘失去动力的德国巨舰。英国人发射了 2800 枚炮弹——其中三分之一重达一吨——炸毁了这艘船，吕特延斯和他的大部分军官殒命。英军用鱼雷击中俾斯麦号后，船员们就在船上安装了炸药并弃船。由于害怕 U 型潜艇，英国海军只是短暂停留，救出了 115 名俾斯麦号的船员。这艘战舰的首次水面突袭只持续了不到 10 天。

1941 年 5 月，德国剩余的水面舰艇向北大西洋的突围危及了英国的防御，最终导致俾斯麦号战列舰在 5 月的任务。事实表明，双方力量悬殊，即使英国皇家海军同时支持保卫地中海克里特岛的部队时也是如此。英国人在大西洋布置了六艘战列舰（战列巡洋舰），并使用包括两艘航空母舰在内的数十艘其他战舰来追击和击沉这艘德国战舰。无线电情报部门破译了德国人所谓的超级密码，为追击并击沉俾斯麦号及其辅助油轮提供了重要信息。

U 型潜艇继续它们的战斗，尤其是当日本人加入冲突，吸引了盟军从大西洋护航的注意力之后。因此，在 1942 年，U 型潜艇以较低的成本在美洲沿海取得了许多成功。这些行动一直延伸到加勒比海和地中海，以及北冰洋和印度洋。盟军破解了德国反击的密码，让舰队避开了 U 型潜艇。1943 年中，护航舰艇、小型航空母舰、陆基飞机、密码破译和其他技术发展使盟军的防御能力得到足够的改善时，德国潜艇兵所付出的代价就开始变得可怕。时任德国海军指挥官卡尔·多尼茨（Karl Doenitz）上将，命令 U 型潜艇转入防御薄弱的地区。

德国海军的剩余兵力由小型舰队组成。商船从瑞典通过波罗的海和被占领的挪威水域运送铁矿石；沿海护航队和运河驳船运输为被占领的欧洲提供驻军。海军向着国家社会主义的“英雄主义”理想靠拢，在战争结束时甚至采用了有人驾驶的自杀式鱼雷。驱逐舰、水雷战艇、巡逻艇和登陆艇载着突击队支持英吉利海峡、波罗的海、黑海和爱琴海战役。在支援高加索、西西里、克里米亚和波罗的海的德军时，这些舰艇为轴心国的数十万军队及其装备提供了补给或撤离协助。尽管在海上和空中都寡不敌众，但海上部队仍然是对德军的重要防御性支持。

尽管建立了一支 85 万人的海军，部署的潜艇比任何其他国家都多，德国还是又一次输掉了战争。它无法阻挡盟军的集结，也无法阻止地中海和西北欧的入侵。失败并不是因为缺乏尝试，因为 U 型潜艇和小型舰艇的船员们都付出了沉重的生命代价。相反，德国在海上的失败源于面对不利的地理条件和持顽固保守观念的领导人，既无地利、又无人和，却试图对付一个由世界上最强大的海军组成的、有巨大工业力量支持的联盟。无论多么严格的训练或操作上的创造性都无法解决这些矛盾。

兰迪·帕帕多普洛斯

拓展阅读

Bird, Keith. 1985. *German Naval History: A Guide to the Literature.* New York and London: Garland.

Bird, Keith. 2006. *Erich Raeder: Admiral of the Third Reich.* Annapolis, MD: Naval Institute Press.

Bönker, Dirk. 2012. *Militarism in a Global Age: Naval Ambitions in Germany and the United States Before World War I.* Ithaca, NY: Cornell University Press.

Epkenhans, Michael, Jörg Hillmann, and Frank Nägler (eds.). 2015. *Jutland: World War I's Greatest Naval Battle.* Lexington, KY: University Press of Kentucky.

Gröner, Erich, Dieter Jung, and Martin Maass. 1990. *German Warships, 1815—1945.* 2 volumes. Annapolis, MD: Naval Institute Press.

Hadley, Michael L. 1995. *Count Not the Dead: The Popular Image of the German Submarine.* Annapolis, MD: Naval Institute Press.

Halpern, Paul G. 1994. *A Naval History of World War I.* Annapolis, MD:

Naval Institute Press.

Herwig, Holger H. 1987. "*Luxury*" *Fleet*: *The Imperial German Navy 1888—1918*.London & Atlantic Highlands, NJ: Ashfield Press.

Hobson, Rolf.2002.*Imperialism at Sea*: *Naval Strategic Thought*, *the Ideology of Sea Power*, *and the Tirpitz Plan*, 1875—1914.Leiden: Brill.

Lambi, Ivo.1984.*The Navy and German Power Politics*, 1862—1914.New York: Harper Collins.

Papadopoulos, Sarandis. 2007. "An Inferior Naval Power Ashore: German Navy Baltic, Mediterranean and Black Sea Operations." David Stevens and John Reeve (eds.).*Sea Power Ashore and in the Air*. Ultimo, New South Wales: Halstead Press.

Thomas, Charles S. 1990. *The German Navy in the Nazi Era*. Annapolis, MD: Naval Institute Press.

Wegener, Wolfgang. 1989. *The Naval Strategy of the World War*. Holger Herwig (trans.).Annapolis, MD: Naval Institute Press.

赫尔曼·安修茨-凯姆普，1872 年至 1931 年

科学家和发明家赫尔曼·安修茨-凯姆普（Hermann Anschütz-Kaempfe）制作了第一个实用的陀螺罗盘，这种罗盘依靠陀螺仪的前倾和地球的自转而不是磁场来确定真正的北方。他的发明成为 20 世纪航海的核心。

安修茨—凯姆普 1872 年 10 月 3 日出生于德国茨威布吕肯。他学习过医学和历史，并对北极探险产生了兴趣。当时北极探险家们竞争率先到达北极的殊荣，需要更精确的导航仪器。磁性罗盘与地球磁场对齐，指向磁北。然而，真北是基于地球的自转轴。虽然真北是一个固定的位置，但磁北是会移动的，因为地球熔核产生的磁场会发生变化和移动。两者一般相距几百英里。世界各地的海军也对非磁性罗盘很感兴趣。船体的钢铁，特别是军舰的装甲船体，会产生磁效应，干扰传统的罗盘，而在潜艇的封闭船体中，磁性罗盘完全没有用处。

安修茨—凯姆普希望乘坐潜水艇探索北极，于是努力解决非磁导航问题。他的表弟马克斯·舒勒（Max Schuler，1882—1972）发现，一个陀螺罗盘调谐到 84.4 分钟的摆动周期（相当于长度等于地球半径的钟摆的

周期)，可以纠正船舶加速造成的误差。在舒勒的帮助下，安修茨于 1906 年制造出了第一个实用的陀螺罗盘。德国海军 1908 年开始使用安修茨陀螺仪，两年后英国海军也使用了安修茨陀螺仪，并获得了生产许可证。

美国发明家埃尔默·斯佩里（Elmer A.Sperry，1860—1930）也开发了一种陀螺罗盘，被美国海军采用。他在德国申请专利的努力在 1914 年引起了与安修茨—凯姆普的诉讼。当时刚刚被任命为恺撒·威廉（Kaiser Wilhelm）物理学研究所所长的阿尔伯特·爱因斯坦（1879—1955），在这一诉讼案中曾作为专利专家被咨询。他确定斯佩里的装置依赖于安修茨—凯姆普发现的原理。那以后，安修茨—凯姆普时常咨询爱因斯坦。爱因斯坦成为他的朋友，并帮助他开发了一种使用磁线圈的陀螺罗盘无摩擦安装方式。1931 年 5 月 6 日，安修茨—凯姆普在慕尼黑因心脏病发作而去世。

斯蒂芬·K. 斯坦

拓展阅读

Hitchins，H.L.，and W.E.May.1953.*From Lodestone to Gyrocompass.* New York：Philosophical Library.

Schell，B.2005. “100 Years of Nautical Innovations—Albert Einstein and Dr. Hermann Anschütz-Kaempfe Driving Gyro Compass Technology.” *Naval Forces* 26（4）：90-97.

Trainer，Matthew.2008. “Albert Einstein's Expert Opinions on the Sperry vs. Anschütz Gyrocompass Patent Dispute.” *World Patent Information* 30（4）：320-325.

汉堡美洲航运公司

汉堡美洲航运公司是一家跨大西洋的运输公司，1847 年在德国成立，全称为汉堡美洲货运股份有限公司（Hamburg-Amerikanische Packetfahrt-Actien-Gesellschaft，HAPAG）。HAPAG 的总部设在汉堡，主要出发港为汉堡，是德国最大的航运公司，也是 20 世纪上半叶世界最大的航运公司之一。

HAPAG 由汉堡著名的批发商和进口商创建，并得到世界上最古老的银行之一贝伦贝格银行（建立于 1590 年）的支持。HAPAG 专注于欧洲和北美之间的跨大西洋客运，客户主要是德国移民，但后来也包括来自整个东欧的移民。HAPAG 迅速发展成为德国最大的航运公司，并在短时间内被评为世界最大的航运公司。由于精明而谨慎的管理，它业务发展迅速，1900 年合并了几个竞争者，服务目的地覆盖世界各地。它最初从汉堡出发，但 1889 年后将航运设施搬到易北河口的库克斯港，在那里建立并很快扩建出两个通过铁路与汉堡相连的客运枢纽。1930 年，大约有 500 万移民从汉堡离开欧洲前往美国，其中许多人经巴林城（BallinStadt）中转。这是一个建于 1901 年的特殊移民站，移民出发前 HAPAG 将他们安置在这里。巴林城最近经过修复，现在是移民博物馆。

HAPAG 的成功在很大程度上要归功于阿尔伯特·巴林（Albert Ballin，1857—1918），他 1886 年开始管理客运业务，1899 年成为公司的总经理。1891 年，他派遣奥古斯特·维多利亚号邮轮进行了为期六周的地中海巡航，开启了现代邮轮业的先河。在这个行业中，豪华邮轮将乘客带到一系列的度假胜地，然后将他们送回国。1900 年，HAPAG 的德意志号赢得了蓝丝带奖，这是一个最快横渡大西洋的奖项，它在 1901 年和 1903 年再次获得该奖项。然而，在大多数情况下，巴林——他经常乘坐公司的船只并做乘客满意度调研——更强调客船的安全、大小和豪华。1910 年，他订购了有史以来最大的几艘船，52100 吨的皇帝号（Imperator）和略微更大一些的祖国号（Vaterland）和俾斯麦号（Bismarck）。前两艘船在 1912 年加入了 HAPAG，但第一次世界大战（1914—1918 年）推迟了俾斯麦号的首航。这三艘船都可以承载超过 4500 名乘客，战后都被没收作为赔偿。英国的冠达邮轮公司和白星航运公司分别接收了皇帝号（改名为贝伦加里亚号）和俾斯麦号（改名为马杰斯特号），而祖国号（改名为利维坦号）则成了美国的一艘军舰。巴林因 HAPAG 的濒临毁灭而心灰意冷，于 1918 年 11 月自杀身亡。

蓝丝带奖

蓝丝带奖（Blue Riband）是客运班轮最快穿越北大西洋的非官方奖项。1935 年，在英国政治家和航运巨头哈罗德·K. 海尔斯（Harold K.Hales）捐赠了一个奖杯后，它被正式命名为海尔斯奖。要想获奖，班轮必须在同一航程中同时创下东进和西进的最佳纪录。航程的两个确认点分别是英国海岸之外锡利群岛的主教岩灯塔和纽约港外的安布罗斯灯塔，距离为 2800 海里。

该奖项的确切来源仍不确定，但 1837 年的天狼星号以平均 8 节的速度横渡大西洋，被认为是第一个获胜者。该奖项在很多年中鲜为人知，但到了 20 世纪初，竞争变得非常激烈。总共有 35 艘大西洋班轮获得过蓝丝带奖：25 艘英国班轮、5 艘德国班轮、3 艘美国班轮、1 艘法国班轮和 1 艘意大利班轮。这些快速班轮的建造得到了各自政府的部分补贴，政府希望在战争中使用它们运输部队或作为商业掠夺者。获奖者获得的预订量往往会显著增加，也标志着蒸汽船时代在速度上的稳步前进。1862 年，斯科舍号（Scotia）以平均 15 节的速度夺冠；1875 年，不列颠号（Britannica）以平均 15.94 节的速度夺冠；1892 年，巴黎城市号（City of Paris）号以平均 20.7 节的速度夺冠；1907 年，卢西塔尼亚号（Lusitania）以平均 25.57 节的速度夺冠；1929 年，不来梅号（Bremen）以平均 27.83 节的速度夺冠；1936 年和 1938 年，玛丽皇后号（Queen Mary）以 30 节的速度夺冠；1952 年，美国号（United States）以 35.59 节的速度夺冠。1952 年后，由于跨大西洋客运量下降，该奖项很快就退出历史舞台了。

斯科特 · R. 迪马可

然而，HAPAG 在战后得以恢复，重建了跨大西洋业务，并将其中一艘新的班轮以巴林（后来被德国纳粹政府重新命名，因为巴林是犹太人）命名。战争再次摧毁了该公司。在 1939 年第二次世界大战（1939—1945 年）爆发后，许多船舶被德国政府或越来越多的被德国侵略的国家没收。战后，由于客运量的下降，公司再次恢复运营，并将更多的业务集中在邮轮巡游和普通航运上。

1970 年，HAPAG 与北德意志劳合社（Nord Deutsche Lloyd）合并为赫伯罗特公司（HAPAG-Lloyd）。除了邮轮业务外，它现在还是世界上最大的集装箱航运公司之一。

托马斯 · 尼尔森

拓展阅读

Cecil, Lamar.1967.*Albert Ballin*: *Business and Politics in Imperial Germany 1888—1918*.Princeton: Princeton University Press.

Emigration Museum, The. Ballinstadt Hamburg. http：//www. ballinstadt. de/? lang=en.Ac-cessed November 14, 2016.

Gerhardt, Johannes. 2009. *Albert Ballin*. Hamburg：Hamburg University Press.

Miller, Michael B. 2012. *Europe and the Maritime World. A Twentieth-Century History*.Cambridge University Press.

Russell, Mark A.2011. "Picturing the Imperator：Passenger Shipping as Art and National Symbol in the German Empire." *Central European History*, vol.44, no.2（June）.

阿尔弗雷德·冯·提尔皮茨，1849年至1930年

阿尔弗雷德·冯·提尔皮茨（Alfred von Tirpitz）是20世纪最有影响力的海军上将之一，作为德国海军建设的主要倡导者，他指导德国海军发展直至第一次世界大战（1914—1918年）。

提尔皮茨生于1849年3月19日，16岁就离开学校加入了普鲁士的小型海军，在基尔的海军学校学习，很快就建立了具备对新技术如何重塑舰船的意识和能力的声誉。1877年，当时的提尔皮茨少校（Lieutenant Commander）加入了帝国海军的鱼雷委员会。当官方确定设计要点时，他把握住了19世纪海军发生的更广泛的变化。依靠有才华的下属，提尔皮茨改进了武器技术，并发展了鱼雷艇战术。然而，他拒绝了同时期法国的所谓"青年学派"的海战思想，这种思想认为使用小型鱼雷艇舰队可以使大型战列舰失效。

1892年，提尔皮茨成为海军总部的参谋长，直接向皇帝威廉二世（1859—1941）汇报。阿尔弗雷德·塞耶·马汉（1840—1914）的著作对提尔皮茨和威廉二世都产生了影响，提尔皮茨在其1894年的《第九号服务备忘录》中借鉴了马汉的著作。提尔皮茨断言，海军力量决定了战时的制海权，并使一个国家和平时期的政治、工业和贸易力量得以发挥，他主张建立一支战斗舰队。这样的逻辑支持了威廉二世争取议会资金建立世界一流海军的企图，而庞大的舰队将对英国构成挑战。

1897年，提尔皮茨成为帝国海军的国务秘书，主张增加海军经费。在威廉二世的支持下，1900年提尔皮茨建立了一个宣传机构，鼓吹并为舰队的扩张辩护。海军总司令部反对提尔皮茨的计划，所以他解散了它，

还裁撤了它的参谋人员，不过参谋人员缺乏阻碍了德国在第一次世界大战期间的行动。

事实证明，这一努力是成功的。议会通过了一系列海军法案，开始计划建造一支包括60艘战列舰的舰队，并且随着舰艇的老化，每20年更换一次。提尔皮茨用他所谓的“风险理论”为这支庞大的舰队辩护。该理论认为，一旦德国舰队发展到足够大的规模，通过了劣势的“危险区”，尽管德国舰队规模仍然比英国小（但已相当庞大），英国在挑战德国舰队时就无法不承受巨大损失，这就使其对德国的战争成本过高，从而无法考虑对德开战。德国可以让自己的舰队冒险，但身处海上的英国则不能。

然而，英国对提尔皮茨的计划提出了挑战，建造了越来越多的重炮舰，包括极具创新性的无畏号战舰。提尔皮茨为适配英国的新计划而努力时，“危险区”延长了。德国议会也在资助陆军扩张，为此拒绝了海军1913年的建造计划。德国的舰队进入第一次世界大战时，其规模明显小于英国皇家海军。

第一次世界大战期间，受挫于英国的封锁，提尔皮茨主张采取侵略性的计划，并与他的海军上将同僚们以及威廉二世发生争执。1916年德国政府在美国压力下同意限制U型潜水艇行动并避免攻击客轮，他随即辞职。两年后，德国战败。战后，提尔皮茨写了一本为自己辩护的回忆录，并在魏玛议会中担任保守派成员。他于1930年3月6日去世。

兰迪·帕帕多普洛斯

拓展阅读

Bird，Keith. 1985. *German Naval History：A Guide to the Literature.* New York and London：Garland.

Epkenhans，Michael. 2008. *Tirpitz：Architect of the German High Seas Fleet.* Herndon，VA：Potomac Books.

Herwig，Holger H. 1987. *“Luxury” Fleet：The Imperial German Navy 1888—1918.* London & Atlantic Highlands，NJ：Ashfield Press.

Kehr，Eckart. 1975. *Battleship Building and Party Politics in Germany 1894—1901：A Cross-Section of the Political，Social，and Ideological Precon-ditions of German Impe-rialism.* Chicago：University of Chicago Press.

Kelly，Patrick. 2011. *Tirpitz and the Imperial German Navy.* Bloomington，IN：Indiana University Press.

Weir, Gary E.1992.*Building the Kaiser's Navy: The Imperial Naval Office and German Industry in the von Tirpitz Era*, 1890—1919.Annapolis, MD: Naval Institute Press.

U 型潜艇

1914 年，德语中的潜水艇（Unterseeboot）一词在英语中被称为“U 型船”（“U-boat”）。德国在 1918 年以前建造了 373 艘潜艇，在 1935—1945 年之间又制造了 1131 艘，比其他任何国家都多。事实证明，U 型船具有致命性，在世界大战中击沉了 274 艘敌方战舰，并击沉了 1 万多艘商船，总吨位达 2600 万吨。在 1914—1918 年期间，199 艘 U 型潜艇被击毁，带走了 5249 名船员，在 1939 年后的 6 年中，又有 739 艘被击沉，约有 3 万人丧生。

德国开始建造潜艇的时间比大多数海军晚。海军上将阿尔弗雷德·冯·提尔皮茨（Alfred von Tirpitz）视其为试验品，在 1905 年后才不太情愿地建造。技术上的细节，如使用汽油或柴油发动机进行水面推进，以及水下操作的电池充电，都需要解决。U 型潜艇的作战作用也是如此。它们的目标是敌方军舰还是商船？

第一次世界大战（1914—1918 年）使用 U 型潜艇攻击协约国战舰的初期成功导致后者采取了更好的防御措施，因此 U 型潜艇开始转而攻击从事海上贸易的商船。原本在中立国美国施加的压力之下，U 型潜艇舰长们面临着不能攻击民用船只的压力。这种限制意味着在开火之前向商船发出警告，给船上人留下弃船逃生的时间。除了著名的 1915 年卢西塔尼亚号邮轮沉没事件等少数例外，U 型潜艇的船员们最初都尊重这些规则。但由于经常劳而无功，加上英国使用伪装的军舰（“Q 型反潜船”）来击沉浮出水面的脆弱的潜艇，导致德国政府下令在没有警告的情况下进行攻击。1917 年德国采取“无限制潜艇战”导致美国宣战。协约国加强造船，护航防卫，在德国海域布雷，最终打败了 U 型潜艇。

凡尔赛条约（1919 年）禁止德国拥有 U 型潜艇，所以只有老一辈德国海军人员才有使用 U 型潜艇的经验。1935 年与英国签订的条约允许德国重建潜艇部队。事实证明，这些设计简单的潜艇不存在什么技术问题，但造船厂的延误迟滞了部队的发展，而西班牙内战（1936—1939 年）的行动也推迟了对船员的培训。因此，德国在第二次世界大战（1939—1945 年）开始时仅拥有 57 艘 U 型潜艇，其中许多是适合短程巡逻或训练的小型潜艇。

德国海军的 VIIC 型 U 型潜艇 U－255 接近挪威卑尔根的泊位。U－255 于 1942—1943 年在挪威建造，是战争期间在北极作战的最成功的德国潜艇之一。它在击沉美国驱逐舰和 10 艘商船的情况下在战争中幸存下来。(海军历史中心)

德国征服挪威和法国后，打开了出入大西洋港口的大门，这为 U 型潜艇的行动提供了便利。盟军再次组织了包括飞机在内的护航队和反潜部队。在卡尔·邓尼茨（Karl Doenitz）海军上将的领导和训练下，北大西洋 U 型潜艇部队集结了一批 U 型潜艇（“狼群”）进行侦察，并在夜间攻击中提高了潜艇围攻护卫舰的威力。这些任务的操作控制依赖来自多尼茨的加密无线电信息，给 U 型潜艇部队留下严重漏洞。U 型潜水艇的许多巡逻任务甚至发起攻击，都是在水面上进行的。此外，邓尼茨还派遣少量潜艇到加勒比海、地中海、南大西洋和印度洋去寻找战机。虽然成功，但这些远程巡逻对船员的要求很高。

U 型潜艇的成功率在第二次世界大战各个时期有所不同。早期除了占领挪威之外，由于鱼雷故障，U 型潜艇表现不佳。在战争打响一年之后，U 型潜艇开始了“快乐的时光”，击沉了许多英国运输船。1941 年年中，英国对密码（德国的所谓“超级密码”）的破译工作，让护航船队躲过了 U 型潜艇，美国的中立巡逻队封锁了大西洋西部的行动，减少了损失。

美国参战后，商船损失急剧上升，潜艇在东海岸伏击缺乏护航的美国商船，但美国的造船业结合新技术和战术反击了U型潜艇。在遭遇1943年春季的严重损失之后，邓尼茨撤回了他的U型潜艇。这使盟军得以在南欧和西欧运输补给并发起重大攻势。

盟军在作战研究、造船、飞机、情报和船员素质方面的优势都超过了德国人。事实证明，技术至关重要，特别是雷达、密码破译和德国鱼雷问题相关的技术。1943年，邓尼茨将设计转向建造速度惊人的潜艇，不过为时已晚，无法改变战争的进程。他还下令改变训练，以便U型潜艇在战争结束时可以在沿海浅水区单独行动，以牵制大量盟军部队。除了日本帝国的神风特攻队之外，U型潜艇水兵的损失比例是所有武装部门中最高的。其中近60%的人在第二次世界大战期间死亡。

兰迪·帕帕多普洛斯

拓展阅读

Blair，Clay.1994 and 1998.*Hitler's U-Boat War*，2 vols.New York：Random House.

Hadley，Michael P.1995.*Count Not the Dead：The Popular Image of the German Submarine*.Annapolis，MD：Naval Institute Press.

Mulligan，Timothy P.1999.*Neither Sharks Nor Wolves：The Men of Nazi Germany's U-Boat Arm* 1939—1945.Annapolis，MD：Naval Institute Press.

Niestlé，Axel.1998.*German U-Boat Losses During World War II：Details of Destruction*.Annapolis，MD：Naval Institute Press.

Papadopoulos，Sarandis. 2005. "Between Fleet Scouts and Commerce Raiders：Submarine Warfare Theories and Doctrines in the German and U.S.Navies，1935—1945." *Under-sea Warfare* 7（5）. http：//www.public.navy.mil/subfor/underseawarfaremagazine/Issues/Archives/issue_27/scouts.html.Accessed January 18，2016.

Rössler，Eberhard.1989.*The U-Boat：The Evolution and Technical History of German Submarines*.Annapolis，MD：Naval Institute Press.

英国，1900年至1945年

19世纪末期，英国是全球无可争议的最大海洋强国。它拥有最大的商船，在世界各地进行贸易，支持着辽阔的帝国。它的远洋轮船在海上航行，将富人和权贵以及移民带到远近各地。为了保护其庞大的海上贸易，英国拥有世界上最强大的海军。根据 1889 年宣布的“两强标准”，英国皇家海军的霸主地位事实上得到了保证，该标准指出，英国海军拥有的战舰数量至少是接下来两支最大海军战舰数量的总和。实际上，在 1897 年维多利亚女王登基 60 周年钻禧庆典上，有 150 多艘战舰——有史以来最大的海军部队——接受了审阅。

然而，到第二次世界大战（1939—1945 年）结束时，英国在海上的霸主地位江河日下、大不如前。两次世界大战的影响、大萧条和对大英帝国的挑战，使英国的商船遭到毁灭性的打击。它的客运班轮，虽然仍然具有影响力，但面临着更大的海上竞争，以及日益增长的航空旅行的挑战。受限于两次战争的影响、财政上的限制，以及规模较小的商船队需要的保护较少等因素影响之下，皇家海军不再占主导地位。美国取代了英国之前所拥有的世界领先海洋强国的地位。

从 1900 年到 1945 年，英国努力维持其海上优势，但它最终还是从海上强国的地位上衰落下来。这个过程可以明显划分为四个时期。第一个时期是 1900—1914 年的第一次世界大战前时期。在这个阶段，尽管面临财政的限制和与德国的海军军备竞赛，英国仍成功地保持了海上优势。第二个时期是第一次世界大战（1914—1918 年）及其紧接着的 1918—1919 年，这段时间英国皇家海军取得了胜利，但付出了巨大的代价。1920—1938 年之间的战争年代构成了第三个时期。在这个时期，英国试图通过寻求国际上对海军造船的限制来维持其主导地位，因为其商船队在战时遭遇德国 U 型潜艇攻击损失惨重，试图在此期间重整旗鼓。最后一个时期是第二次世界大战时期，即 1939—1945 年，在这一时期，英国将海上霸权拱手让给了美国。

1900 年至 1914 年：霸权遭遇挑战但未被超越

1900 年，英国的殖民帝国遍及全球。这一帝国需要并鼓励商船队的运作和扩大，以便将货物和商品运往世界各地，同时为英国本土进口大量原材料和食品。19 世纪，由于与英国在印度和远东的殖民地贸易的发展，商船的运力大大增加。英国船只在世界各地进行着利润丰厚的贸易，伦敦成为全球金融和贸易的中心，这也促进了英国商船的使用。

第一次世界大战开始之前的几年标志着远洋轮船的“黄金时代”。英国的豪华班轮引领风气之先，将富人和移民运送到大西洋彼岸和其他目的地。许多远洋轮船都是在英国造船厂建造，并由英国航运公司拥有和经营，例如库纳德航运公司、白星航空公司以及半岛与东方蒸汽航行公司（P&O 公司）等。在这一时期，英国建造和下水的伟大邮轮包括皇家邮船毛里塔尼亚号（RMS Mauretania）、皇家邮船奥林匹克号（RMS Olympic）以及命运多舛的皇家邮船卢西塔尼亚号（RMS Lusitania）和皇家邮船泰坦尼克号（RMS Titanic）。这些豪华的船只争夺以最快的速度横渡北大西洋的蓝丝带奖，卢西塔尼亚号在 1907 年赢得了这一殊荣。1909 年，毛里塔尼亚号获得了双向航行的蓝丝带奖，并保持了 20 年。

英国庞大的商业航运业务，需要一支庞大的海军来提供保护。20 世纪初，英国皇家海军把法国和俄国作为战争假想敌。20 世纪之初的前几年，它的海军建设对标这些国家，或者说超过了这些国家。1904—1905 年的日俄战争中俄国舰队被摧毁后，德国迅速扩大了其海军，英国面临来自德意志帝国的新挑战。英国政府希望在这些年间减少海军开支，但先是俄国、后是德国，拒绝了减少海军造船和开支的提议。英国接受了这一挑战，尽管财政支出大增，但还是比德国和其他所有挑战者表现出更强的造船能力，保持了皇家海军的霸主地位。英国不惜代价，赢得了战前海军军备竞赛的胜利，确保了英国海军的优势地位。

1914 年至 1919 年：第一次世界大战

1914 年 8 月敌对行动爆发时，英国皇家海军需要保护大英帝国的辽阔疆域，特别是它的商船队，国家依赖商船队来进口食品和许多其他必要的战争物资。它还必须摧毁德意志帝国的公海舰队，以取得对海洋的控制权。在一年多的时间里，皇家海军将德国的商船掠夺舰队从大洋上扫除，一度让本国商船队看上去很安全。然而，德国越来越多地使用潜艇作为海上武器，给皇家海军和英国商业航运带来了新的挑战。英国迟迟未能将商船组织成有护航的船队，以策安全。事实上，战争开始时的标准程序要求船只单独航行，这使它们很容易受到攻击。随着德国交替实施有限制潜艇战和无限制潜艇战——主要是由于美国的反对——英国商船的损失不断增加。战争期间，德国 U 型潜艇击沉了总吨位近 800 万吨英国商船，近 15000 名商船船员丧生。为了纪念这些牺牲，并表彰其在战争期间通过向国家运送所需食品和原材料所发挥的重要作用，英王乔治五世授予商船海员以“商船海军”的称号。

英国的远洋客轮也参加了战争，特别是在正常的客运量枯竭的情况下。许多客轮被改装成武装商船，并运送货物。毛里塔尼亚号和奥林匹克号成了军用运输船。卢西塔尼亚号在最初被英国皇家海军征用为武装商船，后退出并恢复作为民用客船运营，但在 1915 年 5 月被击沉，造成巨大的生命损失。

声　呐

SONAR 是声音导航和测距的缩写。军事声呐系统用于探测、定位、分类和跟踪水下潜艇。

第一次世界大战期间，德国潜艇成功地攻击了英国的商船生命线（第二次世界大战中也是如此），以至于威胁到盟军的战力。

为了克服这一威胁，英国和法国的科学家们开始研制探测水下潜艇的传感器。战后，随着潜艇的杀伤力越来越大，这一努力仍在继续。到第二次世界大战结束时，装备声呐的专业战舰、新战术、商队和装备雷达的飞机联合起来摧毁了德国潜艇。

电磁辐射在水中只能传播几米，因此声呐系统依靠机械振动——声音——在水中传播。声呐会受到温度、压力、盐度、海洋生物和海洋噪音变化的影响，但它仍然是最有效的水下传感器。

声呐系统可分为主动式和被动式。主动式系统中的发射器产生声波，传播到目标处并反射到接收器。通常情况下，发射器和接收器结合在一个装置中，即传感器。被动声呐系统没有发射器。声音来自目标，辐射到水中，然后传播到接收器。

由于声音以已知的速度传播，有源系统测量其信号的传播时间，以确定目标的距离，而接收反射信号的方向则给出目标的方向。用被动声呐确定方向和距离比较复杂，但由于被动系统是无声的，所以不会向潜艇透露已被探测到。除了方向和距离外，信号分析还可以揭示目标的速度，或许还可以揭示目标的身份。

拉里・A. 格兰特

皇家海军在战争中未能摧毁德国的公海舰队。尽管在小规模的交锋中取得了胜利，但在 1916 年唯一一次舰队对舰队的重大考验——日德兰海战中，英国皇家海军损失的舰艇和船员都比德国多。然而，此后，德国舰队退回到自己的港口，再也没有认真挑战英国的海上霸主地位。在战争结束时，英国皇家海军仍然保持着对其他盟国的数量优势，尽管与美国海军相比，数量上的优势已经大大缩小。事实上，皇家海军损失的主力舰——包括新型和旧型舰艇——比所有其他交战国的总和还要多。

1920 年至 1938 年：两次世界大战的间歇期

除了第一次世界大战的财政负担之外，英国的航运业和海军部队在第一次和第二次世界大战之间还感受到了“大萧条”的影响。1931 年后，由于政府试图将水兵的工资降低 25%，因弗戈登海军基地发生了兵变。最终，对 1925 年后加入的水兵的减薪幅度被限制在 10%。虽然商船海军在战争间歇期维持世界规模最大的地位，但由于其他国家特别是美国，建造了更多的商船以获取海外贸易，英国商船海军在世界贸易中的份额下降了。

同样，英国的远洋客轮也面临着其他国家的挑战。1929 年，德国新客轮从毛里塔尼亚号手中夺走了蓝丝带奖。1933 年和 1935 年，意大利和法国的班轮赢得了这个奖项。一些英国航运公司倒闭，以前活跃的船厂也沉寂了。1924 年，美国严格限制移民，跨大西洋的客运量急剧减少。面对“大萧条”的财政现实，英国政府促使冠达航运公司和白星航运公司合并为一个实体。新公司随后建造了玛丽皇后号和伊丽莎白皇后号，这两艘邮轮是那个时代优雅的缩影。玛丽皇后号在 1938 年获得了蓝丝带奖，并一直保持到 1952 年。

在战争间歇期，英国认识到第一次世界大战的惊人费用造成了它作为一个航海国家所面临的局限性，即不具备阻止美国超越它成为卓越海军强国的财力，因此试图通过国际协议来防止另一场海军军备竞赛。在 1921 年的华盛顿海军会议上，英国同意限制战列舰的建造数量，接受与美国平起平坐。在 1930 年的伦敦海军会议上，英国就限制二级战舰——巡洋舰、驱逐舰和潜艇的尺寸和数量进行了谈判。然而，事实表明这些限制只有短期效果，因为以日本为首的会议签署国拒绝了这些限制，并在 30 年代中期开始了新的海军军备竞赛。到 1938 年，英国再次全面重新武装和重建皇家海军。

1939 年至 1945 年：霸权的终结

在第二次世界大战期间，有超过两年的时间里，英国基本上是孤军奋战，抵御轴心国的进攻。当 1941 年 12 月，美国在日本偷袭珍珠港后参战时，强大的工业生产能力使美国迅速超越并取代英国成为世界上领先的海上大国。1939 年 9 月战争开始时，英国商船队仍是世界上规模最大的商船队，其远洋吨位占全球的 33%。英国皇家海军迅速派出了相当于德国和意大利拥有数量之和的水面战舰，尽管并非没有损失。与第一次世界大战一样，真正的挑战来自潜艇。尽管采用了护航和雷达、声呐等新技术，德国 U 型潜艇还是击沉了总吨位超过 1150 万吨的英国船只，占战争开始时商船总吨位的 50%以上。美国的工业实力弥补了这些损失，还增加了更多的舰艇，生产了 2700 多艘自由轮及许多货船。到战争结束时，美国商船的数量超过了英国。

大多数英国远洋轮船又被转为军事用途。玛丽皇后号和伊丽莎白皇后号在整个战争期间被用于运送盟军。它们都在战争中幸存下来，但许多其他客轮却没有如此幸运，包括拉科尼亚号（RMS Laconia）、兰开斯特里亚号（RMS Lancastria）和加拿大女王号（RMS Empress of Canada）。第二次世界大战中被击沉的大型客轮数量是第一次世界大战的三倍多。战争结束后，英国客轮面临着来自远程飞机发展的挑战，飞机的发展使空中旅行成为海洋航行的替代选择。同时，英国造船业也面临着包括美国在内的其他国家的新挑战。

1939 年，皇家海军仍然是世界上最大的海军，拥有 330 多艘战舰。在战争期间，皇家海军损失了大约 280 艘战舰。尽管有这些损失，英国皇家海军军舰数量通过战时的建设还是有所增长，但美国海军军舰数量的增长幅度更大。英国皇家海军在战争结束时拥有近 900 艘舰艇，而美国海军则有近 6800 艘服役。英国在第二次世界大战结束时，其财政状况甚至比第一次世界大战后还要糟糕，国家花了很多年才恢复过来。此外，因为战争后殖民地纷纷获得了独立，它曾经的伟大帝国——它的商船和皇家海军存在的理由——土崩瓦解。美国的经济因其战争努力而获得了大发展，确保了它取得并保持世界上领先的海洋强国的新地位。

艾伦·M. 安德森

拓展阅读

Goldstein, Erik, and John Maurer (eds.).1994.*The Washington Conference, 1921—22: Naval Rivalry, East Asian Stability and the Road to Pearl Harbor*.London: Routledge.

Hope, Ronald.1990.*A New History of British Shipping*.London: John Murray.

Kennedy, Paul M.1983.*The Rise and Fall of British Naval Mastery*, 2nd ed.New York: Palgrave Macmillan.

Lisio, Donald J.2014.*British Naval Supremacy and Anglo-American Antagonisms*, 1914—1930.Cambridge, UK: Cambridge University Press.

Maurer, John, and Christopher M.Bell (eds.).2014.*At the Crossroads Between Peace and War: The London Naval Conference of* 1930.Annapolis, MD: Naval Institute Press.

Miller, William H.2010.*Great British Passenger Ships*.Stroud, UK: The History Press.

Redford, Duncan, and Philip D.Grove.2014.*The Royal Navy: A History Since* 1900.New York: Palgrave Macmillan.

Slader, John.1988.*The Red Duster at War: A History of the Merchant Navy During the Second World War*.London: William Kimber.

Sondhaus, Lawrence.2014.*The Great War at Sea: A Naval History of the First World War*.Cambridge, UK: Cambridge University Press.

Woodman, Richard. 2010. "Fiddler's Green: The Great Squandering, 1921—2010." *A History of the British Merchant Navy*.Vol.5.Stroud, UK: The History Press.

Woodman, Richard. 2010. "More Days, More Dollars: The Universal Bucket Chain, 1885—1920." *A History of the British Merchant Navy*. Vol.4. Stroud, UK: The History Press.

无畏舰

无畏舰是指 1905—1906 年首次设计并下水的一类战舰，它使之前的战舰变得过时。“无畏舰”的名字源于英国皇家海军 1906 年下水的第一艘革命性战舰无畏号（HMS Dreadnought）。无畏舰有两项关键的改进。首先，所装火炮全是重型火炮，数量上也是以前的战列舰所装大口径火炮的两倍甚至更多。其次，蒸汽轮机比往复式发动机更小、更强大，提高了航速。无畏舰的出现，让以前的战列舰变得过时，这加速了第一次世界大战前的海军军备竞赛，因为各国竞相建造装配“全重型火炮”战列舰来取代老式战列舰，这些老式战列舰被改称为“前无畏舰”。

19 世纪末的海军战略家们预计，战列舰舰队之间的激战将在 2000—4000 码的近距离内展开。因此，当时的战列舰设计采用了四门 12 英寸口径的大型远程火炮，几门 4.7 英寸到 8 英寸口径的中型火炮，以及更小的火炮组。虽然远程火炮会开启一场交战，但海军理论家希望由小型速射炮来决定近距离的战斗。然而，由于在射程测距、火力控制和弹药处理方面的不断改进，使得在更远的距离上采取行动成为可能。事实上，1905 年的对马岛战役表明，在进入副炮台的小型火炮射程之前，远距离武器就可以决定战斗。

1905 年 1 月开始构思无畏号的设计，1906 年 10 月就正式下水，完工时间创下同级别战舰最短纪录。无畏号排水量 18000 吨，搭载 10 门 12 英寸双炮塔主炮台和 22 门 3 英寸副炮台，后者用于防御敌方鱼雷艇。蒸汽涡轮发动机使该舰的航速达到 21 节，比此前的战舰快 2—3 节。其他国家的海军也大致在同一时间开发了“全重型火炮”设计，包括日本（1904 年）和美国（1906 年），但这些舰艇采用了传统的蒸汽发动机，直到无畏号问世之后才在舰型上臻于成熟。

英国和其他主要海军强国在无畏舰之后推出了更大的战舰，这些战舰拥有更大口径的火炮、更厚的装甲、改进的火控和更强大的发动机。到第一次世界大战爆发时，英国的伊丽莎白女王号等“超级无畏舰”也开始服役。这艘吨位高达 27000 吨的舰艇装备了 8 门 15 英寸的火炮，航速达到 24 节，在各方面都超过了无畏舰。然而，这些巨型战舰的舰队只在 1916 年的日德兰海战中对战过一次。战前的无畏舰战列舰在战后退役，其中许多是由于 1922 年华盛顿海军条约的规定，“无畏舰”这个称号也就被废弃了。

艾伦 · M. 安德森

拓展阅读

Brown, DavidK. 1997. *Warrior to Dreadnought: Warship Development 1860—1905*. London. Chatham Publishing.

Lambert. Nicholas A. 1999. *Sir John Fisher's Naval Revolution*. Columbia, SC. University of South Carolina Press.

Massie, Robert. 1991. *Dreadnought: Britain, Germany, and the Coming of the Great War*. New York. Random House.

Parkinson, Roger. 2015. *Dreadnought: The Ship that Changed the World*. London. I. B. Tauris.

塞西尔·斯科特·福雷斯特，1899 年至 1966 年

塞西尔·斯科特·福雷斯特（C. S. Forester）是一位受欢迎的英国作家，其名气源于他的冒险小说《非洲女王号》(The African Queen) 及其关于英国皇家海军的虚构人物霍拉肖·霍恩布洛尔（Horatio Hornblower）的一系列小说和故事。

福雷斯特生于 1899 年 8 月 27 日，出生地是埃及开罗的塞西尔·路易斯·特劳顿·史密斯（Cecil Louis Troughton Smith）。福雷斯特在英国长大。1918 年他进入医学院，但三年后辍学，以 C. S.（塞西尔·斯科特·福雷斯特）之名开始了自己的写作生涯。他的第一部小说出版于 1924 年，是一部关于拿破仑的历史爱情小说。后来又出版了一些关于通俗历史、游记和其他历史小说。虽然福雷斯特后续出版的一些书籍也获得了积极的评价，但《非洲女王号》(1935 年) 可能是他第一部让读者记住的代表性作品，而这要感谢 1951 年电影版的推广之功。

福雷斯特在《非洲女王号》之后又出版了《快乐的回归》(1937 年)，在美国出版时名为《水兵到岗》(Beat to Quarters)。这部小说叙述了霍雷肖·霍恩布洛尔在 1808 年驾驶莱迪亚号（HMS Lydia）在西班牙属中美洲的太平洋沿岸的冒险故事。这本书的灵感来自福雷斯特自己搭乘货船在加利福尼亚（他 1932 年搬到那里）沿海岸航行的经历，以及他对 18 世纪末和 19 世纪初海战的兴趣。

福雷斯特继续在 10 卷本小说以及一些零散的故事中记录着霍恩布洛尔多彩多姿的一生，虽然不是按时间顺序来写的。这个系列他陆陆续续写了 20 多年。该系列的故事背景最早可追溯到 1794 年，即《海军军官候补生霍恩布洛尔先生》(1948 年)；向下则可推进到 1823 年，即《海军上将霍恩布洛尔在西印度》(1957 年)。这一时期包含了近 30 年的冲突，从法国大革命战争后期（1792—1802 年）到拿破仑战争（1803—1815 年）及

其后果显现的时期。《最后的邂逅》写于20世纪60年代初，但直到1967年才出版，里面讲述了福雷斯特创造的人物在1848年的最后光景，他当时已经成为舰队司令。

尽管福雷斯特从未承认过这一事实，但霍恩布洛尔的职业生涯与著名海军上将托马斯·科克伦（Thomas Cochrane，1775—1860）十分相似。不过，尽管霍恩布洛尔和科克伦一样勇敢，但他没有后者的傲慢，反而被自我怀疑所困扰——这是大多数读者都能认同的特征组合。霍恩布洛尔的大部分冒险故事都是以连载的形式出现在美国的大众传播杂志《星期六晚邮报》上，这巩固了他在普罗大众中的知名度。

福雷斯特的许多其他小说也涉及海洋。例如，《船》(1943年）讲述了第二次世界大战期间英国巡洋舰在地中海执行护航任务的故事，《良好的牧羊人》(1955年）描述了美国驱逐舰在北大西洋履行类似职责的故事。《猎杀俾斯麦号》(1959年）是一部讲述第二次世界大战期间追捕德国著名战列舰的故事的小说。福雷斯特最重要的非虚构作品是《1812年海战》(1956年）——在美国出版时名为《风帆时代：1812年海战故事》。这本书被认为是非专业人员阅读的同类主题中的最佳书籍之一。

福雷斯特的作品启发了许多后来的航海作家，其中一些人创作作品中的主角以霍雷肖·霍恩布洛尔为原型，例如《星际迷航》中的詹姆斯·T.柯克船长。1966年4月2日，福雷斯特在加州去世。

格罗夫·科格

拓展阅读

Forester, C.S., and Samuel H.Bryant.1964.*The Hornblower Companion: An Atlas and Personal Commentary on the Writing of the Hornblower Saga.*Boston: Little, Brown.

Parrill, Sue.2009.*Nelson's Navy in Fiction and Film: Depictions of British Sea Power in the Napoleonic Era.*Jefferson, NC: McFarland.

Saville, Martin. 2000. *Hornblower's Ships: Their History and Their Models.*Dulles, VA: Brassey's.

Sternlicht, Sanford.1999.*C.S.Forester and the Hornblower Saga.*Syracuse, NY: Syracuse University Press.

日德兰海战

日德兰海战是第一次世界大战期间，英国皇家海军主力与德国公海舰队之间的战斗。这次海战发生在1916年5月31日至6月1日，地点在丹麦日德兰半岛附近的北海。总共有151艘英国战舰，包括9艘战列巡洋舰和28艘无畏舰，其对手德国则是99艘战舰，包括5艘战列巡洋舰、16艘无畏舰和6艘前无畏舰。此战以英国取得战略上的胜利而告终。尽管给英国人造成了更大的损失，但德意志帝国海军再也没能在水面作战中争夺海上控制权。相反，德国人把重点放在了潜艇战上。

德国人希望用比较大的一支舰队来吸引英国皇家海军的一部分力量冒进，从而零敲碎打地摧毁更大的英国海军。由德国海军中将弗朗兹·冯·希佩尔（Franz von Hipper）指挥的五艘现代化战列巡洋舰，想诱使英国海军中将戴维·比蒂爵士（David Beatty）的皇家海军战列巡洋舰向德国海军中将雷因哈德·谢尔（Reinhard Scheer）指挥的德国主力舰队发起进攻。然而，被截获的通信泄露了德国的计划。在海军上将约翰·杰里科爵士（John Jellicoe）的指挥下，整个英国大舰队出动支援比蒂。

希佩尔的战列巡洋舰在5月31日下午晚些时候发现了比蒂的舰艇。比蒂令舰队保持火力，并指挥舰队在战斗的第一阶段“奔向南方”过程中，向德国舰队靠近。交火中双方舰队的驱逐舰和轻型战舰互射鱼雷和炮火。由于优越的火力控制，希佩尔的战列巡洋舰很快击沉了两艘英国战列巡洋舰，并重创了第三艘——比蒂的旗舰。当比蒂发现自己被引诱到整个公海舰队的射程内时，他转而将谢尔的舰队引向杰里科的大部队，开始了第二阶段的战斗，“向北奔行”。

当双方的战列巡洋舰与各自舰队的主力汇合时，谢尔发现自己面对的是整个英国大舰队，而且己方力量严重不足。在舰队交汇时，杰里科命令舰队向东一字排开部署，希望能越到敌舰战斗序列头部，抢占T字型的头顶一横的位置，使其舰队所有的重炮都能对德舰开火，而德国人只能用船头的前锋炮台来还击。

在随后的行动中，德国战列舰多次被击中，但还是击沉了第三艘英国战列舰。谢尔随即熟练地指挥舰队逆向脱离英国战舰。当谢尔回过头来继续战斗时，杰里科再次超越了他，占据了T字型的头顶位。惊慌失措的谢尔命令战列巡洋舰发动攻击，以争取空间和时间让剩余舰队逃跑。这场绝望的赌博得到了回报。白天结束时，德国舰队实现了它的逃跑计划。夜间，谢尔的部队在杰里科舰队的后方与轻型舰队遭遇。在混乱的行动中，双方都损失了一艘巡洋舰和几艘驱逐舰，但英国人成功地击沉了一艘德国老式战列舰。到了上午，受损严重的德国舰队已经回到了本土水域。

英国皇家海军总共损失了 6000 多人和 14 艘舰艇，包括 3 艘战列巡洋舰。德国损失了 3000 多人和 11 艘舰艇，包括 1 艘战列巡洋舰和 1 艘老式战列舰波曼号（Pomern）。尽管德国人宣称取得了战术上的胜利，但其削弱更大的英国舰队的计划已经失败。除了几次小规模的突袭之外，德国公海舰队余下的战争里都是在港口度过的。

艾伦 · M. 安德森

拓展阅读

Gordon, Andrew. 1996. *The Rules of the Game: Jutland and British Naval Command*. London. John Murray.

Tarrant, V. E. 1995. *Jutland: The German Perspective*. Annapolis, MD. Naval Institute Press.

Yates, Keith. 2000. *Flawed Victory: Jutland* 1916. Annapolis, MD. Naval Institute Press.

约翰 · 桑尼克罗夫特，1843 年至 1928 年

约翰 · 艾萨克 · 桑尼克罗夫特（John Isaac Thornycroft）爵士是英国海军建筑师、工程师，也是造船机构约翰 · I. 桑尼克罗夫特有限公司的创始人。他因参与设计和建造了英国皇家海军的第一艘鱼雷艇，以及设计和改进了该类舰艇所涉及的机械而闻名。他还是军舰船体和螺旋桨设计的改进者，以及船舶稳定器的设计者，并由此广受赞誉。特别是，桑尼克罗夫特的公司因其在流线型船体设计方面的工作，以及在鱼雷、鱼雷艇和驱逐舰方面的工作而闻名。

1843 年 2 月 1 日，约翰 · 艾萨克 · 桑尼克罗夫特出生在意大利罗马，父亲托马斯 · 桑尼克罗夫特（1815—1885）和母亲玛丽 · 弗朗西斯（1809—1895）都是英国雕塑家。桑尼克罗夫特很早就表现出对造船的兴趣，据说他在父亲的工作室里（1859—1862 年）建造了一艘蒸汽船鹦鹉

螺号。他在格拉斯哥大学学习数学和土木工程，后来于1864年在格拉斯哥完成了他的造船实习期。两年后，桑尼克罗夫特在伦敦奇斯威克的教堂码头成立了以自己名字命名的造船公司。桑尼克罗夫特专注于流线型船体和轻型蒸汽机和机械的制造。

在其姐夫约翰·唐纳森（1840—1899）的帮助下，他获得了几艘小型蒸汽动力船的造船合同。1872年，桑尼克罗夫特受挪威政府委托建造了快速号（Rap），该船被认为是第一艘现代鱼雷艇，它搭载的是自动鱼雷而不是竿式鱼雷（spar torpedoes）。美国内战中频繁使用的是竿式鱼雷，这种鱼雷安装在从船头延伸的竿子（“鱼叉”）末端，通过将鱼叉撞向敌船而引爆。在接下来的几十年中，桑尼克罗夫特还为皇家海军生产了一系列的快速艇，速度达到40节。英国皇家学会认可了他对工程和海军建造的贡献，1902年桑尼克罗夫特被授予骑士称号。

1904年，桑尼克罗夫特公司收购了莫迪·卡尼有限公司（Mordey Carney & Co.Ltd），并将其公司的大型项目转移到南安普顿的伍尔斯顿（Woolston）造船厂。到1908年，由于需要，公司还在汉普顿米德尔塞克斯附近的普氏·艾奥特（Platts Eyot）建立了汉普顿船坞。在这些设施中，桑尼克罗夫特公司将协助实现约翰·阿布诺特·费舍尔（John Arbuthnot Fisher，1841—1920）海军上将在第一次世界大战（1914—1918年）前几年推进英国海军现代化的主张。1908年，桑尼克罗夫特将公司的管理权交给了他的儿子约翰·爱德华·桑尼克罗夫特（John Edward Thornycroft，1872—1960）。20年后，桑尼克罗夫特于1928年6月28日在英国怀特岛的本布里奇（Bembridge）去世。他创立的公司不断发展壮大，在两次世界大战中为英国皇家海军生产快速攻击艇和驱逐舰，以及各种登陆艇和民用船舶，从渡轮到快艇和游艇。1966年，桑尼克罗夫特公司与沃斯泊（Vosper）合并，成立了沃斯泊·桑尼克罗夫特公司，后来发展为VT集团。

肖恩·莫顿

拓展阅读

Banbury，P.1971.*Shipbuilders of the Thames and Medway*.Newton Abbot，England：David & Charles.

Barnaby，K.1964.*100 Years of Specialized Shipbuilding and Engineering*.London：Hutchinson.

Ritchie，L.1992.*The Shipbuilding Industry：A Guide to Historical Records*.

Manchester：Manchester University Press.

泰坦尼克号

英国客轮泰坦尼克号在其首航中于 1912 年 4 月 15 日沉没，船上 2224 名乘客中有 1500 多人丧生。泰坦尼克号是众多书籍和三部电影的主题，至今仍然是历史上最著名的海上灾难之一。

泰坦尼克号由爱尔兰贝尔法斯特的哈兰德与沃尔夫（Harland & Wolff）船厂为白星航运公司建造。泰坦尼克号重达 52310 吨，1911 年 5 月下水时是有史以来最长的船，长达 882 英尺 9 英寸。与姐妹船奥林匹克号和不列颠尼克号一样，都是白星公司拥有的 29 艘船中最大的几艘。它们投入运营有望为跨大西洋客运的速度和服务设立新的标准，为头等舱乘客提供豪华设施，包括图书馆、游泳池、壁球场、舞厅、咖啡馆和装饰豪华的客房。

泰坦尼克号是当时最快的轮船之一，首航中在 1912 年 4 月 15 日撞上冰山后下沉。(美国国会图书馆)

泰坦尼克号于 1912 年 4 月 10 日开启首航之旅，原定从英国南安普敦驶往纽约，中途停靠法国瑟堡和爱尔兰皇后镇。虽然没有订满，但船上的

329名头等舱乘客包括世界上最富有和最著名的一些人，如约翰·雅各布·阿斯特四世（1864—1912）、本杰明·古根海姆（1865—1912）和白星航运的董事长约瑟夫·布鲁斯·伊斯梅（1862—1937）。此外，船上还有285名二等舱乘客和710名三等舱（大舱）乘客，此外还有899名船员。该船拥有许多安全功能，包括双层船体和15扇电动水密门，这为该船赢得了“永不沉没”的声誉。然而，水密门只能密封泰坦尼克号10层甲板中的下5层，而且船上只有20艘救生艇，如果满载的话，只够容纳船上三分之一的乘客和船员。

救生衣

救生衣是一种具有浮力特性的设备，通常被设计为覆盖胸部的无袖服装，可使穿戴者保持漂浮。最早的救生衣是用连接的木块制成的。或者，它们包含了充满空气的空心装置，如动物器官或其他可以像气球一样充气的物体。软木被认为是最佳的浮力构件，并被广泛用于救生衣设计。约翰·威尔金森（John Wilkinson）是18世纪的医生，他在1765年用软木塞设计的救生衣获得了这方面的第一项专利。救生衣的现代形式通常归功于英国皇家海军救生艇协会，该机构于1854年为救生艇船员设计了软木背心。

1852年后，美国法律规定每艘客船必须为船上所有乘客配备救生衣。蓬松的、纤维状的、防水的热带木棉树荚的内部组织在19世纪后半期开始被运用于救生衣，并在1902年经美国海岸警卫队批准，正式取代了更昂贵的软木作为救生衣材料。1912年泰坦尼克号沉没后，引发了人们对海上安全的关注。新法规规定所有商业船只必须为船上的每个人（包括船员）配备救生衣。第二次世界大战期间，美英军方人员广泛发放的谑称为“梅·韦斯特”（Mae Wests）[①] 的充气背心式救生衣，在战后成为军用救生衣的标配。

珍妮弗·戴利

① 译者注：梅·韦斯特（Mae West，1893年8月17日至1980年11月22日）是美国著名女演员。第二次世界大战期间，英美空军机组人员因为穿上充气背心后的身材让人联想到梅·韦斯特，所以给这款救生衣取了“梅·韦斯特”的外号。

尽管多次收到关于冰山的无线电警告，但泰坦尼克号的船长爱德华·约翰·史密斯（Edward John Smith，1850—1912）仍然保持着船的航向。1912 年 4 月 14 日晚上 11 点 40 分，泰坦尼克号上的瞭望员在以 22 节的速度航行时，发现了一座冰山。尽管迅速改变航向，但船还是撞上了冰山的水下支点。五个水密舱被冲破，水从一个舱室涌向另一个舱室，2 小时 40 分钟后船体沉没。泰坦尼克号的船员用无线电求救，发射紧急火箭发出求救信号，并启动救生艇——其中许多救生艇都并未满载。冠达邮轮公司的卡帕西亚号（Carpathia）凌晨 3 点半左右到达赶到现场，救出了 706 名幸存者。

大约有 1500 名乘客和船员在这场悲剧中丧生，这引发了人们的强烈抗议和调查，并导致后来对客轮的安全性能要求更加严格。水下考古学家罗伯特·巴拉德（Robert Ballard，1942—）在 1985 年找到了泰坦尼克号的残骸，此后其他探险队也曾到沉船的水底现场考察，还取回了一些文物。

贾斯汀·库辛

拓展阅读

Beveridge，Bruce，Daniel Klistorner，Steve Hall，and Scott Andrews. 2008.Titanic：The Ship Magnificent.Stroud：The History Press.

Davenport - Hines，Richard. 2012. Titanic Lives. London：HarperCollins Publishers.

Eaton，John P. 1999. Titanic：A Journey Through Time. New York：Patrick Stephens Ltd.

Lord，Walter.1955.A Night to Remember.New York：R&W Holt.

诺曼·威尔金森，1878 年至 1971 年

诺曼·威尔金森（Norman Wilkinson）是一位多产的海军艺术家，他开发了干扰性迷彩伪装（disruptive camouflage）。这要求舰艇的涂装方式能让敌方潜艇指挥官对目标的身份和行进方向产生迷惑。由于鱼雷的行进时间较长，U 型潜艇指挥官必须知道目标在未来几分钟内的位置。这就要求准确地估计目标的航向——因此通过高对比度的油漆颜色涂装，就可能对其研判目标船的航向进行干扰。

由于德国 U 型潜艇能毫发无损地击沉通往英国的重要船只，第一次

世界大战的英国皇家海军军官们努力寻找保护商船的方法。一些人建议将陆地上使用的伪装原理应用到海上的船只上，但要让敌人的潜望镜看不到大型船只，尤其是其轮廓在天空的映衬下，显然是不可能的。皇家海军少校诺曼·威尔金森提出了一个不同的方法。尽管隐蔽是不可能实现的，但也许欺骗会奏效。

1917年，威尔金森成立了一个办公室，专门设计这些“眩目”的伪装方案。威尔金森和他的油漆工、模型工和艺术工匠在木制模型上测试了许多实验方案，这些模型被放置在转盘上，周围有可更换的背景和灯光。通过仿制潜望镜观察，威尔金森的团队评估了哪些颜色和图案在最广泛的自然条件下最成功。有前途的方案被转发给船坞应用，结果是船舶被涂成斑马的纹样，图案有红色、黄色、蓝色和绿色——与传统的整体灰色大相径庭。

关于这些计划成功与否的统计数字仍然不明确。在某些月份，“眩目”涂装的船只伤亡较多，而其他月份则较少。解读这些数据需要认识到，涂装了“眩目”图样的舰艇遭受了更多的攻击企图——毕竟，涂装了醒目颜色的舰艇干扰了敌人使其更难击中，但也使舰艇更容易引起注意。美国海军也采用了威尔金森的“眩目”迷彩，在第二次世界大战的头几年，在非视觉瞄准方法——如雷达和声呐的出现使其失去意义之前，该方案被一些海军应用。

除了战时的作品，威尔金森还是一位作品丰富的艺术家，他对海洋题材情有独钟。白星航运公司委托他创作了几幅画作，其中一幅《普利茅斯港》挂在泰坦尼克号上，并随船沉没。

蒂莫西·崔

拓展阅读

Forbes, Peter.2009.*Dazzled and Deceived*: *Mimicry and Camouflage*.New Haven: Yale University Press.

Murphy, Hugh and Martin Bellamy.2009. “The Dazzling Zoologist: John Graham Kerr and the Early Development of Ship Camouflage.” *The Northern Mariner* 19 (2): 171–92.

Wilkinson, Norman.1920. “The Dazzle Painting of Ships.” *Journal of the Royal Society of Arts* 68 (3512): 264–72.

日本，1900年至1945年

19世纪中叶，日本200年的海禁被一系列海上事件打破。第一起事件——发生在1840年鸦片战争期间——是英国舰队的到来，其中包括武装蒸汽轮船复仇女神号（Nemesis）。复仇女神号是为中国沿海和内河水域设计的，它的武器装备包括康格里夫火箭。当其中一枚火箭击中一艘巨大的中国帆船时，“它以可怕的爆炸声炸开了，让船上的每一个人魂飞魄散，它的火焰就像从火山中喷出的强大火焰一样倾泻而出……烟雾、火焰和雷鸣……碎片……分离的尸体，从空中落下并散得到处都是”（Bernard and Hall，1848：第12章）。日本领导人认真研究了这些恐怖事件的报告，并评估了其政治后果。

接着，1853年马修·佩里海军准将（1794—1858）乘坐蒸汽护卫舰抵达日本，成功地为美国船只索取到进行加油、补给、救助遇难水手以及其他基本海事权利，所有这些都突破了当时日本的法律。

最后，1863年，当英国军舰向鹿儿岛港开火击沉了8艘船并点燃了这座城市时，日本获得了西方海军侵略的直接经验。

这些事件直接导致了日本的政治、经济和技术现代化，并永远改变了日本与海洋的关系。在一个世纪内，日本人彻底改变了世界造船技术（20世纪40—70年代）；建立了世界上仅次于美国和英国的规模最大、技术最先进的海军（1900—1945年）；并发展了海洋基础设施，支持了一个世纪以来现代史上已知的最快的国家贸易和经济发展（1870—1970年）。

日本早期的近代海洋发展有三个主要因素：造船能力的增长，现代海军的组织，以及商业航运网络的发展，借此可以运送经济扩张所需的乘客、原材料和制成品。日本在1945年以前的不寻常之处在于这三个要素的密切联系。尤其是造船业的进步，同时促进了海军和民用舰队的发展；而且从一开始，这两支舰队就被视为日本整体海军战略力量的联合要素。

这一时期日本的海洋发展可以分为三个阶段：从日本开国到第一次世界大战（1914—1918年）的进步；第一次世界大战到1937年的商业航运和海军发展；侵华战争爆发（1937年）到第二次世界大战的最后失败（1945年）。

日本无力应对海上入侵和对其领土完整的攻击，这助推了其传统政治秩序的崩溃。1867 年，幕府政治被以天皇为中心的明治政府所取代。数十年内，明治政府建立了一个运作良好、中央集权的主权国家，并配备了武装部队及西式官僚制度。

在这之前，日本已开始采取紧急措施，以弥补其海上的弱点，并放宽禁止购买外国船只及制造蒸汽机及钢铁的法律。在进入 20 世纪后，在新的官僚基础结构下，这些努力得到了加强。在 1912 年明治时代结束前的这段时期，日本所遵循的基本发展路线有三个阶段：购买外国船只，并聘请外国人作为顾问，如果是商业船只，则聘请外国人操作船只；仔细研究外国船只的建造模式和海军及商业航运组织；有选择地仿制、联合生产，并使用外国材料和部件（特别是钢材和发动机）在日本本土建造船只，使日本能够建造自己的船只，以达到或超过现有的世界标准。

必须认识到，日本所面临的挑战是在船舶技术日新月异的时候实现这些目标。在民用领域，钢铁取代了木质船体，蒸汽和（后来的）涡轮发动机取代了风帆。在世界范围内，在劳埃德船级社登记的新船中，蒸汽船数量超过帆船的第一年是 1875 年——日本海军部成立后仅三年。

在海军领域，以科学为基础的创新更加引人注目，鱼雷、无线电通讯、硬化钢和炸药的出现，以及船型的多样化，领导舰队的大型主力战舰除战列舰之外，又增加了驱逐舰和巡洋舰家族。

日本的海军扩张部分是以法国海军为蓝本，但在建设和组织上主要是以英军为蓝本。日本海军的潜力在甲午战争（1894 年）和日俄战争（1904—1905 年）的海战中得到了明显的体现。在这些冲突中，观察家们对日本人不仅在技术上的表现，而且在航海、战术和强化训练上的表现印象深刻，这些表现使日本人能够尽可能地利用其有形的海军资产。

这些年里，在海军的领导下，日本对其与海洋的基本关系进行了重新评估。1888 年，帝国海军学院成立，秋山真之（1868—1918）和佐藤铁太郎（1866—1942）等参谋在这里开始为培养新一代军官提供实践和哲学基础。佐藤研究过马汉，在美国时还曾仔细研究各家图书馆关于西方海军的资料。他的结论是，作为一个像英国一样的岛国，海洋和海军力量是日本实现国家强大的自然途径。他更详细地论证了日本的命运在于向东南亚扩张，这就是“南进论”（Nanshinron）。像马汉一样，他预计胜利的关键将是使用最大和最先进的主力舰开展的一次大规模的、决定性的战斗。

这些想法是日本海军扩张计划的背景，几轮扩张表现为 1882 年、

1896 年、1906 年和 1923 年预算的里程碑式的扩大。值得注意的是，虽然 1896 年计划中订购的舰艇 90%都是外国制造的，但到了 1911 年，日本在海军建造方面已经实现了自给自足，同年，一艘世界级的国产战列舰比睿号（Hiei）铺设了龙骨。日本的一个严重弱点是本土缺乏优质的煤炭和石油，来为其舰队提供动力。

在海军进步的同时，商业航运也得到了发展，日本领导人认为这同样具有战略意义。当日本在 19 世纪后半叶进入现代世界时，外国人几乎完全控制了日本的远洋航运和对外贸易。为了解除这种束缚，发展本国的海上舰队是必不可少的。

商业航运——尤其是在其发展的早期阶段——的问题在于它是有风险的。必须在没有任何确定性收入的情况下对船舶和港口基础设施进行投资。日本政府缓解了这个问题。它从私营部门中挑选了一个“全国冠军企业”，并指示它开设哪些航线。进一步的支持来自邮政合同和对股东 8%的资本回报的保证。作为回报，被选中的日本邮船株式会社（NYK，成立于 1885 年）承诺在任何时候都将其船队提供给海军。在此基础上，日本邮船于 1875 年首次开通了从横滨到上海的航线，并很快增加了到欧洲、澳大利亚和西雅图的航线。后来的海商法，如《远洋航线补贴法》等，支持了欧洲、美洲和世界其他地区新航点的开辟。

这种对航运的商业支持得到了诸如 1896 年《鼓励造船法》等立法的进一步支持。这为造船厂提供了保障和支持，特别是为大型船舶和工程进步提供了帮助，提高了日本的自给率。到了 20 世纪，日本已经走上了成为世界商业航运的主要力量的道路。

日本邮船株式会社的一个值得注意的特点是它对头等舱的豪华住宿给予了关注。无论乘客是喜欢简约的日式旅行风格，还是喜欢仿照伦敦最好的舞厅和绅士俱乐部的客房、图书馆和吸烟室，这些都能满足他们的需求——华丽的天洋丸号就是一个缩影，这艘总吨位 14000 吨的班轮由帕森斯柴油发动机提供动力。天洋丸号于 1908 年起开往美国西海岸，多年来一直保持着从檀香山到旧金山的太平洋航段的速度纪录。

日本的海运发展也要求迅速培训船长、军官和船员。虽然日本人成立了自己的海上保险公司，但是得到世界上领先的海上保险公司——劳埃德的认可是非常重要的，多年来，只有船长是英国人的船舶才能获得这种认可。日本邮船株式会社 1892 年任命了第一位日本船长，其任命的最后一位英国船长在1920年退休。

日本海洋扩张所需的另一项重要装备是灯塔系统。日本的海岸线岩石遍布、经常风雨交加，沉船事故屡见不鲜。这个问题首先是由英国工程师理查德·亨利·布伦顿（Richard Henry Brunton，1841—1901）解决的，他利用包括菲涅尔透镜在内的最先进的灯塔技术，在日本建造了26座灯塔。

在第一次世界大战中，日本加入了协约国对抗德国的行列。协约国对运输工具的需求很大，而他们自己的生产线和堆场完全处于战区之中。这就给日本人留下了广阔的亚洲市场可供开发。虽然日本海军在德国潜艇面前损失了几艘船，但第一次世界大战的总体影响是非常有利的。从1914年到1919年，日本造船业扩大了10倍，成为世界第三大船舶拥有国（仅次于英国和美国）。

两次世界大战的间歇期，日本航运业沿着两条道路前进。在商业方面，日本公司的能力不断增强——特别是NYK和大阪商船（OSK）的能力。后者从最初在大阪商业区的沿海航运活动中发展起来。当时世变得困难时，OSK和NYK相互之间以及与其他主要航运公司（如冠达集团）签订了海运共享协议。

战争间歇期日本船运发展的另一个重要特点是跟随和支持日本的殖民扩张。尤其是OSK，它迅速向中国华东、长江以及华北、东北扩张。随着船运线路向中国东北延伸，日本和俄国铁路被连接起来，能够提供从日本到西欧的10—14天的海陆直达航线，这个时刻表自提出后就没有进一步的改进。

战争间歇期的海军扩张必须考虑到1922年的《华盛顿海军条约》。然而，即使在这些条约生效期间，日本仍在海军研究和发展方面进行了大量投资。1934年，日本无视条约，开始了大规模的海军扩张。到1941年太平洋战争开始时，日本已经拥有六支以地理为基础的舰队，加上航空母舰和潜艇舰队，以及一支舰队航空兵。在适当的时候，日本还公布了它的“影子舰队”，包括航空母舰、炮艇、巡洋舰和扫雷舰，它们都是在海军的指导下建造的，但最初伪装成班轮和其他商业船只。

日本舰队的规模和技术复杂性表现突出。大和号（Yamato）战列舰拥有世界上最大的火炮；翔鹤号（Shokaku）是当时最先进的航空母舰；有的潜艇可以长驱直入加利福尼亚近海并巡航90天而不返回基地。所有这些舰艇都得到了包括光学设备在内的各种工程设备技术进步的支撑，这些设备大部分由尼康公司制造，其设计和制造都出类拔萃。

尽管做出了这些努力，在经历了一系列史诗般的海战之后，日本的太平洋战争还是以彻底的灾难而告终。它的舰队被击沉，数千人丧生。这种失败在某种程度上反映了错误的选择。和德国人一样，日本海军对超大型战列舰过于信任。另外，许多日本人（虽然不是全部）对国家的海洋命运也有错误的信心。然而，最重要的是，与美国相比，日本根本就没有足够的工业资源来替代在战斗中损失的舰艇和飞机的实际情况。

战后的历史表明，日本此前的所作所为误解了海洋使命的真正本质。日本人发现，并非通过冲突，而是通过贸易、造船和商业航运的扩张，才是使国家能够建立一个繁荣、受人尊重的和平生活的正确道路。

克里斯托弗·豪

拓展阅读

Bernard, W.D., and Captain W.H.Hall.1848.*The Nemesis in China*, 4th ed.London: Henry Colburn.

Davies, Peter N., and Tomohei Chida.1990.*Japanese Shipping and Shipbuilding: A History of Their Modern Growth*.London: Athlone Press.

Evans, David C., and Mark R.Peattie.1997.*Kaigun: Strategy, Tactics and Technology in the Imperial Japanese Navy*, 1887—1941.Annapolis: Naval Institute Press.

*The First Century of Mitsui OSK Lines Ltd.*1985.Mitsui, O.S.K.Lines.

Golden Jubilee History of Nippon Yusen Kaisha, 1885—1935.1936.Tokyo: Nippon Yusen Kaisha.

Howe, Christopher.1996.*The Origins of Japanese Trade Supremacy: Development and Technology in Asia from* 1540 *to the Pacific War*.London: Hurst.

Morison, Samuel Eliot.1947—1962.*History of the United States Naval Operations in World War II*, vols.3, 4, and 14.Boston: Little Brown.

Sturmey, S.G.1962.*British Shipping and World Competition*.London: Athlone Press.

Thomas, David A.1978.*Japan's War at Sea.Pearl Harbour to the Coral Sea*.London: André Deutsch.

Watts, A. J., and B. G. Gordon. 1971. *The Imperial Japanese Navy*,

1971. London：Macdonald.

畿内丸号

畿内丸号（Kinai Maru）是日本大阪商船公司（OSK）拥有的一艘总吨位为8316吨的货船，是20世纪30年代世界上速度最快的货船之一。畿内丸号由长崎的三菱船厂建造，是20世纪30年代建造的众多日本船舶中的第一艘，它采用苏尔寿柴油机，航速超过18节，使OSK比其他日本、英国和美国的泛太平洋航运公司更具竞争优势。OSK将畿内丸号投入其重要的纽约快线。从横滨到洛杉矶，再经巴拿马运河到纽约，仅需25天的时间，这个距离即使是当代最快的班轮，平均也要35天才能完成。除了生丝（日本对美国最重要和最有利可图的出口产品之一）外，畿内丸号还运送糖、椰子油、鱼罐头、陶瓷、棉布、电灯泡、玩具和其他制成品，并将汽车、钢铁产品、生棉和机械等美国出口产品运往日本。

OSK向泛太平洋地区航运的发展反映了第二次世界大战前美国市场对全球航运的影响，而畿内丸号则帮助美国形成了转运系统——将货物从轮船转移到跨越大陆的火车上，使之成为太平洋和东海岸之间的直接海上航线。第二次世界大战期间，日本海军征用了畿内丸号。1943年5月10日，一艘美国潜艇用鱼雷将其击沉。

克里斯·亚历山德森

拓展阅读

Chida，Tomohei，and Peter N. Davies. 1990. *The Japanese Shipping and Shipbuilding Industries：A History of Their Modern Growth*. London：Athlone Press.

Nakagawa，Keiichiro. 1985. "Japanese Shipping in the Nineteenth and Twentieth Centuries：Strategy and Organization." *Business History of Shipping：Strategy and Structure：The International Conference on Business History* 11：*Proceedings of the Fuji Conference*. Tsunehiko Yui and Keiichiro Nakagawa (eds.). Tokyo：University of Tokyo Press，1-33.

神户

自奈良时代（710—794年）建立港口以来，神户市就与大海紧密相连。神户港位于濑户内海，风平浪静，是与首都地区进行贸易的船只的天然停泊地，从神户港到首都地区的交通十分便利。早在公元前 8 世纪，这个当时被称为“大和田”的港口，就是帝国使节启程前往中国和由中国返回的地点之一。这些航行是日本文明的基础，因为它们帮助促进了宗教、文字和政治哲学方面中国文化的引进。

从平安后期到镰仓时期，这个城市一直是一个重要的港口。那时这座叫兵库的城市，促进了与宋朝的贸易，主要是以日本出产的贵金属和剑，换取中国的钱币和书籍。有趣的是，日本早期的钱币主要是使用中国铜币，这些铜币就是通过兵库这样的港口进口而来。与中国的贸易在镰仓时代中期正式结束，但在 15 世纪初的室町时代恢复贸易时，兵库又在中国贸易中发挥了重要作用。

19 世纪 50 年代，在马修·佩里海军准将来到日本而后决定开放国际贸易时，神户的最出名之处可能是，它是专门设计以供西方商人使用的港口城市之一。1868 年 1 月 1 日，德川幕府终于向西方船只开放了神户。与日本太平洋沿岸的横滨一样，随着西方商人蜂拥而至，神户迅速繁荣起来，并在港内建造了许多外国人住宅，其中许多住宅至今仍在。由于神户与西方接触的历史较长，兴建了为数众多的外国风格的建筑，使人感觉到这座城市与其他日本城市颇为不同。

1995 年 1 月 17 日凌晨，神户发生了 6.9 级地震，造成 6000 多人死亡。地震给城市结构造成了巨大的破坏，包括港口设施。原本是日本最繁忙的港口，却因地震经济活动大为减少。尽管神户市能够完全修复，但港口再也没有恢复其突出的地位，目前按货物吞吐量算是日本第四大港口。

迈克尔·拉弗

拓展阅读

Ennals，Peter.2014.*Opening a Window to the West*：*The Foreign Concession at Kobe*，*Japan*，1868—1899.Toronto：University of Toronto Press.

Kobe Ports and Harbors Office，*Kobe Port*：*Past*，*Present*，*and Future*.http：//www.pa.kkr.mlit.go.jp/kobeport/en/pdf/thepastthepresentandfuture.pdf. Accessed June 27，2016.

三笠号

三笠号（Mikasa）战列舰建于英国巴罗的维克斯船厂，1902 年服役，

1904—1905 年日俄战争期间是东乡平八郎海军上将（1848—1934）的旗舰。三笠号是当时最强大的战舰之一，也是英国在 1905 年推出革命性设计的无畏舰之前最后完成的战舰之一。

尽管日本在 19 世纪末迅速实现了现代化，但由于缺乏建造现代化大型战舰的设施，因此只能向国外购买。作为 1895 年甲午战争后雄心勃勃的重整军备计划的一部分，三笠号是日本从英国船厂订购的四艘战列舰中的最后一艘，也是日本海军列装的最后一艘由外国建造的战列舰。三笠号的主炮台由一头一尾的 4 门 12 英寸的双炮塔组成，还配备了 14 门 6 英寸速射炮和 20 门 12 磅炮。它的三联装蒸汽机推动着这艘重达 15140 吨的舰艇以 18 节的速度行驶。

三笠号参加了日俄战争中的每一场重大战役。在黄海海战（1904 年 8 月 10 日）和对马海战（1905 年 5 月 27 日）中，多次被俄军炮弹击中。但该舰采用了最新的硬化工艺的重型装甲，从而没有被摧毁。然而，1905 年 9 月 12 日，也就是战争结束后的几天，三笠号尾部炮塔内的弹药发生爆炸，114 名船员死亡，该舰沉没。沉船被吊起并经过修理之后，三笠号一直服役到 1923 年。第二次世界大战后，该舰进行了整修，现在作为博物馆展品保存在横须贺，是世界上仅存的前无畏舰。

斯蒂芬·K. 斯坦

拓展阅读

Chesneau，Roger，and Eugene M.Kolesnik.1979.*Conway's All the World's Fighting Ships* 1860—1905.Greenwich，UK：Conway Maritime Press.

Evans，David C.，and Mark R.Peattie.1997.*Kaigun*：*Strategy*，*Tactics*，*and Technology in the Imperial Japanese Navy*，1887—1941. Annapolis，MD：Naval Institute Press.

*Mikasa*Memorial Website. http：//www. kinenkan - mikasa. or. jp/en/index.html.Accessed February 20，2015.

日本邮船株式会社

日本邮船株式会社（Nippon Yusen Kaisha）是日本最大的航运公司之一，已有一个多世纪的历史。该公司成立于 1885 年，当时由三菱财阀（商业集团）拥有的政府支持的船运公司三菱邮船公司和联合船运公司合并而来，成为日本唯一的国有船运公司，拥有 14 条政府指定的日本周边航线，提供往来中国、韩国和俄罗斯亚洲地区的航运服务。1893 年，尽管继续接受政府的补贴，日本邮船成了一家完全的私营企业，并发展了从孟买到神户运送棉花的远洋运输服务。甲午战争期间（1894—1895 年），日本邮船扩大了规模，增加了 23 艘船，用于开辟通往欧洲、澳大利亚和西雅图的新航线。日俄战争（1904—1905 年）后，它增加了至塔科马、爪哇的航线，并最终在 1911 年增加了至加尔各答的航线。日本邮船提供的服务与英国大航运公司类似，尽管它是欧洲—远东航运会议的成员，但却是英国半岛和东方邮轮公司（P&O Line）的主要竞争对手。

尽管日本的造船业和商业海运业正在发展，但日本邮船购买了许多英国制造的船舶，并雇用了一些英国军官和工程师。其最后一名外籍船长于 1920 年离开公司。直到 1914 年，日本邮船仍是日本最大和最广泛的班轮客运提供者，尽管来自日本第二大公司、1884 年成立的大阪商船公司（OSK）的竞争日益激烈。在第一次世界大战（1914—1918 年）期间，日本邮船退出了沿海航线，专注于拓展远洋航线，并在 1915 年建立了一条环球航线，到 1920 年又增加了 12 条航线。

20 世纪 20 年代航运业不景气，日本邮船贷款将老旧船舶更换为高质量的柴油机船。1931 年，日本邮船与大阪商船达成协议，缓解了美国航线上的竞争，确立了合作精神，这种合作精神在第二次世界大战后一直延续。20 世纪 30 年代，日本邮船受益于政府鼓励合作的政策、航行补贴以及废旧改造更新计划。这些政策不仅为日本船舶的现代化提供帮助，并且在很大程度上禁止进口外国建造的船舶。1936 年的《航运服务管理法》赋予了日本政府降低关税和建立航运卡特尔的权力，使政府得以在 1937 年侵华战争爆发后加强了对日本邮船、大阪商船及其他公司的控制。

第二次世界大战（1937—1945 年）期间，日本航运业受到严重干扰。20 世纪 50 年代，日本邮船公司的业务得到恢复。认识到货运贸易由散货转向大宗商品（特别是石油）的趋势，日本邮船公司效仿半岛和东方邮轮公司的做法，进行了多元化发展，分别于 1959 年和 1960 年建造了第一艘油轮和矿石运输船。1964 年起，日本航运业根据“航运业复兴两法案”进行重组，日本邮船公司与美国美森轮船公司合作，成为日本第一家货运集装箱化的公司，这也让该公司发展成为世界上最大的航运公司之一。

克里斯·亚历山德森

拓展阅读

Davis, Peter N. 2008. "A Guide to the Emergence of Japan's Modern Shipping Industries." *International Merchant Shipping in the Nineteenth and Twentieth Centuries: The Comparative Dimension*. Lewis R. Fisher and Evan Lange (eds.). St. John's, Newfoundland: International Maritime Economic History Association, 105-24.

Wray, William D. 1984. *Mitsubishi and the N. Y. K., 1870—1914: Business Strategy in the Japanese Shipping Industry*. Cambridge, MA: Harvard University Press.

袭击珍珠港

1941 年 12 月 7 日星期日上午，日本海军特遣部队起飞了两波飞机，袭击了夏威夷群岛瓦胡岛上的美国军事设施。这些设施包括珍珠港、美国太平洋舰队的主要基地、沙夫特堡的陆军总部和几个机场。空袭击沉或损坏了珍珠港的所有八艘美国战列舰和许多小型战舰，造成的破坏如此之大，以至于美国海军在接下来的几个月里面对入侵菲律宾、印度尼西亚和其他国家的日本军队几无还手之力。这次攻击促使美国总统富兰克林·罗斯福要求对日本宣战，国会在第二天通过了这一要求。

只有美国军队对日本的扩张计划构成重大威胁。所以，日本海军总司令山本五十六大将计划进行一次突然袭击，以消灭珍珠港的美国舰队。经过长期的策划和训练，由 6 艘航空母舰（赤城号、加贺号、翔鹤号、瑞鹤号、飞龙号、苍龙号，即 Akagi, Kaga, Shokaku, Zuikaku, Hiryu, and Soryu）和 400 多架飞机组成的日本攻击部队，于 11 月 27 日从日本出发。由海军上将南云忠一指挥，走北方路线。为避免被发现，紧紧藏身于风暴云下，保持无线电静默。12 月 4 日，日本最高司令部传来"攀登新高山"的暗号，这意味着与美国的谈判失败，日本舰队将前往夏威夷并发动攻击。美军守军尽管之前已经发出警报，但完全没有意识到这次攻击。基地指挥官，太平洋舰队总司令哈斯本·金梅尔上将和夏威夷司令部司令沃尔特·肖特中将，误读了重要的情报，迟迟没有采用雷达等新技术，也没有制定一个全面和有效的计划来保卫该岛。

这次攻击本身，包括五艘小型潜艇的不成功攻击，证明是毁灭性的。日本飞机严重损坏了所有八艘美国战列舰，其中亚利桑那号沉没并出现巨

西弗吉尼亚号战舰在珍珠港燃烧。日军袭击珍珠港破坏或击沉了 16 艘美国舰艇。（美国国家档案馆）

大伤亡。其他还有十几艘舰艇被击沉或损坏，岛上大部分军用飞机被损坏或摧毁，2403 名美国人——其中大部分是军人——被杀。学者们继续争论只损失了 26 架飞机的日本人是否应该重新装备飞机并发动进一步的打击。南云海军上将的选择却是命令舰队返航。

事实证明，这次攻击对美国人产生了心理冲击，不仅因为损失，而且因为大多数美国人并未把亚洲人看作是可怕的敌手。袭击发生在正式宣战之前，这激怒了许多美国人，他们要求对日本发动一场复仇之战——山本大将向他的上级预言了这一后果。此外，珍珠港事件也深深地烙在了美国人的心里，并在许多美国人的心目中树立了“要对具备全球能力的军事力量时刻保持警惕”的想法。

哈尔·M. 弗里德曼

拓展阅读

Borch, Fred and Daniel Martinez. 2005. *Kimmel, Short, and Pearl Harbor: The Final Report Revealed.* Annapolis, Maryland: Naval Institute Press.

Goldstein, Donald, and Katherine Dillon (eds.) 2000. *The Pearl Harbor*

Papers：*Inside the Japanese Plans*.Dulles，Virginia：Brassey's.

Prange，Gordon，et.al.1981.*At Dawn We Slept*：*The Untold Story of Pearl Harbor*.New York：Penguin Books.

Rosenberg，Emily.2003.*A Date Which Will Live*：*Pearl Harbor in American Memory*.Durham，North Carolina：Duke University Press.

东乡平八郎，1848 年至 1934 年

东乡平八郎大将是 19 世纪末 20 世纪初日本最重要的海军领袖。被称为“日本的纳尔逊”，东乡帮助引导日本从一个孤立的封建国家成为一个伟大的海军强国。他最著名的业绩是在日俄战争（1904—1905 年）中，尤其是对马海战一役，以小胜大击败了俄国海军。

1848 年 1 月 27 日，东乡出生于日本鹿儿岛的一个中下层武士家庭，1866 年，当帝国海军在萨摩藩设立海军局时，东乡和他的弟弟都应征入伍。东乡在服役期间表现出色，被派往英国朴次茅斯接受英国海军的训练。1878 年回国后，他迅速升迁，最后被任命为吴镇守府参谋长。

在中日甲午战争期间（1894—1895 年），他指挥军舰击沉了一艘悬挂英国国旗、载有中国军队的商船，引起了两国之间的国际事件。由于在战争中取得成功，他被任命为海军技术委员会主席、高等海军学院院长和海军将官委员会委员。1900 年，东乡指挥日本部队在中国对付义和团。三年后，东乡被任命为日本联合舰队总司令。

在日俄战争期间，东乡指挥了为期 10 个月的对亚瑟港[①]俄国军事基地的海上封锁，导致俄军在 1905 年 1 月 2 日投降。1905 年 5 月，东乡大将的部队在对马海峡战役中摧毁了俄国波罗的海舰队，当时东乡的舰队越过敌方舰队抢占了 T 字型横头位，摧毁了 35 艘俄舰中的 33 艘。这次胜利有效地结束了战争，也是亚洲强国在近代战斗中第一次击败欧洲国家，从而确立了日本的海军强国地位。

东乡在战后成为海军总参谋长，并在第一次世界大战前不久晋升为日本海军的最高军衔——舰队上将。他曾短暂地监督未来天皇裕仁的教育，[②] 并对日本参加战争之间的裁军条约提出批评。1934 年 5 月 30 日他

① 译者注：即中国大连旅顺口。

② 译者注：指其曾担任东宫御学问所总裁。

在东京去世。

爱德华・萨洛

拓展阅读

Blond，Georges.1960.*Admiral Togo*.New York：Macmillan.

Clements，Jonathan. 2010. *Admiral Tōgō*：*Nelson of the East*. London：Haus Pub.

Hoyt，Edwin Palmer.1993.*Three Military Leaders*：*Heihachiro Togo*，*Isoroku Yamamoto*，*Tomoyuki Yamashita*.Tokyo：Kodansha International.

对马海战，1905 年 5 月 27 日至 28 日

对马海战是日俄战争（1904—1905 年）的高潮，日本帝国海军在这次战役中粉碎了俄国的波罗的海舰队，击沉或俘虏了 38 艘战舰中的 28 艘，包括全部 8 艘战列舰。这是现代钢铁战列舰的第一次海战，展示了远程大口径火炮和无线电的优势，后者使日本指挥官能够追踪俄国舰队的行进。这次战役逼和了俄国，并加速了各大海军强国引进以英国无畏号为代表的“全重型火炮”战列舰的步伐。

1904 年 2 月 4 日，日本突然袭击了俄国在亚瑟港的海军基地，战争由此开始。到了 10 月，俄国的太平洋舰队大部分困于亚瑟港并被封锁，沙皇尼古拉二世派遣俄国的波罗的海舰队前往太平洋，希望进行一场海上决战。舰队由海军上将兹诺维・罗日杰斯特文斯基（Zinovy Rozhestvensky，1848—1909）指挥，绕过好望角，横跨印度洋，历经 7 个月的史诗般的航行，航程 18000 海里，于 1905 年 5 月抵达越南的金兰湾。漫长的航行使罗日杰斯特文斯基的水手们筋疲力尽，士气下降。他的船需要保养和维修，很少有船长对船员进行备战训练。由于日本人在 1905 年 1 月 2 日占领了亚瑟港，舰队需要驶过日本去海参崴（今符拉迪沃斯托克），这是俄国唯一剩下的太平洋主要港口。5 月 27 日上午，在浓雾中，一艘日本辅助巡洋舰发现了俄国军舰，并发出了他们在对马海峡的信号。

由东乡平八郎海军大将指挥的日本舰队定期获知俄国舰队的位置，并出动拦截。当地时间下午 1 时 40 分，两支舰队发现对方，准备交战。东乡发出信号：“帝国的命运取决于这场战斗的结果，让每个人都尽到自己最大的责任。”由于出色的准备、计划和定位技术，日本舰队在随后的行动中两次“越过”俄国舰队抢到 T 字型横头位，使日本舰艇可以进行宽

舷射击，而俄国人只能用前锋炮台进行回击。结果是灾难性的。罗日杰斯特文斯基的旗舰和其他几艘战舰一起沉没了，俄国舰队陷入了混乱。在经历了日军鱼雷艇的整夜攻击之后，几艘俄舰在上午投降。东乡舰队俘虏了5000多名俄国人，其中就有罗日杰斯特文斯基。其他俄舰则逃往中国，在中国被关押。只有三艘小型战舰到达海参崴。舰队所有最大的战舰都被击沉或被俘。它们的毁灭加剧了俄国国内的动荡，导致沙皇接受了日本在9月结束战争的《朴次茅斯条约》中提出的许多要求，并在国内进行了改革。

艾伦·M. 安德森

拓展阅读

Busch，Noel F.1969.*The Emperor's Sword*：*Japan vs.Russia in the Battle of Tsushima*.New York：Funk & Wagnall's.

Corbett，Julian S.1994.*Maritime Operations in the Russo-Japanese War*，1904—1905，Vol.2.Annapolis，MD：Naval Institute Press.

Pleshakov，Constantine. 2002. *The Tsar's Last Armada*：*The Epic Voyage to the Battle of Tsushima*.New York：Basic Books.

Willmott，H. P. 2009. "From Port Arthur to Chanak，1894—1922." Vol.1 of*The Last Cen-tury of Sea Power*.Bloomington，IN：Indiana University Press.

荷兰，1900年至1945年

1900—1945年期间，由于商船规模和活动范围的扩大，以及本土和全球殖民地港口的船舶和港口基础设施的迅速现代化，荷兰成为全球海运世界的重要参与者。20世纪荷兰海运业的增长始于1895年后，因为世界贸易从全球经济萧条中复苏，荷兰海运业在经历了一段停滞期后恢复了实力和盈利能力。20世纪初，蒸汽船承担了荷兰大部分的客运和货运，荷兰托运人寻求更多的方法来实现航运业的现代化，不仅是在船上，而且在港口通过提高装卸流程的机械化来实现。这些趋势在荷兰的两个主要港口鹿特丹和阿姆斯特丹表现得很明显，在20世纪的前十年，那里的海运工人数量增加了三倍。弗利辛根港在这一时期也有所发展，成为荷兰第三大港口。

这些港口中最大的航运公司，总部设在阿姆斯特丹的荷兰蒸汽轮船公司（Stoomvaart Maatschappij Nederland）和总部设在鹿特丹的鹿特丹劳埃德（Rottemdamsche Lloyd），由于它们与政府签订合同，建立了欧洲与荷兰最大和最重要的殖民地——荷属东印度群岛（今印度尼西亚）之间的殖民邮政、军队和补给品的航运垄断权，因此被统称为“荷兰航运”。荷兰航运公司也运送了大量的私人货物和乘客，并且是新建造的大型船舶的最大委托人，这些船舶足以运送越来越多的人员和货物进出东南亚。根据政府合同的要求，荷兰航运公司必须在荷兰境内建造所有新船，因此它们非常依赖阿姆斯特丹的荷兰造船公司（Nederlandse Scheepsbouw Maatschappij）为其提供装有大功率发动机的船舶，以缩短往返荷属东印度群岛的旅行时间。虽然其他荷兰公司，如在荷属东印度群岛周围提供货运及客运服务的皇家包裹运输公司（Koninklijke Paketvaart Maatschappij），以及在东南亚和东亚港口之间运输货物和旅客的爪哇—中国—日本轮船公司，同样依靠阿姆斯特丹的船坞建造新船。而分别经营横跨大西洋驶向北美和南美航线的荷美邮轮公司（Holland Amerika Lijn）和荷兰皇家劳埃德（Koninklijke Hollandsche Lloyd），则继续与外国公司合作造船，其中很多是在英国建造。

除了这些较大的公司之外，荷兰人在此期间还发展起了从事欧洲（近海运输）和全球（远洋运输）货运的不定期货船船队。由于缺乏预定路线，这些不定期货船被称为“野蛮运输船”或“不受管制的运输”，只在有需要的时间和地点航行。荷兰不定期货船有时会装载着煤炭、木材、谷物、钢铁产品和食品等货物，一次在海上停留数月或数年。尽管偶尔会被较大的常规线路租用作为货物运输，但这两种类型的运输在大多数情况下仍是彼此独立的领域。常规线路上的船员经常对在不定期货船上工作的船员不屑一顾。除不定期货船外，荷兰广阔的运河系统内的国内航运以及当地的渔船也在一个世纪之中经历了从风帆向蒸汽动力的快速转变，不久之后就转向了柴油动力。这一变化在 1910 年荷兰工厂开始制造“石油发动机”之后有所加速。除了价格适中、稳定可靠且易于维修之外，这种发动机依赖于柴油，而柴油更难于点燃，因此也更加安全。在随后的几年中，这些发动机使国内船队实现了大规模的机动化，尤其是在第一次世界大战（1914—1918 年）之后，电动机得到广泛应用，随后在 20 世纪 30 年代出现了功率更大的柴油发动机。

虽然荷兰在第一次世界大战期间保持中立，但由于敌对双方经常无视荷兰的海上中立地位，其航运业受到很大影响。例如，1916 年 3 月 16 日，一艘德国 U-13 型潜艇用鱼雷攻击了载有 400 名乘客前往南美的客轮图班蒂亚号（Tubantia）。1918 年，所有停靠在英美港口的荷兰船只都被没收，直到 1919 年，也就是战争结束一年后才交还荷兰。战争结束后，由于战争造成的大量航运损失导致运费上涨，荷兰各大航运公司生意兴隆，并将业务扩展到以前由德国船只运营的航线。为了从这种情况中获利，荷兰航运公司希望共同合作，并在 1920 年成立了荷兰联合航运公司（Vereenigde Nederlandsche Scheepvaartmaatschappij），以协调各自的经济活动，并规范新航线的设立和运营。由此，世界大战帮助鼓励了荷兰船运公司在战争间歇期加强合作。

尽管如此，在战争间歇期，随着英国、法国以及后来的德国等欧洲国家扩大其商船船队，航运业的竞争日益激烈，这也给荷兰航运公司带来了更多的竞争，不仅是本国公司相互之间的竞争，还有与外国公司的竞争。威利·斯勒伊特（Willy Sluiter）等艺术家所做的高度风格化的广告，宣传他们的航线与其他公司的服务相比为乘客和货物托运人提供的众多好处，成为荷兰航运公司从竞争对手那里赢得客户的重要工具。航运公司在全球各港口城市的旅行社和订票处分发用多种语言出版的彩色小册子。随着荷属东印度群岛的管理越来越完善，欧洲人认为荷属东印度群岛越来越适合前往，客运服务变得越来越重要。

以前的客运服务仅限于公务员、军人和少数商务人士，1920 年以后，客运服务扩大到包括各种商务和休闲旅行的乘客，来往于荷属东印度群岛的妇女和儿童也大量增加。随着客源的增加，客船和货船的区别变得更加明显，许多客船注重提供豪华的船上体验。新建造的客轮通常被称为“浮动酒店”，虽然三等舱和四等舱的住宿条件依然简单，但为一等舱和二等舱乘客建造的舱室和公共空间极尽奢华。休闲活动和设施——让人联想到现代邮轮——是人们期待远洋旅行应该包括的内容。除了游戏、化装舞会和宴会，乘客还可以使用游泳池、羽毛球场、图书馆和其他设施。

20 世纪 30 年代，阿姆斯特丹的荷兰造船公司生产了一些欧洲最大、最奢华的豪华邮轮，包括鹿特丹劳埃德轮船公司委托的博罗尔蓝号（Baloeran）和邓波号（Dempo）汽船，以及荷兰蒸汽轮船公司委托的约翰·范·奥尔登巴内费尔特号（Johan van Oldenbarnevelt）和马尼克斯·范·

圣·阿尔德贡德号（Marnix van Sint Aldegonde）汽船。这些轮船配备了强大的苏尔寿柴油发动机，从欧洲到荷属东印度群岛的旅程只需4周时间（而在半个世纪前，同样的旅程至少需要3个月），停靠的主要港口包括阿尔及尔、塞得港、科伦坡、贝拉万德利、新加坡和巴达维亚。速度是一个卖点，为了减少在船上的时间，两家公司都提供了乘火车前往沿线更远的欧洲港口的选择——荷兰蒸汽轮船公司选择了热那亚，鹿特丹劳埃德轮船公司公司选择了马赛。两家公司都雇用了印度尼西亚服务员和保姆，为欧洲乘客提供“正宗东印度式”的船上体验。

约翰·范·奥尔登巴内费尔特号

约翰·范·奥尔登巴内费尔特号（MS Johan van Oldenbarnevelt）于1930年5月6日下水试航，是荷兰蒸汽轮船公司拥有的豪华远洋班轮，是当时荷兰有史以来建造的最大船舶，可搭载770名乘客、360名船员和9000吨货物。

该船由荷兰造船公司在阿姆斯特丹建造，它使用两台苏尔寿柴油发动机作为动力，在荷兰和荷属东印度群岛（今印度尼西亚）之间以高达19节的速度航行，中途停靠南安普敦、阿尔及尔、马赛、热那亚、塞得港、科伦坡、沙邦、贝拉万德利、新加坡和巴达维亚。豪华的内饰——包括沙龙、吸烟室、餐厅、长廊甲板、电梯和游泳池——由雕塑家兰贝图斯·齐尔（Lambertus Zijl，1866-1947）和艺术家卡勒·阿道夫·列昂·卡谢（Carel Adolph Lion Cachet，1864-1945）设计，他们使用大理石、柚木和彩色玻璃等富丽堂皇的材料，营造出船上别致而奢华的氛围。

第二次世界大战期间，英国人用这艘船运送部队。此后，荷兰蒸汽轮船公司将其用于新独立的印度尼西亚、荷兰和澳大利亚之间的移民运输。1959—1963年之间，荷兰蒸汽轮船公司再次将该船改装并用作游轮，然后出售给希腊的通用蒸汽航运公司，后者将其改名为拉科尼亚号（MS Lakonia）。1963年12月22日，拉科尼亚号在从南安普敦驶往加那利群岛途中起火，128名乘客和船员死亡，拉科尼亚号沉没。

其他公司如荷美邮轮公司和荷兰皇家劳埃德公司在20世纪上半叶大

量参与了从欧洲到美洲的移民运输，并为主要来自东欧的移民提供了简便快捷的一揽子服务，包括到登船港的火车费、等待登船期间的住房、帮助办理移民证件和检疫要求，以及抵达目的地港口后的运输和船费。荷兰皇家劳埃德公司在阿姆斯特丹建造了劳埃德酒店，专门用于安置从东欧乘火车抵达并等待跨越大西洋出发的移民。第一次世界大战前，美国是欧洲移民的热门目的地，但 20 世纪 20 年代的移民限制导致许多东欧人涌向巴西、阿根廷和乌拉圭的港口。20 世纪 30 年代的世界性大萧条导致移民运输利润下降，第二次世界大战（1939—1945 年）后，荷兰航运公司逐步取消了移民运输。

与蓬勃发展的商船不同，荷兰的皇家海军（Koninklijke Marine）在 20 世纪上半叶可能比不上其英国、美国和日本的同行，尽管在 1894—1908 年间，荷兰的舰队扩大到 6 艘巡洋舰和 5 艘铁甲舰。在这一时期，荷兰皇家海军主要活跃在荷属东印度群岛海域及其附近，船员主要是荷兰人，直到 1910 年荷兰皇家海军才开始征召印尼船员入伍。印度尼西亚船员在马卡萨的土著水手培训学院接受为期一年的培训，然后在荷兰军舰上参加六个月的实习。尽管征召了印尼当地人加入，但在船上对他们是分别管理的，当地船员的工资直接由殖民政府支付，比荷兰船员的工资低。由于全球经济大萧条，英国皇家海军在 1932 年削减了 10%的工资，几个月后又削减了 7%，造成荷属东印度群岛许多船员不满。这导致了 1933 年 2 月 4 日，印尼和荷兰船员在海防船七省号（De Zeven Provinciën）上的哗变抗争。这艘船是 1933 年 1 月 2 日从泗水出发的，船上有 256 名印尼船员和 141 名欧洲船员。为了结束哗变，荷兰皇家空军向该船投下一枚炸弹，炸死 3 名欧洲船员和 16 名印度尼西亚船员，另有 18 人受伤，其中 4 人后来因伤势过重死亡。被捕者被贴上叛变者的标签，被判处 1 天至 12 年不等的监禁。这次兵变被归咎于各种因素，在当时的荷兰皇家海军和荷兰政界引起了震动，对海军的形象也是一个严重的打击。第二年，为了重建公众的信任，荷兰 K-18 号潜艇作为科学和军事考察团的一部分，前往荷属东印度群岛进行了一次广为宣传的旅行。K-18 号潜艇还在大西洋投放了一个帮助荷兰皇家空军的无线电接收器。荷兰强大的拖船舰队也偶尔协助皇家海军，其中包括柴油动力的兹瓦特·泽伊三号（Zwarte Zee III），这艘船 1933 年建成时被认为是世界上最强的拖船。兹瓦特·泽伊三号和其他拖船在第二次世界大战期间作为英国海军的“救援拖船”发挥了重要作用。

到20世纪30年代末，荷兰的航运公司遍布全球各个角落，将荷兰与其在东印度群岛和西印度群岛的殖民地以及连通非洲、南北美洲、亚洲和中东的航线连接起来，使荷兰成为世界上商船总吨位最大的国家之一。这种情况在第二次世界大战期间发生了巨大的变化。1940年5月10日荷兰被纳粹德国入侵后，驻扎在国际水域的荷兰商船受流亡伦敦的荷兰政府指示，与盟军合作，并在整个战争期间接受盟军护航队的征用。不仅是海军人员，非军事人员也被迫服从，否则有可能被贴上逃兵的标签。在太平洋地区，1942年2月，日本入侵荷属东印度群岛，1942年2月27日至3月1日，日本舰队与美、澳、英、荷联合部队（即ABDA司令部）进行了史称“爪哇战役”（Slag op de Javazee）的海战。在荷兰海军少将卡雷尔·多曼（Karel Doorman，1889—1942年）的指挥下，盟军遭遇了一场惨败，损失了2艘巡洋舰和3艘驱逐舰，以及2300多名水兵，其中915人是荷兰人，包括多曼少将本人在内。大多数荷兰海员是在船上或在英国、南非、美国或澳大利亚度过了战争，在这些年里，除了通过红十字会向被占领的荷兰递送简短信件之外，几乎没有或根本没有与荷兰联系。

荷兰皇家海军在第二次世界大战期间总共损失了约40%的舰艇，包括11艘潜艇、9艘驱逐舰、3艘巡洋舰和1艘海岸防御舰。商船公司损失了约525艘船，还不包括小型渔船。尽管有这些损失，但荷兰商船和荷兰皇家海军在第二次世界大战后还是迅速恢复了元气，到1957年时，荷兰海军的舰队规模比1939年增加了一倍多。荷兰商船的复苏包括油轮的发展，以及最终将鹿特丹改造成集装箱港，使其成为世界上最大的港口之一。

克里斯·亚历山德森

拓展阅读

Akveld，L.M.，and J.R.Bruijn.1989.*Shipping Companies and Authorities in the 19th and 20th Centuries*：*Their Common Interest in the Development of Port Facilities*.Den Haag：Nederlandse Vereniging voor Zeegeschiedenis.

Eekhout，L.L.M.，A.T.I.Hazenoot，and W.H.Lugert.1988.*The Dutch Navy* 1488—1988.Amsterdam：De Bataafsche Leeuw.

International Congress of Maritime History，P.C.van Royen，Lewis R.Fischer，and David M.Williams.1998.*Frutta Di Mare*：*Evolution and Revolution in the Maritime World in the 19th and 20th Centuries*: *Proceedings of the Second International Congress of Maritime History*, *5－8 June* 1996, *Amsterdam and Rotterdam*, *the Netherlands*.Amsterdam: Batavian Lion International.

Miller, Michael. 2012. *Europe and the Maritime World*: *A Twentieth－Century History*.New York: Cambridge University Press.

Rossum, Matthias van.2009.*Hand aan hand* (*blank en bruin*) *solidariteit en de werking van globalisering*, *etniciteit en klasse onder zeelieden op de Nederlandse koopvaardij*, 1900—1945.Amsterdam: Aksant.

荷兰美洲航运公司

荷兰美洲航运公司（HAL）成立于1873年4月18日，原名为荷美邮轮公司（NASC），后者系罗伊希林装甲公司（Plate, Reuchlin & Co.）重组而来。荷美邮轮公司利用其前身置办的第一艘轮船鹿特丹号（SS Rotterdam）从事货运和客运业务。1895年，公司开始提供豪华航程。1896年6月15日，荷美邮轮公司改名为荷兰美洲航运公司。荷兰美洲航运公司很快就因其为从低等级舱位（购买这个舱位客票的大部分是移民）到头等舱的所有乘客都提供高标准、舒适和清洁的服务而获得了“一尘不染的船队”的美誉。从19世纪80年代到1921年，荷兰美洲航运公司运送了数十万欧洲移民到达美洲，并以其轮船的风格而备受赞誉。

在20世纪初，荷兰美洲航运公司继续发展其业务，还添置了更多的货船。在整个第一次世界大战期间（1914—1918年），荷兰人一直保持中立，但由于英国打击从荷兰到德国的进口货物转运，该公司损失了六七艘被英国扣押的船只。战后，美国国会于1921年通过《紧急配额法》，并于1924年进一步限制移民，荷兰美洲航运公司向美国运送移民的利润丰厚的业务迅速下降。为了应对这一情况，荷兰美洲航运公司试图通过将其服务扩展到加勒比港口来弥补损失。在经济大萧条期间（1929—1939年），客运量急剧下降，公司不得不出售了十几艘船，政府的补贴帮助确保了该公司在利润较低的市场上继续经营。第二次世界大战（1939—1945年）中迅速被德国征服，荷兰舰队加入盟军。荷兰流亡政府在伦敦开展业务，并一度将其部分业务安排在荷兰美洲航运公司的轮船西部乐园号（Westernland）上。荷兰美洲航运公司的许多客轮，包括新阿姆斯特丹号（Nieuw Amsterdam）、索默尔斯代克号（Sommelsdijk）和华伦丹号

荷兰美洲航运公司 1951 年推出的雷丹 2 号（Ryndam II）班轮，代表了第二次世界大战后生产的第一代客运班轮。该船载有 39 名头等舱乘客和 836 名经济舱乘客，时速为 16.5 节，20 世纪 50 年代在鹿特丹、勒阿弗尔、南安普敦和纽约之间航行。(美国国会图书馆)

(Volendam)，在战争期间都承担过运送部队的任务。公司的 25 艘船中有 16 艘在战争中被击沉。

荷兰美洲航运公司在战后迅速重建船队，恢复了大西洋航行。然而，20 世纪 60 年代跨大西洋航空旅行的日益流行，迫使该公司进行业务调整。荷兰美洲航运公司重新改名为荷兰美洲邮轮，减少并最终结束了跨大西洋业务。此外，在整个 20 世纪 60 年代末和 70 年代初，荷兰美洲航运公司重组了其货物运输部门，1973 年公司把货运部门整体出售。1989 年，已经是世界上最大的邮轮公司之一的嘉年华公司收购了荷兰美洲邮轮。嘉年华继续以“荷兰美洲”品牌运营其船舶，但将公司总部迁至西雅图。有 15 艘船继续以荷兰美洲公司的名义运营，其中一艘鹿特丹号在 2011 年完成了横跨大西洋的巡航——这是该公司 40 年来第一次。和它的姊妹船阿姆斯特丹号一样，这艘邮轮拥有精美的装饰，价值数百万美元的艺术收藏，以及为 1400 名乘客提供的宽敞豪华的设施。

肖恩·莫顿

拓展阅读

Dalkman, H.A., and A.J.Schoonderbeek.1998.*One Hundred and Twenty-*

Five Years of Holland America Line：A Company History. Edinburgh：Pentland Press.

Guns，N.2004.*Holland America Line：Short History of a Shipping Company*.Zutphen：Walburg Pers.

爪哇—中国—日本航运公司

爪哇—中国—日本航运公司（Java-China-Japan Lijn，JCJL）是20世纪初期荷兰最大的航运公司之一，在荷属东印度群岛和世界各地的港口之间运送货物和乘客。

1902年9月15日，荷兰蒸汽轮船公司、鹿特丹劳埃德和荷兰皇家蒸汽轮船公司共同发起成立了JCJL，其资金来源于股东集团和大量的政府补贴。到1908年，该公司的班轮每年往返30次，其业务分为两条航线：中国线主要向香港、上海等中国港口出口糖；日本线从神户、横滨向三宝垄、泗水、巴达维亚进口煤炭和其他产品。在JCJL的乘客中，使用低等级舱位的占了大多数，因为该公司垄断了通往苏门答腊矿场和种植园的中国苦力运输。到第一次世界大战（1914—1918年）开始时，该公司共运送了1383683吨货物和129495名乘客。

JCJL的服务在第一次世界大战并未中断。在此期间，公司在船上安装了无线电，并开始提供到美国的运输服务，通过爪哇—太平洋航线经香港和马尼拉前往旧金山。尽管由于航运竞争的加剧和中国港口（如香港和厦门）的反欧罢工，1920—1923年期间公司业务一度遭遇危机，但到1929年，JCJL拥有18艘船，在东南亚和东亚运营着7条航线。

20世纪30年代初，由于政府的进口限制、日本占领、中国国内的政治暴力以及中国台湾省糖业产量的增加，公司的业务受到影响。此外，由于采矿自动化、对荷属东印度群岛的移民限制以及日本的航运竞争，乘客数量也有所减少。到1932年末JCJL公司只剩下13艘船，1932—1936年期间，员工工资被削减了20%。在与日本航运公司达成共识，并获得荷兰政府的补贴后，JCJL的业务得到了恢复，1939年，该公司为其船队购置了当时最大的轮船芝加凌加号（MS Tjitjalengka）。

1940年德国入侵荷兰之后，JCJL的领导权从阿姆斯特丹转移到了巴达维亚的公司董事手里。在珍珠港被炸之前，JCJL将所有船只从日本控制的海域撤离，神户的欧洲工作人员也返回了巴达维亚。1942年日本入侵荷属东印度群岛期间，三艘 JCJL 船被击毁，其余的船被英国战争运输部和美国战争航运管理局征用。在余下的战争期间，该公司的业务被转移到库拉索岛。到了 1946 年，公司的 11 艘船中只有 5 艘重新投入使用，但由于 1946 年的政府开支计划和战后客运票价的利润，公司得以生存下来。

1947 年 12 月 10 日，JCJL 与荷兰皇家包裹运输公司（Koninklijke Paketvaart Maatschappij）联合，成为皇家爪哇中国包裹运输公司（Koninklijke Java China Paketvaart Lijnen，KJCPL），在国外被称为“皇家跨洋航运”，提供亚洲、澳大利亚、新西兰、非洲和南美洲之间的全球航运服务。1970 年，KJCPL 并入了荷兰联合轮船公司（Nederlandsche Scheepvaart Unie），后来称为荷兰渣华轮船公司（Nedlloyd），后者又在 1997 年和英国半岛与东方蒸汽航行公司（P&O 公司）合并，最终于 2005 年被丹麦马士基航运公司收购。

克里斯·亚历山德森

拓展阅读

Brugmans，I.J. 1952. *Van Chinavaart tot oceaanvaart：de Java-China-Japan lijn-Konin-klijke Java-China-Paketvaart lijnen*，1902—1952. [S.l.]：Koninklijke Java-China-Paket-vaart lijnen.

Putten，Frans-Paul van der.2001.*Corporate Behaviour and Political Risk：Dutch Compa-nies in China*，1903—1941.Leiden：Research School of Asian，African and Amerindian Studies，Leiden University.

航运大楼

航运大楼（Scheepvaarthuis）建于 1913—1916 年之间。20 世纪的大部分时间里，阿姆斯特丹的六家主要航运公司的总部都设在这里。航运大楼被认为是阿姆斯特丹建筑流派的最佳范例之一。

受荷兰蒸汽轮船公司、爪哇—中国—日本航运公司、荷兰皇家包裹运输公司、荷兰皇家蒸汽轮船公司、新莱茵航运公司（Nieuwe Rijnvaart Maatschappij）和西印度群岛皇家邮政服务公司（Koninklijke West-Indische Maildienst）的委托，建筑师阿道夫·丹尼尔·尼科拉斯·范·根特（Adolf Daniël Nicolaas van Gendt，1870—1932）、琼·梅尔奇奥·范·德·梅（Joan Melchior van der Mey，1878—1949）、米歇尔·德·克拉克（Michel de Klerk，1884—1923）和皮特·洛德维克·克莱默（Piet Lodewijk Kramer，

1881—1961）受命在航运大楼的建筑设计中反映荷兰的航海历史。雕塑家希多·克洛普（Hildo Krop，1884—1970）和亨德里克·阿尔伯图斯·范·登·埃恩德（Hendrik Albertus van den Eynde，1869—1939），以及家具制造商帝奥·尼文会斯（Theo Nieuwenhuis，1886—1944）在为航运大楼进行的设计中，都包含了对荷兰海洋历史的象征符号和文学的参考，航海主题贯穿了整个建筑豪华而精细的内部和外部。

这座建筑是阿姆斯特丹学派完成的第一座建筑作品，是在1910—1925年之间的荷兰现代建筑时期受到欧洲表现主义和新艺术设计的启发而完成的。1926—1928年之间，航运大楼扩建时保持了同样的建筑风格。1972年，航运大楼被宣布为国家古迹。1981年，最后一批在此办公的船运公司撤离了该建筑，当时它被用作阿姆斯特丹市运输公司的总部。最终2008年，航运大楼被改建为豪华酒店，改建时仍保留了许多原始细节。

克里斯·亚历山德森

拓展阅读

Bock，Manfred，Sigrid Johannisse，and Vladimir Stissi.1997.*Michel De Klerk*：*Architect and Artist of the Amsterdam School.*1884—1923.Rotterdam：NAi.

Friend，J.J.1970.*The Amsterdam School.*Amsterdam：Meulenhoff.

美国，1900年至1945年

20世纪初，美国成为一个海军强国，美国商船——迟迟没有过渡到蒸汽动力——扩大了规模，并挑战了英国在世界贸易中的霸主地位。美国海军刚刚在美西战争中取得决定性的胜利（1898年），加之受到阿尔弗雷德·塞耶·马汉著作的影响，又获得了大量的资金，所以正处于继续扩大规模和推进现代化的状态。政府还支持美国商船的扩张，为船舶建造提供补贴，还通过法律保护该行业，并致力于改善船员的工作条件。用马汉的话说，美国人越来越多地“向外”看向海洋。美国的海上力量支持了协约国在第一次世界大战（1914—1918年）中的胜利，事实证明，这对盟军取得第二次世界大战（1939—1945年）的胜利也至关重要。美国在那场战争中崛起，拥有了世界上规模最大的海军和仅次于英国的第二大商船船队。

19世纪中期，美国的航运——军事和民用——开始从风帆过渡到蒸汽动力，这是一个缓慢的过程，需要造船师、军官和水手学习掌握新的技能。过去，水手和军官们在船上干中学。蒸汽机的采用要求美国海军在刚刚成立的海军学院进行现代化的军官培训，并建立新的学校，教授水兵操作和维护燃煤蒸汽机。美国政府资助了一系列商船军官和水手的实习和培训计划，但直到 1943 年才成立商船学院。在机房里，熟练的机械师和消防员监督着从煤仓铲煤到发动机的非熟练工人。过去的商船船长从学徒开始，从船舱小弟到甲板军官，他们同样需要通过继续教育掌握新技术，否则就会像他们最初学艺的帆船一样被淘汰。

从风帆和木头到钢铁和蒸汽的过渡，给 20 世纪的舰队带来了巨大的机动性和耐力，美国在 1907—1909 年的 16 艘战列舰“大白舰队”的环球航行就证明了这一点。这支舰队也标志着美国进入了世界性的海军军备竞赛，在这场竞赛中，主要海军强国建造了更多、更大的战舰。美国战列舰从 1890 年国会授权的 3 艘万吨级的印第安纳号、马萨诸塞号、俄勒冈号发展到 1912 年授权建造的 31500 吨级的亚利桑那号和宾夕法尼亚号。1916 年，国会授权再建造 10 艘战列舰以及一系列巡洋舰、潜艇和驱逐舰。1914 年巴拿马运河的建成，使美国海军能够在国家的东西海岸之间迅速调动军舰。

第一次世界大战在欧洲爆发时，主张“海洋自由”的美国总统伍德罗·威尔逊（Woodrow Wilson，1856—1924）希望能同时和英国与德国开展贸易。而英国却封锁了德国，停止了对该国的海上贸易，德国也发动了潜艇对英国的航运进行攻击。德国潜艇击沉了多艘客轮，最著名的是卢西塔尼亚号。威尔逊对这些提出了抗议，德国政府同意限制其潜艇行动，不对客轮进行攻击。然而 1917 年，德国为了赢得战争的胜利，孤注一掷地发动了一场无限制的潜艇战，不论国籍，只要是驶往英国的船只，都成为被德国击沉的对象。3 月有 6 艘美舰被击沉。这使美国在 4 月参战。美国军舰协助英国封锁德国，在大西洋上为船队护航，并在北海上布下巨大的雷区来限制德国潜艇。

卢西塔尼亚号

卢西塔尼亚号是一艘悬挂英国国旗的客轮，由约翰·布朗公司（John Brown&Company）在苏格兰格拉斯哥附近的船厂为冠达邮轮公司建造。1907 年 8 月 26 日，约翰·布朗公司将卢西塔尼亚号交付给冠达邮轮。卢西塔尼亚号在第一次世界大战（1914—1918 年）期间被德国潜艇击沉，引发了德国与美国的危机，并促使美国卷入战争。

卢西塔尼亚号和她的姊妹船毛里塔尼亚号在第一次世界大战爆发前，一直在北大西洋上进行定期的客运航行，这两艘船的建造获得了英国政府的财政支持，附带的义务是，战时冠达邮轮应将它们交付给政府使用。战争期间，毛里塔尼亚号充当了军舰，但卢西塔尼亚号继续在纽约和英国之间提供客运服务。

1915 年 2 月 4 日，德国宣布在英伦三岛附近设立战区，并宣布在该地区航行的所有船只，包括中立国船只，都可以在没有警告的情况下受到潜艇的攻击。德国大使馆在纽约各大报纸上反复向卢西塔尼亚号的乘客发出警告，但 1915 年 5 月 1 日卢西塔尼亚号航行时并没有额外的准备，唯一能抵御潜艇的就是它的速度。六天后，德国潜艇 U-20 在爱尔兰南部海岸附近对卢西塔尼亚号进行了鱼雷攻击。卢西塔尼亚号在不到 18 分钟的时间里就沉没了，沉没之时救援人员还来不及赶到现场。这次事件造成 1200 名乘客和船员死亡，其中包括 128 名美国人。

德国人声称，卢西塔尼亚号载有军火，英国故意将这艘船驶入危险之中，希望它的损失能使美国卷入战争——德国人还想用事先在报纸上的警告来开脱责任。美国领导人拒绝了这些解释，在美国愤怒的抗议之后，德国先是减少进而暂停了无限制潜水艇战，直到 1917 年 2 月 1 日。这次重新开启无限制潜水艇战破坏了美德关系，导致美国于 1917 年 4 月 4 日对德宣战。

拉里·A. 格兰特

美国海军在第一次世界大战后的规模仅次于英国皇家海军，并且在建战舰的数量足以超过英国。由于担心海军军备竞赛再次爆发，美国政府成功地谈判达成了华盛顿条约，该条约限制了未来十年航空母舰和战列舰的建造——世界上大多数大国（因第一次世界大战而负债累累）都急切地接受了这一条约。1930 年《伦敦条约》将限制范围扩大到巡洋舰和驱逐舰。在两次世界大战之间，美国海军对其战舰进行了现代化改造，但由于注重经济的共和党总统限制了开支，20 世纪 20 年代加入舰队的新舰相对较少。20 世纪 30 年代，富兰克林・D. 罗斯福总统（1882—1945）大力推动海军的稳步扩张，最终在 1938 年和 1940 年的《海军法》中达到了顶峰。这两项法律共授权建造 150 多艘战舰，其中包括 10 艘战列舰和 18 艘航空母舰，这些进展都是美国在 20 世纪 20—30 年代取得的。1941 年 12 月 7 日日本袭击珍珠港之前，在太平洋上赢得第二次世界大战胜利的舰队已经基本建成。

由于现成的石油供应和美国在石油工业中的领先地位，美国的船舶是最早从煤炭转换为石油的船舶之一。无论是对在船上的人还是对从地下开采石油的人来说，石油都是更安全的燃料，而且每单位体积的燃料所产生的能量更大。燃料的转换提高了船舶的载货量、航程和速度，使海上加油成为可能，并消除了在机房铲煤的“黑帮”，使现代化的船舶具有竞争优势，促进了美国商船的发展。这一转换起于第一次世界大战之前，到 20 世纪 20 年代末基本完成过渡。这些年的船只还加装了无线电，这为海上的军事和民用行动提供了便利，使泰坦尼克号等船只能够发出求救信号。泰坦尼克号灾难发生后，美英两国政府同意在北大西洋的海上通道巡逻，寻找冰山，并向海上的船只报告冰山的位置。

1902 年，金融家 J.P.摩根（1837—1913）成立了国际商船公司，这是一个由几家美国和英国的航运公司组成的集团，其中包括著名的白星航运公司。泰坦尼克号在 1912 年的损失，以及其他财务和管理问题，几乎使公司破产，但第一次世界大战对航运的需求挽救了公司，战后重组为美国航运公司，继续提供跨大西洋的货物和客运服务。

虽然美国政府在 20 世纪 20 年代倾向于限制海军，甚至未能将美国海军建设到条约规定的上限，但它支持商船的扩张，1300 万吨的战时造船和战后立即向欧洲运送救济物资，使美国商船受益。1920 年和 1928 年的《商船法》都包括对美国建造的船舶的补贴，美国商船吨位在 20 世纪 20 年代稳步增长，这一发展受到商务部长（后来的总统）赫伯特・胡佛（Herbert Hoover，1874—1964）的鼓励，结果导致了全球航运运力过剩。由于新法律限制移民到美国，货物运输价格下降，移民运输量枯竭。然而，航运业不断吸引新的加入者，其中包括民权领袖马库斯・加维（Marcus Garvey，1887—1940），他创办了黑星航运公司，促进了与非洲的贸易。1929年大萧条的到来，使本已不佳的局面变得更加糟糕。全球贸易额下降过半，全球船只闲置。

由改革派参议员罗伯特·拉·佛莱特（Robert M.La Follette，1855—1925）倡导的1915年《海员法》，通过废除对逃兵的监禁、限制船长对不服从命令的惩罚、建立安全标准、规定最低工资和最高工作时数，极大地改善了美国商船上的工作条件。1920年的《商船法》扩大了这些保护范围，允许受伤的水手起诉其雇主。该法还要求所有在美国港口之间载运货物和乘客的船只必须在美国建造，由美国公民或公司拥有，船员中至少有四分之三是美国公民。因此，虽然在20世纪20年代末和30年代初，国际航运受到影响，但在美国沿海和五大湖、密西西比河等内河航道经营的承运人，却通过运送煤炭、铁矿石、粮食和其他大宗货物，普遍兴旺起来。罗斯福总统鼓励国会通过多项法律来支持美国的商船，1936年的《商船法》每年补贴50艘货船的建造。

这些法律支持了美国国内的航运和造船业，但随着时间的推移，美国航运在世界市场上的竞争力下降，船东们认为挂上巴拿马国旗等方便旗更加合适。事实上，为了避开美国的中立法，承运人在第二次世界大战爆发后开始在巴拿马注册船只，以便继续与英法进行贸易。由于税收和监管的降低节省了成本，即使在美国参战后，承运人们仍继续在巴拿马注册船舶。

在禁酒令实施的几年里（1920—1933年），几家美国公司向古巴和其他加勒比岛屿的度假胜地提供“朗姆酒运输”服务，因为在这些地方，酒精饮料仍然是合法的，还有许多船主将酒走私到美国，在夜间用小船将货物偷偷运上岸，排队向“朗姆酒行”供货。美国的海边度假村也如雨后春笋般出现，其中有纽约附近的科尼岛、新泽西州的大西洋城、罗德岛的新港。游艇成为一种流行的消遣方式，游艇俱乐部大量增加，在1929年达到435家，当时美国人注册的私人游艇超过4000艘。游艇比赛成了有钱人的热门运动，约书亚·斯洛克姆（Joshua Slocum）则普及了单人帆船和冒险帆船运动。总的来说，美国人拥有大约150万艘小船（Labaree等，1998：537）。

航运业仍然是一个监管不力的行业，1934年9月8日，一艘从古巴返回的船莫罗城堡号（SS Morro Castle）遭遇了一场灾难性的火灾。船员纪律崩溃，许多人弃岗自救，结果造成137名乘客和船员死亡。这场灾难导致国会规定了新的安全标准，要求船上使用阻燃材料、防火门和其他安全设施；规定定期进行应急程序培训；并授权美国海岸警卫队检查悬挂美国国旗的船只，以确保其安全。

美国海军和商船在第二次世界大战期间获得了极大的发展，这个过程在美国正式参战前就开始了，因为罗斯福总统承诺国家要向英国和其他对抗纳粹德国的国家提供越来越多的援助。为了支持抗日战争，港口不断扩大，新的造船设施相继建成，尤其是在西海岸。德国潜艇造成的高损失鼓励了造船业的创新，特别是新进入该领域的人，如亨利·凯泽（Henry Kaiser，1882—1967）。美国船厂以创纪录的速度完成建造，很快就每天下水多达十几艘船。这种呼声是由于造船业引入了大规模生产技术，包括船舶部件和系统的预制，以及焊接船体等新的、节省劳动力的建造技术。只要有可能，建造商就会依靠简单的技术和技术含量较低的劳动力。

第二次世界大战期间，随着飞机在海上战争中占据主导地位，海军和海军力量发生了巨大变化。日本利用6艘航空母舰成功空袭珍珠港，开始了与美国的战争，航空母舰成为美日两国舰队的主要打击力量。1942年中，美国人在珊瑚海和中途岛战役中的胜利阻止了日本在太平洋上的扩张，并为美国人的反攻奠定了基础。在接下来的三年里，美国和盟军将战火带到了日本海岸。美军的推进依靠的是航空母舰的惊人威力，它在连续的战斗中击败了日本舰队；它的两栖部队（陆军和海军陆战队）在精心管理的横跨太平洋的战役中夺取了日本人控制的岛屿；还有大量的油轮、补给、修理和其他船只，使美国舰队几乎可以无限期地留在海上。美国潜艇对日本的商业航运发动了毁灭性的攻击，击沉了其三分之二以上的商船。在大西洋，美国的航空母舰和陆基飞机帮助消除了德国U型潜艇带来的威胁，并运送了士兵和补给品，使历史上最大规模的两栖入侵成为可能，最终于1944年6月在法国诺曼底登陆。美国海军还为盟军打进德国提供了支撑。美国的海军力量帮助打败了轴心国，美国的商船也提供了英国和其他美国盟友的需要。到战争结束时，美国拥有着世界上规模最大的海军（1000多艘战舰）和最大的商船队（约5000艘船）（Bauer，1989：311）。

斯蒂芬·K. 斯坦因

戴维·L. 麦克米伦

拓展阅读

Bauer, K.Jack.1989.*A Maritime History of the United States: The Role of America's Seas and Waterways.* Charleston: University of South Carolina Press.

De La Pedraja, René.1992.*The Rise & Decline of U.S.Merchant Shipping in the Twentieth Century.* New York: MacMillan.

Felknor, Bruce L. 1998. *The U. S. Merchant Marine at War, 1775—1945.* Annapolis: U.S.Naval Institute Press.

Hagan, Kenneth J.1991.*This People's Navy: The Making of American Sea Power.* New York: Free Press.

Labaree, Benjamin W., William M. Fowler, John B. Hattendorf, Jeffrey J.Safford, Edward W. Sloan, and Andrew W. German. 1998. *America and the Sea: A Maritime History.* Mystic, CT: Mystic Seaport Museum.

Mahan, Alfred T. 1890. "The United States Looking Outward." *The Atlantic.*

Roland, Alex W., Jeffrey Bolster, and Alexander Keyssar.2007.*The Way of the Ship: America's Maritime History Reenvisoned, 1600—2000.* Hoboken, NJ: Wiley.

黑星航运公司

黑星航运公司（Black Star Line）是由牙买加出生的非裔美国人运动领袖马库斯·加维（Marcus Garvey）的联合黑人改良协会（UNIA）于1919年成立的一家航运公司。这个名字有意化用了“白星”航运的名字，后者是一家总部位于伦敦的客运公司，是20世纪初大规模海上航运和旅行的象征。加维的资金来源是通过UNIA的各种呼吁、哈莱姆地区的组织和黑人媒体筹集的款项，加维的努力下，公司很快从街区一级的企业转向国际航运公司，这对非裔美国人经济潜力和他自己的领导力提出了挑战。筹资工作的规模导致对UNIA财务进行了内部审计，并就业务计划进行了辩论，这加剧了UNIA内部的派系斗争，并使批评加维的白人和黑人都更加大胆。

这样的喜忧参半的命运还在继续，巴哈马籍船长约书亚·科克本（Joshua Cockburn）被聘为关键的行动人物和公众形象。他为黑星航运公司购买的第一艘船是雅茅斯号（SS Yarmouth），这是一艘1400吨级的第一次世界大战补给船，然而，其中包括秘密谈判的中间人费和大幅虚高的价格。《芝加哥保卫者报》的记者将其与1914年的欺诈图谋进行了令人担忧的比较，该欺诈事件涉及一名西非酋长向西印度群岛、德克萨斯州和俄克拉荷马州的居民出售一艘失败的蒸汽船利比里亚号（Liberia）股份。

虽然加维设想了前往加勒比和西非的商业、旅游和移民之旅，但贪污及对捐款和开支管理不善的指控困扰着这项事业。在经历了一次危险的处女航后，科克本于1920年被解雇。公司支出等于所有捐款和运输收入之和。1921年，随着战后经济陷入衰退，大规模出售股票的尝试被证明是不合时宜的。

雅茅斯号在1922年被拆毁，另一艘名为安东尼奥·马塞奥号（SS Antonio Maceo）的游艇还发生了锅炉房爆炸事件。这一年中，UNIA受到一系列与未履行运输合同有关的诉讼的困扰。原告包括安东尼奥·马塞奥号的全体船员、一名利比里亚官员以及一家食品和饮料公司，要求对未能交付的货物进行赔偿。由于美国政府以出售尚未购买的猎户座号（Orion）船的股份为由，将加维告上法庭，黑星航运最终停止运营。黑星航运公司是加维和UNIA通过20世纪初特有的民族主义象征来发挥强大号召力的最雄心勃勃的例子。

迈克尔·莱曼

拓展阅读

Bandele, Ramla. 2010. "Understanding African Diaspora Political Activism The Rise and Fall of the Black Star Line." *Journal of Black Studies* 40 (4): 745-61.

Grant, Colin. 2008. *Negro with a Hat: The Rise and Fall of Marcus Garvey*. Oxford: Oxford University Press.

Howison, J.D.2005. "'Let Us Guide Our Own Destiny': Rethinking the History of the Black Star Line." *Review* (*Fernand Braudel Center*): 29-49.

约翰·霍兰，1840年至1914年

爱尔兰裔美国发明家约翰·菲利普·霍兰（John Philip Holland）是现代潜艇之父。1840年2月29日出生在爱尔兰的利坎诺（Liscannor）村，霍兰在那里的基督教兄弟学校上学，并在他的父亲和一个兄弟去世之

后，前往利默里克（Limerick）求学。由于在科学和机械等方面学习表现卓异、给校方留下深刻印象，基督教兄弟会请他留校当老师。他为兄弟会教书，直到 1873 年才到美国与家人团聚。此后，在开始研制第一艘取得成功的潜艇之前，霍兰一直在新泽西州的帕特森（Paterson）教书。

霍兰对海洋的迷恋可能源自父亲的影响，他的父亲曾是爱尔兰海岸警卫队的一员。霍兰一边在教室里工作，一边绘制潜艇设计草图和模型。1870 年出版的儒勒·凡尔纳的《海底两万里》鼓励了霍兰建造一艘真实世界的鹦鹉螺号的愿望。1877 年，他找到了这个机会，当时他向芬尼安兄弟会的成员展示了一个可以运行的潜艇模型。芬尼安兄弟会是一群爱尔兰的流亡革命者，他们计划用一艘全尺寸的潜艇来攻击英国在爱尔兰的统治。芬尼安兄弟会帮助霍兰的第一艘潜艇提供资金。在制造出 14 英尺长的原型机——单人版霍兰一号之后，霍兰开始了霍兰二号的研制工作。被媒体称为芬尼公羊号（Fenian Ram），这艘 31 英尺长的载员 3 人的潜艇装备了一门气动大炮，由一台内燃机提供动力。芬尼公羊号在水面上可以以每小时 9 英里的速度行驶，在水下的速度则略有降低。然而，由于拖延和资金上的分歧，霍兰和芬尼安的合作关系终止了。

1888 年美国海军宣布举办潜艇设计竞赛，霍兰参加了竞赛并获胜。海军判断，他的设计将提供一种在水面上以 15 节的速度或在水下以 8 节的速度续航 90 小时的潜艇，还能满足其他要求，包括能下潜到 150 英尺，战术转弯直径小于潜艇长度的 4 倍，除下潜时外，还具有正浮力。[①]

虽然在这次和以后的比赛中取得了成功，但霍兰的鱼雷艇公司直到 1895 年才从美国海军获得建造潜艇的合同。不过，随着合同的签订，霍兰也被迫接受了美国海军部的大量官僚主义干预。这种令人恼火的组合未能生产出有效的潜艇，几乎使霍兰的公司破产。同时，霍兰排除海军方面干预开始了另一艘潜艇的设计工作，最终设计出霍兰六号。霍兰六号艇长 54 英尺，排水量 74 吨，配备了首个实用的柴电双推进系统，具有更高稳定性、更佳深度和纵倾控制的压载系统，流体动力形状以及现代鱼雷武器系统。该艇使用柴油发动机的水面续航力为 1000 英里，使用电力的水下续航力为 30 英里。这种创新的技术组合，首次在一艘船上集成了未来潜艇所有的基本特征。

① 译者注：正浮力意味着物体排掉等体积水的质量比自身大，可以浮在水面上。

霍兰希望向海军提供霍兰六号来偿还合同项目所产生的债务，但遭到海军方面的拒绝，只能被迫将霍兰鱼雷艇公司卖给了艾萨克·L. 赖斯，后者于1899年将其改名为电动艇公司。尽管作用逐渐弱化，霍兰还是在新公司一直工作到1904年。1900年时，电动艇公司将霍兰六号的改进型卖给了美国海军。离开电动艇公司后，霍兰试图继续他的潜艇工作，但专利权诉讼和缺乏资金，最终迫使他退出相关业务。他于1914年8月12日在新泽西州的纽瓦克去世，还差几个月的时间就可以看到潜艇如何改变海战。

拉里·A. 格兰特

拓展阅读

Compton-Hall, Richard.2003.*The Submarine Pioneers: The Beginnings of Underwater Warfare*.Penzance, Cornwall: Periscope Publishing Ltd.

Friedman, Norman.1995.*U.S.Submarines Through* 1945-*An Illustrated Design History*.Annapolis, MD: U.S.Naval Institute Press.

Morris, Richard Knowles. 1998. *John P. Holland*—1841—1914—*Inventor of the Modern Submarine*.Columbia: University of South Carolina Press.

亨利·J. 恺撒，1882年至1967年

美国实业家亨利·J. 恺撒在第二次世界大战前经营着一家建筑企业，参与了包括邦纳维尔（Bonneville）大坝、大古力（Grand Coulee）水坝和胡佛大坝（Hoover Dams）在内的多个大型项目。他最著名的是战争期间在造船方面的创新，以及以他的名字命名的医疗保健和铝业公司。

1882年5月9日，恺撒出生在纽约的斯普鲁特布鲁克（Sprout Brook），1907年全家搬到了华盛顿州。到1914年时，他拥有了一家铺路公司，十年后公司的业务扩展到大坝和堤防建设。1931年，胡佛政府招标在拉斯维加斯附近的科罗拉多河上修建大坝，恺撒加入了一个名为"六公司"的总承包财团，并提交了标书。恺撒的公司还参与了邦纳维尔大坝、大古力大坝和奥克兰至旧金山海湾大桥的建设。在经济大萧条期间，他在这些以及其他政府资助的大型项目上取得的成功，促进了他的企业的发展。

1941年，恺撒意识到战时对造船的需求，便开始与托德—加利福尼亚（Todd-California）造船公司合作。不久之后，他的永久金属公司

(Permanente Metals Corporation) 建立了自己的造船厂。恺撒没有造船经验，但他在其他大型复杂项目上的成功经验以及他在政府中的人脉关系——他被称为富兰克林·罗斯福总统最喜欢的实业家——为他打开了机会之门。在重建金融公司 (Reconstruction Finance Corporation) 资金的支持下，恺撒建立了七家造船厂，很快这些造船厂就投入战争生产之中。

具有讽刺意味的是，恺撒缺乏造船经验，这反倒促成了他的创新方法。此前，熟练工匠们像昂贵的手工制造汽车一样，从龙骨开始逐一建造船舶。为了满足战时的需求，恺撒改以流水线的方法使用半熟练劳动力造船，结果完成一艘船的时间从 7 个月或更长时间下降到大约 6 周甚至更短。在一次精心策划的活动中，不到 5 天的时间里就建成了罗伯特·E. 皮里号 (SS Robert E.Peary)。恺撒的船厂在战争期间生产了 1000 多艘自由轮和胜利轮，此外也生产了许多其他的货轮甚至军舰。

自由轮

第二次世界大战期间，美国海事委员会为了便于大规模生产，制定了船舶的标准设计，包括 T2 和 T3 油轮，以及各种尺寸的货轮，包括自由轮和更大的胜利轮。自由轮由英国人设计的廉价货船发展而来，目的是迅速弥补战时损失。它依靠一种陈旧的三膨胀发动机，这种发动机可以大量生产，并以 11 节的速度驱动 14000 吨的轮船。美国建造商以焊接船体的方式，并采取了其他措施，将建造时间缩短到了 40 天左右，不过亨利·J. 恺撒的一家船厂仅用了 4 天 15 小时 29 分钟就建成罗伯特·E. 皮里号并下水试航。总的来说，18 家美国船厂在战争期间共生产了 2710 艘自由轮，使其成为有史以来最大的舰种。在现存为数不多的自由轮中，约翰·W. 布朗号 (John W.Brown) 保存在马里兰州巴尔的摩的博物馆里。

戴维·L. 麦克米伦
斯蒂芬·K. 斯坦

1942 年，恺撒将进步的家长式领导与精明的商业意识相结合，创造了他最持久的创新之一——员工医疗保健计划，即恺撒健康计划和医疗集团（Kaiser Permanente）。1938 年，恺撒在大古力水坝建筑工地建立了他的第一个预付医疗计划。战争期间，他将该计划带到其加州造船厂，以使工人安心专注于自己的工作。恺撒健康计划和医疗集团后来成为现代健康维护组织（HMO）的原型，也是美国西部最大的医疗服务提供者之一。

战后，恺撒转向其他项目，包括汽车制造和土地开发。当他 1967 年 8 月 24 日在夏威夷檀香山去世时，他的大部分财产都捐给了非营利性的亨利·J. 恺撒家族基金会，用于与健康相关的政策分析、研究和信息交流。

拉里·A. 格兰特

拓展阅读

Adams, Stephen B. 1997. *Mr. Kaiser Goes to Washington: The Rise of a Government Entrepreneur.* Chapel Hill, NC: University of North Carolina Press.

Foster, Mark S. 1989. *Henry J. Kaiser: Builder in the Modern American West.* Austin: University of Texas Press.

Herman, Arthur. 2012. *Freedom's Forge: How American Business Produced Victory in World War II.* New York: Random House.

中途岛战役

中途岛战役是 1942 年 6 月 4—6 日美日两国海军之间的战斗。中途岛位于西半球和亚洲的中间位置，占据重要战略地位。日本领导人认为，入侵中途岛将迫使美国太平洋舰队的残余力量，特别是其航空母舰投入战斗，而这些残余力量的毁灭将使美国接受和平，从而确认日本近期对东亚和太平洋的征服和控制。但日本人却遭受了毁灭性的失败。中途岛战役后，美国舰队不断壮大，而日本海军在努力弥补日益增加的损失上却举步维艰。

对日本来说，不幸的是，美国已经破解了日本的海军密码，海军密码学家确定日本计划攻击中途岛。这使美国太平洋舰队总司令切斯特·尼米兹上将将他的三艘航空母舰（企业号、大黄蜂号和约克城号），以及 22 艘巡洋舰和驱逐舰，在中途岛西北方向埋伏，等待日本舰队的到来。山本五十六海军上将的舰队数量超过 200 艘，但他将自己的舰队分成四个部分，从而丧失了数量优势。只有包括赤城号、加贺号、飞龙号和苍龙号航空母舰在内的先头部队与美国人交战。

6月4日，日本舰队抵达中途岛附近，对该岛发动空袭，造成严重破坏。中途岛的防守飞机，无论是守岛的还是攻击日本军舰的，大部分被击落。美军航母的侦察机找到了日本舰队的位置，随即发动了一波配合不好的攻击。日军击落了大部分率先到达的攻击型鱼雷轰炸机。然而，美国俯冲轰炸机的攻击也给三艘日本航空母舰造成严重破坏，当时航空母舰的甲板上有许多飞机正在为再次攻击中途岛而重新准备。大火很快吞噬了三艘遭受轰炸的日本航母，第四艘飞龙号所载的飞机发现并破坏了美国航母约克城号，美国的俯冲轰炸机在当天晚些时候击沉了飞龙号。日本舰队损失了全部四艘航母。美国航母只损失了约克城号，它和一艘护航的驱逐舰一起被日本潜艇击沉。随后美军的进攻又造成了两艘日本巡洋舰相互碰撞而沉没，此时山本将军已经下令舰队返回。没有航空母舰，日本人无法再入侵中途岛了。

1942年6月4日，在中途岛战役中，约克城号航空母舰被三枚日本炸弹击中后不久，阿斯托里亚号巡洋舰驶过航母。（美国海军历史中心）

这场战役显示了日本舰队学说的严重缺陷，尽管美国人的胜利与其说是靠运气，不如说是靠出色的情报工作和空中侦察，这使他们能够在日本舰队发现自己之前就找到日本舰队的位置。这是航母间战斗取胜的关键。大多数历史学家认为中途岛战役是太平洋战争的转折点。

哈尔·M. 弗里德曼

拓展阅读

Mitsuo，Fuchida，and Masatake Okumiya.1981.*Midway：The Battle that Doomed Japan.*Annapolis，Maryland：Naval Institute Press.

Parshall，Jonathan，and Anthony Tully. 2005. *Shattered Sword：The Untold Story of the Battle of Midway.*Washington，D.C.：Potomac Books.

Prange，Gordon.1982.*Miracle at Midway.*New York：McGraw-Hill.

Symonds，Craig.2011.*The Battle of Midway.*New York：Oxford University Press.

约书亚·斯洛克姆，1844 年至 1908 年

约书亚·斯洛克姆（Joshua Slocum）是一位来自加拿大的归化美国人，在航海时代即将结束的时候，他出海航行并成为目前已知的第一个独自航海环游世界的人。

1844 年 2 月 20 日，斯洛克姆出生于新斯科舍省的汉利山。13 岁时他上了一艘渔船当厨师，不过只出航了一次就失去了这个岗位。16 岁时他又以普通水手的身份签约了一艘驶往爱尔兰的木材船。其后，他在若干英国船只上服役，19 岁时升为大副。

19 世纪 60 年代，斯洛克姆成为美国公民，以船长的身份从加利福尼亚的旧金山出发，航行到太平洋的各个港口。1871 年，他与澳大利亚人维吉尼亚·沃克（Virginia Walker）结婚，夫妻俩带着孩子在海上生活，直到 1884 年维吉尼亚去世。两年后，斯洛克姆与年轻的表妹亨利·埃利奥特（Henrietta Elliott）结婚。1888 年，他在巴西遭遇海难，自己造了一条长长的三桅独木舟，和家人一起驶回美国。

1892 年，一位捕鲸船长送给斯洛克姆一艘破旧的 37 英尺长的单桅帆船浪花号（Spray），他把这艘船里里外外都修葺了一番。1895 年，他从马萨诸塞州的波士顿出发，开始了一次非凡的航行。他计划几乎完全依靠自己对海洋和航海的特殊知识，实现独自环游世界。在重访新斯科舍省之

后，斯洛克姆向直布罗陀进发，但在接到关于地中海海盗的预警后，他转而向南顺着大西洋航行，绕过南美洲南端臭名昭著的风暴角。随后，他访问了胡安·费尔南德斯群岛、萨摩亚、澳大利亚和南非，于1898年到达罗得岛的新港，航行了大约46000英里。

斯洛克姆对自己的壮举进行了精细完整且激动人心的描述，并在1900年出版了《独自环游世界》，这激励了其他人的航行。在广受赞誉的同时，他发现自己很难安定下来，大部分时间都是在浪花号上进行短途旅行。1908年底，他在前往西印度群岛的航行中失踪。

格罗夫·科格

拓展阅读

Slocum，Joshua.1958.*The Voyages of Joshua Slocum.*New Brunswick，NJ：Rutgers University Press.

Spencer，Ann.1999.*Alone at Sea：The Adventures of Joshua Slocum.*Toronto：Firefly Books.

Wolff，Geoffrey.2010.*The Hard Way Around：The Passages of Joshua Slocum.*New York：Knopf.

华盛顿海军会议

美国总统沃伦·G. 哈丁（Warren G.Harding，1865—1923）和国务卿查尔斯·E. 休斯（Charles E.Hughes，1862—1948）于1921年召开了华盛顿海军会议。这次会议主要有两个目标：一是对各国军舰的发展提出具体限制，二是防止日本在太平洋地区的扩张。磋商的大部分内容集中在避免新的海军军备竞赛上，特别是当时海军大国美国、英国和日本之间的军备竞赛。

会议于1921年11月12日至1922年2月6日在华盛顿举行。与会者包括比利时、中国、法国、英国、意大利、日本、荷兰、葡萄牙和美国的领导人。第一次世界大战结束后，许多决策者担心不受限制的军备竞赛会引发另一场战争。

这次会议分别签订了三个国际条约。首先，美国、英国、日本、法国和意大利签署了寻求海军裁军的《五国条约》。该条约禁止签约国在5年内建造新的主力舰（战列舰），规定了各国战列舰吨位的具体比例（即5∶5∶3∶1.75∶1.75），并限定战列舰的最大标准排水量为3.5万吨，舰炮口径为 16 英寸。这个公式将美国和英国的战舰总吨位限制在 50 万吨，将日本战舰总吨位限制在 30 万吨。条约规定法国和意大利的军舰总吨位各为 17.5 万吨。该条约的一个结果是美国海军获得了和英国海军对等的法理地位。英国皇家海军与美国海军之间签订了《英美海军条约》，标志着美国作为世界主要海军强国的出现。其次，美国、英国、日本、法国签订了《四国条约》。这个条约取代了 1902 年的《英日条约》。政策制定者希望新条约能够更好地进行协商，旨在防止东亚地区的紧张局势爆发冲突。再次，华盛顿海军会议的所有与会者签署了《九国条约》。它将美国在中国的门户开放政策（最早由美国国务卿约翰·海伊于 1899 年开始设立）扩大为一项国际条约。

许多观察家认为华盛顿海军会议是成功的，提供了未来努力的方向。随后又进行了几次裁军谈判，包括日内瓦海军会议（1927 年）和伦敦海军会议（1930 年和 1935—1936 年）。

威廉·A. 泰勒

拓展阅读

Asada，Sadao.2006.*From Mahan to Pearl Harbor*：*The Imperial Japanese Navy and the United States*.Annapolis：Naval Institute Press.

Douglas，Lawrence H.1974. “The Submarine and the Washington Conference of 1921.” *Naval War College Review*26（5）（March）：86-100.

Goldstein，Erik，and John Maurer（eds.）1994.*The Washington Conference*，1921-22：*Naval Rivalry*，*East Asian Stability and the Road to Pearl Harbor*.London：Routledge.

Jordan，John. 2011. *Warships after Washington*：*The Development of the Five Major Fleets* 1922—1930.Barnsley，UK：Seaforth Publishing.

Kuehn，John T.2008.*Agents of Innovation*：*The General Board and the Design of the Fleet that Defeated the Japanese Navy*.Annapolis：Naval Institute Press.

主要文献

摘自约书亚·斯洛克姆于 1900 年的《独自环游世界》

约书亚·斯洛克姆（Joshua Slocum，1844—1909）出生于新斯科舍省，他一生中的大部分时间都是在海上度过，并驾驶过各种各样的船只，包括由著名发明家约翰·爱立信（John Ericsson，1803—1889）设计的实验性战舰。由于19世纪90年代中期经济不景气，斯洛克姆暂时没有工作，于是他重新修葺了朋友送给他的一艘破旧的36英尺长[①]的单桅帆船浪花号。经过13个月的准备工作，他于1895年4月24日出发，开始了自己一个人的第一次环球航行。返回后他写下了《独自环游世界》一书，这本书激励并将继续激励其他人尝试类似的壮举，其中包括小说家杰克·伦敦（Jack London，1876—1916），后者在《斯纳克号的巡航》(*The Cruise of the Snark*，1911年）中写下了自己的独自航行。

我的父族和母族都出海员；如果发现任何一个姓斯洛克姆的不干航海这行，那么他至少会表现出对船模的喜好和考虑去航行的倾向。……至于我本人，美妙的大海从一开始就深深地吸引了我。八岁那年，我已经和其他男孩一起在海湾上漂流了。……少年时代，我在一艘渔船上担任过厨师的重要职务。……不久我又在一条驶往外国的装备良好的船上找到工作，从此成为一个出色的海员。

北极光号（Northern Light）是我指挥的船只中最漂亮的一艘，我是这只船的船东之一。……在那个时代——80年代——她是美国在大海上航行的最好船只之一。后来，我又买了阿奎得内克号（Aquidneck)，这艘小船在我看来是所有人类手工制作的船中最接近完美的一艘，而且在速度上，当风吹来时，它绝不逊色于蒸汽船……

[浪花号修葺完毕后，他驶向波士顿，从那里开始了他的环球航行，他为这次冒险而兴奋不已]。

风力变大，浪花号以7节的速度绕过鹿岛。过了它，她［浪花号］直接向格洛斯特方向驶去。波浪在马萨诸塞州海湾上欢快地舞动着，迎接着这艘单桅帆船的到来。船头飞溅起无数的浪花，就像无数闪亮的宝石，涌动着挂在浪花号的胸前。那天天气很好，阳光清澈而强烈。每一粒被抛向空中的水珠都变成了闪光的宝石。浪花号就像

① 译者注：原文如此。前面的“约书亚·斯洛克姆”条目中，这条帆船的长度是37英尺。

她的名字一样，一次又一次地从海面上激起宝石一样的浪花，一次又一次地把它们撒向空中。我们都见过船头水雾折射阳光而产生的微型彩虹，但那天浪花号喷出了自己的船头彩虹，这是我从来没有见过的。她的好运天使已经踏上了航程；我在海面上如此读到。

[斯洛克姆是一位优秀的水手和航海家，他用六分仪、破旧的时钟和指南针来维持航向。有一次，他发现所使用的导航表中的一个错误，事后他解释说]

我现在与周围的环境融为一体，被带到了一条巨大的河流上，在那里我感受到了创造世界的上帝之手的浮力。我意识到它们的运动在数学上的真实性，众所周知，天文学家们编制了它们的位置表，历经年月日时，以及一天的分钟，其精确度之高，以至于海上航行的人，甚至可以借助它们找到五年之后地球上任何一个特定子午线的标准时间。

要找到当地时间是一件很简单的事情。当地时间和标准时间之间的差异是用时间表示的经度，众所周知，4 分钟代表 1 度。简而言之，这就是发现经度独立于计时器的原理。虽然在当今的航海实践中已经不再用这种计时表方法，但它确实非常巧妙、令人着迷，在航海领域，没有什么比这更能让人心生敬意了。

……

当船靠近岛屿或珊瑚礁的时候，饥饿的鲨鱼经常出现在船周围。我对射杀它们感到满意，就像射杀老虎一样。鲨鱼就是海上的老虎。我想，可能没有什么比遇到饥饿的鲨鱼更让水手感到恐惧的了。

……

现在，好望角是最重要的途经地点。到好望角后，从桌湾（Table Bay）出发，依靠强劲的信风，浪花号很快就可以回家。……现在，浪花号已经进入多风暴的海域，几乎平均每隔 36 个小时，就会有一阵狂风刮起……1897 年圣诞节这天，我们抵达好望角。起初我站在船头，以为到夜晚之前就能完成绕过好望角的壮举，但浪花号在狂风中十分颠簸。我在船头准备收起船首三角帆，巨浪三次把船首吞没，每次都把我浸入水中……又一阵飓风吹向浪花号……但她躲过了这阵飓风，进入西蒙斯湾暂避。风势缓和后，她终于绕过了好望角。据说那艘被称为“飞翔的荷兰人”的幽灵船，至今一直在那里徘徊。我心中明白，过了好望角之后，剩下的航程，不说全部，至少绝大部分都会太平无事了。

……

因此，［1898年］7月3日，风和日丽，她［浪花号］优雅地绕过海岸，沿着阿库什内特河（Acushnet）上溯到［马萨诸塞州］费尔哈文（Fairhaven），在那里，我把她固定在打在岸边的雪松桩上，就是她之前下水时所固定的那个雪松桩。这已经是我能够带着她前往的离家最近的地方了。

资料来源：Clements，Jonathan. 2010. *Admiral Tōgō：Nelson of the East*. London：Haus Pub.

推销黑星航运公司股票的演讲，马库斯·加维，1919年

1914年，非裔美国人民权领袖马库斯·加维（Marcus Garvey，1887—1940①），创立了黑人团结促进协会（United Negro Improvement Association），1919年他又创立了黑星航运公司（Black Star Line），他希望该公司能培养黑人种族自豪感，为非裔美国人提供熟练工作岗位，并帮助将非裔美国人与非洲联系起来。为了给这家航运公司筹集资金，加维做了很多广告，并定期向非裔美国人组织发表演讲，承诺投资黑星航运公司会有丰厚的回报。黑星航运公司的股票在黑人团结促进协会会议上出售。以下是他呼吁非裔美国人投资黑星航运公司的众多演讲之一。

黑人同胞们：

大家好。

9月14日星期日，黑星航运公司的第一艘船在纽约市135街和北河边接受了4000名黑人种族成员的检阅。这艘将重新命名为弗雷德里克·道格拉斯号（Frederick Douglas）的船已经准备就绪，

① 译者注：原文为1887—1840年（1887—1840 ce），后者为印刷错误。

并将于10月31日从纽约起航。作为世界黑人的财产，这艘船是通过黑星航运汽船公司的股东购买的。这家公司还需要8万美元，才能扫除所有障碍，使这艘船能在10月31日顺利起航。我在这里呼吁每一个种族成员现在就尽自己的责任。就是现在！每个黑人都必须购买黑星航运公司的股份。……

……任何一个黑人，10月31日以后如果还不是黑星航运公司的股东，那他就会比挣扎中的埃塞俄比亚事业的叛徒更糟糕，因为在这场经济上解放黑人种族的努力中，我们古老的敌人正在排队反对我们。任何一个黑人如果袖手旁观，让种族中的少数人去这场伟大的斗争中战斗并获胜，那将是不亚于犯罪的行为。黑人种族为其他种族服务了几个世纪，现在是我们应该为自己服务的时候了。黑星航运公司的股票每张售价5美元，每个人可以购买一到两百股股票并赚钱。公司的资本金将在很短的时间内增加，这意味着股票的面值将上升。今天购买股票，你将在未来几个月内赚钱。黑星航运公司将拥有和控制汽船，以便与世界各地开展贸易。公司将为种族中成千上万的男女提供就业机会。

当然，在这个关键的时刻，在这个种族受到考验的时候，没有人会脱离队伍，我们所有人都会站在一起，向世界展示一支由世界黑人拥有和控制的商船队。

如果你有好几百美元可以用于投资获利，那么现在就把它投资到黑星航运公司股票上。如果你有400、300、200、100元或50元、25元或10元，请打电话或写信给公司，把你的股份申请和你的钱一起寄去。

一个更伟大更繁荣的日子正在为黑人准备着，但他们自己必须在今天行动起来，以保证美好事物的到来。

同胞们，我恳请你们在这个时候要来真的。请记住，10月31日，黑人的成败在此一举。胜利之后每个男人和女人，要么骄傲地抬起头，要么羞愧地垂下头。

号召大家行动起来，要么现在，要么永远不行动。

我相信你们会响应这个号召。

衷心祝愿你们的兄弟

马库斯·加维

资料来源：*Garvey v. United States*, no.8317, Ct.App., 2d Cir. (2 February 1925), Government Exhibit 25.September 15, 1919, editorial letter offering stock for the Black Star Line.

U-123 发起 U 型潜艇攻击，1942 年 3 月 23 日

在日本袭击珍珠港以及德国几天后对美国宣战之后，德国潜艇部队指挥官卡尔·多尼兹（Karl Doenitz, 1891—1980）将潜艇派遣至以前安全的美国水域。正在进行第八次战时巡逻的 U-123 是 1942 年的头几个月在美国沿海活动的十几艘德国潜艇之一。美国的安保措施很差，U 型潜艇击沉了许多船只。下面这段话来自 U-123 的航海日志，描述了它追击和攻击一艘单独航行的英国油轮帝国钢铁号的过程。

> 在暴风雨中发现左舷前面有桅杆。转向它，很快就认出是一艘油轮。它在 45°左右的航向上，从 3°到 8°不规则地曲折行驶。我艇大致在它的航线前方。
>
> 油轮的航速在 10.5 节左右。黄昏前，它在 90°的航向上航行了一个半小时。傍晚时分，它转为 0 度，半小时后转为 30 度。很难持续锁定对它的打击。这个狡猾的家伙。每次我艇想接近它，它都会转身离开。明月之夜，忽然雷雨大作，我艇终于可以发起攻击了，身后的大雨暴风，在短时间内遮住了月亮。这是一艘配置有短桅杆和低烟囱的非常现代化的机动油轮，和巴拿马油轮诺尼斯号(NORNESS)[①] 类似，估计吨位约 9500 吨［总注册吨位］。
>
> 在 500—600 米的距离上，我从艇首发射一枚阿托［鱼雷］，深度 3 米，敌速 10.5 节，目标角 70°。当水听器操作员报告鱼雷正在运行时，我正努力向右转舵。这么近的距离不可能打不中。但什么也没发生。船头室报告：鱼雷跑偏了！由于误判，潜艇已经转弯太远，无法在目标角 80°或 90°从艇首发射准备好的第二枚鱼雷。我继续努力发射另一枚准备好的尾部鱼雷。现在我在 300 米的距离向油轮展示宽舷，所以它终于看到了我，并转向右舷，目标角 180°。

---

① 译者注：诺尼斯号 1942 年 1 月 14 日被德国 U 型潜艇击沉。

命令：停下来并进行安全检查。过了一段时间，有报告称鱼雷是从五号管发射的。船员是自行手动发射的，当时他在等待发射命令并且相信自己在通话管中听到了命令。他没有查看通信设备。鱼雷不知发射到哪个方向去了。鱼雷管转轮在管内移动了1/4米，随着鱼雷的排出而被弹出，丧失了功能。对鱼雷管的检查表明，固定销的边缘被剪掉了，开口杆被擦得光秃秃的。鱼雷管内空空如也。在一次困难的攻击中，当潜艇上一切都很顺利，而老练的、有经验的船员却犯了原本可以避免的错误，断送了潜艇可以轻松获胜的机会，这是很令人难受的。

油轮发出遭遇U型潜艇的警告，位置据推算在我们以南10海里。这是1941年建造的帝国钢铁号（吨位8150吨）。这再次表明，人们在晚上往往高估油轮的吨位，因为它们没有货轮那么多的功能。帝国钢铁号有一门8.8厘米口径的舰尾炮和一门6厘米口径的舰炮，前方烟囱两侧有防护罩。舰桥侧面有机枪和探照灯。所有装备都很现代，不是用旧部件临时拼凑而成。我们再次超过油轮。雷雨结束了，现在我艇停在月亮照耀下的明亮的海平线前。油轮曲折而行，我们从另外一个方向赶到了前头。

由于油轮疯狂的转弯，我艇差点在黑暗的海平线上跟丢。油轮现在以12节的速度行驶，曲折前进。因为油轮上特别装备有强大的武器，且该轮已经高度戒备，我艇无法靠近，于是决定从较远的距离发射两枚鱼雷。

发射鱼雷。距离900米，目标角度75°，敌船速度12节。我艇一直走直线航路，以免转弯时暴露位置。帝国钢铁号艰难地转向，放慢航速，开始准备操作炮台。令人惊奇的是，它还没准备好以炮火来热烈迎击我们。我很快转向并发射了鱼雷。61秒之后，油轮最前方的桅杆处被击中，先是高处暗黑的一团发生了爆炸，随后整个油轮都爆炸了。油轮前部装满了汽油。又发生了几次爆炸，我们看到一片火海，火势之大平生仅见。就在我们认为它即将沉没的时候，油轮发出了无线电求救信号。糟糕！5分钟后，我们可以看见它仍然平稳地浮在水面上。船首非常猛烈地燃烧，上层甲板和船尾的上层建筑也被烧毁，但是由于灭火系统的作用，大火主要集中在船的前部。船尾的燃油箱没有燃烧，风将火焰吹离了船。这给我们一个教训，不是每一艘

“爆炸”的油轮都会消失。我们都会信誓旦旦地说，找不到一块残骸。但在这种情况下，水里的人和救生艇可能在船头的火烧熄灭后重新登上油轮，带着可能完好的发动机继续航行。

我们用甲板炮向油轮发动机舱开火六轮。这样做足以令机舱淹没，现在船尾开始慢慢下沉。然后用3发炮弹将船尾油箱点燃。现在整个船都在猛烈燃烧，加速沉没。

资料来源：Translation by Captain Jerry Mason，USN （ret.）.U-Boat Archive.Used by permission of Jerry Mason. http：//www. uboatarchive. net/U-123/KTB123-8.htm.Accessed November 15，2016.

美国印第安纳波利斯号沉没，伍迪·E.考克斯·詹姆斯（Woodie E.Cox James），1945年

1945年7月29日，星期日，一艘日本潜艇I-58向印第安纳波利斯号（USS Indianapolis）发射了六枚鱼雷。当时这艘美国巡洋舰在向马里亚纳群岛（Marianas Islands）的提尼安岛（Tinian）运送原子弹部件后的返回途中。巡洋舰被两枚鱼雷命中后失去动力，并迅速沉没。在接下来的一周里，大约900名印第安纳波利斯号的船员，分散成几组，在鲨鱼出没的水域中挣扎求生。只有317人幸存下来。

我睡在第一座炮塔的悬垂处。我的战斗站就在里面，为了防止听不到战斗部署的声音，我就睡在下面。我像往常一样用鞋子当枕头刚躺好，第一枚鱼雷就打了过来。我在甲板和炮塔的悬空处之间上蹿下跳，像歌舞片《胜利之歌》（Yankee Doodle Dandy）里的场景一样。而且我想知道，“到底发生了什么？”

……你无法相信的尖叫声……没有人知道发生了什么事。消息传开了，“弃船”！大概5分钟后，我们真的浸入水里了，于是我们弃船而去。

……我走到一边。然后很快我就听到一些声音。我大喊起来，有人在回答我，原来是我的朋友吉姆·纽霍尔。我游到了他所在的地方，那里有很多人。场面混乱不堪，每个人都在说话……还有很多伙

计受了伤，有的还被烧伤，我们尽力自救。

第一天

第一天早上，我们尽最大努力清点了人数。这群大约有150人。我们分散在多处。好吧，这还不算太坏，我们想，我们今天会被接走的。他们知道我们在这里，毕竟我们今天上午11点就应该抵达菲律宾了，所以我们一旦没有抵达，他们就会知道的。……

于是，一天过去了，夜晚来临了，天气很冷。真是太冷了。

第二天

第二天早上，太阳升起，万物变得温暖，然后继续升温，变成令人难以忍受的高温。于是，你又开始祈祷太阳下去，以便你可以再次凉下来。

……

第三天

太阳终于升起来了，天气又热起来了。有些人喝了含盐的海水后，就开始发狂了……

一天过去了，数以百计的鲨鱼就在附近游荡。你会听到人们的尖叫声，特别是在下午晚些时候，它们也在晚上进食。一切都很安静，然后你会听到有人尖叫，你就知道他被鲨鱼咬了。

……

我们又饿又渴，没有水，没有食物，没法睡觉，开始脱水，喝海水后更多的人发了疯。人们开始互相殴打，所以吉姆和我……自行漂离了大部队。我们把救生衣绑在一起，这样就不会分开了。吉姆一开始的状态还不错，但后来他烧得很厉害……

第四天

然后第二天就到了。到这个时候，我宁愿把天堂的前排座位让给别人，换来一根烂木头好穿过地狱，只为喝一口凉水。我的嘴巴干得像棉花一样………

总之，我们在外面晒着太阳，祈祷着它再次下降，然后低头一看，有一架飞机。当然，从第一天开始，每天都有飞机从天上掠过。我们想，“哦，见鬼，它也没看到我们。它走了。”然后我们看到飞机转身回来，我们知道自己被发现了。那真是一种解脱。

……它用无线电把信息传回基地，但海军没有派船过来帮忙，而是派出了一架飞机。一架 PBY 水上飞机出来盘旋了一圈，然后用无线电向基地报告说有一群人在水里。他需要更多的援助和更多的生存装备。在下午晚些时候天黑之前，又有一架 PBY 水上飞机出现在现场，丢下来生存装备，以及一个小小的三人橡皮筏。吉姆和我试着游过去。吉姆游到了，而我却没游到。我推举着他一天一夜，实在是太累了。他上筏子的时候，上面还有两个人……所以总共有三个人在里面……这个筏子只能装下三个人。

然而，另一个方向还有两个人在水里，木筏上的两个人告诉吉姆"我们去那边接那两个人"。吉姆说："不，我们先去接伍迪，然后再去接那两个人。"他们说："不，我们要走另一条路。"木筏上配有铝制小桨部件，一共能装两支桨。吉姆装好一支桨握在手里，然后把另一支桨扔下了船。"好吧，伙计们，我不想这么刻薄，但我们要过去接伍迪，你们用手划船。如果你们不这样做的话，这支桨就会出问题，你们不会喜欢这样的结果的。"所以他们过来把我接上了筏子。为这事，我一辈子都欠吉姆·纽霍尔的情。……

然后我们去找另外两个伙计。现在我们有六个人在这个木筏上。它变得相当拥挤，但我们又遇到另外三个兄弟，把他们接了上来。现在我们有九个人在这个小木筏上。大约在午夜时分，也可能比午夜稍早一点，光线从云层底部照下来，我们知道自己得救了。那是塞西尔·多伊尔号（Cecil Doyle）驱逐舰的探照灯光。海军已经抵达搜救现场。有船过来了。

你无法想象我们有多高兴。大伙儿尖叫着，叫喊着："我们得救了！我们得救了！"

资料来源：USS Indianapolis Survivors.2002.Only 317 Survived：USS Indianapolis（CA-35）.Navy's Worst Tragedy at Sea…880 Men Died.Broomfield，CO：USS Indianapolis Survivors Organization.Used by permission of Mary Lou Murphy.

第八章　第二次世界大战后，1945年至今

概　述

第二次世界大战期间（1939—1945年），世界主要海洋国家的运力遭受了巨大的损失。美国出售多余的战船帮助全球托运人重建船队，战后随着士兵和平民返回家园——以及欧洲幸存的犹太人寻找新的家园——大量的人口流动，以及救济物资的运输，都提供了重要的收入。世界各地的殖民地人民获得了独立，改变了殖民时代建立的贸易模式。即使是几乎没有受到战争影响的葡萄牙，也失去了它最后的殖民地：果阿（1961年）、莫桑比克（1975年）和中国澳门（1999年）。

随着全球经济的复苏和战时船只的损耗，越来越大的船只取代了它们的位置，促进了运河和港口的扩建。自动化和集装箱化减少了航运中劳动力的使用，这进一步降低了成本，有助于世界贸易的急剧增长，也有助于一些人所说的“全球化”——世界各地的企业之间的相互联系日益紧密。在不同国家生产的零部件被运到其他国家进行组装，然后再将最终产品运往世界各地销售。

将船舶的尺寸（长、宽、吃水深度）增加一倍，可以将其承载能力提高八倍，从而使大型船舶的运营更加经济。19世纪，木制船舶达到了它们可以建造的规模的极限，但使用钢铁作为建材可以建造更大的船舶。自动化使较小规模的船员队伍能够驾驶较大的船只，进一步鼓励了这一趋势。改进的导航设备也是如此，如依靠无线电和岸上的转发器来引导船只的LORAN（远程导航），以及使用卫星导航的GPS（全球定位系统）。日益增长的石油消费鼓励了更多和更大的油轮的生产，以及在沿海水域开展石油钻探和修建越来越长的石油管道，如穿越阿拉斯加和北海下方的管

道。1950年以前，很少有超过2万吨的油轮，但在日本建造的10万吨级的宇宙阿波罗号（Universe Apollo，1959年）和20万吨级的出光丸号（Idemitsu Maru，1966年）的刺激下，大型油轮的数量迅速增长。苏伊士运河的战时关闭进一步鼓励了超级油轮的建造。

全球定位系统（GPS）

全球定位系统（GPS）于1995年正式投入使用，是美国军方将24颗卫星送入环绕地球轨道而构成的系统。该系统对外广播恒定的无线电信号，同时允许任何设备配备一个适当的接收器，使用这些信号来确定其位置的经度、纬度和高度。GPS的卫星组网被称为定时测距导航卫星系统（NAVSTAR），第一颗卫星在20世纪70年代末发射。从那时起，随着老旧卫星的退役，它们不断被新的型号所取代。

全球定位系统最初是为军事导航用途而设计的，现在已向民用领域开放，商业船舶和客机上很快就都安装了接收器。随着GPS接收器变得越来越小型化，更多用户可以使用它们，如今它们已经成为所有智能手机的标配。

然而，对于军方来说，GPS不仅仅局限于导航，它还成了向固定目标准确投送炸弹和导弹的一种方法。与其他引导弹药的方式——比如使用激光或红外线——有所不同，GPS信号可以不受天气条件的影响。

在航海领域，考虑到无边无际的海洋，能够在海上确定自己的位置是至关重要的。由于定位不准确而意外侵入另一个国家的领土可能会引起国际事件，特别是在有争议的岛屿和水域附近。GPS可以帮助避免这种情况的发生，因为它可以为任何用户提供关于他或她的位置的准确和精确的数据。

蒂莫西·崔

海洋探险仍然是塞西尔·斯科特·福雷斯特（C.S.Forester，1899—1966）和帕特里克·奥布莱恩（Patrick O'Brian，1914—2000）等小说家笔下的热门主题，海洋也成为电视节目和电影的一个常规内容。《海上的胜利》（*Victory at Sea*，1952—1953年）庆祝了海军力量对第二次世界大战胜利的贡献，雅克·库斯托（Jacques Cousteau）的电视纪录片将深海环境带入了人们的家庭，并展示了潜水领域的巨大进步。这些进步帮助产生了水下考古学领域，由此导致了对古代沉船的发现和发掘，极大地促进了我们对古代航海的了解。许多电影都是以航海为主体——单是《水手辛巴达》就有二十多部。《大白鲨》(*Jaws*，1975 年）增加了人们对鲨鱼的恐惧，其他电影则展示了真实和虚构的海难，包括《完美风暴》(*The Perfect Storm*，2000 年)、《波塞冬大冒险》(*Poseidon Adventure*，1972 年）以及几部关于泰坦尼克号的电影，包括《难忘之夜》(*A Night to Remember*，1958 年）和《泰坦尼克号》(*Titanic*，1997 年)。海盗仍然很受欢迎，迪士尼利用这一点拍摄了从《小飞侠》(*Peter Pan*，1953 年）到《加勒比海盗》(*Pirates of the Caribbean*，2003 年起至今）的系列电影，还开发了相关的主题公园和邮轮。在电影和文学作品中，海洋是一个敢于冒险、充满血腥，但不乏光荣的战斗之地。不幸的是，海盗也在大银幕外的现实世界中肆虐，他们在东南亚掠夺难民，后来又袭击非洲之角附近的航运。索马里海盗捕获了几艘大型集装箱船，并向船主勒索赎金。

第二次世界大战后，美国总统轮船公司（APL）预计客运服务将恢复，开始建造美国号客轮（SS United States)。该船于 1952 年 7 月 3 日从纽约出发进行处女航。它以平均 35 节的速度横渡大西洋，并创造了保持至今的纪录（3 天 10 小时 40 分钟到达欧洲，3 天 12 小时 12 分钟返回)。1958 年，跨大西洋客机首次飞行，几年后跨太平洋航空服务也紧随其后，20 世纪 60 年代和 70 年代航空旅行的成本稳步下降。跨大西洋客运班轮旅行在 1957 年达到顶峰，约 100 万人次，之后稳步回落。20 世纪 60 年代，美国号客轮年年亏损，于是自 1969 年起停航。

为了生存，班轮公司转型为豪华邮轮公司。邮轮不再运送人们穿越风雨交加的大西洋，而是在平静、阳光明媚的水域中航行，旅客们在返回最初的港口之前，会在若干目的地上岸作一系列短暂的停留。邮轮最早由汉堡美国航运公司（Hamburg-America Line）① 于 1901 年推出，主要在几个

① 译者注：该公司又名赫伯海运公司（HAPAG），由公司全名的首字母缩写音译而来，全名叫作“汉堡美国行李包裹航运股份公司”（Hamburg Amerikanische Packetfahrt Aktien-Gesellchaft)，名称太复杂，被简称为汉堡美国航运公司（Hamburg-America Line)。第二次世界大战后该公司与劳埃德（Lloyd）公司合并为赫伯罗特船舶公司（Hapag-Lloyd)，目前仍是世界前五大船运公司之一。

地中海度假胜地之间进行放松、疗养、休闲的海上航行。20 世纪 60 年代，它仍然是一个小企业。1972 年起，泰德·阿里森（Ted Arison，1924—1999）创立了嘉年华邮轮公司（Carnival Cruise Lines），极大地改变了行业。嘉年华主打的是短途的、有趣的邮轮业务，船上提供的娱乐和设施越来越丰富豪华。通过电视节目《爱之船》（The Love Boat）的进一步普及，邮轮业务从 1970 年的 50 万人次增长到 1990 年的近 400 万人次。邮轮本身也在变大。嘉年华 1996 年前后下水的 10.2 万吨级的命运号（Destiny）邮轮，其规模是泰坦尼克号的两倍多，载客量是其三倍。

从古代到 19 世纪，货物装卸的变化不大。20 世纪出现了起重机、叉车和其他动力设备。石油可以在几小时内泵入和泵出油轮，类似的创新加快了煤炭等散装产品的装卸速度，但大多数货物的装卸仍然是非常繁重的工作，以至于船舶在港口的时间和在海上航行的时间一样多。

马尔科姆·麦克莱恩（Malcom McLean，1913—2001）改变了这一状况，他率先使用了可堆放在船上并装入卡车和铁路车厢的标准化集装箱。20 世纪 60 年代末集装箱的引入，促进了铁路、船舶和卡车（多式联运）运输系统的建立，降低了约 90%的成本，并缩短了运输时间。该系统要求采用宽 8 英尺、高 8.5 英尺、长 20 英尺的所谓标准尺寸的集装箱，因此被称为标箱（TEU，20 英尺当量单位）。

随着港口的集装箱化，装货和卸货变得如此之快，以至于船员可能只有几个小时的岸上假期，就需要他们回到船上准备离港。平均而言，集装箱船每在海上航行 10 天，只在港口停留一天。港口本身就像停车场，有广阔的空间来堆放集装箱，还有一排排巨大的起重机来提升它们。仓库几乎消失了，大多数码头工人也消失了。新的港口蓬勃发展，而老的港口则因其处理越来越多的集装箱和越来越大的集装箱船的能力不足而衰落。鹿特丹繁荣起来，成为欧洲最大的港口，其设施绵延 40 英里。但纽约的水域太浅，业务转移到了一个新的港口——纽约大港——在新泽西州的南部。同样的情况也发生在加利福尼亚，以前是小港口的奥克兰发展起来了，而附近的旧金山的港口却在萎缩。

新式集装箱船的投资成本巨大，这鼓励了公司之间的合并。除荷兰美洲航运公司外，主要的荷兰船运公司都并入了渣华轮船公司（Nedlloyd）。德国的汉堡美国航运公司（Hamburg America）和北德劳埃德公司（North German Lloyd）合并，法国最大的航运公司也合并了。集装箱化改变了航运业，促成了新的航运公司的出现，包括中国台湾的长荣（Evergreen）、中国香港的东方海外货柜航运公司（OOCL）和意大利的地中海航运公司（MSC）。总部位于丹麦的马士基（Maersk），通过自身发展和收购竞争对手实现了规模扩大，2005年收购了此前与英国半岛暨东方轮船公司（P&O）合并的荷兰渣华轮船公司（Nedlloyd），成为拥有全球最大规模集装箱船队的公司。2015年，其运营的集装箱船超过600艘，总运力达380万标箱。其最大的船舶——17万吨级的E级船，一次最多可运送1.5万标箱。

第二次世界大战后，公司在税率较低、监管较少的国家注册船舶的现象变得越来越普遍。巴拿马首创了这种“方便旗”（flag of convenience）服务，利比里亚紧随之后，其他许多国家也引入了船舶登记业务，包括开曼群岛、塞浦路斯、马耳他和马绍尔群岛。到1990年，世界上大约三分之一的船舶吨位悬挂方便旗，到2010年这一数字达到50%。海运业越来越不与特定国家挂钩，这种变化在水手招募上尤为明显，他们越来越多地来自菲律宾和其他南亚和东南亚国家，而不是船主所在国。

20世纪下半叶，人们越来越关注海洋环境和两个相关问题：污染和过度使用。废物倾倒破坏了脆弱的沿海环境，过度捕捞使海洋野生动物资源枯竭。20世纪，鳕鱼、金枪鱼和其他大型鱼类的数量减少了约90%，一些鲸鱼物种濒临灭绝（Myers和Worm，2003：280）。意外的石油泄漏，如油轮埃克森·瓦尔迪兹号（Exxon Valdez）和“深水地平线”（Deepwater Horizon）钻井平台造成的泄漏，污染了数百英里的海岸线。近年来地球变暖使海平面升高，淹没了许多太平洋小岛，不过这也为探险家们长期以来所追求的加拿大上方西北通道的通航创造了条件。2013年，挪威货轮北欧猎户座号（MS Nordic Orion）从温哥华向挪威运送煤炭，穿越了这条航线。

绿色和平组织等环保组织呼吁关注这些问题。国际捕鲸委员会于1982年起决定暂停商业捕鲸，这些措施有助于大多数鲸鱼物种的恢复。然而，鱼类种群继续减少，这鼓励了更多的水产养殖或鱼类养殖的努力。也有一些水生物种种群规模迅速膨胀，特别是所谓的“入侵物种”——如斑马贻贝——它们在世界各地的船底蔓延，破坏了当地的生态系统。在世界范围内，由于捕捞自动化和鱼类种群的减少，捕鱼船队的规模已经下降。解决这些问题需要国际社会的努力，如1982年的《联合国海洋法公约》，该公约旨在解决海洋过度使用问题和保护国家主权权利。

第二次世界大战结束时，军舰上的武器琳琅满目，但由于导弹取代了火炮，军舰上携带的武器减少，取而代之的是探测和制导系统。虽然许多新兴国家发展了海军，但大多数国家的海军规模仍然很小。即使是那些大国的海军规模也有所缩减。美国海军从1945年的6000多艘军舰缩减到2010年的不到300艘，当然，军舰规模的扩大对冲了数量的减少。事实证明，海军力量在一些规模较小的战争中非常重要，包括以色列和埃及之间的战争等，但世界主要海军强国都避免了相互之间的战争。然而，美苏在古巴导弹危机期间（1962年）的对峙，凸显了海军力量的持续效用。

核电站的发展促使人们预测，少量的放射性燃料将很快为世界各地的船只提供动力。一些国家在20世纪60年代和70年代建造了核动力货船，包括德国奥托·哈恩号（Otto Hahn）、日本陆奥号（Mutsu）和美国萨凡纳号（Savannah），但事实证明这种技术不适合商业航运。然而，苏联下水的几艘核动力破冰船，至今仍在俄罗斯北部海域运行。除此以外，海上核动力仍然仅限于军舰，主要是美国的航空母舰和主要核大国（英国、中国、法国、俄罗斯和美国）的潜艇，正是这些军舰在20世纪末和21世纪初体现出了海上权力。

尽管有飞机、输油管道、铁路和卡车运输，但全球90%的商品和三分之二的石油供应仍然依靠海上运输。事实上，船舶运输的货物比以往任何时候都多。20世纪下半叶，商船吨位增长了6倍，2002年达到585583000吨。然而，全世界在海上工作的人口比例较小。除了邮轮之外，很少有船只需要超过20名船员。对于发达国家的大多数人来说，海洋成了一个休闲而不是工作的地方。

斯蒂芬·K. 斯坦恩

拓展阅读

De La Pedraja, René. 1992. *The Rise & Decline of U.S. Merchant Shipping in the Twentieth Century.* New York: MacMillan.

George, Rose. 2013. *Ninety Percent of Everything: Inside Shipping, the Invisible Industry That Puts Clothes on Your Back, Gas in Your Car, and Food on Your Plate.* New York: Metropolitan Books.

Gibson, Andrew, and Arthur Donovan. 2001. *The Abandoned Ocean: A*

History of United States Maritime Policy. Charleston：University of South Carolina Press.

Hugill，Peter G.1995.*World Trade Since* 1431：*Geography*，*Technology*，*and Capitalism.*

Baltimore：Johns Hopkins University Press.

Myers，Ransom A.，and Boris Worm.2003. "Rapid Worldwide Depletion of Predatory Fish Communities." *Nature* 423：280–83.

年表　第二次世界大战后，1945 年起至今

1946 年	南非航运公司成立 比基尼泳装以美国核试验场址比基尼环礁命名
1947 年	印度和巴基斯坦成为独立国家 托尔・海尔达尔乘坐仿制的美洲传统轻木筏康提基号远洋
1948 年	以色列宣布独立
1949 年	共产党赢得中国内战 利比里亚注册了第一艘外国船只，成为方便旗国
1951 年	蕾切尔・卡森出版了《我们周围的海洋》
1952 年	美国号客轮创下横渡大西洋的速度记录
1954 年	第一艘核动力潜艇鹦鹉螺号下水 日本海上自卫队成立 美国在太平洋进行核试验的核辐射污染了日本渔船幸运龙号
1955 年	包玉刚成立环球航运公司 迪士尼乐园在加州阿纳海姆开业 11 月，越南战争开始
1956 年	埃及将苏伊士运河收归国有，引发苏伊士危机 马尔科姆・麦克莱恩改装理想 X 号，作为第一艘集装箱船起航
1958 年	泛美世界航空公司推出跨大西洋喷气机服务 美国海军鳐鱼号成为第一艘在北极浮出水面的潜艇 第一艘 10 万吨级超级油轮宇宙阿波罗号下水
1959 年	核动力货轮萨凡纳号下水 电影《怀春玉女》普及了冲浪运动
1961 年	印度接管葡萄牙在印度洋的最后一块殖民地——果阿 葡萄牙解散了葡属印度 印度政府成立了印度航运公司
1962 年	10 月美苏之间发生古巴导弹危机

续表

1963 年	美苏签署《部分禁止核试验条约》①，结束了露天核试验
1966 年	《怒海英雄》系列小说作者塞西尔·斯科特·福雷斯特去世 日本下水 20 万吨级的出光丸号（超级油轮） 马尔科姆·麦克莱恩的海陆公司推出纽约和鹿特丹之间的集装箱运输服务
1967 年	美国造船商亨利·恺撒逝世
1968 年	长荣海运股份有限公司在中国台湾成立
1969 年	美国号客轮停航 董浩云②成立东方海外货柜航运公司 帕特里克·奥布莱恩出版杰克·奥伯瑞系列小说第一本《怒海争锋》
1970 年	德国汉堡美国航运公司和北德劳埃德公司合并 皇家加勒比游轮公司推出第一艘邮轮挪威之歌号
1972 年	嘉年华邮轮公司成立
1973 年	独木舟欢乐之星号重现了波利尼西亚人横跨太平洋的航行
1975 年	北越赢得越南战争 电影《大白鲨》上映
1977 年	《爱之船》在电视上首播
1980 年	两伊战争开始
1981 年	世界上最长的轮船，657019 吨的超级油轮海上巨人号下水
1982 年	《联合国海洋法公约》达成 阿根廷和英国之间发生福克兰（马尔维纳斯）群岛战争 国际捕鲸委员会决定暂停商业捕鲸
1983 年	澳大利亚帆船澳洲二号赢得美洲杯，结束了美国对美洲杯帆船赛的统治
1984 年	波斯湾油轮战开始
1985 年	巴勒斯坦恐怖分子劫持了意大利客轮阿基莱·劳伦号 罗伯特·巴拉德和他的团队发现了泰坦尼克号的残骸
1987 年	伊拉克飞机用飞鱼反舰导弹袭击并损坏美国海军斯塔克号
1988 年	两伊战争结束 一种入侵物种斑马贻贝出现在北美五大湖 在波斯湾，美国海军文森斯号误认并击落了一架伊朗客机，机上人员全部死亡
1989 年	柏林墙被推倒 嘉年华公司收购荷美邮轮 埃克森·瓦尔迪兹号在阿拉斯加发生漏油事故
1993 年	南非结束种族隔离制度

① 译者注：条约全称《禁止在大气层、外层空间和水下进行核武器试验条约》，系苏美英三国在莫斯科签署。该条约禁止了除在地下外的一切核武器试验。

② 译者注：中国香港特别行政区首任及第二任行政长官董建华之父。

续表

1995 年	全球定位系统开始运行 日本神户港发生大地震 沃尔特·迪士尼公司推出了自己的邮轮公司——迪士尼邮轮
1997 年	香港回归中国 荷兰渣华和英国半岛暨东方轮船公司航运公司合并为铁行渣华 水下探险家雅克-伊夫·库斯托去世 研究人员发现大太平洋垃圾带 詹姆斯·卡梅隆的电影《泰坦尼克号》成为有史以来票房最高的电影，还获得了 11 项奥斯卡奖，是当时第二部获此殊荣的电影
1998 年	嘉年华邮轮公司并购冠达邮轮公司
1999 年	马士基航运公司收购了集装箱航运的先驱海陆公司 中国对澳门恢复行使主权
2000 年	杰克·奥伯瑞系列小说作者，帕特里克·奥布莱恩去世
2004 年	玛丽皇后二号下水，这是为数不多的提供跨大西洋服务的邮轮之一
2005 年	马士基航运公司收购铁行渣华
2009 年	索马里海盗劫持马士基·阿拉巴马号货船 皇家加勒比公司推出了世界上最大的邮轮，225282 吨的海洋绿洲号
2010 年	墨西哥湾“深水地平线”石油钻井平台发生爆炸，造成 11 人死亡，并造成美国水域最大的漏油事故
2012 年	哥斯达·康科迪亚号邮轮在意大利海岸撞上岩石并沉没
2013 年	挪威货轮北欧猎户座号穿越因全球变暖而开辟的西北航道

非洲，1945 年至今

1945 年第二次世界大战结束后的 50 年里，非洲经历了非殖民化和摆脱欧洲帝国控制的独立的转变。作为地球上第二大洲，非洲不仅大，而且多样化。然而，一个共同点是，对非洲的殖民计划在很大程度上是欧洲帝国推动的海洋计划。由于各种经济、军事和政治原因，1945 年以后，取消殖民地的过程席卷了整个非洲（和亚洲）。英国殖民地首先获得了独立地位，其次是法属撒哈拉以南非洲的非殖民化，最后是葡萄牙殖民地的非殖民化，如莫桑比克（1975 年）。在海洋领域，非殖民化有时涉及发展民族国家的舰队以取代殖民者舰队。

事实表明，由于被其前殖民宗主国剥夺了经济上的权利，新独立的非洲国家要建设国家航运业、航海技能和本土海洋文化非常困难。南非的后殖民经历是一个（部分的）例外。南非的快速工业化建立在种族化的黑人廉价劳动力体系之上，加上丰富的矿产资源，该国在非洲大陆占据了经济主导地位。

非洲海事劳工和工会化趋势

1945 年后，南非成为非洲大陆的经济和海洋强国。南非在海上的成就，特别是在商业航运方面的成就，超过了非洲大陆的其他国家。南非这种在非洲大陆的军事和商业上的海上优势至今仍在继续。因此，下面的讨论大多集中在南非的案例上。然而，也有一些重要的趋势，特别是在非洲另一个重要的航海国家——尼日利亚，其组织和雇用海员的方式，与后殖民时代的非洲海员（特别是前英国殖民地）的集体经验产生了广泛的共鸣。

英国等前殖民国家继续雇用来自尼日利亚和南非的非洲海员，他们被视为廉价而熟练的劳动力。然而，随着新独立的非洲国家建立了民族主义发展计划，这些国家的劳工变得更加激进，并建立了全国性的海员工会。例如，尼日利亚海员工会成立于 1947 年，目的是规避尼日利亚海员工作条件和工资的竞争。以前，非洲海员在船上的待遇往往令人发指。20 世纪 50 年代的记录显示，在英国经营的船舶上，种族主义、身体虐待和言语侮辱很常见。随着非洲海员被组织起来，欧洲船运公司开始寻找新的劳动力市场，但非洲仍然是一个重要的海上劳动力来源。

尼日利亚的案例很有启发意义，因为它抓住了当时特定的后殖民主义时代精神。非洲劳工被前殖民者认为是好斗的。由于劳工和工会在殖民地时期被压制或取缔，他们在 1945 年后扩大了规模并寻求全球团结。对于从事运输业（如航运业）的非洲工人来说，全球性的团结尤其可能实现。非洲所有前英国殖民地国家的有组织劳工都是如此。有组织的劳工不仅成为推动非洲大陆提高工资和改善工作条件的象征，而且成为新的民族自豪感的象征。在许多情况下，工会主义与独立后的社会和政治斗争联系在一起。在南非，这种形式的工会主义被称为社会运动工会主义，并被证明是颠覆种族隔离制度和最终实现民主制度的重要催化剂。

重申一下，在后殖民时代的非洲大部分地区，有四个方面的共同趋势或特征。第一，这些国家商品丰富，而航运提供了将这些商品出口到欧洲的唯一实际手段。然而，这些船运公司应该是独立后的民族国家的船运公司，还是前殖民宗主国拥有的船运公司，存在着紧张关系。第二，这些船的船员都是非洲的廉价劳动力。虽然这些劳动力可能很便宜，但他们越来越激进，要求获得更好的工资和工作条件。第三，有组织的劳工——特别是在日益全球化的航运业——正在利用航运的全球供应链，与欧洲和其他地方的工会赢得全球声援，组织起来反对一系列问题（例如南非的种族隔离和非洲大陆采矿公司的不道德的劳工行为）。第四，非洲劳工集体推动更好的工资和工作条件，最终会导致非洲劳动力对船东来说，比起如东南亚等其他劳动力市场，太昂贵了。下文中南非的案例也体现了其中的许多趋势。

南非

在南非，种族隔离——一种以白人优越性为前提的制度化的种族隔离制度——由种族主义者于 1948 年建立。种族隔离政策的一个直接后果是劳动力市场的分割。南非黑人不被允许成为商船上的高级船员（officers），只能从事普通船员（ratings）工作（半技术性、非管理性工作）。不过，南非航运资本并没有被种族主义的种族隔离政策吓倒。1945 年后，全球货航蓬勃发展。战争期间堆积在各个港口的货物终于可以不受干扰地运输了。客运量也急剧上升，因为成千上万的难民离开欧洲寻找新的国家，包括南非。

第二次世界大战前，南非联邦聘请海外航运公司提供服务，主要是联合城堡轮船公司（Union-Castle Steamship Company）。从 1945 年到 1961 年，至少有 10 次创建南非航运（渔业和货运）公司的尝试。由于各种经济原因，只有两家成功。成立于 1946 年的萨非航运公司，成为南非和撒哈拉以南非洲最大的货运公司；其竞争对手独角兽船运公司（Unicorn）成立于 1961 年。在随后的 30 年里，它们主导了南非的海洋货运业，并确保了南非作为撒哈拉以南非洲主要海运和商业国家的地位。

萨非航运公司与南非

萨非航运公司（Safmarine）的故事展示了全球航运的发展趋势和南非船舶所有权的兴衰。萨非公司起源于 1945 年的美国和南非资本之间的合资企业，战后的航运热潮促进了公司的发展——特别是人们从欧洲向北美的移民，数十万士兵和难民的遣返，以及战后欧洲和日本的重建，都需要在全球范围内运输大量的货物和粮食援助物资。南非的经济也经历了大宗商品景气，采矿业和工业部门得到了极大的发展，进一步推动了航运业的发展。

南非商船队的发展面临着许多挑战。就合适的人力资本而言，南非的船舶管理专门知识有限。拥有这种技能的南非人在海外工作，主要是为英国航运公司工作，经验丰富的官员尤其稀缺。在老式皇家海军巡洋舰博塔将军号（the General Botha）上接受过培训的南非军官，他们往往选择在岸上工作或加入英国商船队。

尽管面临这些挑战，美国航运资本以美国海运公司（SMC）的形式与钢铁销售公司（Steel Sale Company）接触，商讨组建南非航运公司的事宜。SMC 为南非国家船队提供了融资和几艘船。一系列的谈判达成了协议，确保了公司的控制权仍在南非手中，南非人将担任总经理和董事长，而且尽管当时南非海员短缺，但这些船舶将由南非人担任船员。1946 年 6 月 21 日，萨非航运公司正式注册为一家航运公司。

国家船队的发展促进了国家海员的培训和发展，许多为英国船队服务的南非官员回到新的南非国家船队工作。其他船员则来自南非海军、捕鱼船队和捕鲸船队。船员是种族化的，白人担任高级船员，印度人、“有色人种”和非洲裔南非人担任办事员（也被称为“普通船员”）。即使在南非黑人中，专业化也被进一步种族化。印度裔南非人被认为是船上较好的厨师，“有色人种”（在南非语境中，“有色人种”指的是南非的混血儿，这个词并不像在美国那样被视为贬义词）被认为是优秀的服务员和体格强壮的水手。萨非航运公司还利用了在南非沿海航线上工作的祖鲁人海员。这些人还接受了进一步的培训，以服务于从德班出发的国际航线。而“有色”海员则在开普敦出发的国际航线上服务。

萨非航运公司和独角兽船运公司（Unicorn Shipping）在 20 世纪 70 年代初达到了运营高峰。之后，两者都面临着不断上升的挑战，其中就有方便旗航运的发展。方便旗航运在法律上剥离了船舶所在国和船舶悬挂的国家旗帜之间的关系，后者决定了船东如何被征税和监管。因此，船东不愿意在财政上严格或高度管制的国家登记册上注册船舶，而是涌向廉价的、相对不受管制的方便旗国。其中比较受欢迎的是非洲西海岸相对贫穷的利比里亚。

20 世纪 80 和 90 年代初，南非的航运业受到全球反种族隔离抗议和抵制的进一步伤害。反种族隔离活动家和工会的码头工人共同形成了团结体，使南非拥有的船舶的运营变得非常困难。萨非和独角兽船运公司都重新悬挂了自己的船旗，并改用更便宜的非南非籍船员，但在财务上仍然不过是挣扎求生而已。这两家公司和其他许多非洲公司一样，都被外国企业集团收购。这是全球航运业合并和整合的普遍趋势。丹麦公司 A.P.穆勒集团（A.P.Moller）在 1999 年收购了萨非航运公司，但保留了其名称。在 21 世纪初，撒哈拉以南的非洲再没有任何国家拥有一支庞大的国家船队。

非洲海员在商业航运中被边缘化的情况

方便旗航运的引入，以及对希望在全球商船队工作的海员的培训和认证进行全球管理，使非洲海员的工作前景更加黯淡，因为航运公司认为这些非洲海员更好斗、更昂贵（由于他们的工会化程度）。许多非洲水手也缺乏资金资源来获得国际海事组织（IMO）1978 年起发布的《国际海员培训、发证和值班标准公约》(STCW）所建立的新的全球标准的认证。在南部非洲，只有两个获得认可的机构——均在南非——提供符合 STCW 标准的培训，培训费用昂贵，每年仅招 120 名学员。

现代商业航运的新格局是坚定的全球化。对于海员劳动力来说，这有两个方面的影响，首先，南非的高级船员（历史上都是白人）和普通船员（历史上都是非洲裔、印度裔和“有色人种”）现在必须在全球劳动力市场上找工作。南非高级船员由于其工作的高技能性，比南非普通船员的表现更好。然而，南非普通船员还不得不直接与来自菲律宾、印度、印度尼西亚和巴基斯坦的廉价劳动力竞争。由于竞争不过，南非海员的数量从 1978 年的 7000 人迅速减少到 1992 年的不到 700 人，尽管最近的复苏使这一数字在 2016 年增加到 1000 人。

尽管本节主要关注的南非共和国是这个区域的经济和海洋强国，但南非所经历的趋势（全球商品运输的需要，有组织的劳工寻求全球团结，推动行业内提高工资和改善工作环境的激进战略)，是撒哈拉以南地区在商业航运和海员劳动力方面的共同特征。在全球化的行业中避免边缘化的战略和试图开展国家海洋和航运计划，是该区域目前的特点。

肖恩·鲁根南

拓展阅读

Bonnin, D., S. Ruggunan, and G. Wood. 2006. “Unions, Training and Development: A Case Study of African Seafarers and the International Transport

Workers' Federation (ITF)." *South African Journal of Labour Relations* 30 (1): 76.

Cannadine, D. (ed.). 2007. *Empire, the Sea and Global History: Britain's Maritime World*, 1763-1833.Palgrave Macmillan.

Commander, M.L.B.2011. "Toward an African Maritime Economy: Empowering the African Union to Revolutionize the African Maritime Sector.*Naval War College Review* 64 (2): 39.

Frost, D. 1994. " Racism, Work and Unemployment: West African Seamen in Liverpool 1880s - 1960s. *Immigrants & Minorities* 13 (2 - 3): 22-33.

Hyslop, J.2009. "Steamship Empire, Asian, African and British Sailors in the Merchant Marine c.1880-1945." *Journal of Asian and African Studies* 44 (1): 49-67.

Ingpen, B.1996.*Safmarine* 50.Cape Town: Fernwood Press.

Ingpen, B. 2005. *Unicorn: Navigating New Frontiers. Cape Town*: Fernwood Press. Ingpen, B. D., and R. Pabst. 1985.*Maritime South Africa: A Pictorial History*.C.Struik.

Ruggunan, S.2005. "Rough Seas for South African Seafarers in the Merchant Navy: The Global Is the Local." *Transformation: Critical Perspectives on Southern Africa* 58 (1): 66-80.

Ruggunan, S.2016.*Waves of Change: Globalisation and Seafaring Labour Markets.*Pre-toria: Human Sciences Research Council Press.

Sampson, H.A.2013.*International Seafarers and Transnationalism in the Twenty-First Century*.Manchester: Manchester University Press.

Schler, L., L.Bethlehem, and G.Sabar (eds.).2009.*Rethinking Labor in Africa, Past and Present.*London: Routledge.

Trotter, H.2008.*Sugar Girls & Seamen: A Journey into the World of Dockside Prostitution in South Africa*.Jacana Media.

利比里亚船籍登记处

在20世纪40年代，巴拿马建立了一种开放的海事登记制度，允许船主不分国籍，在巴拿马注册他们的船舶——这带来了较少的监管、较低的税收和其他好处。被称为“方便旗国”的其他几个国家也采用了这一制度，为船主提供廉价的注册服务。其中最成功的是利比里亚，在 21 世纪初，利比里亚成为仅次于巴拿马的世界第二大船舶注册地，有超过 1 亿吨位和近 4000 艘船舶在那里注册。国际法规定，每一艘商船都要向一个特定国家登记。船舶悬挂该国国旗，遵守该国法律。第二次世界大战前，越来越多的美国船运公司在巴拿马注册它们的船舶，以避免美国的中立法和其他法规。第二次世界大战后，巴拿马扩大了开放注册制度，其他国家也采取了类似的做法，其中就有利比里亚，这种做法变得更加普遍。

小爱德华·斯特蒂纽斯（Edward Stettinius Jr.）——他曾在富兰克林·D. 罗斯福（Franklin D.Roosevelt）和哈里·杜鲁门（Harry Truman）总统时期担任美国国务卿（1944—1945 年），并担任过第一任美国驻联合国大使——提出了将利比里亚这个与美国历史上关系密切的非洲小国变成一个开放登记国的想法并推动其变成现实。离开政府部门后，斯特蒂纽斯成立了利比里亚服务公司（Liberian Services，Inc.），这是一家与利比里亚政府的合资企业。该公司总部设在美国，负责管理注册处。公司利润的四分之一上缴利比里亚政府，另外 10%用于社会项目。1949 年 3 月，希腊航运大亨斯塔夫罗斯·尼阿乔斯（Stavros Niarchos，1909—1996）成为第一个在利比里亚注册船舶的人，他注册了油轮世界和平号（World Peace）。斯特蒂纽斯于次年去世，但他创立的公司却蓬勃发展，因为世界各地的航运公司——特别是来自美国的航运公司——接受了利比里亚注册成本较低、监管有限的好处。到 1968 年 3 月，在利比里亚注册的船舶比任何其他国家都多，由于石油危机鼓励了欧洲和日本的航运公司通过采用“方便旗”和雇用低成本的国际船员来降低成本，利比里亚船舶注册量在整个 20 世纪 70 年代不断扩大。

1989 年的内战干扰了利比里亚和其他国家的开放登记处业务，包括挪威的登记处，该登记处设立于 1987 年，设立之后就吸引了越来越多的船运公司。利比里亚的登记处——20 世纪 90 年代改名为利比里亚国际船舶和公司登记处——在注册船舶数量上降至第二位，仅次于巴拿马。其四分之三的利润归政府所有，但腐败和内战吸收了其中的大部分利润，并限制了该登记处本应资助的基础设施和社会发展，特别是在蒙罗维亚港及其周边地区以外。到 2010 年，巴拿马、利比里亚和马绍尔群岛——这三个最大的航运注册地——登记注册的船舶占世界航运总量的 40%。

吉娜·巴尔塔

拓展阅读

Carlisle, Rodney P.1981.*Sovereignty for Sale: The Origins and Evolution of the Panamanian and Liberian Flags of Convenience.* Annapolis: U.S.Naval Institute Press.

Ready, Nigel P.1994.*Ship Registration.* London: Lloyd's of London Press.

Sharife, Khadija.2010. "Flying a Questionable Flag: Liberia's Lucrative Shipping Industry." *World Policy Journal* 27 (4): 111-18.

Stopford, Martin.2009.*Maritime Economics* 3rd ed.New York: Routledge.

马士基·阿拉巴马号劫持事件

马士基·阿拉巴马号（Maersk Alabama）是一艘悬挂美国国旗的集装箱船，由弗吉尼亚州诺福克市的马士基航运公司拥有，沿一条穿越印度洋西部的主要航线运营。2009 年 4 月 8 日，该船在索马里北部小镇埃勒（eyl）东南约 240 海里处被索马里海盗袭击并俘获。

1991 年索马里赛义德·巴雷（Said Barre）政府的垮台，造成了一个混乱的环境。中央政府的缺失，既剥夺了当地船员在领海和专属经济区受到正常保护的权利，也使海盗活动猖獗。2009 年，以美国为首的联盟成立了 151 联合特遣部队（CTF 151），以打击日益增长的海盗数量。

2009 年 4 月 7 日，美国海事局（the U.S. Maritime Administration）联合北约（NATO）提出建议，所有航运路线应与索马里保持距离至少 600 海里。马士基·阿拉巴马号当时正在 8 天前刚刚被任命为船长的理查德·菲利普斯（Richard Phillips）带领下，前往肯尼亚的蒙巴萨。4 月 8 日，4 名海盗从一艘小艇登上了马士基·阿拉巴马号。虽然大部分船员都撤到了发动机舱的安全区域，但菲利普斯仍留在舰桥上。海盗抓获了菲利普斯，但轮机长从轮机室控制了船只。船员们制服并俘虏了一名海盗，而马士基·阿拉巴马号——它仍然在运动中——转向造成的水流弄沉了海盗的小艇。由于无法控制马士基·阿拉巴马号，并且失去了他们的小艇，剩余的海盗撤退到马士基·阿拉巴马号的一艘救生艇上，将菲利普斯扣为人质。

事实证明，这种情况是对 151 特遣队的第一次重大考验。两艘美国军舰——班布里奇号（USS Bainbridge）驱逐舰和哈里伯顿号（USS Halyburton）护卫舰——做出了反应，不久，作为美国海军特种部队（海豹突击队）中转平台的拳师号（USS Boxer）两栖攻击舰也加入了。班布里奇号的指挥官——确信海盗威胁到了菲利普斯的生命——命令海豹突击队采取行动，随后对峙结束了。狙击手击毙了三名海盗，其他队员保护了菲利普斯。

自从这次事件后，151 特遣队一直活跃在这一地区，海盗的袭击已经减少到每年数起。许多航运公司决定增加由前军事人员组成的安全团队，也有助于袭击事件的下降。2011 年，特遣队捕获的海盗在纽约受审。法院驳回了他在事件发生时尚未成年的抗辩后，他认罪并获刑 33 年。

在成功营救理查德·菲利普斯船长后，拳师号两栖攻击舰的一个小组将马士基·阿拉巴马号的救生艇拖到拳师号上进行证据处理。在索马里海岸菲利普斯被劫持未遂后，被疑似索马里海盗囚禁在印度洋的救生艇上长达五天。［美国海军照片：大众传播专家二等兵乔恩·拉斯穆森（Jon Rasmussen）发布］

马士基·阿拉巴马号后来还遇到过几次海盗袭击，每次都通过操纵船只和安全承包商的行动击退了海盗。由于名气太大，加之发生了两名与保护职责无关的安保承包商死亡事件，该船被重新命名为马士基·安达曼号（Maersk Andaman）。2013 年，其被劫持的故事由保罗·格林格拉斯（Paul Greengrass）执导，被拍成电影《菲利普斯船长》而愈加广为人知，汤姆·汉克斯（Tom Hanks）在里面扮演菲利普斯。

凯文·德拉默

拓展阅读

Bahadur, Jay. 2012. *The Pirates of Somalia: Inside Their Hidden World.* New York: Harper Perennial.

McKnight, Terry, and Michael Hirsch. 2012. *Pirate Alley: Commanding Task Force* 151 *Off Somalia.* Annapolis: Naval Institute Press.

Phillips, Richard, with StevenTalty. 2010. *A Captain's Duty: Somali Pirates, Navy SEALs, and Dangerous Days at Sea.* New York: Hyperion.

非洲的海盗行为

非洲的现代海盗活动——最臭名昭著的是东非的索马里海盗活动和西非的尼日利亚海盗活动——对全球航运业产生了重大影响。虽然这两个地区的海盗行动方式不同，目标也不同，但共同的特点是采用现代技术来协调和实施他们的攻击，比如使用卫星电话、全球定位系统和杀伤力大的武器。

1991年索马里政府倒台后，东非的海盗活动再次出现，这反过来又造成了一个无政府的社会，无法维持海岸警卫队来执行海事法律。因此，许多外国船只在索马里水域附近从事非法捕捞和倾倒废物活动。作为回应，索马里海盗将自己装扮成该国水域的非官方卫士，劫持从事非法捕捞的拖网渔船，扣留它们以换取赎金。

索马里海盗很快就变成了复杂老练的犯罪企业，采取更加精心设计的行动来劫持大型船只。这些袭击发生在索马里沿海、亚丁湾和非洲之角，通常由大型母船放下的小艇发起。袭击活动得到了投资者的资助，其中许多投资人以前就是海盗。主要目标是绑架船员和劫持船只，以换取赎金，因此受害者一般都受到了人道的待遇。

21世纪最初十年的中期，国际社会更加关注索马里海盗问题，联合国和欧洲联盟部署了海军巡逻队，护送商船通过海盗出没的水域。这一对策之下，若干海盗嫌疑人遭到逮捕，其中许多人在美国、肯尼亚和塞舌尔受到起诉，尽管这些袭击与这些国家毫无关系。这符合国际法，因为海盗行为是危害全人类的罪行，适用于普遍管辖权原则——即所有国家都有权抓捕和起诉海盗。

索马里海盗活动迫使保险业和航运业发生变化。保险公司开始提供绑架和赎金保单，以支付与袭击有关的费用，而航运业则制定了为船只配备防卫措施的协议，如刀片铁丝网和武装警卫。这些措施，加上海军巡逻，帮助减少了索马里海盗活动。2012 年后海盗活动几乎停止了。

西非海盗的作案手法非常不同。尼日利亚海盗的主要目标不是劫持和绑架勒索，而是偷盗货物——特别是偷盗运输石油的油轮。尼日利亚的许多袭击被认为是海上武装抢劫，根据国际法不被认为是海盗行为，因为它们不是发生在公海上——公海被定义为距离海岸 12 海里以外。虽然有些袭击发生在几内亚湾贝宁和多哥附近海域，但大多数袭击发生在尼日利亚的领海、港口、码头和内陆水域，这意味着只有尼日利亚政府才有抓捕和起诉犯罪者的管辖权。虽然尼日利亚有一套具有效力的法律体系，但猖獗的腐败现象阻碍了逮捕和起诉，助长了袭击。

然而，由于袭击发生在尼日利亚主权水域，只能在公海上行动的国际海军巡逻并非有效的反海盗措施，也就没有进行部署。过往船只在这些水域的位置和行动也使它们特别容易受到攻击，因为它们经常停泊或缓慢行驶。由于重点是抢夺货物，西非海盗一般比较暴力，很少考虑被袭击船只船员的生命和安全。

与早期的索马里海盗一样，尼日利亚海盗往往也怀有政治动机。他们宣称要重新分配石油贸易产生的财富，将其分给普通人。这些犯罪企业还经常间接参与选举政治；腐败官员对这些犯罪分子宽大处理，以换取一部分利润——用于选举活动。由于尼日利亚海盗活动的特殊性，以及尼日利亚政府和国际航运业缺乏强有力的应对措施，西非海盗活动没有减少的迹象。

M. 鲍勃·高

拓展阅读

Marley，David F.2011.*Modern Piracy：A Reference Handbook*.Santa Barbara，CA：ABC-CLIO.

Murphy，Martin N.2010.*Small Boats，Weak States，Dirty Money：Piracy and Maritime Terrorism in the Modern World*.New York：Columbia University Press.

Palmer，Andrew.2014.*The New Pirates：Modern Global Piracy from Somalia to the South China Sea*.London：I.B.Tauris.

澳大利亚，1945 年至今

澳大利亚是世界上最大的岛屿，面积近 800 万平方公里。自 20 世纪 70 年代末以来，澳大利亚一直享有世界第三大专属经济区（EEZ）的使用权。然而，澳大利亚人传统上专注于发展陆上工业，缺乏强大的海洋企业传统。因此，历史学家们写的都是内陆和城市的历史，而不是海洋的历史，澳大利亚也缺乏重要的海洋史学流派。一个重要的转折点是杰弗里·布莱尼（Geoffrey Blainey）的《距离的暴政》(*The Tyranny of Distance*, 1966 年）的出版，该书首次揭示了与北半球，特别是英国（“母国”）的全球经济活动中心的距离和隔绝如何影响了澳大利亚的发展。在 20 世纪 70 年代，关于澳大利亚海洋史的著作激增，涵盖了勘探、贸易、航运、港口、港口城市、海军、海事工人及其工会等传统主题。此外，以前被忽视的领域，如渔业和休闲活动的历史也被纳入其中。长期以来，澳大利亚人喜欢在海上进行游艇、冲浪和游泳；到 20 世纪 30 年代末，古铜色皮肤的冲浪救生员已经成为澳大利亚民族文化的一部分。虽然澳大利亚的海洋史进展顺利，已经从“边缘”走向“主流”(Broeze, 1989)，但它的成功尚不能与其他史学分支学科，如全球史和环境史相提并论。

渔业

原住民和亚洲渔民长期以来一直在开发澳大利亚的海洋资源。从 17 世纪开始，被称为马卡桑人（Makassans）的印度尼西亚渔民就经常捕捞海参、珍珠贝和海龟等物种。19 世纪的较短时期里，海豹和鲸鱼捕捞一度支撑起了出口，但随后它们被陆地产品，如羊毛、肉类和小麦所取代。从 19 世纪 70 年代起，珍珠采集活动的扩张为澳大利亚北部偏远城镇布鲁姆和达尔文创造了新的财富，并导致了白人珍珠商、土著人和亚洲移民之间广泛的社会互动——其中许多人是作为契约劳工来的。特别是，印尼人和土著人之间的通婚创造了超越国界的文化、经济和社会联系（Martinez 和 Vickers，2015：1-8）。

然而，普通捕鱼对非土著澳大利亚人来说一直是一个不受重视的“灰姑娘产业”(Cinderella industry)，直到 20 世纪 40 年代末，希腊人、意大利人和其他移民发现这是传统技能的一个有利可图的出路时，情况才有所改变。出口高价值的海产品，如岩龙虾和对虾，创造了澳大利亚第一批百万富翁渔民家庭，并使人们对渔民及其社区的历史越来越感兴趣。

20 世纪 70 年代，澳大利亚的专属经济区扩大到 200 海里，导致与印尼渔民的冲突，印尼渔民继续在后来的澳大利亚海域捕鱼。传统渔民被允许在一个有限的区域内（称为“谅解备忘录框”），但这产生了关于传统渔民是自给自足还是商业渔民的争议。对非法捕鱼者的逮捕在 20 世纪 90 年代达到顶峰，此后的重点已经转移到防止非法移民搭乘小破船入境之上。澳大利亚人和东南亚人“越来越多地被卷入共享鱼群、非法国内和跨境捕捞以及更密切的贸易关系的网络中”（Williams，2007：103）。

船运

1788 年，第一支舰队抵达澳大利亚并使其成为英国流放罪犯的殖民地（penal colony）以来，航运为澳大利亚提供了与外部世界的重要联系。在 21 世纪的第二个十年，澳大利亚国际贸易中约 99%的重量和约 74%的价值是通过海运进行的。19 世纪，航运技术和组织结构发生了革命性的变化，包括蒸汽船的发展和 1869 年苏伊士运河的开通等，降低了运费，帮助驯服了“距离的暴政”（The Tyranny of Distance）。虽然在技术上已经过时，但帆船仍然被用来运送谷物等货物。直到 19 世纪 90 年代末，离开澳大利亚港口的汽船吨位才超过帆船吨位。

虽然 19 世纪下半叶出现了一些澳大利亚人拥有的主要从事沿海贸易的船运公司，但澳大利亚的大部分海外贸易还是一直依赖海外航运。有竞争力的运价对澳大利亚的出口至关重要，这也时常导致与海外航运公会的摩擦。到 1884 年，英国和澳大利亚的贸易由一个公会——一个固定运费和服务水平的同业联盟来管理，随后又出现了更多的公会。澳大利亚曾多次试图建立国有航运公司，以提供一定程度的反制来对抗公会航运公司（例如，1912—1995 年的西澳大利亚州航运服务公司；1956—1998 年的澳大利亚国家航运公司），但这些国有公司都遭受了重大的损失。

虽然竞争日益激烈，特别是来自方便旗船的竞争，导致传统的公会制度在 20 世纪 80 年代崩溃，但服务协议仍然广泛存在。1974 年《贸易惯例法》（the Trade Practices Act 1974）（第十部分：海外货物运输）中，公会被豁免于对同业卡特尔的一般性禁止，但 2015 年对竞争政策的审查表明，应当废除第十部分，减少对沿海运输的限制。

澳大利亚为了增加使用悬挂本国国旗的船舶，已经做了许多尝试，例如，修改沿海航运法规，减少人员配备水平，改善劳资关系，等等。其中不乏具有争议性的举措，如使用发放许可证的方式来核准悬挂外国国旗的船舶在澳大利亚海岸线进行贸易。尽管做出了这些努力，但到 2015 年，悬挂澳大利亚国旗的船舶所承载的澳大利亚海运贸易份额已经下降到不足 0.5%。澳大利亚在提供航运服务方面并不具备比较优势，注定仍将是航运服务的消费者而非供应者。

港口和海事工人

港口为澳大利亚这样的岛国提供了通往全球化国际经济的重要通道。澳大利亚有 200 多个注册港口，但其中一些是鲜有人问津的“鬼港”（业务急剧下降的港口），其他大多数是为当地社区、商业捕鱼和休闲船艇服务的小港口。在 2012—2013 年，共有 47 个商业港口，共处理了 11.29 亿吨的货物。这些港口包括小型区域性港口、首都港口和专门的矿产出口港口。20 世纪 60 年代的矿产繁荣使西澳大利亚州的黑德兰港（Port Hedland）从一个沉睡的落后小镇变成世界上最大的大宗矿产港口，2012—2013 年的出口量超过 2.86 亿吨。

第二次世界大战（1939—1945 年）后，澳大利亚港口——与全世界的港口一样——被迫适应航运和贸易的重大变化，包括船舶规模和专业化程度的提高，以及集装箱化的发展。为了适应对深水区的需求和改善陆路运输联系的需求，开发了新的港口区，这些港口区受到来自不断增长的大都市地区的压力的限制较小。例如，悉尼南部的博塔尼港（Port Botany）是在 20 世纪 70 年代开发的，以缓解悉尼杰克逊港（Port Jackson）的压力。

澳大利亚港口一直以船舶周转慢、劳资纠纷多以及工会的限制性用工等问题而名声不佳。第二次世界大战后的几年里，雇主和共产主义者领导的激进的海滨工会之间的斗争非常激烈。尤其是码头工人联合会，该联合会在 1989 年与海员工会合并，成立了澳大利亚海事工会（MUA）。工会的积极性在很大程度上是临时工制度的遗留问题，在这种制度下，工人是按小时或按天雇用的，在战前的几年里，工人们为赚取生活工资而挣扎求存。从 20 世纪 40 年代开始，政府多次尝试重组该行业，但成效有限，主要原因是路径依赖造成的制度僵化（Reveley 和 Tull，2012：158—179）。美军于 1942 年抵达澳大利亚，并进口了叉车和托盘以加快货物处理速度。战后，这些技术在整个运输链中迅速普及。20 世纪 60 年代末引入的集装箱化使普通货物的装卸方式发生了革命性的变化，还在 1967 年带来了长期雇用制的实施。机械化减少了码头工人的数量，但留下来的工人享受到了很好的工资和条件，劳资纠纷也开始逐渐减少。然而，以世界标准衡量，澳大利亚港口码头的生产力仍然很低，在 20 世纪 80 年代，联邦政府领导的微观经济改革计划导致了就业和限制性做法的大幅下降。港务局进行了改组，以更加商业化的方式运作，在某些情况下还进行了私有化。1998 年，帕特里克装卸公司（Patrick Stevedoring）解雇了其所有工会员工后，发生了一场重大的劳资纠纷。海事工会成功地对这一行动的合法性提出质疑，但还是被迫同意裁员和进一步改革。

海军史

澳大利亚海军是在 1901 年成立联邦后，由前澳大利亚各殖民地的舰艇合并而成的。最初，它只是一支小规模的海岸防卫部队，但联邦政府的目标是建立一支能在帝国防御中发挥作用的蓝水海军。为此，1911 年成立了澳大利亚皇家海军（Royal Australian Navy）。虽然澳大利亚海军深受英国皇家海军及其传统的影响，但其高级领导层还是从澳大利亚的角度出发的。自 1911 年起，澳大利亚皇家海军在许多冲突、重大海战和警务行动中发挥了重要作用，包括从第一次世界大战（1914—1918 年）到最近的反海盗行动及中东地区的反恐行动。在 1914 年 11 月印度洋的一次著名战役中，澳大利亚皇家海军舰艇悉尼 1 号（HMAS Sydney I）击沉了德国的德意志第二帝国海军军舰埃姆登号（SMS Emden）突击舰（Raider）。第一次世界大战期间损失的澳大利亚皇家海军军舰只有海军最初两艘潜艇 AE1 和 AE2。AE1 在新几内亚巡逻时失去了踪迹，但 AE2 在被击沉之前，在达达尼尔海峡成功地攻击了土耳其的船只。第二艘被命名为澳大利亚皇家军舰艇悉尼号（HMAS Sydney）的军舰在 1941 年被装备更轻火力的德国突击舰鸬鹚号（HSK Kormoran）击沉之事，一直颇有争议。鸬鹚号也被击沉了。唯一的目击者对这场战斗的描述来自鸬鹚号的幸存者，因为悉尼号和它的船员们消失得无影无踪。这导致人们猜测，另一艘可能是潜艇的敌舰也参与其中，并且澳大利亚皇家海军舰队“掩饰”了真相。2008

年，当鸬鹚号和悉尼号的残骸在西澳大利亚州杰拉尔顿海岸附近被发现时，悉尼号沉没之谜才得以解开。悉尼号沉船的照片证据支持了德国幸存者的报告，即这场战斗是在近距离进行的，鸬鹚号的第一发炮弹就摧毁了悉尼号的舰桥，使其失去了指挥机构，严重降低了悉尼号的战斗力（见 http：//museum.wa.gov.au/search/site/sydney）。

在和平时期，澳大利亚皇家海军一直在积极地——有时甚至是有争议地——保护澳大利亚的国际边界不受非法渔民和移民的侵害。澳大利亚皇家海军舰队经常在救灾中发挥重要作用，包括在 1974 年 12 月达尔文港遭受特雷西气旋（Cyclone Tracy）破坏后向该港市民提供援助。2011 年，澳大利亚皇家海军庆祝建军 100 周年，出版了一部图文并茂的历史，突出了自 1911 年以来海军技术发生的巨大变化。

博物馆、海洋考古学和社区组织

在社区层面，人们对澳大利亚的海洋历史有着浓厚的兴趣。根据悉尼文化遗产舰队（Sydney Heritage Fleet）的网站，约有 400 个机构、特殊利益团体和历史遗迹（主要是灯塔）与海洋有关。其中包括 70 多座专门的海事博物馆和 100 多座拥有海事收藏的博物馆。

博物馆发展的主要里程碑包括：1986 年的南澳大利亚海事博物馆（South Australian Maritime Museum）、1991 年的澳大利亚国家海事博物馆（Australian National Maritime Museum）和 2002 年的西澳大利亚海事博物馆（Western Australian Maritime Museum）。国家海事博物馆创立了一份高质量的季刊《信号》，每年都会颁发补助金并提供实习机会，以保护和促进澳大利亚的海洋遗产。西澳大利亚海事博物馆已经在海洋考古和保护方面获得了国际声誉，特别是对巴达维亚号的保护，这是一艘荷兰东印度公司的船只，于 1629 年在西澳大利亚海岸失事。西澳大利亚海事博物馆的馆藏还包括 1983 年美洲杯帆船赛的冠军澳大利亚二号（Australia II）。库克船长的奋进号（HMS Endeavour，1993 年）和荷兰东印度公司的杜伊夫根号（Duyfken，1999 年）的复制品在西澳大利亚的推出，也证明了澳大利亚人对海洋遗产的持续关注。南部岛屿塔斯马尼亚州仍然是木船制造的中心，自 1994 年起成功举办了一年两次的澳大利亚木船节。

1978 年 5 月，弗兰克·布罗兹（Frank Broeze）、约翰·巴赫（John Bach）和沃恩·埃文斯（Vaughan Evans）成立了澳大利亚海事历史协会

（AAMH）。澳大利亚海事历史协会的宗旨是促进海洋史的研究、出版和知识普及（见 http：//aamh.asn.au/）。自 1979 年起，澳大利亚海事历史协会出版了一份学术期刊《大圆航线》（The Great Circle）和一份通讯季刊。截至 2014 年，《大圆航线》共发表了 238 篇论文，涵盖了从传记和探索到海洋考古和海军史等广泛的主题，但重点是海洋工业和贸易。自 1990 年起，澳大利亚海事历史协会和澳大利亚国家海事博物馆联合为海洋历史方面的最佳出版物颁发纪念弗兰克・布罗兹海事史图书奖（Frank Broeze Memorial Maritime History Book Prize）。值得注意的是，大多数获奖书籍都是关于重要海洋探险家的传记，他们的故事吸引了大众；这些人包括尼古拉斯・鲍丁（Nicolas Baudin）、詹姆斯・库克（James Cook）、查尔斯・达尔文（Charles Darwin）、马修・弗林德斯（Matthew Flinders）、弗朗索瓦・佩隆（François Péron）和约翰・洛特・斯托克斯（John Lort Stokes）。

海洋考古学科在弗林德斯大学、新英格兰大学和西澳大利亚大学都有设置。塔斯马尼亚大学的澳大利亚海事学院（AMC）继续专注于为希望从事商船职业的澳大利亚年轻人提供专门的培训。

社区和教育组织的多样性证明了公众对澳大利亚海洋历史和遗产的强烈兴趣。然而，大量的小型专业组织，各自孤立地追求重叠利益，这使得我们很难采取协调的方式来促进海洋史发展并保护澳大利亚的海洋遗产。

马尔科姆・图尔

拓展阅读

Blainey，Geoffrey.1966.*The Tyranny of Distance*.Melbourne：Sun Books.

Broeze，Frank.1989. "From the Periphery to the Mainstream：The Challenge of Australia's Maritime History." *The Great Circle* 11：1-13.

Broeze，Frank. 1998. *Island Nation：A History of Australians and the Sea*.St.Leonards，N.S.W：Allen & Unwin.

Frame，T.1992.*Where Fate Calls：The HMAS Voyager Tragedy*.Sydney：Hodder & Stoughton.

Frame，T.1993.*HMAS Sydney. Loss and Controversy*.Sydney：Hodder & Stoughton.

Martinez，Julia，and Adrian Vickers.2015.*The Pearl Frontier. Indigenous Labor and In-digenous encounters in Australia's Northern Trading Network*.Honolulu：University of Hawai ‘i Press.

Oldham，Charles（ed. in chief）. 2011. 100 *Years of the Royal Australian Navy*. Bondi Junction，N.S.W.：Faircount Media.

Reveley，James，and Malcolm Tull. 2012. “Institutional Path Dependence in Port Regulation：A Comparison of New Zealand and Australia.” Gelina Harlaftis，Stig Tenold，and Jesus M. Valdaliso（eds.）. *World's Key Industry. History and Economics of International Shipping*. Houndmills，Basingstoke：Palgrave Macmillan.

Stevens，David. 2014. *In All Respects Ready. Australia's Navy in World War One*. Oxford：Oxford University Press.

Sturma，Michael. 2015. *Fremantle's Submarines*. Annapolis：Naval Institute Press.

Tull，Malcolm. 1993. “The Development of the Australian Fishing Industry：A Preliminary Survey.” *International Journal of Maritime History* 1：95-126.

Tull，Malcolm. 1995. “Maritime History in Australia.” Frank Broeze（ed.）. *Maritime History at the Crossroads：A Critical Review of Recent Historiography*. St. John's，Canada：International Maritime History Association.

White，Michael W. D. 1992. *Australian Submarines：A History*. Canberra：AGPS Press.

Williams，Meryl J. 2007. *Enmeshed：Australia and Southeast Asia's Fisheries*. Double Bay，N.S.W.：Lowy Institute for International Policy.

1945 年以来的美洲杯

美洲杯帆船赛（The America's Cup）是最著名的帆船比赛之一。这一赛事最初举办于 1851 年，因美国帆船美洲号（America）在第一场比赛中获胜并捧得奖杯而被命名为“美洲杯”。英国和美国的游艇俱乐部经常争夺这个奖杯，但第二次世界大战（1939—1945）后，澳大利亚成为美国这个战前常胜国的主要对手。纽约游艇俱乐部定期修订的竞赛章程（Deed of Gift）中规定了比赛规则和参赛游艇的设计规格，第二次世界大战后的修订允许比 20 世纪 30 年代规定的最小 90 英尺长的游艇更小的船只参赛。

美洲杯帆船赛可追溯到 1851 年，是最古老的游艇赛事之一。每隔几年举行一次，竞争激烈。图中显示的是，2013 年在旧金山举行的比赛中美国队击败新西兰队夺得杯赛冠军的场景。（Sfbay77/Dreamstime.com）

第二次世界大战后的十多年中，外国对手均无法在比赛中挑战纽约游艇俱乐部。从 1962 年开始，除了一次挑战之外，每一次都是澳大利亚的游艇联合会发起争夺奖杯的挑战。最初，根据竞赛章程正式发出挑战的游艇俱乐部派出一艘游艇参加杯赛。纽约游艇俱乐部——一位游艇历史学家建议将这个俱乐部的名称钉在奖杯的基座上——继续赢得奖杯。国际上对比赛的兴趣引发了变化，从 1970 年开始，所有感兴趣的游艇俱乐部都被邀请参加一场单独的帆船赛，冠军将获得挑战美洲杯的权利。1983 年，路易威登公司提供了一个以该公司命名的奖杯，颁发给这个挑战者系列赛的胜利者。

在这个时代，美国的泰德·特纳（Ted Turner，1938—）和比尔·科赫（Bill Koch，1940—），澳大利亚的艾伦·邦德（Alan Bond，1938—2015 年），新西兰的迈克尔·费伊爵士（Michael Fay，1949—）等商人都赞助过帆船队。在这些富有的赞助人的支持下，空气动力学和流体力学的研究极大地提高了游艇的性能。在澳大利亚，对美洲杯冠军的追求达到了狂热的程度。在 1974 年、1977 年和 1980 年的失败后，艾伦·邦德于 1983 年带着澳大利亚二号（Australia II）游艇来到纽波特，这艘游艇充满神秘色彩，比赛期间船体一直被遮挡着。这艘船的新型龙骨，包括底部的水平延伸，帮助澳大利亚击败了美国由丹尼斯·康纳（Denis Connor，1942—）担任船长的卫冕者自由号（Liberty），终结了其在体育史上最长的连胜纪录。

1987 年，康纳发起挑战，重新夺回奖杯。这次运动吸引了全世界的关注，并激发了流行偶像吉米·巴菲特（Jimmy Buffett）为该其团队创作主题曲——《夺回来》(Take it Back)。1988 年，迈克尔·费伊爵士根据第二次世界大战前的竞赛章程，派出一艘 90 英尺的游艇发起了挑战。由于缺乏时间设计和建造一艘有竞争力的游艇，康纳和圣地亚哥游艇俱乐部重新设计了一艘双体船，轻松击败了挑战者。这一做法引起了争议，1990 年，随着国际美洲杯帆船赛规格的公布，纠纷才告一段落。自此以后，比赛已经国际化了，来自新西兰（1995 年）和瑞士（2003 年）的挑战者均获得过胜利。2010 年，互联网企业家拉里·埃里森（Larry Ellison，1944—）资助旧金山金门游艇俱乐部赢得了美洲杯，该俱乐部在 2013 年成功卫冕。那一年，高性能的双体船在靠近海岸的地方竞相角逐杯赛，这与传统的近海游艇比赛相比有了巨大的变化，组织者希望能借此普及这项运动。

凯文·德拉默

拓展阅读

Connor, Dennis, and Michael Levitt. 1998. *The America's Cup: The History of Sailing's Greatest Competition in the Twentieth Century*. New York: St.Martin's Press.

Rayner, Ranulf.2013. *The Story of The America's Cup*, 1851 – 2013. New York: Antique Collectors' Club Distribution.

艾伦·维利尔斯，1903 年至 1982 年

艾伦·维利尔斯（Alan Villiers）是一位出色的澳大利亚航海家、英国海军军官和冒险家。他也是一位著名的海洋作家，出版了几十本关于船舶、航海和海洋的书籍，并为《国家地理》（*National Geographic*）杂志撰写了大量文章。这些作品大多反映了他在海上的亲身经历，包括《在冰封的南方捕鲸》(*Whaling in the Frozen South* ，1925 年)、《法尔茅斯听令》(*Falmouth for Orders*，1928 年)、《途经合恩角》(*By Way of Cape Horn*，1930 年)、《消失的舰队》(*Vanished Fleets*，1931 年)、《“帕尔马”号的旅

程》(*Voyage of the "Parma"*, 1933 年)、《午夜太阳的捕鲸者》(*Whalers of the Midnight Sun*, 1934 年)、《水手的诞生》(*The Making of a Sailor*, 1938 年)、《辛巴达之子》(*The Sons of Sinbad*, 1940 年)、《起航》(*The Set of the Sails*, 1949 年)、《珊瑚海》(*The Coral Sea*, 1950 年)、《阿耳戈斯号帆船的探索》(*The Quest of the Schooner Argus*, 1951 年)、《切蒂萨克号》(*The Cutty Sark*, 1953 年)、《船之路》(*The Way of a Ship*, 1954 年)、《新五月花》(*The New Mayflower*, 1959 年)。

1903 年 9 月 23 日，维利尔斯出生于澳大利亚墨尔本，曾就读于埃森顿中学（Essendon High School），1919 年进入墨尔本一所航海学校学习。不久后，他就登上了罗西湾号（Rothesay Bay）帆船，后来又登上了劳希尔号（Lawhill）帆船。在从劳希尔号的索具上摔下受伤的休养期间，维利尔斯为当地报纸撰稿。康复之后他又回到挪威捕鲸船詹姆斯·克拉克·罗斯爵士号（Sir James Clark Ross, 1923—1924 年）上，随船航行到南极。1928 年、1929 年、1932 年和 1933 年，维利尔斯参加了每年一度的从澳大利亚到英国的谷物运输竞赛（Grain Race），并两次获得冠军。1931 年，维利尔斯和鲁本·德克洛（Ruben De Cloux）一起买下了帕尔马号（Parma）。他们用它来运输澳大利亚和德国之间的小麦。1933 年，帕尔马号从澳大利亚维多利亚港出发，历时 83 天到达英国康沃尔郡的法尔茅斯，创造了帆船航行的记录。次年，维利尔斯购得丹麦训练船乔治·斯泰格号（Georg Stage），并将其改名为约瑟夫·康拉德号（Joseph Conrad），与船员们一起环游世界（1934—1936 年）。这次远征的结果是几本书的出版，包括《康拉德号巡航》(1937 年)，但也使维利尔斯破产。在后来的几年里，他致力于重现历史上的船只和航程，例如乘坐传统的阿拉伯三角帆船在波斯湾和桑给巴尔之间航行。第二次世界大战期间，维利尔斯在英国皇家海军服役，在西西里岛和诺曼底登陆时指挥登陆艇。

战争结束后，维利尔斯重新开始了他的海上冒险之旅，指挥海洋拓展学校的训练船战神号（Warspite）。1951 年，他登上了阿古斯号（Argus），这是最后一艘尚在运行的四桅渔船，他在一部短片中记录了这次航行。维利尔斯成为世界上领先的古帆船专家，领导着保护和再现这些船只的工作。他曾担任五月花二号（Mayflower II）的船长，重现了 1957 年的历史性的跨大西洋航行；他是 1962 年电影《慷慨号兵变》(*Mutiny on the*

Bounty）的技术顾问；他还在电影《白鲸号》（*Moby Dick*，1955 年）和《比利 · 巴德号》（Billy Budd，1961 年）中充任这两艘著名船只的复制品的船长。维利尔斯是众多海事历史组织的主要成员，1982 年 3 月 3 日在英国牛津去世。

肖恩 · 莫顿

拓展阅读

Lance，Kate.2009.*Alan Villiers*：*Voyager of the Winds*.Sydney：University of NSW Press.

Villiers，Alan.1973.*Men*，*Ships*，*and the Sea*. New York：National Geographic Society.

中太平洋（密克罗尼西亚），1945 年至今

中太平洋的主要岛链，通常被称为"密克罗尼西亚"，包括卡洛林岛、吉尔伯特岛、马里亚纳群岛和马绍尔群岛。在 19 世纪和 20 世纪初被不同的殖民大国宣称拥有主权，大多数岛屿在 20 世纪末获得独立，此后在面临人口压力、环境污染、全球变暖和外国企业过度捕捞等一系列挑战的情况下努力发展。

英国在 1892 年后要求获得吉尔伯特群岛，美国在 1898 年后从西班牙手中获得关岛——马里亚纳群岛的主要岛屿。德国人占领了卡洛林斯群岛、马绍尔群岛和马里亚纳群岛的大部分地区，直到 1919 年，作为结束第一次世界大战的《凡尔赛协议》的一部分，日本从德国手中接收了这些岛屿。第二次世界大战期间，美国和日本在其中许多岛屿上展开战斗。战后，美国将密克罗尼西亚的大部分岛屿作为托管领土进行管理，并在马里亚纳群岛的比基尼岛附近进行了核试验。1986 年起，这些岛屿中的大部分获得独立，成为四个独立的国家：密克罗尼西亚联邦、北马里亚纳群岛共荣邦、马绍尔群岛共和国和帕劳共和国。由英国管理的吉尔伯特群岛于 1992 年成为独立的国家基里巴斯。关岛和北马里亚纳群岛仍然是美国的领土。

虽然占据了大片的海域，但这些小岛的总陆地面积只有大约 1000 平方英里——这个面积大约相当于卢森堡的大小。例如，马绍尔群岛包括 1000 多个岛屿（由 29 个珊瑚环礁组成），但这些岛屿的总面积只有 70 平

方英里。事实证明，发展这些国家的经济具有挑战性。商业捕鱼——大部分由大型外国公司经营——提供了一些收入，但也耗尽了一些鱼类资源。作为回应，马绍尔群岛限制在其水域捕鱼，并建立了世界上最大的鲨鱼保护区。马里亚纳群岛是亚洲游客和从美国和日本出发的邮轮的热门停靠地。美国在关岛维持着大型海军设施，几个岛屿还发展了船舶修理和鱼类加工设施，为商业渔民提供支持。马绍尔群岛成了一个成功的方便旗国，也是少数几个为船员制定了严格安全规定的国家之一。到 2010 年，马绍尔群岛拥有一支由 340 艘船舶组成的船队，总吨位达 8000 万吨——仅次于巴拿马和利比里亚的世界第三大船队。这些岛屿国家面临的最大威胁是全球变暖导致的水位上升。主要城市都修建了围墙来阻挡海洋，但这些围墙已经被攻破。在 2008 年和 2013 年，马绍尔群岛的首都马朱鲁（Majuru）——海拔只有 3 英尺——被淹没。较小的岛屿正在海洋中消失。2008 年，基里巴斯政府向澳大利亚和新西兰请愿，要求接受其人民为难民——这一请求被两国拒绝。基里巴斯政府也在考虑将人民疏散到斐济，并已经开始在斐济购买土地。

中太平洋岛屿以缩影的方式展示了世界各国在 21 世纪快速变化的环境中所面临的越来越多的问题。

斯蒂芬·K. 斯坦

拓展阅读

Howe，Kerry R.，Robert C. Kiste，and Brij V. Lal（eds.）. 1994. *The Pacific Islands in the Twentieth Century*. Honolulu：University of Hawai ‘i Press.

“Kiribati：The World’s Next Atlantis?” 2014. CNN. December 5. http：//www.cnn.com/2014/12/05/world/kiribati-atlantis/index.html. Accessed July 10，2016.

Lal，Brij V.，and Kate Fortune（eds.）. 2000. *The Pacific Islands：An Encyclopedia*. Hono-lulu：University of Hawai ‘i Press.

欧洲，1945 年至今

欧洲的主要航运公司，如法国的跨大西洋海运公司（Compagnie Générale Transatlantique，CGT）、英国的半岛暨东方轮船公司（Peninsular and Oriental，P&O）和冠达邮轮（Cunard）在“大萧条”中苦苦挣扎，并在第二次世界大战期间蒙受了巨大损失。战后，尽管殖民主义的结束和欧洲以外国家的经济增长重新调整了贸易方向，欧洲主要航运公司还是恢复了正常的运营，并重建了它们的船队。旅游业越来越受欢迎，但客机取代快船成为横渡海洋的首选手段。客轮变成了邮轮，从运输工具变成了漂浮的度假胜地，目的地——通常是海边的景点——变得次要起来。船舶变得更大，运输效率更高，特别是在引入标准化的集装箱之后。其中最大的船舶是负责从波斯湾运油到欧洲的超级油轮。石油的使用越来越多，这鼓励了近海油井的开发，特别是在北海，但也突出了它们对海洋环境造成的风险。

第二次世界大战期间，英国、丹麦、荷兰、法国、希腊和挪威的商船队约有一半被击沉，德国和意大利的商船队也几乎全部被击沉。除英国和瑞典外，大多数欧洲造船厂在战争结束时都遭到了严重的破坏。然而，饱受战争摧残的欧洲国家迅速重建了造船厂、港口和其他设施。到 1960 年，造船业是 1900 年的四倍（Gardiner，1994：151）。航运公司也迅速复苏，这得益于以下因素：战争期间标准船舶设计的引入；战后美国出售了数百艘剩余船舶；战后大量的人流，因为士兵和平民返回家园，寻找新的家园，许多大屠杀幸存者也是如此。或者，人们在海外殖民地成为独立国家时逃离海外殖民地，以及《关税及贸易总协定》(the General Agreement on Tariffs and Trade，GATT）促进的贸易壁垒的减少。

客运及邮轮业务

在大萧条期间，欧洲各大客运公司利用越来越大、越来越豪华、越来越快的跨大西洋轮船来吸引顾客，如北德劳埃德的不莱梅号（Bremen）和欧罗巴号（Europa）、意大利的雷克斯号（Rex）和萨沃亚伯爵号（Conte di Savoia）、CGT 公司的诺曼底号（Normandie）和冠达邮轮公司的玛丽皇后号（Queen Mary），这些轮船提供越来越多的三等舱来吸引中产阶级游客。事实上，游客贸易变得如此重要，以至于 CGT 和其他公司都建立了自己的酒店。

第二次世界大战后，冠达公司的姐妹船伊丽莎白女王号（Queen Elizabeth）和玛丽皇后号恢复了横跨大西洋的客运服务，这两艘船是当时世界上速度最快的邮轮。它的许多竞争对手在重建业务时也是如此。然而，航空旅行提供了一个越来越有吸引力的选项。1957 年，乘坐飞机横渡大西洋的人比乘坐轮船的人更多。到了 20 世纪 70 年代，只有约 1%的跨大西洋旅行者通过海路旅行。公司将客轮退役或转为邮轮，包括 20 世纪 50 年代建造的新一代快速客轮，以 CGT 公司的法国号（France）为代表。在 2004 年“玛丽皇后 2 号”（Queen Mary 2）下水之前，这艘 1037 英尺长的船是世界上最长的客轮，它一年中的大部分时间都在提供 5 天为一个周期的大西洋快速客运服务，并在冬季进行巡航。荷兰美洲航运公司（Holland America）预见到这些变化，设计并于 1959 年推出了鹿特丹号（Rotterdam），这艘船可以很容易地重新配置标准化的舱室、可移动的隔板间以及所有乘客共享的公共区域，而不像旧式班轮那样严格固定为不同的舱位。

许多欧洲航运公司在 1972 年之前就组建了邮轮业务，当时以色列人泰德·阿里森（Ted Arison，1924—1999）创立了嘉年华邮轮公司（Carnival Cruise Lines）。阿里森购买了几艘客轮，并将其改造成“娱乐船”，通过提供廉价票吸引了越来越多的乘客。由三家挪威航运公司组建的皇家加勒比公司（Royal Caribbean）成为嘉年华最主要的竞争对手。它同样采用了超级邮轮开创的规模经济，专门为加勒比海巡游建造了巨大的船舶，这些船舶拥有带遮挡的观景台并且吃水较浅，可以进出大多数岛屿港口。客舱小型化最大限度地增加了乘客的数量，并鼓励他们在船上优雅的公共区域进行交流和消费。

挪威邮轮公司由挪威航运巨头克努特·克洛斯特（Knut Kloster，1929 年）和泰德·阿里森（Ted Arison）（在他离开并创立嘉年华之前）创立，其发展轨迹与嘉年华相似，先是将客轮改装成邮轮——其中包括从 CGT 公司购买的法国号——后来又专门建造了邮轮。嘉年华、皇家加勒比和挪威邮轮稳步收购了竞争对手。嘉年华收购了冠达和半岛暨东方轮船公司的公主邮轮公司。虽然航空旅行削弱了客运班轮的业务，但也促进了邮轮的发展。乘客们飞往迈阿密——那里成为世界上最大的邮轮/客运港口，然后从那里出发，乘坐邮轮穿越加勒比海，那里一年中的大部分时间都是阳光明媚，风平浪静。在 20 世纪 70 年代，美国人是这个行业的主要客户，但随着时间的推移，越来越多的欧洲人开始乘船游览，尤其是在地中海。

19 世纪后期，海滩度假胜地在欧洲发展起来，第二次世界大战后，由于许多欧洲国家增加了工人的休假时间，海边度假变得越来越流行。流行的度假村出现在地中海沿岸的西班牙、法国、意大利、希腊和各种岛屿上——如爱琴海的圣托里尼岛，在 1956 年的一场地震将岛上原有的许多建筑夷为平地后，发展了一系列的度假村和旅游景点。欧洲人在战后也接受了汽车，传统的轮渡公司发展了汽车轮渡，方便了驾车旅行，使人们能够穿越英吉利海峡和其他小水域，继续驾车前往目的地。其中第一艘沃登勋爵号（the Lord Worden）可以搭载 100 辆汽车、1000 名乘客，1952 年开始在英吉利海峡服务。20 世纪 70 年代，瑞典引进了高速渡轮，穿越波罗的海的几条航线。

油轮与集装箱船

随着欧洲石油消费的增加，油轮的规模也在不断扩大，在 20 世纪 50 年代初达到 3 万吨。1956 年苏伊士运河关闭 6 个月，使波斯湾和欧洲之间的航程增加了 4500 英里，这鼓励航运公司建造更大的船舶。尤其是，竞争激烈的希腊航运巨头斯塔夫罗斯·尼阿乔斯（Stavros Niarchos，1909—1996）和亚里士多德·苏格拉底·奥纳西斯（Aristotle Onassis，1906—1975），率先建造了 10 万多吨的超级油轮。为了节省成本，他们在巴拿马或利比里亚注册船舶，并以事先安排好的从波斯湾运输石油的合同为担保的贷款来资助建造。在 20 世纪 70 年代，超级油轮——有的超过 25 万吨——取代了较小型的船舶，石油运量占到了世界总货运量的一半。然而，油轮在回程时经常空载航行。20 世纪 60 年代，欧洲公司率先推出了多用途 OBO（oil/bulk/ore，石油/散货/矿石）船，可以在不同的目的地之间转换货物种类，例如，去程运送石油或煤炭，返程运送谷物或铁矿石。一家瑞典公司开发了汽车专用运输船，随着 20 世纪 70 和 80 年代汽车出口市场的蓬勃发展，这一点非常重要，其他欧洲航运公司也开发了林产品、纸、酒和葡萄酒的专用船。

将货物装入标准尺寸的集装箱，减少了货物装卸时间，极大地提高了效率，但这需要对港口设施和新设备进行大幅调整，包括通过陆路运输集装箱的轨道车和卡车。20 世纪 50 年代末，由美国人马尔科姆·麦克莱恩（Malcolm McLean，1913—2001）和他的海陆公司（Sea-Land）率先提出之后，集装箱化迅速蔓延到欧洲。到 1970 年，70%的普通货物都使用集装箱穿越北大西洋。鹿特丹很早就接受了集装箱化，并成为欧洲领先的集装箱港口。其他港口则发现很难——甚至不可能适应，其中就有伦敦。

向集装箱转型的高成本鼓励了合并和联合企业，如海外集装箱有限公司（OCL）。它由半岛东方（P&O）和其他三家英国航运公司于 1965 年成立，在 20 世纪 70 年代成为欧洲领先的集装箱公司，并将集装箱化引入太平洋。OCL 公司的邂逅湾号（Encounter Bay）在运营的第一年就在海上前所未有地度过了 300 天，展示了集装箱船的优势，它可以在数小时内而不是数天内完成装卸（Miller，2012：337）。第一艘集装箱船只运载了几百个集装箱，但新一代的集装箱船运载的集装箱超过了 1000 个标准箱（20 英尺集装箱），后来又上升至 6000 多个。

在 20 世纪 90 年代，欧洲的卡车和铁路公司将其业务转换为集装箱运输，这进一步降低了运输成本。由于制造商从最便宜的地方采购产品，贸易量猛增。在一个地方生产的零部件被运到另一个地方进行组装，然后再运到另一个地方，以此类推，直到最后组装——通常是在亚洲——然后它们被运到发达国家的港口，由铁路和卡车把它们运到零售商店。航运业务的规模和越来越大的集装箱船的成本鼓励了进一步的合并。荷兰的主要货运商合并到渣华（Nedlloyd）公司。德国的汉堡美国航运公司（HAPAG）和北德劳埃德（NDL）合并了，法国的 CGT 公司和法国邮船公司也合并成立了法国国家航运公司（Compagnie Générale Maritime，CGM）。1986 年起，P&O 公司收购了 OCL 公司的全部控制权，并与荷兰的渣华公司合并为铁行渣华（P&O Nedlloyd）。

丹麦的马士基航运公司（Maersk Line），由阿诺德·彼得·默勒（Arnold Peter Møller）于 1928 年创立，成为集装箱时代最成功的公司。创始人的儿子马士基·麦金尼·莫勒（1913—2012）在德国 1940 年征服丹麦后逃往美国，并成立了该公司的美国子公司，在第二次世界大战期间运营。战后，马士基迅速扩张，在其欧登塞钢铁船厂建造了越来越多的大型船舶——大部分是油轮——该船厂在创新方面声誉卓著。马士基公司 1973 年收购了第一艘集装箱船——能装载 1800 个标箱（TEU）的斯文堡·马士基号（Svendborg Maersk），此后，马士基积极进军该业务。马士基向北海油气勘探领域多元化发展，母公司 A.P.Møller 建立了自己的集装箱工厂。马士基受益于 A.P.Møller 的多元化业务。1997 年，其欧登塞船厂开始下水一系列更大的集装箱船，从 6600 标箱的索文伦·马士基号

(Sovereign Maersk)开始。两年后，它收购了萨非航运(Safmarine Container Lines)和海陆公司(Sea-Land)。2005年，它完成了第一艘9500标箱的古诺沃·马士基号(Gunvor Maersk)的建造，并收购了铁华渣行，巩固了它作为拥有600艘集装箱船的世界最大集装箱公司的地位(George 2013：6-7)。

渔业与环境

16世纪，纽芬兰近海大岸滩(Grand Banks)丰富的鱼群吸引了欧洲渔民，直到20世纪，渔业对许多欧洲沿海城市仍然很重要。然而，蒸汽船使拖网渔船得以发展，它拖着大网，几乎可以捕获任何东西，类似的捕鱼技术大大增加了渔获量，但也迅速耗尽了渔场。20世纪50年代引进的冷藏拖网渔船，使船舶在海上停留的时间更长。

捕鲸同样受益于新技术，如第二次世界大战前引进的工厂船，可快速处理渔获物。这些工厂船在战时被改装，通常是作为车辆运输工具，这些船很少在战争中幸存下来，但欧洲造船商在战后生产了新一代的工厂船。这些船在20世纪50年代带来了非常大的渔获量，但此后，由于公众的反对和对鲸鱼产品需求的下降——这些产品很容易被新的工业产品所取代，如氢化植物油——大多数欧洲人放弃了捕鲸。苏联是少数几个继续捕鲸的国家之一，为此还建造了特别大的捕鲸工厂船，包括35000吨的苏维埃·乌克兰号(Sovietskaya Ukraina)。

1890年后，英国附近水域的鱼类资源锐减的证据不断增加，但政府没有采取任何行动。其他国家也注意到了类似的情况，但直到1958年欧洲经济共同体和1993年欧盟成立后，联合行动才成为可能。此后，欧洲的法规减缓了许多鱼类物种的衰退，但不幸的是，只是延缓而没有中止。新技术和鱼类减少的结合使英国渔业人数从1938年的48000人减少到2004年的11600人，渔船数量也同样减少(O'Hara，2010：196-197)。

从20世纪50年代开始，包括著名水下探险家雅克-伊夫·库斯托(Jacques-Yves Cousteau，1910—1997)在内的许多人呼吁关注欧洲水域日益严重的污染。保护和清理水域的努力慢慢地被实施，并且在地中海比其他地方更成功。波罗的海——世界上交通最繁忙的水域——受到城市垃圾的严重污染，由于过度捕捞，进一步减少了已经处于危险中的鱼群。北海是许多石油平台的所在地，也遭受着类似的问题，虽然不那么严重。

老鼠可能是最著名的入侵物种，并通过船只传播到世界各地。欧洲遭受了一系列入侵物种的侵害，包括美洲小龙虾、青蛙和海龟，以及一些昆虫和植物物种——其中许多都是搭上了船或集装箱。美国水母是通过船舶压舱水被引入黑海的，而黑海的斑马贻贝也以同样的方式被引入美国五大湖。事实证明，两者对当地的生态系统都有危害，而且难以根除。

荷兰美洲航运公司（The Holland America Line）提供了一个很好的例子，说明欧洲航运公司在 20 世纪发生了多么巨大的变化。像它的欧洲竞争对手一样，在 1914 年第一次世界大战爆发前，该公司向美洲转运了几百万移民。在战争期间，客运服务几乎消失了，之后美国政府通过的移民限制措施也几乎消除了移民运输。荷兰美洲公司减少了跨大西洋的服务，并将许多班轮改为邮轮，常年在阳光充足的目的地航行，只有少数几艘快速客轮提供跨大西洋服务。随着 20 世纪 50 年代末喷气式客机服务的兴起，这些快速客轮也变成了邮轮。荷兰美洲航运公司在 20 世纪 70 年代没有接受集装箱化，而是在 1975 年出售了其货运业务，收购了提供阿拉斯加邮轮服务的 Westours 公司，并将公司业务转移到美国，后者也是大多数邮轮公司的所在地。巡游成为公司的主要业务，并于 1989 年被嘉年华邮轮公司收购。

斑马贻贝

斑马贻贝（Dreissena polymorpha）是一种原产于俄罗斯南部湖泊的淡水贻贝。这种 0.25—1.5 英寸长的软体动物的名字来自其外壳上常见的条纹图案。人类无意中把斑马贻贝引入了世界各地的许多水生生态系统，生物学家认为这种适应性极强的生物是地球上最成功的入侵物种之一。

1769 年，德国动物学家彼得·西蒙·帕拉斯（Peter Simon Pallas）成为第一位利用从乌拉尔河、伏尔加河和第聂伯河支流中发现的标本来描述斑马贻贝的科学家。在 19 世纪，随着欧洲商业船运的发展，这种软体动物附着在船体上，并向西扩展其范围。斑马贻贝在

> 1988 年到达北美五大湖后，无意中被穿越圣劳伦斯航道的跨洋超级油轮的压舱水所携带。这种入侵的软体动物是一种几乎可以附着在任何表面的滤食性动物。它们堵塞进水口，比本地物种更有竞争力，并导致鸟类肉毒杆菌病爆发，造成大量鸟类死亡。在整个美国，政府机构已经投入数亿美元的资金，试图根除斑马贻贝。
>
> 爱德华·D. 梅利略

1900 年时，英国的船舶承担了世界贸易总额的一半，其他欧洲国家的船舶承担了其余部分中的大部分。在 20 世纪上半叶，总部设在丹麦、希腊、意大利和挪威的航运公司成功地与历史悠久的英国公司竞争，壮大了船队，获得了市场份额。这种趋势在第二次世界大战后仍在继续，尽管到了 20 世纪 80 年代，欧洲的航运公司和欧洲的造船厂一样，面临着来自中国、韩国和日本的公司越来越多的挑战。甚至欧洲公司还向韩国和日本的船厂订购船舶，事实证明，这些船厂擅长建造 21 世纪受欢迎的巨型船舶。到 2010 年，中国、韩国、日本和新加坡都跻身十大商船队国家之列，与德国、挪威、英国和希腊（拥有最大的船队）等并列。然而，更严重的是，在海上工作的欧洲人数量的减少。即使在欧洲人拥有的船上，越来越多的水手来自亚洲。与其说海上是工作的地方，不如说是休闲和享受的地方。除了渡轮或邮轮上的短途渡海之外，海上客运在 20 世纪几乎从欧洲水域消失了。主要的例外是越来越多的难民——主要是来自非洲的难民——乘坐危险的、拥挤的船只穿越地中海。

斯蒂芬·K. 斯坦

拓展阅读

Bott, Alan. 2009. *The British Box Business: A History of OCL*. Great Britain: SCARA.

Dickinson, Bob, and Andy Vladimir. 2008. *Selling the Sea: An Inside Look at the Cruise Industry*. Hoboken, NJ: Wiley.

Gardiner, Robert. 1992. *The Shipping Revolution: The Modern Merchant Ship*. London: Conway Maritime Press.

Gardiner, Robert. 1994. *The Golden Age of Shipping: The Classic Merchant*

Ship, 1900-1960. London: Conway Maritime Press.

George, Rose. 2013. *Ninety Percent of Everything: Inside Shipping, the Invisible Industry That Puts Clothes on Your Back, Gas in Your Car, and Food on Your Plate*. New York: Metropolitan Books.

Harlaftis, Gelina. 1996. *A History of Greek-Owned Shipping: The Making of an International Tramp Fleet*. London: Routledge.

Jephson, Chris, and Henning Morgen. 2014. *Creating Global Opportunities: Maersk Line in Containerisation*, 1973-2013. Cambridge: Cambridge University Press.

Miller, Michael B. 2012. *Europe and the Maritime World: A Twentieth Century History*. Cambridge: Cambridge University Press.

O'Hara, Glen. 2010. *Britain and the Sea Since* 1600. New York: Palgrave Macmillan.

歌诗达·康科迪亚号

歌诗达·康科迪亚号是一艘涉及近年来最受关注的一起事故的邮轮。这艘耗资 6 亿美元的邮轮在意大利热那亚建造并于 2005 年 9 月下水，被命名为康科迪亚（Concordia），以象征欧洲各国的和谐。船上 13 层甲板上的每一层都以一个欧洲国家来命名，并按该国风格装潢。2012 年 1 月 13 日，在船长弗朗切斯科·谢蒂诺（Francesco Schettino）的指挥下，这艘船在从奇维塔韦基亚前往萨沃纳的途中，在环境敏感区吉利奥岛附近试图做“路过敬礼”动作而撞上了一块水下岩石。岩石在船上撕开了一个 160 英尺长的口子，海水淹没了引擎。在没有动力的情况下，这艘 952 英尺长的船漂向岸边，在那里搁浅并部分倾覆。船上 3229 名乘客和 1023 名船员中有 32 人在疏散和救援工作中丧生。船长和许多船员弃船而去，而乘客仍在船上。

由于被认为是不可挽救的，这艘船被抽干了燃料，被扶正，然后被小心翼翼地拖到一个拆除场，由佛罗里达州的泰坦打捞公司（Titan Salvage of Florida）和意大利的米科佩里公司（Micoperi）组成的财团进行了为期 10 个月的拆除操作。这项工作以及修复吉利奥岛损坏的工作，比歌诗达·康科迪亚号的建造成本还要高，并且需要一些创新技术，包括在船下方建造一个水下平台和安装巨型浮筒。

随后，意大利迅速采取了法律行动。几位歌诗达邮轮的高管接受了认罪协议，船长谢蒂诺被判处16年徒刑，罪名是疏忽、过失杀人和弃船。乘客们也提起诉讼，其中大部分人接受了邮轮公司的和解。灾难发生后，多国政府加强了对邮轮安全性以及这些越来越大的邮轮所承载的大量乘客的救援难度的关注。如果歌诗达·康科迪亚号不是在岸边搁浅，可能会有更多人死亡。

阿蒂利奥·科斯塔贝尔

劳尔·费尔南德斯-卡连纳斯

拓展阅读

Squires, Nick. 2015. “Costa Concordia Captain Schettino Sentenced to 16 Years in Prison,” *The Telegraph*, February 11. http://www.telegraph.co.uk/news/worldnews/europe/italy/11407115/Costa-Concordia-captain-Schettino-sentenced-to-16-years-in-prison.html. Accessed March 31, 2015.

United States. 2012. *A Review of Cruise Ship Safety and Lessons Learned from the Costa Concordia Accident Hearing Before the Subcommittee on Coast Guard and Maritime Transportation of the Committee on Transportation and Infrastructure, House of Representatives, One Hundred Twelfth Congress, Second Session, February* 29, 2012. Washington: U.S.G.P.O. http://purl.fdlp.gov/GPO/gpo23798. Accessed November 19, 2016.

雅克-伊夫·库斯托，1910年至1997年

雅克-伊夫·库斯托（Jacques-Yves Cousteau）是一位海洋探险家、作家、电影制片人和环保主义者。他最著名的事迹，是在潜水活动中普及水肺的使用。

1910年6月11日，库斯托出生于法国吉伦特。1933年从法国海军学院毕业。作为一名少尉，他原本打算成为一名飞行员，但在一起严重的汽车事故中受伤后，这个梦想破灭了。康复后的他，在海里游泳时，意识到自己对水下的热情，从而产生了新的目标。随后，他想方设法延长在水下自由探索的时间，不受潜水头盔的束缚，不受空气软管的束缚。

雅克-伊夫·库斯托，法国海军军官和潜水员，以他的水肺和其他发明彻底改变了运动潜水。除海上探险外，他还进行了许多电视转播，帮助普及了水肺潜水。(美国国会图书馆)

水 肺

自给式水下呼吸器（SCUBA 或 Scuba）使潜水员能够在不同深度的水下从事时间长短不一的自由活动，这在以前是无法通过憋气潜水和连接到水面气瓶的软管系统实现的。现代自给式水下呼吸器最早出自法国海军少尉雅克-伊夫·库斯托（Jacques-Yves Cousteau，1910—1997）和工程师埃米尔·加尼昂（Émile Gagnan，1900—1979）在1942—1943 年发明的水肺。需求调节器连接着软管、口罩和压缩空气罐，共同形成了水肺装备，可以持续为潜水员提供空气。

自给式水下呼吸器有开路和闭路两种类型。库斯托发明的呼吸器是第一个可行的开路型水肺，它将呼出的空气排到水中，通常用于休闲潜水。闭路型水肺是军用潜水员的首选，潜水员呼出的空气经“洗涤器”去除其中的二氧化碳后被用于重新呼吸，这样可以避免排出气泡留下痕迹。

由于库斯托和加尼昂对研究的执着，以及他们对水下世界的纪录片，水肺的普及率飙升。包括《海洋狩猎》(1958—1961 年）在内的电视节目进一步激发了人们对水肺潜水的兴趣。基督教青年会(YMCA）在 1959 年开始潜水教学，导致了 1960 年国家潜水教练员协会（NAUI）和 1966 年潜水教练专业协会（PADI）的成立。到了 20 世纪 70 年代，水肺装备增加了安全功能，包括浮力控制装置、压力表、单管调节器和潜水电脑。如今，在美国，估计每年有 50 万新的潜水员获得认证，休闲潜水是一个价值数十亿美元的行业。在全球范围内，PADI 每年为 946000 名潜水员颁发证书。

萨曼莎·J. 海因斯

虽然呼吸调节器至少早在 19 世纪 60 年代就已发明，但库斯托在 20 世纪中叶提出的倡议使个人水下探险在更大范围内变得可行。他和工程师埃米尔·加尼昂（Émile Gagnan，库斯托岳父的雇员）在 1943 年发明了第一个用于潜水的开路呼吸调节器并申请了专利。在第二次世界大战期间，两人对该装置进行了改进，开发了 CG45 调节器（1945 年）。战后，他们将 CG45 作为“水肺”进行商业化，这是一种自给式水下呼吸器(SCUBA)。水肺通过为潜水员提供更长的水下活动时间和更好的市场推广，在1953年的《国家地理》杂志上亮相，从而在早期取得了对同类系统的优势。库斯托和水下勘探合作伙伴弗雷德里克·杜马斯（Frédéric Dumas）在《寂静的世界：海底发现与冒险故事》中详细介绍了水肺的历史。这本非常成功的书是获得奥斯卡金像奖纪录片《寂静的世界》(1956年）的基础，该片是库斯托获得奥斯卡金像奖的三部片子中的第一部。

许多相关利益推动着库斯托在水下勘探和休闲潜水热潮中不断前进。最引人注目的是他捕捉水下经验并将其传达给他人的才华，而正是通过他的书面作品和电影，公众才能够了解探险家。在其他人的协助下，库斯托开发并改进了一系列水下摄像机和小型潜水器，提高了他分享水下世界经验的能力。将一艘英国的扫雷艇改装成活动的卡利普索号海洋实验室（RV Calypso），为他提供了主要的研究船，从1950年到1997年，这艘船一直为他服务。卡利普索号成为库斯托探索过程中一个鲜明的特点，它还激发了约翰·丹佛的同名歌曲，成为流行文化的一部分。1973年，库斯托的众多相关企业被整合为库斯托集团（Cousteau Group），还成立了库斯托协会（Cousteau Society），管理核心的海洋保护工作。

到了职业生涯后期，库斯托以他的环保主义观点而闻名。事实上，他很大程度上是时代的产物，在他早期的努力中，在一些最恶劣的情况下，他确实曾在珊瑚礁上或附近使用炸药，以更好地观察海洋生物。库斯托并不讳言自己的个人历史，并把它作为进步和积极变化的例子。到了20世纪70年代，他已经变成热心的环保卫士，他亲自面对当时的法兰西共和国总统戴高乐，讨论在地中海处置核废料的计划。整个20世纪90年代，库斯托与许多媒体，特别是国家地理学会密切合作，传播海洋探索和保护的理想。他的工作激励了众多的学者和环境保护主义者，包括库斯托家族的后代，他们将这一衣钵延续至今。他于1997年6月25日在巴黎去世。

皮尔斯·保罗·克里斯曼

拓展阅读

Cousteau, Jaques-Yves, and Frédéric Dumas.1953.*The Silent World*: *A Story of Undersea Discovery and Adventure*.New York: Harper & Brothers Publishers.

Cousteau Society. [n.d.]. "Captain Jacques-Yves Cousteau." http://www.cousteau.org/who/the-captain/.Accessed July 15, 2015.

Than, Ker.2010. "Jacques Cousteau Centennial: What He Did, Why He Matters." http://news.nationalgeographic.com/news/2010/06/100611 -

jacques-cousteau-100th-anniversary-birthday-legacy-google/. Accessed November 19, 2016.

托尔·海尔达尔，1914年至2002年

挪威探险家、实验考古学家和作家托尔·海尔达尔（Thor Heyerdahl）于1914年10月6日出生在挪威沿海城市拉尔维克。在奥斯陆大学（Oslo University）学习了动物学之后，海尔达尔前往太平洋地区，在马克萨斯群岛的法图希瓦岛（Fatu Hiva）度过了一年。他在那里的时间启发了他后来关于早期人类利用海洋的许多思考。包括当地传说、盛行风和洋流以及植物学线索在内的各种证据使海尔达尔确信，与他所学的相反，美洲一定在波利尼西亚的殖民化过程中发挥了作用。

1947年，海尔达尔领导了康提基号（Kon-Tiki）探险队，在此期间，他和五名斯堪的纳维亚同伴乘坐实验性的前欧洲南美轻木筏复制品，成功地从秘鲁横渡太平洋到波利尼西亚。虽然这次探险未能使许多怀疑者相信这种航行的历史真实性，但它确实证明了这种木筏很容易在海上长距离航行。海尔达尔关于这次探险的书已经用几十种语言发表并卖出了几千万册，而关于这次航行的纪录片也在1951年获得了奥斯卡奖。除了广为人知的探险记述，海尔达尔还写了一本庞大的学术专著《太平洋上的美洲印第安人》(*American Indians in the Pacific*)，介绍了康提基号航行实验背后的科学思想。

1953年，海尔达尔带着一支考古队来到加拉帕戈斯群岛（Galapagos Islands），在那里他们发现了先于哥伦布抵达此处的南美洲人的证据。两年后，他带领挪威考古队前往复活节岛和东太平洋。

在20世纪60年代，海尔达尔的兴趣变得更加全球化，因为他专注于另一种古代海船芦苇船的广泛的国际分布。1969年，海尔达尔开始了一次实验性的航行，他乘坐的船是以古埃及的范本为原型，用一捆浮力较大的纸莎草建造而成。离开摩洛哥海岸时，目标是到达美洲，但由于设计上的缺陷，这艘名为“拉”（Ra）的船在大西洋上陷入困境，然后解体，被抛弃。第二年，改进后的“拉二号”（Ra II），在57天内成功到达巴巴多斯。第三艘实验性的芦苇船底格里斯号（Tigris），从波斯湾到巴基斯坦，再到红海，航行了几个月（1977—1978年），证明了美索不达米亚、印度河流域和埃及这三个伟大的古代文明之间发生海上接触的可行性。

海尔达尔的芦苇船探险不仅仅是考古，也是社会实验。通过他们有意

雇用的多样化的船员，这些航行展示了国际合作的可行性。他们还呼吁人们关注世界海洋的污染问题，海尔达尔成为环保事业的代言人。

除了实验性的海上航行，海尔达尔还在马尔代夫群岛、加那利群岛、俄罗斯和复活节岛发起了考古探险活动。虽然他的学术批评者很多，但他的探险书籍被证明是最畅销的，他保持了大量的流行追随者。他认为海洋并不是古人的障碍，他创造性和实验性的研究方法激励了许多探险家和冒险家。2002年4月18日，海尔达尔去世，享年87岁。今天，他的生平和思想在挪威奥斯陆广受欢迎的康提基博物馆（Kon-Tiki Museum）得到了颂扬，这里有档案馆、波利尼西亚图书馆和研究中心，以及康提基号和“拉二号”实验船。

唐纳德·P. 瑞安

拓展阅读

Capelotti，P. J. 2001. *Sea Drift：Rafting Adventures in the Wake of Kon-Tiki*. New Bruns-wick：Rutgers University.

Heyerdahl，Thor. 1950. *Kon-Tiki：Across the Pacific by Raft*. New York：Rand McNally.

Heyerdahl，Thor. 1952. *American Indians in the Pacific：The Theory behind the Kon-Tiki Expedition*. London：George Allen and Unwin.

Heyerdahl，Thor. 1971. *The Ra Expeditions*. New York：Doubleday.

Heyerdahl，Thor. 1978. *Early Man and the Ocean：The Beginnings of Navigation and Seaborne Civilizations*. London：Allen and Unwin.

Hoëm，Ingjerd（ed.）. 2014. *Thor Heyerdahl's Kon-Tiki in New Light*. Oslo：Kon-Tiki Museum.

Ralling，Christopher. 1990. *Kon-Tiki Man*. London：BBC Books.

渣华

渣华（Nedlloyd）是一个与几家航运公司有关的名字，这些公司最初设在荷兰，随着时间的推移，它们的业务扩展到英国和美国。通过兼并和收购，渣华发展成为一家巨型国际公司，在140多个国家拥有13000名员工，150多艘集装箱船停靠200多个港口。

到19世纪末，三家荷兰汽船公司主导了与荷属东印度群岛的贸易，分别是成立于1870年的荷兰蒸汽轮船公司（Stoomvaart Maatschappij Nederlands，SMN），成立于1875年的皇家鹿特丹劳埃德（Koninklijke Rotterdamsche Lloyd，KRL），以及成立于 1888 年的荷兰皇家包裹运输公司（Koninklijke Paketvaart-Maatschappij，KPM）。1908 年，它们形成了一个卡特尔联盟，瓜分了有利可图的邮件、货运和客运服务，有效地将竞争者从有利可图的荷属东印度群岛航线上排除出去。这三家公司在 20 世纪的前几十年都很兴旺，但在第二次世界大战期间遭受了严重的损失。战后，新独立的印度尼西亚在 1949 年驱逐了许多荷兰公司，这些公司的损失更加严重。作为回应，SMN 和 KRL 加强了它们的联系。它们以渣华邮船的名义联合运营，继续专注于欧洲和亚洲市场之间的服务。

日益激烈的竞争和技术变革——特别是航空客运服务和集装箱船的引入——促使公司领导人重组其业务，并通过兼并和收购来发展。只有更大的公司才能建造和运营市场所需的大型集装箱船。渣华船运公司（Royal Nedlloyd N.V.，又称 Nederlandsche Scheepvaart Unie）成立于 1970 年，由 SMN 和 KRL 与另外两家荷兰航运公司：皇家爪哇—中国邮船公司（Koninklijke Java-China-Paketvaart-Lijnen，KJCPL）和荷兰联合航运公司（Vereenigde Nederlandsche Scheep-vaartmaatschappij，VNS）合并而成。公司不断发展，于 1977 年 9 月更名为皇家渣华集团（Royal Nedlloyd Group）。1981 年，公司合并了荷兰皇家轮船公司（Koninklijke Nederlandsche Stoomboot Maatschap，KNSM），这是一家传奇的荷兰航运公司，在加勒比海、地中海和南美洲都有业务。KNSM 公司又与荷兰皇家劳埃德公司（Koninklijke Hollandsche Lloyd line，KHL）合并。KHL 公司成立于 1908 年，以阿姆斯特丹和南美之间的客运服务而闻名，也为美洲带来了许多移民。在 20 世纪 90 年代末和 21 世纪初，当时已是世界上最大的航运公司之一的渣华，经历了一系列的企业转型和合并，成为近几年的行业典型。1996 年，它与 P&O 的集装箱部门成立了一家合资企业，并成立了铁行渣华有限公司（P&O Nedlloyd Ltd.）。1998 年收购了蓝星航运有限公司（Blue Star Line Ltd.），1999 年收购了英国的哈里森航运公司（Harrison Line），2000 年收购了美国的法雷尔航运公司（Farrell Lines），最终在 2004 年成为铁行渣华集团（Royal P&O Nedlloyd N. V.）。2005 年，马士基（AP Møller-Maersk A/S）完成了对铁行渣华的数十亿欧元收购，创建了全球最大的集装箱航运公司。总的来说，马士基航运公司占据了世界集装箱市场近 20%的份额。

在其传奇生命的最后，渣华在马士基集团产生巨大影响，这家世界上最大的航运集装箱运营商，其船舶正在打破纪录——有些船舶能够装载和承载超过 18000 个标准集装箱。

劳尔·费尔南德斯-卡连纳斯
阿蒂利奥·科斯塔贝尔

拓展阅读

Koninklijke Nedlloyd Groep （Rotterdam， Netherlands）. 1977. *Nedlloyd Group*.Rotterdam：The Group.

Koninklijke Nedlloyd Groep （Rotterdam）.1991.*Annual Report*.Rotterdam：Nedlloyd.

Maersk.2014. Milestones. http：//www. maerskline. com/nl-nl/about/milestones.Accessed November 19，2016.

Nedlloyd. 2014. Nedlloyd. http：//www. ponl. com. Accessed February 15，2015.

Oosterwijk，Bram，and Wim de Regt.2004.*Back on Course*：*Royal Nedlloyd—Three De-cades*.Rotterdam：Royal P&O Nedlloyd N.V.

亚里士多德·奥纳西斯，1906—1975 年

也许人们印象最深的是 1968 年亚里士多德·奥纳西斯（Aristotle Onassis）与杰基·布维耶·肯尼迪（Jackie Bouvier Kennedy，1929—1994 年）的婚姻。作为 20 世纪的主要航运大亨之一，奥纳西斯出生于士麦那（现为土耳其伊兹密尔）的一个商人家庭，在 20 世纪 20 年代从事家族的烟草业务，并在 20 世纪 30 年代进入航运业。在接下来的 30 年里，他的生意不断发展，成为世界上最大的私营航运公司，奥纳西斯也成为世界上最富有的人之一。

奥纳西斯在阿根廷生活时，在烟草上掘得第一桶金。1932 年，他买下了自己的第一批船——加拿大国家轮船公司因财政困难而卖掉的四艘货船——并成立了奥林匹克海运公司，进军大西洋货运业务。奥纳西斯是第一批利用在巴拿马注册船舶的人之一，这大大降低了所负担的税金。他还凭借其他削减成本的措施，包括希腊水手接受的低工资等，在价格战中击败竞争对手，并在大萧条期间拓展了业务。他继续购买更多的船舶，包括油轮，其中许多来自挪威，这使得其商船队规模在 20 世纪 30 年代迅速扩大。

1940 年，奥纳西斯搬到了纽约，这为他购买二手船提供了便利。1941 年纳粹入侵希腊后，他把船租给了盟军。第二次世界大战期间，只有少数船只被击沉，战争结束时他拥有着世界上最大的私人船队之一。

1947 年，他成功地投资于当时正从战时破坏中重建的德国造船业，并在 1954 年与沙特阿拉伯政府签署了《吉达协议》（Jeddah Agreement），创建了合资公司沙特阿拉伯海运公司（SAMCO），该公司运送了沙特 10%的出口石油。奥纳西斯的船队很快就有了 70 多艘船，这使他成为世界上最大的私人船队的所有者。

奥纳西斯还进入了捕鲸业，并在 1957 年从希腊政府手中收购了一家破产的航空公司，在此基础上成立了奥林匹克航空公司（Olympic Airways）。1973 年，奥纳西斯在他唯一的儿子亚历山大（Alexander）死于空难后，将公司卖回给希腊政府，奥林匹克航空公司成为希腊的国家航空公司。他在儿子死后仅两年，于 1975 年 3 月 15 日去世。奥纳西斯与几个希腊的竞争对手一起，使希腊成为 20 世纪下半叶国际航运的主要力量。

吉娜・巴尔塔

拓展阅读

Davis, L. J. 1986. *Onassis: Aristotle and Christina*. New York: St. Martin's Press.

Doris, Lilly. 1971. *Those Fabulous Greeks: Onassis, Niarchos and Livanos: Three of the World's Richest Men*. New York: W. H. Allen.

Evans, Peter. 1986. *Ari: The Life and Times of Aristotle Socrates Onassis*. Summit Books.

Gage, Nicholas. 2000. *Greek Fire: The Story of Maria Callas and Aristotle Onassis*. New York: Alfred A. Knopf.

奥托・哈恩号

25000 吨的德国矿石运输船奥托・哈恩号（NS Otto Hahn）是第二艘服役的核动力货船，也是迄今为止建造的仅有的四艘投入使用的核动力货船之一。该船以获得 1945 年诺贝尔化学奖的德国原子科学家奥托・哈恩（1879—1968 年）的名字命名，于 1969 年投入使用，采用核动力运行了十年。

1963 年，这艘长 560 英尺、造价 1350 万美元的船的龙骨铺设完毕，次年下水。这艘运矿船是德国政府和私人部门的联合项目，由巴布科克和威尔科克斯公司（Babcock and Wilcox）、原子国际公司（Atomic International）和德马格公司（Demag）建造了 38 兆瓦的核反应堆。从 1970 年到 1979 年，该船完成了 126 个航次，航程超过 64.2 万海里，运输了 77.6 万吨货物，仅使用了 80 公斤铀。除货物外，该船还为 35 名研究核能的科学家提供了两个实验室及宿舍。

奥托·哈恩号作为一艘核动力船的短暂历史，既展示了 20 世纪 60 年代联邦德国的技术能力，也展示了核动力商船运营的优势和问题。20 世纪 70 年代，该船仅用 50 磅铀加注了一次燃料，这证明了反应堆的实用性和生存能力，即使在恶劣的气候条件下也是如此。然而，奥托·哈恩号的运营成本仍然很高，由于担心核能污染，该船还被拒绝进入几个港口和苏伊士运河。1979 年，该船的核反应堆被常规柴油机取代。此后，改造为集装箱船的奥托·哈恩号经历了几个船东，于 2009 年在印度报废。

爱德华·萨洛

斯蒂芬·K·斯坦

拓展阅读

Dobschuetz，Peter von. [n. d.]. “Dismantlement of NS*Otto Hahn*.” IAEA. https：//www. iaea. org/OurWork/ST/NE/NEFW/CEG/documents/ws052005_6E.pdf.Accessed June 1，2016.

“NS Otto Hahn：Germany’s Nuclear Powered Cargo Ship.” Electronic source available athttp：//www. radiationworks. com/ships/nsottohahn.htm.Accessed March 10，2016.

Reinartz，J.2013. “The 50th Anniversary of the N.S.*Otto Hahn*—When Nuclear Power Said ‘Ahoy.’ ” *International Journal for Nuclear Power* (November).

Thueringer，Tammy，and Justin Parkinson.2014. “The Ship That Totally Failed to Change the World.” *BBC News Magazine*. http：//www.bbc.com/news/magazine-28439159.Ac- cessed June 1，2016.

鹿特丹

鹿特丹是北欧最古老的港口之一，也是最大和最繁忙的港口。鹿特丹被马斯河一分为二，由于其将马斯河和莱茵河沿岸众多城市与北海连接起来的位置，成为一个主要港口。它是为数不多的成功过渡到能处理大型船舶的老港口之一，包括 20 世纪末引进的大型集装箱船。

1340 年，鹿特丹得到荷兰封建领主威廉四世伯爵（Count William Holland IV，1345 年去世）的许可，开凿了一条运河，即鹿特丹海峡（Rotterdamse Schie)，从而加强了这座城市与海洋的联系。到了16世纪，当港口的扩建和改善给城市带来更多的生意，特别是在英国和德国北部之间的货物转运时，这个城市作为一个渔港缓慢地增长。到1700年，该港在荷兰仅次于阿姆斯特丹，是荷兰东印度公司（VOC）的重要业务所在地。

荷兰东印度公司的衰落、第四次英荷战争（1781—1784年）和法国的占领（1795—1814年）使这个城市的生意减少，但此后又有所恢复，特别是1840年德国关税同盟形成后，刺激了莱茵河沿岸的商业。19世纪随着德国工业化进程的加快，德国通过鹿特丹的出口也在加快。19世纪50年代，鹿特丹扩建了港口，并于1872年建成了“新水网”（即“新航道”），这是一条连接港口和北海的新的深运河。1877年，新的铁路线路横跨默兹省，改善了与荷兰南部的联系。1890年至1931年期间，鹿特丹开发并疏浚了三个港口——莱茵、马斯和瓦尔，以方便处理大量货物，并在船舶和内河驳船之间直接转移货物。

二战期间，鹿特丹遭受了巨大的破坏。1940年德国入侵荷兰期间，德国飞机对该市进行了轰炸，英国和美国飞机则间歇性地轰炸港口设施，以破坏德国人的行动。当德军1944年末从荷兰撤军时，他们对荷兰的港口进行了破坏，击沉船只并损坏设备。战后，港口迅速恢复，并在“新水网”沿线增加了三个新港口。20世纪60年代，鹿特丹扩大了港口设施，以处理越来越大的油轮，成为世界上最大的港口和欧洲主要的石油港口，附近有四个炼油厂。建于20世纪60年代的斯凯德尔-莱茵运河(Scheldt-Rhine)将鹿特丹和安特卫普连接起来，方便了货物的转运。

鹿特丹为适应超级油轮而进行的扩建，以及与其他城市的铁路和水路连接，使其能够迅速适应集装箱化。鹿特丹成为欧洲第一个由美国集装箱先驱马尔科姆·麦克莱恩（Malcom Mclean）（1913—2001年）创立的海运公司海陆公司（Sea-Land）服务的港口。荷兰公司的财团与装卸工人合作创建的欧洲集装箱总站（European Container Terminus)，成为埃鲁佩最大的集装箱运营商。集装箱化将劳动力成本降低到运输成本的十五分之一（Miller 2012，337）。20世纪70年代，鹿特丹在填海造地上建成了一个新的集装箱总站、码头和其他设施。这个被命名为欧罗波特港(Europoort）的港口，使鹿特丹在20世纪80年代处理了2.5亿吨货物，几乎是第二大繁忙港口日本神户的两倍。2004年，鹿特丹港的规模被上海和新加坡超越，但它仍然是欧洲最大的港口，沿海岸绵延16英里，总面积约 40 平方英里。

克里斯蒂·怀特
斯蒂芬·K·斯坦

拓展阅读

Goey, Ferry de. 2004. *Comparative Port History of Rotterdam and Antwerp, 1880—2000: Competition, Cargo, and Costs*. Amsterdam: Aksant.

Miller, Michael B. 2012. *Europe and the Maritime World: A Twentieth Century History*. Cambridge: Cambridge University Press.

"Port of Rotterdam Sets Record Throughput in 2015." 2016. *World Maritime News*. Janu- ary 2.

"Rotterdam Busy But Troubled." 1983. *New York Times*. May 23.

皇家加勒比游轮

皇家加勒比游轮有限公司由挪威三家主要的船运公司于 1969 年创办，旨在通过提供加勒比海地区的豪华邮轮来满足佛罗里达州富人的需求。如今，这家价值 40 亿美元的邮轮公司是世界第二大邮轮公司，经营着皇家加勒比国际游轮（Royal Caribbean International）、名人游轮（Celebrity Cruises）、普尔蒙图尔游轮（Pullmontur）、阿扎玛拉俱乐部游轮（Azamara Club Cruises）和法国巡游（Croisieres de France，CDF）等品牌，共拥有约 40 艘邮轮。

公司的第一艘船挪威之歌号（The Song of Norway）在芬兰建造，1970 年下水，排水量 18500 吨，可容纳 700 名乘客。标志性的围绕一根烟囱的酒吧间图标，成为了该公司的商标，并为此后几乎所有的邮轮设计设定了标准。这些邮轮的特殊设计是为了能够在加勒比海的温暖水域中全年巡航。对快乐巡航的持续兴趣促使皇家加勒比推出了世界上第一艘巨型邮轮，以容纳更多乘客并提供更多设施。1988 年下水的海洋主权号（Sover-eign of the Sea）排水量为 73000 吨，载客量为 2276 人。

1988 年，皇家加勒比与埃米瑞尔邮轮（Admiral Cruises）合并。这使公司的规模扩大了近三倍，并将业务扩展到加勒比海以外的地区，包括欧洲、阿拉斯加和墨西哥。这种扩张需要新型、创新的、为跨洋旅行配备的船舶，如海洋系列（Sea Series），这样的船舶可以在海上停留更长时间，在更冷的水域航行，并为乘客的冒险之旅提供更多富有异国情调的目的地。1997 年，该公司以 13 亿美元的价格收购了希腊邮轮公司名人游轮

(Celebrity Cruises) 及其旗下 4 艘邮轮后，改名为皇家加勒比游轮有限公司 (Royal Caribbean Cruises Limited)。

尽管公司取得了成功，规模也有所扩大，但皇家加勒比近年来受到了大量的批评，使人们注意到邮轮业面临的许多经济和环境问题。倾倒有害的船上废物而危害海洋环境的指控，导致美国法院在 1998 年对其处以 900 万美元的罚款，并在行业内建立了更严格的环境管理制度，以遏制进一步的污染。在利比里亚注册的皇家加勒比也被指控利用这一身份和在国外注册船舶来规避美国的劳动法——这些指控也针对其最大的竞争对手。与其竞争对手一样，皇家加勒比公司的船舶近年来也遭遇了流行病爆发的影响，这些流行病在拥挤的船舶上迅速蔓延。2014 年 1 月，诺如病毒 (norovirus) 的爆发使海洋探索者号 (Explorer of the Seas) 上 4237 名乘客中的 689 人患病，该船不得不返回港口。

自 20 世纪 70 年代游轮娱乐业起步以来，欢乐邮轮已经变得更加方便，皇家加勒比继续成为行业的领导者，越来越大的船只提供更多种类的船上活动，并访问更多、更有异国情调的目的地。皇家加勒比目前拥有世界上最大的两艘客轮海洋绿洲号 (Oasis of the Seas，2009 年推出) 和海洋魅力号 (Allure of the Seas，2010 年推出)，这两艘船的排水量为 225，282 吨，可容纳 6，000 名乘客，是业内核定载客数最大的客轮。设计这些浮动城市的目标就是为了让人们心潮澎湃，上面包括 1600 平方英尺的豪华套房、一个高尔夫球场、高空滑索、儿童主题公园、5 个游泳池以及众多酒吧、俱乐部、休息室、网球场和篮球场。它们的规模和设施可能会让皇家加勒比在一段时间内保持行业领先地位。

萨曼莎 · J · 海恩斯

拓展阅读

Cudahy, Brian. 2001. *The Cruise Ship Phenomenon in North America*. Centreville, MD: Cornell Maritime Press.

Dickinson, Bob, and Andy Vladimir. 2008. *Selling the Sea: An Inside Look at the Cruise Industry*. Hoboken, NJ: John Wiley and Sons.

Royal Caribbean International. 2013. "Our History." http://www.royalcareersatsea.com/pages/about. Accessed August 3, 2015.

Royal Caribbean International. 2015. "Ship Fact Sheets." http://www.royalcaribbeanpress center.com/fact-sheets/. Accessed August 3, 2015.

英国，1945 年至今

英国有着悠久的航海历史，自罗马人在公元前 50 年左右建造第一个码头以来，伦敦一直是一个繁华的港口。二战后，商业航运和皇家海军的趋势是建造更少但更大的船只，并配备最新技术，包括雷达和（后来）全球定位系统（GPS）的接收器。战舰放弃了火炮，大部分用制导导弹代替。虽然二战后英国的海军和商业舰队规模都有所缩减，但英国与海洋的联系依然紧密。战后人们纷纷涌向海滩，享受一系列海滨休闲活动，后来又接受了远洋巡航的乐趣。英国航运公司经营着数家最豪华、最著名的邮轮，保持着一个多世纪前英国班轮公司建立的卓越标准。

休闲

海滩和水上运动

海洋和内陆水道的休闲用途在英国经济中占有很大比重。海边旅游业是第五大产业，仅在英格兰和威尔士就提供了近 25 万个就业机会。渔业在整个英国占了 14000 个工作岗位。

英国传统的海滨度假起源于维多利亚时代，当时的火车旅行让一日游的人可以很方便地到达海边。海滩度假在二战后达到了流行的顶峰，部分原因是《1938 年带薪假期法》[The 1938 Holidays with Pay Act]，该法规定了工人的带薪假期。虽然在 20 世纪 70 年代由于外国度假胜地的竞争而有所下降，但英国人对当地海滩的兴趣在 21 世纪得到恢复。

冲浪和帆板等水上运动变得流行起来。冲浪运动在英国的最早记录是 1890 年。1966 年，推广这项运动的不列颠冲浪协会（the British Surfing Association）成立。其后继者英国冲浪协会（Surfing GB，2011 年成立）在英国举办各种冲浪活动，包括英国全国冲浪锦标赛（the British National Surf Championships）等。康沃尔郡和德文郡是主要的冲浪地点，但冲浪区域在全英国都有。独木舟、皮划艇和帆板运动是湖区流行的运动，而布罗兹地区（Broads）——诺福克郡和萨福克郡的一系列河流和湖泊——每年吸引了近 800 万名划船和野生动物爱好者，这些游客估计产生了 5.68 亿英镑的收入。

在战后的紧缩年代，小型帆船比赛由比弗·布鲁克男爵约翰·威廉·麦克斯韦尔·“麦克斯”·艾特金（1910—1985年）等人推动，他是动力艇比赛的早期倡导者。艾特金等共同创办了考斯·托尔坎海上动力艇比赛（the Cowes Torquay Offshore Powerboat Race）和伦敦国际游艇展（the London International Boat Show）。游艇比赛，通常是有钱人的领域，包括美洲杯（the America's Cup）、英国经典游艇俱乐部帆船赛（the British Classic Yacht Club Regatta）和两年一度的法斯特耐特帆船赛（Fastnet Race），已经吸引了越来越多的大众关注。克利伯环球帆船赛（The Clipper Round the World Yacht Race）的不同之处在于，主办方为4万海里的比赛提供比赛用船，非专业选手在通过培训后参加比赛。英国皇家游艇协会（the Royal Yachting Association）成立于1875年，当时的名称是游艇竞赛协会（the Yacht Racing Association），是一个全国性的组织，负责监督所有类型的船艇运动。它还负责管理国际比赛规则，并提供各种水上运动的教练和培训，包括残疾水手的项目。

412英尺长的皇家游艇不列颠尼亚号（HMY Britannia），1953年4月16日在苏格兰克莱德班克下水，是英国最著名的游艇，曾作为皇室成员的住所和政府官方活动的大使船。在其服务的44年中，不列颠尼亚号访问了135个国家的600多个港口，进行了968次正式国事访问。1997年退役后，该船停泊在爱丁堡的利斯港，对游客开放。

客轮和邮轮

20世纪初是大型远洋轮船的时代。许多远洋轮船在二战期间被改装成运兵船，包括冠达邮轮（Cunard Lines）的玛丽皇后号（RMS Queen Mary）和伊丽莎白女王号（Queen Elizabeth）。战争结束后，这些船进行了翻新，并回归私人服务。不过在战后，远洋轮船面临着越来越多的来自航空公司的竞争。竞争首先来自泛美集团（Pan America Clipper）的豪华飞艇，然后又是1958年启用的跨大西洋喷气式飞机。20世纪50年代建造了几艘新船，其中包括英格兰女王号（RMS Empress of England），但到了60年代中期，客运量急剧下降，远洋轮船不再有利可图。玛丽皇后号于1967年12月退役，停泊在加州长滩，作为旅游景点开放。

相对于跨大西洋旅行，远洋巡航在20世纪90年代成为促使客运行业复苏的主力，因为人们预订了越来越豪华的邮轮，在热门旅游目的地之间进行短途旅行。1992年，这些旅行者使伦敦港成为世界上最繁忙的客运港口。2004 年 1 月下水的玛丽皇后 2 号是新型豪华邮轮的缩影，该船拥有海上第一座天文馆、最大的舞池和最大的图书馆。作为为数不多的定期横渡大西洋的邮轮之一，其船员在 2015 年 11 月庆祝了该船第 250 次横渡大西洋。沿着欧洲大河的邮轮也变得很受欢迎。

玛丽皇后 2 号

截至 2015 年，玛丽皇后 2 号是最大的也是唯一的一艘可以承受定期横跨大西洋的严酷考验的在役远洋轮船。该船于 1998 年启动建造，由英国造船工程师斯蒂芬·佩恩（Stephen Payne）领导的团队设计，其全钢结构由法国大西洋船厂（Chantiers de l'Atlantique）建造。该船由嘉年华公司拥有，由冠达邮轮运营，船长 1132 英尺，船梁 135 英尺，建造成本约 9 亿美元。2002 年该船铺设龙骨，2004 年英国女王伊丽莎白二世在该船首航前正式为其命名。

玛丽皇后 2 号取代了它的两艘著名的大型冠达班轮前辈，玛丽皇后号（1967 年退役）和伊丽莎白女王 2 号（2008 年退役）。它的规模超过了这两艘船，并保持着最豪华客船的声誉。该船可容纳约 2600 名乘客。玛丽皇后 2 号除了作为一艘跨洋邮轮外，还作为定期邮轮使用，其航线包括环球航行。由于体积太大，无法穿越巴拿马运河，其进行世界巡航时必须绕过南美洲之角。2004 年雅典奥运会期间，这艘船还充当了临时浮动酒店，为数十名运动员和几位国家元首提供住宿。

唐纳德·P. 瑞安

其他与海洋有关的休闲活动包括参观遍布大不列颠的近 300 个海事博物馆和历史悠久的船只，这些博物馆从格林尼治的国家海洋博物馆（the National Maritime Museum）和皇家天文台（Royal Observatory）以及历史悠久的卡蒂萨克号（Cutty Sark）到小型博物馆，如大雅茅斯（Great Yarmouth）的时间和潮汐博物馆（the Time and Tide Museum）、朴次茅斯的玛丽·罗斯博物馆（the Mary Rose Museum）以及赫尔的北极海盗船博物馆（Arctic Corsai），后者是由一艘深海拖网渔船改装成的博物馆。

商业

商船

商船是英国的商业航运业所使用的船只，由运送货物或乘客的船只组成，不包括私人游艇。它的历史可以追溯到17世纪，但直到19世纪30年代，商船海员才被要求向政府注册，以便在战争期间作为辅助人员使用。

到1940年，英国的商船队是世界上最大的船队，占全球航运运力的三分之一。在英国注册的船舶数量从1950年的约3300艘下降到1984年的约940艘，但在1950年到2000年之间，商船运送的货物吨位估计增加了6倍。这一增长很大程度上可以归功于集装箱在运输中的使用。2014年，英国交通部报告称，英国的船队在世界排名第20位，占世界航运总量的3%，载重吨位为1260万。这种下降的原因是竞争日益激烈，特别是来自亚洲国家的竞争，提供廉价船籍的方便旗国的兴起，以及英国放弃了大部分海外殖民地。

另一个因素是集装箱运输。20世纪50年代中期由马尔科姆·麦克莱恩（Malcolm McLean）引入，集装箱大大减少了装货时间和成本。20世纪70年代，码头工人工作岗位的流失在伦敦引发了多次罢工。2015年3月达飞轮船公司（CMA CGM）的海鸥号（Kergulelen）下水，这是英国最大的集装箱船，也是世界第三大集装箱船。它搭载17，722个标准尺寸的航运集装箱（TEU）。该船在韩国建造，由法国人拥有，在伦敦注册的方便旗，从技术上讲成为一了艘英国船，这也使得其船东的核验和法定认证费用保持在较低水平。

勘探

皇家科考研究船是商船的一部分。早期的研究船都是改装过的小船，但随着海洋学研究变得越来越复杂，出现了对专用研究船的需求。20世纪60年代，英国南极考察队使用220英尺长的“约翰·比斯科2号”（RRS John Biscoe（II））开展考察。发现号（RRS Discovery，1962年）是一艘通用型研究船，由英国自然环境研究委员会运营，用于海洋学和海洋生物学研究。2000年2月，发现号（1962年）上的科学家记录了苏格兰沿海95英尺长的汹涌海浪，这是有史以来最大的海浪记录。

现代研究船，如发现号（2013年）和詹姆斯·库克号（2007年），配备了专门的设备，用于绘制海底地图和进行地震调查。它们可以在极端天气和海洋条件下运作，并保持自己的位置（动态定位），还配备了各种起重机和绞车，来处理设备和遥控车辆。

能源开采

英国第一个海上石油平台是海洋宝石号（Sea Gem）。1964 年，英国石油公司（BP）将一艘 5080 吨的钢质驳船改造成 10 脚的钻井平台。1965 年 9 月，海洋宝石号在生产力最旺盛的时候，每天生产 50 立方米的天然气。1965 年 12 月，当船员准备移动平台时，平台的两只支撑脚翘起并倒塌，造成 19 人死亡。灾难的后续调查推动了安全改进，如出台了《1971 年矿产开采（海上设施）法》[The 1971 Mineral Working (Offshore Installations) Act]。在整个 20 世纪 60 年代，石油公司继续建造钻井平台。1975 年，英国石油公司的半潜式平台海洋探索号（Sea Quest）在北海发现了石油。这一发现消除了英国对石油进口的依赖，20 世纪 80 年代，英国开始出口石油。

石油对环境的影响，促进了人们对替代性绿色能源的兴趣。大雅茅斯海岸边的“粗砂”风力发电站（Scroby Sands），是英国建成的第一个商业化风力发电场。该电站于 2004 年 3 月正式投入使用。自那以后，至少有 20 个风力发电场已经建成。

军事——皇家海军

英国皇家海军通过保持军事战备状态、保障海上通道和提供人道主义援助来保护英国的经济和军事利益。二战结束后，英国皇家海军拥有 2972 艘舰艇，其中 1065 艘为主力战舰。战后几年，舰艇数量大幅减少，许多舰艇被改装或出售。到 2015 年，舰艇数量只有 76 艘。

战后初期皇家海军取得了几个第一。二战结束后仅 3 个月，1945 年 12 月 4 日，埃里克·“温克尔”·布朗中校（1919— 2016）在巨人级航空母舰海洋号［HMS Ocean (R68)］上进行了第一次喷气式飞机的起降。英国战后辅助航母舰载机起降的发明包括镜面着陆辅助装置、蒸汽弹射器、倾斜的飞行甲板和跳台坡道。第一架成功的垂直/短距起降（V/STOL）飞机——鹞式跳跃喷气式飞机（The Harrier Jump Jet）1969 年投入使用。

冷战期间，英国皇家海军主要专注于反潜战（ASW），直到 1991 年苏联解体。英国皇家海军还经常出动，应对国际危机。1962 年皇家海军在科威特海域巡逻，防范可能的伊拉克入侵。它还参与了与冰岛的几次捕鱼权争端（1958—1976 年），和法国共同干涉反对埃及将苏伊士运河国有化（1956 年），并在两伊战争期间保护波斯湾的航运（1980—1988 年）。1982 年，皇家海军护送英军穿越大西洋参加马尔维纳斯群岛战争①，在海军支持下英国成功入侵并重新征服该群岛。英国皇家海军以损失 4 艘军舰的代价击落了许多阿根廷战斗机。

预算的减少限制了舰队的规模，但英国继续部署了一支多样化的舰队，许多舰艇的计划服役期为 50 年。目前包括航空母舰、攻击舰、驱逐舰、护卫舰、弹道潜艇（能够发射核导弹）以及装备鱼雷和战斧对陆攻击巡航导弹的潜艇。英国最大的航空母舰伊丽莎白女王号于 2014 年 7 月下水，舰长 920 英尺。第二艘伊丽莎白女王级航空母舰预计将于 2017 年下水。② 英国皇家舰队的辅助舰队拥有前线维修船、登陆舰、仓库、油轮和医院船，后者如皇家舰队的阿古斯号（RFA *Argus*），拥有急诊部、外科设施、带有 70 张床位的普通病房，以及包括 CT 扫描仪在内的先进医疗设备。

战后英国航运业的趋势是建造数量更少但规模更大的船舶，军用和民用船舶都是这样。对商业航运业来说尤其如此。因为集装箱航运使企业能够最大限度地实现规模经济，降低港口成本。GPS、雷达等技术的采用，使海上航行更加可靠，提高了船舶的安全性。

凯伦·S. 加文

拓展阅读

Boult, Trevor.2014.*Her Home, the Arctic: The Royal Research Ship John Biscoe*.Stroud, UK: Amberley Publishing.

Brinnin, John Malcolm.1986.*The Sway of the Grand Saloon: A Social History of the North Atlantic*.New York: Barnes and Noble.

Brown, David K., and George Moore.2012.*Rebuilding the Royal Navy: Warship Design Since* 1945.Barnsley, UK: Seaforth Publishing.

① 译注：阿根廷称马尔维纳斯群岛战争。

② 译注：2017 年 12 月 21 日，英国皇家海军伊丽莎白女王级航母二号舰威尔士亲王号下水。

Cocker，Maurice. 2008. *Royal Naval Submarines 1901—Present.* Barnsley，UK：Pen & Sword Maritime.

Cudahy，Brian J. 2006. *Box Boats：How Container Ships Changed the World.* Bronx，NY：Fordham University Press.

Ferry，Kathryn.2009. *The British Seaside Holiday.* Botley，UK：Shire Publications.

Hobbs，David. 2015. *The British Carrier Strike Fleet：After 1945.* Annapolis：Naval Insti-tute Press.

Lane，Tony. 1986. *Grey Dawn Breaking：British Merchant Seafarers in the Late Twentieth Century.* Manchester，UK：Manchester University Press.

Miller，William H. 2009. *Under the Red Ensign：British Passenger Liners of the'50s and'60s.* Stroud，UK：History Press Ltd.

Robinson，Robb，and Ian Hart. 2014. *Viola：The Life and Times of a Hull Steam Trawler.*

London：Lodestar Books.

Sutherland，Jon，and Diane Canwell. 2010. *Images of the Past：The Fishing Industry.* Barns-ley，UK：Pen & Sword Books.

Woodman，Richard. 2010. *Fiddler's Green：The Great Squandering，*1921—2010. Vol.5，"A History of the British Merchant Navy." Stroud，UK：The History Press.

弗朗西斯·奇切斯特，1901—1972 年

作为飞行员、冒险家、作家和训练有素的航海家，弗朗西斯·奇切斯特（Francis Chichester）因一系列航空壮举和海上探险获得了世界性的赞誉，他在多本书籍中记载了这些经历。1967 年，他驾驶帆船单人环游地球的纪录，使单人帆船和运动游艇运动得到普及。

1901 年 9 月 17 日，奇切斯特出生于英国，第一次世界大战（1914—1918 年）后，他搬到了新西兰。在 20 世纪 20 年代末 30 年代初，他因航空冒险而蜚声国际。1929 年他独自驾机从英国飞行到澳大利亚，然后在 1931 年又独自从新西兰飞行到澳大利亚。奇切斯特开创了在航空领域使用航道外导航的先河。长期以来，航道外导航一直被用于海上航行，方法是先向选定目标的右边或左边大幅转向，直到到达一条计划好的线，如纬

度线，该线与目的地交叉。然后，导航员执行90度转弯，沿着这条线到达最终目的地。当风向或洋流等变量可能会改变实际航向时，航道外导航作为一种导航工具是很有帮助的，它能提供对目标方向的确定性。

奇切斯特在二战期间（1939—1945年）曾在英国皇家空军（Royal Air Force）服役，教授导航，之后他成功地创办了一家制图公司。20世纪50年代中期，他对游艇运动产生了兴趣，并在1960年和1964年驾驶他的吉卜赛飞蛾三号（Gipsy Moth Ⅲ）参加了从英格兰到纽约的跨大西洋单人帆船比赛。他在1960年的比赛中获胜，并在1964年的比赛中获得第二名。之后，他建造了54英尺长的帆船吉卜赛飞蛾四号（Gipsy Moth Ⅳ），耗时226天完成了环球航行，比19世纪最快的帆船还快。奇切斯特采用了19世纪帆船常用的南角航线（Southern Cape route），行经三大南角（Southern Capes），只在澳大利亚的南部海角短暂停留了几天。1967年，奇切斯特因单人航行成就被英国女王伊丽莎白二世授予骑士称号。

奇切斯特在一系列书籍中记录了自己的经历，包括《独行到悉尼》（*Solo to Sydney*，1930年）、《乘风而行》（*Ride on the Wind*，1936年）、《独自穿越塔斯曼海》（*Alone Over the Tasman Sea*，1945年）、《独自横渡大西洋》（*Alone Across the Atlantic*，1961年）、《大西洋探险》（*Atlantic Adventure*，1962年）、《吉卜赛飞蛾号环游世界》（*Gipsy Moth Circles the World*，1967年）、《浪漫的挑战》（*The Romantic Challenge*，1971年），以及他的自传《孤独的海与天》（*The Lonely Sea and the Sky*，1964年）。在《吉卜赛飞蛾号环游世界》这本他最受欢迎的作品中，奇切斯特以生动的细节描述了他九个月环游世界的挑战，呈现了他与各种因素、航行问题和孤独的斗争。奇切斯特的书充满了娱乐性和信息量，他的书和令人着迷的冒险感激发了大众对飞行、航海和独自探险的兴趣。1972年8月26日，他在与癌症长期斗争后去世。奇切斯特的崇拜者在2005年修复了吉卜赛飞蛾四号，并驾驶该船进行了另一次环球航行。

詹姆斯·巴尼

拓展阅读

Chichester，Francis. 1964. *The Lonely Sea and the Sky*. London：Pan Books.Chichester，Francis.1967.*Gipsy Moth Circles the Globe.* New York：Coward-McCann.Gelder，Paul.2007.*Gipsy Moth IV*：*A Legend Sails Again.* Chichester：Wiley.

Leslie，Anita.1975.*Chichester*：*A Biography*.New York：Walker & Co.

帕特里克·奥布莱恩，1914—2000 年

帕特里克·奥布莱恩（Patrick O'Brian）用本名写了很多备受好评的作品，后来又用笔名出版了一系列非常成功的小说。系列小说主要讲述了拿破仑战争期间两位海军人物的事迹：英国皇家海军的杰克·奥布里（Captain Jack Aubrey）船长和斯蒂芬·马图林博士（Dr. Stephen Maturin）。

奥布莱恩原名理查德·帕特里克·鲁斯（Richard Patrick Russ），1914 年 12 月 12 日出生于英格兰。他十几岁时开始写作并获得成功。不过他未能如愿加入皇家海军，也退出了皇家空军的训练。伦敦闪电战期间，他作为志愿者担任救护车驾驶员。1945 年，他改名为帕特里克·奥布莱恩，四年后搬到了地中海沿岸的法国港口科利乌尔。

奥布莱恩对海洋和探险有着持久的兴趣，他早年根据海军上将乔治·安森（George Anson，1697—1762）的航行经历，为年轻读者写了两部小说《金色海洋》（*The Golden Ocean*，1956 年）和《未知的海岸》（*The Unknown Shore*，1959 年）。他在文学领域继续迈进，1969 年创作了小说《怒海争锋》（*Master and Commander*），在其中讲述了奥布里船长和马图林博士的故事。

奥布里船长—马图林博士系列与福雷斯特（C. S. Forester）的《怒海英雄》（*Horatio Hornblower*）系列常常被相提并论，因为两位作者小说所写的时代背景被设定为同一个动荡时期。奥布莱恩的《怒海争锋》写的是 1792 年至 1802 年法国革命战争结束时期的故事，其后的系列——奥布莱恩按编年史的顺序写下来——写到 1803—1815 年拿破仑战争结束时为止。《桅杆上的蓝色》（*Blue at the Mizzen*，1999 年）是奥布莱恩完成的最后一部小说，讲述的故事发生在 1815 年和 1816 年。

奥布莱恩和福雷斯特都从海军上将托马斯·科克伦（Thomas Cochrane，1775—1860）的职业生涯和事迹中汲取了灵感。虽然杰克·奥布里在他的粗鲁自信方面与科克伦相似，但福尔斯特笔下的霍恩布洛尔（Hornblower）显然对自己没有信心。奥布莱恩笔下的另一个主要人物斯蒂芬·马图林是一名船医，也是一名特工，他和霍恩布洛尔一样具有内省的天性。不过，与福尔斯特不同的是，奥布莱恩擅长幽默的写作风格，让

人联想到19世纪的散文。他还融入了更多的海军术语到小说里，这也是一些读者心生敬畏的原因。

随着时间的推移，奥布莱恩持续不断更新其系列小说，奥布里—马图林系列小说被誉为有史以来最好的历史小说之一。1988年著名海事艺术家杰夫·亨特（Geoff Hunt）应邀为这一系列图书绘制封面，2003年基于《怒海争锋》拍摄的电影上映，都让该系列小说的知名度进一步提高。

奥布莱恩于2000年1月2日去世。2004年，奥布里—马图林系列小说下一本的开篇章节在柏林以《杰克·奥布里最后的未完成的旅程》之名出版，在美国以该系列第21册的名义出版。

格罗夫·科格

拓展阅读

Brown, Anthony Gary. 2006. *The Patrick O'Brian Muster Book: Persons, Animals, Ships and Cannon in the Aubrey-Maturin Sea Novels.* Jefferson, NC: McFarland.

King, Dean. 2000. *Patrick O'Brian: A Life Revealed.* New York: Holt.

Lavery, Brian. 2003. *Jack Aubrey Commands: An Historical Companion to the Naval World of Patrick O'Brian.* Annapolis, MD: Naval Institute Press.

O'Neill, Richard. 2003. *Patrick O'Brian's Navy: The Illustrated Companion to Jack Aubrey's World.* Philadelphia: Running Press.

印度，1945年至今

1947年在印度历史上充满了欢乐和血腥的色彩，因为这一年印度赢得了独立，却为分治付出了沉重的代价。印度次大陆的分治对其社会、经济、政体都产生了严重的影响。分治后，印度皇家海军（Royal India Navy）的“皇家”二字被去掉，分为两个独立的实体：印度海军和巴基斯坦海军。但由于两支军队在这方面的专业知识不足，仍是由英国皇家海军军官对两支海上力量的发展进行规划。印度和巴基斯坦的领导人都迟迟没有为海上活动提供资金，直到最近几年，印度才成为一个重要的、不断发展的海上大国。

印度海军的发展

印度独立发展海洋事业的远景最早是在 1948 年印度海军扩张计划文件中表达出来的。该文件明确了印度海军在未来 10 年内保护印度海上交通线（Sea Lines of Communication）的雄心。1948 年 7 月 5 日，印度第一艘巡洋舰德里号（HMIS Delhi）入役，1949 年三艘驱逐舰拉杰普特号（Rajput）、拉纳号（Rana）和兰吉特号（Ranjit）的相继入役标志着印度作为海军强国的重兴。印度海军 1961 年首次参战，系解放果阿期间对葡萄牙海军的战斗。这次事件是葡萄牙人继续控制并拒绝割让果阿的殖民地等一系列紧张局势不断升级的结果，印度海军支援陆军并为解放果阿提供掩护火力。同年，印度从英国购买了一艘尊严级（Majestic class Aircraft Carrier）轻型航母，改名为维克兰特号（INS Vikrant），部署在孟加拉湾，大大增强了印度的海军力量。

1965 年的印巴战争在 4 月以小规模冲突开场，8 月巴基斯坦军队进入克什米尔地区，战争升级。虽然主要是在陆地上作战，但 9 月初巴基斯坦军舰轰炸了德瓦尔卡港附近的印度海军设施。印度海军虽然仓促应战有些慌乱，但还是逼退了巴基斯坦军舰。这次交战使印度领导人认识到需要认真考虑国家的海上防御，他们在战后增加了海军经费，并改进了战略规划。1971 年 12 月 3 日至 16 日，印度和巴基斯坦再次开战，印度海军封锁了巴基斯坦海岸。印度维克兰特号航母上的飞机袭击了巴基斯坦的沿海设施，印度的导弹艇击沉了巴基斯坦的一艘驱逐舰和扫雷艇。印度海军还迅速发现、跟踪并击沉了巴基斯坦的加齐号（PNS Ghazi）潜艇。1978 年，印度成立了独立于海军的海岸警卫队，以进一步保护其沿海水域。

此后，印度海军的规模和先进程度不断提高，成为南亚最大的海军之一。印度继续向国外购买军舰，从苏联购买了 6 艘庞迪切里级（Pondicherry-class）扫雷舰和 5 艘拉杰普特级（Rajput-class）驱逐舰，并从英国购买了第二艘航空母舰维拉特号（INS Viraat，前身为“竞技神”HMS Hermes 号）。1988 年，印度从苏联租借了一艘核动力潜艇，并以查克拉号（Charkra）为名投入使用，用于训练印度海军人员。这些收购不仅有助于印度的能力建设并加强了海军力量，也为进一步的本土化努力提供了基础。

在整个 20 世纪，印度造船业规模仍然很小，在这期间，印度 90% 的远洋舰艇是外国建造的。印度海军的订单，如 1999 年授权建造 39000 吨级的维克兰特号航母（纪念之前退役的维克兰特号）和后来的 65000 吨级的维沙尔号（Vishal）航母，刺激了印度造船业的扩张。经济问题和技术上的困难使这两艘舰艇的建造时间推迟。直到 2013 年维克兰特号才下水，而维沙尔号仍在建设中。两者建成后，将搭载包括俄罗斯米格-29 战斗机在内的多种飞机。印度还启动了一项同样雄心勃勃的核动力潜艇建造计划，其中第一艘歼敌者号核潜艇（INS Arihant）已于 2009 年下水。该潜艇装备了 12 枚弹道导弹，这使印度跻身于美国、俄罗斯、英国、法国和中国之列，成为世界上仅有的六个拥有弹道导弹潜艇的国家之一。总的来说，印度国内的造船厂已经为印度海军生产了 80 多艘军舰，包括“17 项目”下的什瓦里克级（Shivalik class）隐形护卫舰、“15A 项目”（Project 15A）下的 3 艘加尔各答级（Kolkata class）驱逐舰和反潜战舰护卫舰。

海洋探索

20 世纪末印度开始表现出对海洋研究和海底矿产勘探的兴趣。1981 年，印度政府成立了海洋开发部（Department of Ocean Development, DOD），负责探索和研究海洋。次年，印度宣布了《海洋政策声明》（Ocean Policy Statement, OPS），强调了印度对开发海洋资源的兴趣。1983 年，印度成为南极研究科学委员会（Scientific Committee on Antarctic Research, SCAR）的成员，并在南极地区建立了本国首个常设研究站，命名为南根戈德里站（Dakshin Gangotri）。1989 年，印度在施尔马赫绿洲（Schirmacher Oasis）建立了第二个永久性的迈特里研究站（Maitri），以促进其地貌测绘。2008 年，印度在挪威北部的北极地区建立了希马德里（Himadri）研究站，以研究气候变化。

1998 年，印度政府推出了新的勘探许可政策（New Exploration Licensing Policy, NELP），推动了若干勘探项目，在近海地区发现了天然气。2000 年，印度发布《印度碳氢化合物愿景—2025》（*India's Hydrocarbon Vision-2025*），设想本国对石油产品的需求将增加到每年 3.7 亿吨。印度提出该愿景，旨在使印度的能源部门具有全球竞争力，并大力扩大海上石油和天然气勘探。

打击海盗和国际恐怖主义

印度参加了海洋法的编纂和发展以及维护海上和平的工作并作出了重大贡献。它参加了 1958 年和 1960 年的日内瓦会议，以及 1982 年的海洋法会议（1982 Law of the Sea Conference）。最近，印度海军为亚丁湾和索马里沿海的反海盗行动作出了重大贡献。印度军舰护送印度和外国船只通过国际推荐交通走廊（Internationally Recommended Transit Corridor, IRTC），印度还加入了打击海盗的多边倡议。作为“共同认识和消除冲突”方案（“Shared Awareness and Deconfliction” Program）的一部分，印度海军参加了与中国和日本的演习，并与欧盟国家在印度洋开展联合演习和反海盗行动。由于认识到海盗行为对印度贸易的威胁越来越大，2012 年印度通过了反海盗立法，该法填补了其国内法的空白，之前这种犯罪行为被 1860 年《印度刑法》（*The Indian Penal Code of 1860*）和 1973 年《刑事诉讼法》（*1973 Code of Criminal Procedure*）所忽视。新的法律为有效起诉印度当局扣押的海盗——无论其持有哪国国籍——提供了良好的基础。

2008 年 11 月发生了持续 4 天、造成 164 人死亡的孟买恐怖袭击事件。在这之后，印度军方和政府努力改善沿海安全，以防止今后发生任何恐怖势力入侵事件。政府将所有海上利益攸关方——包括一些邦和中央机构——纳入新的沿海安全机制，印度海军在孟买、维萨卡帕特南、高知和布莱尔港建立了四个联合行动中心（Joint Operations Centers，JOC）。

航运业

印度政府于 1961 年成立了印度航运公司（Shipping Corporation of India），负责管理国内以及国际航线上的船舶。印度航运在国民经济发展中发挥着至关重要的作用。就拥有船舶的数量而言，印度控制着南亚最大的船队——2014 年印度船队被联合国列为世界第 16 位。印度航运有四个不同的类别：远洋航运、沿海航运、近海支援船队和内陆运输。

目前，印度航运公司是全国最大的航运公司，其船队包括散货船、油轮、集装箱船、客轮以及各种运输化学品的专用船。大东方航运有限公司（The Great Eastern Shipping Company Ltd.）是印度最大的私营托运人，专门从事气体、液体和散装产品的转运。近年来，印度政府一直致力于扩大国家的海运业务，并在2004年发布了《国家海运政策》（National Maritime Policy），为投资印度船运提供激励。2014年，印度启动了萨加马拉项目（Sagar Mala Project），以促进和改善沿海航运和基础设施建设。

印度的商业造船业不断扩大。目前，印度有28家船厂能够建造远洋船舶，其中7家由国防部（Ministry of Defense）或地面运输部（the Ministry of Surface Transport）拥有和管理。最大的印度斯坦船厂有限公司（Hindustan Shipyard Limited）和科钦船厂有限公司（Cochin Shipyard Limited）目前都各自在建一艘5万吨级的散货船。印度造船厂有雄心勃勃的计划，要扩大设施以挑战韩国和日本的大型造船厂。但目前，印度托运人大部分最大的货船仍从外国造船商处购买。有趣的是，印度拥有世界上最大的拆船厂——阿朗拆船厂，该厂每年报废大约100万吨船舶金属。

人道主义行为

21世纪，印度海军在全球各地部署了人道主义援助和救灾工作，并积极参与应对自然灾害。2004年，印度洋地震和海啸发生后，印度海军派出舰艇在马尔代夫、印度尼西亚、斯里兰卡等地进行救援。2006年以色列与真主党发生冲突期间，印度海军从黎巴嫩战争区域撤离了印度、斯里兰卡和尼泊尔公民。2008年，印度还发起了一项国际救援行动，为缅甸“纳尔吉斯”气旋的受害者提供帮助。

2014年12月4日，马尔代夫首都马累的海水淡化厂发生严重火灾，整个城市的淡水供应被切断，印度是最早向马累提供人道主义支持的国家之一。苏坎亚号（INS Sukanya）迅速转道马累，提供了应急的淡水。2015年，也门政府与胡塞反叛组织之间的战斗升级后，印度海军在从也门撤离印度和外国国民方面也发挥了关键作用。作为“拉哈特行动”（Operation Raahat）的一部分，先是苏门答腊号近海巡逻舰（INS Sumitra）从也门撤离印度公民，不久孟买号（INS Mumbai）驱逐舰和塔卡什号（INS Tarkash）护卫舰也加入其中，它们护送两艘客轮卡瓦拉蒂号（MV Kavaratti）和珊瑚号（MV Corals）通过亚丁湾海盗出没的水域。

内河航道

为了发展和管理商业用途的内陆水道，1986年政府成立了印度内陆水道管理局（the Inland Waterways Authority of India，IWAI）。印度内陆水道管理局不仅是规制和管理内河航道的主管部门，也是航运和航行事务的咨询机构。印度政府已正式宣布了五条国家水道：国家水道 1（NW1）是一条穿越北方邦、比哈尔邦、贾坎德邦和西孟加拉邦的河流运输线；国家水道 2（NW2）从萨迪亚到杜布里；国家水道 3（NW3）是喀拉拉邦从科塔普兰到科拉姆的运河系统；国家水道 4（NH4）连接卡基纳达和普杜切里；国家水道 5（NH5）将婆罗门—马哈纳迪三角洲接入东海岸运河。

港口和渔业

目前，印度有 12 个主要港口和约 187 个次要港口，全国 75%的对外贸易通过这些港口开展。独立初期，印度的海岸线上只有四个重要的大港，即孟买、加尔各答、马德拉斯和科钦。独立后，主要港口的发展势头迅猛，坎德拉（古吉拉特邦）、莫尔穆冈（果阿邦）、帕拉迪普（奥里萨邦）、新曼加洛尔（卡纳塔克邦）、图蒂科林（泰米尔纳德邦）、贾瓦哈拉尔—尼赫鲁（孟买）、维沙（维沙卡帕塔南）、布莱尔港（安达曼—尼科巴岛）被列为主要港口。港口和冷藏技术的有效发展，使印度的出口产品能够进入北美、欧洲和亚洲市场。出口的稳定增长使印度成为世界第二大淡水鱼生产国。

阿迪卫塔·雷

拓展阅读

Furber, Holden, Sinnappah Arasaratnam, and Kenneth McPherson. 2004.*Maritime India*.

New Delhi: Oxford University Press.

Hiranandani, G. M. 2000. *Transition to Triumph*: *History of the Indian Navy*, 1965—1975.

New Delhi: Lancer Publishers.

Hiranandani, G.M.2005.*Transition to Eminence*: *The Indian Navy* 1976—1990.New Delhi: Lancer Publishers.

Hiranandani, G. M. 2009. *Transition to Guardianship*: *The Indian Navy* 1991—2000.New Delhi: Lancer Publishers & Distributors.

Roy, Mihir K.1995.*War in the Indian Ocean*.New Delhi: Lancer Publishers.

Sakhuja, Vijay. 2001. *Confidence Building from the Sea*: *An Indian*

Initiative.New Delhi：Knowledge World.

Sakhuja，Vijay.2011.*Asian Maritime Power in the 21st Century*：*Strategic Transactions*：*China*，*India*，*and Southeast Asia*.Singapore：Institute of Southeast Asian Studies.

日本，1945 年至今

日本在 19 世纪末大力发展工业化经济的同时，也进行了一场海洋观的革命，并迅速扩大了国家的海洋部门。1941 年袭击珍珠港事件发生时，日本拥有一支世界级的商船队和一支强大的海军，足以挑战美国在西太平洋的统治地位和英国对印度洋的控制。然而，到 1945 年，依靠这支舰队运送资源也被证明是日本的一个关键弱点。以美国为首的盟军对日本航运的系统性破坏损害了日本的作战能力，因为粮食短缺使人力陷入瘫痪，物资——特别是石油和金属——的缺乏使工业生产陷入困境。盟军的轰炸同样也摧毁了日本许多在岸海洋基础设施。然而，几乎在第二次世界大战后不久，日本就开始重建其经济的海洋部门。日本工业和商业的复苏以及它在 20 世纪后半叶成为全球经济强国，都与其将海洋部门重建为世界上最大和最先进者之一密切相关。

1945 年的日本，海上基础设施的缺乏是一个特别棘手的问题，因为这个多山的群岛缺乏可耕地（只有 11%的群岛表面积适合耕种），缺乏自然资源，而且人口众多，传统上以海产品为主食。当美国占领当局试图稳定经济时，海洋产业是他们首先解决的问题之一。例如，当时许多舰艇在经过漫长的太平洋战役后亟须维修，日本熟练的船厂工人就迅速返回工作岗位，修理美国海军舰艇。日本渔民也迅速返回工作岗位，以满足食物需求。由于美国意识到重建日本经济对其建立阻止共产主义在亚洲蔓延的隔离墙的努力至关重要，它进一步鼓励日本当局集中精力继续重建日本的海洋部门。

海洋问题是日本战后建立国家安全态势的核心关切。群岛孤悬海中的位置给了日本一定程度的安全感，使其领导人能够接受 1947 年美国制定的放弃战争的宪法，并专注于其商业部门。然而，日本的安全规划者并没有将国家和平主义等同于完全裁除武备。日本帝国海军的扫雷舰和支援辅助舰是少数几项在战争中相对完好无损地保存下来的海军能力之一，它们在海上安全委员会（后来改名为海上安全局）的控制下，迅速恢复服役，以保护日本渔船，并清除沿海水域双方在战争期间布设的约 10 万枚海上水雷。

1950 年，为了支持联合国的军事行动，日本将 46 艘反水雷舰部署到朝鲜半岛，帮助清理港口。1952 年，日本海上安全局利用美军淘汰下来的护卫舰和登陆舰等装备，成立了海上警卫队（后改名为海岸安全部队）。随着 1954 年日本自卫队（the Japan Self Defense Force，JSDF）的成立，海岸安全部队改组为日本海上自卫队（the Japan Maritime Self-Defense Force，JMSDF）。之前服役于美国海军后来转隶日本的驱逐舰构成了日本海上自卫队最初的核心军力。1956 年，二战后日本建造的第一艘驱逐舰列装日本海上自卫队服役。日本海上自卫队密切配合美国海军要求，最初专注于扫雷和反潜巡逻，支持美国遏制朝鲜和对抗太平洋地区日益增长的苏联海军力量。

在近 30 年的时间里，日本海上自卫队的规模一直比较小，日本依靠美国第七舰队，该舰队前沿部署（forward-deployed）[①] 在《1951 年安保条约》（*The 1951 Security Treaty*）规定的基地，满足日本的基本安全需求，并确保对日本经济至关重要的印度洋和东南亚海上通道的安全。在同一时期，日本陆上自卫队（the Japan Ground Self Defense Force）集中力量发展击退苏联对日本北方岛屿的两栖入侵的能力。

在 20 世纪 50 年代和 60 年代，由于日本有独特的能力将资源集中到民用海洋部门，复兴的海洋工业和海运商业成为日本“经济奇迹”的推动力。到 1960 年，日本已成为全球造船业的领头羊，建造了全球 20%以上的新商船。此外，首相池田勇人 1960 年提出的在 10 年内使日本国内生产总值翻一番的计划，主要依靠的是促进渔业发展和扩大商船事业。这些商船运送进口原材料，在日本加工生产为制成品从而实现价值增值。日本国内和国外的造船业作为重工业的主导产业不断扩大。到 20 世纪 60 年代末，悬挂日本国旗的商船队已成为世界第二大商船队，拥有约 1500 艘船，总吨位近 3000 万吨。同时，为了保护海上贸易，日本海上自卫队也在不断扩大，不过其行动仍局限于本国水域。

---

① 译注：前沿部署是美军冷战时期对付苏联的一种军事战略思想和部署方式，该战略强调美军重要的作战武器装备应尽量部署到靠近苏联的地方。

20 世纪 70 年代，日本对海上贸易的依赖性不断增强。日本从亚洲其他地区进口的制成品数量增加，同时能源和原材料仍然依赖进口。1973—1974 年的石油危机冲击了日本的经济和社会体系，进口成本急剧上升，日本十多年中首次出现贸易逆差。石油危机还凸显了日本对海上贸易中断的持续脆弱性和悬挂日本国旗的船只所面临风险的越来越清楚的认识，1974 年日本进口货物的 44%和出口货物的 27%是由这些船只承担的。特别值得关注的是东南亚航道关键关口易受干扰。为了回应这种日益增长的担忧，并在美国越来越多地要求扩大其在联盟中的“作用和任务”的情况下，从 1981 年起，日本的国家安全机构将海上自卫队的行动区域扩大到保护包括距离本岛 1000 英里以内的海上通道。

在两伊战争期间（1980—1988 年），日本对国际海上贸易中断的脆弱性再次受到考验，当时两个交战国都在波斯湾攻击中立的航运船舶，该水域的油轮供应了日本 55%的能源需求。在这场所谓的“油轮战争”中，日本自有注册油轮 18 万吨级的日进丸号（Nissin Maru）和 22.7 万吨级的钻石丸号（Diamond Maru）都受到了攻击。虽然首相中曾根康弘 1987 年提出的向中东派遣扫雷舰作为国际社会应对这场危机的一部分的努力未能得到国会的认可，但“油轮战争”促使日本在财政方面就支持海湾国家航行安全计划进行了大幅改进。“油轮战争”也导致日本海上自卫队扩大了在西北太平洋地区的行动，这使美国海军战舰向中东地区转移成为可能。20 世纪 80 年代，为了降低运营成本，日本航运公司也开始将船舶注册地转移到巴拿马、利比里亚和巴哈马。到 2002 年，在巴拿马注册的船舶有 40%为日本公司所有。

冷战结束时，日本控制的商船队约占全球吨位的 20%，日本仍然牢牢占据着全球造船业的龙头地位，每年建造的船舶占总吨位的 40%以上。冷战后，日本也开始慢慢扩大其在国际海上安全方面的作用。值得注意的是，1991 年海湾战争后，日本海上自卫队首次在西北太平洋以外开展行动，派遣 4 艘扫雷舰、1 艘油船和扫雷艇在波斯湾执行了扫雷任务。两年后，日本首次向联合国维持和平特派团派遣部队，由日本海上自卫队舰队的十和田号（Towanda）补给舰支持柬埔寨的人道主义行动。同样是在 1993 年，日本海上自卫队列装美国先进的综合防空作战系统——宙斯盾（Aegis），日本成为美国盟国中最早装备该系统的国家，这也标志着日本海上自卫队的技术水平达到了新的高度。1998 年，朝鲜试射的“大浦洞”

弹道导弹飞越日本上空，凸显了购买宙斯盾系统的价值，并引发了日本进一步采购海基反弹道导弹防御系统的兴趣，该系统被纳入了宙斯盾的先进基础系统之中。2007 年，日本金刚号驱逐舰成功试射了 SM-3 弹道导弹拦截弹，2015 年，美日盟军又成功试射了 SM-3 Block IIA 导弹，这是两国共同研制的先进拦截导弹的变种。20 世纪 90 年代末，朝鲜开始对日本的海上安全构成严重威胁，其小艇闯入日本海域收集情报，绑架日本公民。1999 年，日本海上自卫队向一艘朝鲜间谍船鸣枪示警，2001 年 12 月，日本海岸警卫队又击沉了一艘在日本海域非法活动的此类船只。[①]

在后冷战时代，日本也更加关注非国家暴力行为者对其航运造成威胁的脆弱性。在 20 世纪 90 年代，日本集中力量保护贸易不受在马六甲海峡和东南亚其他地方活动的海盗的影响。这些犯罪行为所构成的威胁因对日本船只的高调攻击而更显突出，如天裕号（Tenyu，1998 年）、龙爪彩虹号（Alondra Rainbow，1999 年）和环球火星号（Global Mars，2000 年）纷纷遭到海盗袭击。日本海岸警卫队和私营部门一起领导了应对海盗威胁的工作，重点是开展海员培训，加强海上巡逻，并促进东南亚海上保安部队之间的合作。2000 年美国科尔号（Cole）驱逐舰遭恐怖袭击、2001 年 9 月 11 日美国发生的袭击事件以及林堡号（Limburg）油轮自杀式爆炸事件[②]，使日本更加敏感地意识到海上恐怖分子也是威胁。

日本根据 2001 年《反恐特别措施法》（*2001 Anti-Terrorism Special Measures Law*）派遣海上自卫队前往印度洋，为进驻阿富汗的“北约”联军提供加油支援。加油船及其驱逐舰护卫队一直执行任务，直到 2010 年日本民主党新当选首相鸠山由纪夫的政府才结束了这一部署。然而，近十年的经验巩固了日本海上自卫队作为世界级海军和具备全球部署能力的部队的角色。与 2004 年印度洋地震和海啸时相对迟缓而有限的反应不同，日本海上自卫队在 2010 年海地地震和 2014 年菲律宾台风“海燕”之后，迅速采取了行动而没有遭到任何有力的政治反对。

---

① 译注：朝鲜中央通讯社抨击日本关于“朝鲜间谍船”的说法是在散布谣言，中国对日本在追击不明船只过程中动用武力，使该船在中国的专属经济区沉没，表示深切关注，并要求日方通报有关的情况。见“日本指遭击沉船只来自朝鲜　平壤抨击日本散布谣言”，http://japan.people.com.cn/2001/12/27/riben20011227_15191.html。

② 译注：2002 年 10 月，林堡号油轮在也门附近遭遇自杀式炸弹袭击，造成 17 人受伤、1 人失踪。

日本仍然是全球海洋大国。根据国际海运协会（the International Chamber of Shipping）的数据，日本保持着4022艘船舶的所有权（数量仅次于中国的5405艘），总载重吨为228553吨（仅次于希腊的258484吨）。在集装箱进出口量方面，它排名第三，仅次于美国和中国。虽然在2003年，日本失去了世界最大造船商的地位，但也仍然是该领域的领导者之一。根据日本造船协会的数据，2014年日本造船产量占全球造船产量的20%左右，获得的新订单占全球的23%。2014年，日本下水船舶522艘（全球第二，仅次于下水906艘的中国），吨位13431总吨（全球第三，前两位是中国和韩国，分别为22682总吨和22454总吨）。值得注意的是，日本的工业与韩国的工业形成了鲜明对比，更与中国形成了鲜明对比，日本的工业侧重于技术最先进的船舶，如液化气运输船和邮轮。

日本海上自卫队继续承担与日本商业舰队规模相称的任务。2009年，日本自卫队首次部署舰艇在亚丁湾为被海盗袭击的日本船只护航，2011年，日本自卫队首次谈判达成海外基地安排，获得了吉布提有关设施的独家使用权，用于海上空中巡逻。2015年，日本承担了打击非洲之角附近海盗的多国小组——151联合特遣部队（Combined Task Force 151）的指挥任务。这是日本自二战以来首次率领一支国际部队的标志，很可能为今后自卫队任务的扩大奠定基础。2015年《美日防卫合作指针》（*The 2015 United States-Japan Defense Guidelines*）承诺两国盟军将扩大全球合作，特别强调海上安全领域合作，安倍晋三首相的2015年安保立法（2015 Security Legislation）为支撑这些未来行动奠定了重要的法律基础。

约翰·F. 布拉德福德

拓展阅读

Auer, James. 1973. *Postwar Rearmament of Japanese Maritime Force, 1945—71.* New York: Praeger.

Graham, Euan. 2006. *Japan's Sea Lane Security, 1940—2004.* New York: Routledge. Patalano, Alessio. 2015. *Post-War Japan as a Sea Power.* London: Bloomsburg.

拉丁美洲和加勒比地区，1945年至今

1945年以后海洋在拉丁美洲和加勒比历史上的作用仍然是一个研究

不充分的话题。大多数拉丁美洲国家没有支持发展大型商船队或海军。然而，控制海洋对这些国家及其政治和经济命运仍然很重要，就像两个世纪前大多数国家从西班牙获得独立时一样重要。自二战以来，一些拉美国家为当地航运公司的发展提供了补贴，但这些公司的规模仍然很小。同样，虽然许多加勒比和中美洲的港口已经成为热门的旅游目的地，但为这些港口服务的邮轮大多由总部设在美国或欧洲的公司拥有。

在 20 世纪上半叶，美国主导了许多加勒比和中美洲国家的经济，并经常对该地区进行干预。美国公司在当地贸易中取得了主导地位，许多拉美国家开始依赖美国的贸易和航运。第二次世界大战为拉美国家提供了一个机会，以减少美国的主导地位并扩大自身在海上的存在。战时航运短缺使拉美较弱的国家能够谈判获得有利的条件，并创造必要的条件来扩大其商船队和海军力量——墨西哥在 1938 年开始了这一进程，当时它将其石油工业国有化，并资助发展自己的油轮船队。战后，该地区最大的经济体，包括阿根廷、巴西、智利、墨西哥、哥伦比亚和委内瑞拉，纷纷继续为本国航运业提供资金，并通过发展成功的国内航运公司，努力——有时是相互结盟——结束对外国航运公司的依赖。战后美国出售剩余设备，使这些国家中的许多国家能够以低廉的价格迅速获得船舶。

巴拿马采取了不同的路线，利用较低的费用和规制门槛，吸引了大量外国船东在该国注册船舶。挂巴拿马旗的船舶数量稳步增长，巴拿马成为最受欢迎的方便旗国。尽管有来自利比里亚和其他对手的竞争，巴拿马仍然保持了自己的地位，悬挂巴拿马旗的船舶数量超过了其他任何国家。到 2013 年，巴拿马注册的船舶总吨数超过 2 亿吨。

国家海洋货轮公司（Flota Mercante Grancolombiana）是厄瓜多尔、哥伦比亚和委内瑞拉 1947 年创立的航运公司，它仍然是拉美国家之间达成成功联盟的最佳范例。这些国家在战前都没有重要的商船队，但国家海洋货轮公司确实取得了成功。它在 20 世纪 50 年代迅速发展，并为其他国家提供了示范，这些国家也组织了区域性的航运公司，如 20 世纪 70 年代由哥斯达黎加、古巴、牙买加、墨西哥、尼加拉瓜、特立尼达和多巴哥以及委内瑞拉组建的 NAMUCAR（加勒比多国航运公司）。

在其他情况下，各国自行承担了建立一支满足自身需求的船队的艰巨任务。墨西哥在 20 世纪 30 年代和 40 年代的情况就是如此。政治、社会和军事的不稳定促使墨西哥政府建立了自己的商船队。在 1938 年石油工业国有化和政府拥有的墨西哥国家石油公司（PEMEX）成立后，墨西哥不得不发展自己的油轮船队，以出口石油和规避美国大型石油公司组织的抵制活动。其船队起初发展缓慢，但在1940年6月，意大利加入二战后，墨西哥的船队扣押了9艘滞留在墨西哥的意大利油轮。战后，PEMEX继续扩大其船队规模，日常经营着20多艘油轮。

墨西哥的情况表明了国内商船队的优势，许多拉美国家都效仿其国有航运公司的做法，到20世纪80年代，一半以上悬挂拉美国旗的船只为政府所有。然而，相互竞争的国内外利益有时会对鼓励本国商船队发展的国家不利。这些强大的利益集团降低关税，鼓励腐败，并以其他方式努力阻碍拉美独立商船队的发展。不过，一个更大的问题是缺乏资本。建立和维持一支规模庞大的船队需要大量的资本。西方大国通过不同的机制——包括世界银行和国际货币基金组织——限制了拉美国家用于船队扩张的资本，这使得许多地区性的船队规模很小。

阿根廷、巴西、智利、哥伦比亚和墨西哥以及其他几个拉美国家齐心协力地建立和维持可靠、独立的商船队，试图以此结束外国公司的统治，并允许它们自己来决定更好的贸易条件。为了实现这一目标，它们依靠政府补贴和关税的结合，特别是通过货物优惠法来使本地托运人受益。智利1956年采取了货物优惠法，许多其他拉美国家在60年代也纷纷效仿。这些法律在20世纪60年代和70年代推动了拉美船队历史上最大的扩张。特别是巴西，发起了大规模的造船运动，包括建造两个造船厂和能够制造大板船的钢厂。法律规定，40%的出口咖啡必须由巴西建造并悬挂巴西国旗的船只来运输，这使本地造船业的扩张成为可能。墨西哥从巴西的新造船厂购买船舶，秘鲁也模仿巴西，建造了自己的造船厂，为国营的秘鲁航运公司生产货船。一些国家的关税依赖于少数有利可图的出口产品，特别是石油和咖啡。这使得主要生产这些产品的巴西、哥伦比亚、厄瓜多尔、墨西哥和委内瑞拉等国，能够为船队扩张提供资金，也能从外国船运公司那里获得更好的条件。在冷战期间，由亲美独裁者和军阀统治的小国一般都答应了美国方面的要求，结果造成本国经济高度受制于美国，当地航运和其他大型企业的发展也因此受限。20世纪80年代和90年代，面对全球越来越大的开放市场的压力，许多其他拉美国家也取消或减少了货物优惠法。

《被弃沉船法》

美国总统罗纳德·里根 1988 年 4 月 29 日签署《被弃沉船法》(*Abandoned Shipwreck Act*)，授权政府拥有沉船的所有权。在此之前，沉船的发现者和沉船所在地的地方政府都主张自身拥有对沉船的所有权，这造成了法律上的混乱状态。

1981 年，科布科恩勘探公司（Cobb Coin）在佛罗里达州起诉，要求获得其发现的一艘沉船的控制权；1983 年，该公司又对马里兰州的另一艘沉船提起类似诉讼。在前一个案件中，美国最高法院裁定佛罗里达州无权主张对沉船的所有权，但在后一个案件中，最高法院裁定马里兰州确实有权利，这是该州保护自然和文化资源义务的一部分。《被弃沉船法》对这些案件的程序进行了澄清和编纂，并试图维护沉船的历史和考古重要性，保护它们不受鲁莽的寻宝者的影响。该法允许各州政府对军舰以外的任何历史沉船提出所有权主张。其他国家也通过了类似的法律，特别是在中美洲和南美洲。

马修·布莱克·斯特里克兰

旅游和休闲

20 世纪 60 年代，在引进喷气式客运航班之后，拉丁美洲和加勒比的旅游和休闲业急剧增长。阿卡普尔科等原有的度假胜地规模扩大，新的度假胜地也在整个地区不断涌现。发达国家开始流行海滩度假，这种提供游泳、日光浴、酒精和娱乐的休闲度假方式吸引了越来越多的度假者。旅游和休闲产业为许多拉美国家，特别是不发达国家提供了急需的外国资本，并支持了大量基础设施的发展。然而，外国利益主导着观光旅游产业，批评者认为，这些度假胜地绝大多数都是为外国游客服务的，特别是在加勒比海、中美洲和墨西哥，这对生活在海滨度假胜地附近的人们没有什么好处。此外，他们还认为，在东道国和拉美度假胜地形成的服务观念和文化表现出一种对发达国家游客的从属关系，游客中的许多人认为拉美是一个放荡、消费和剥削的地方。

这些度假村给东道国带来了多重问题——比如污染，它们突出了外国游客、满足他们需求的当地人以及度假村所在地的广大人口之间的经济不平等。事实上，当地人经常被排除在这些度假区的酒店、海滩、游艇码头、俱乐部、餐馆和其他设施之外。越来越多的邮轮公司，从迪士尼到嘉年华，都会在这些国家建造自己独立的设施来为乘客服务，许多到达的邮轮乘客从未离开过这些豪华的度假村，去体验他们所访问国家的其他地方。大约一半的邮轮乘客来自北美，加勒比海是最受他们欢迎的目的地。

近几十年来，生态旅游作为传统旅游的一种替代方式开始流行。生态旅游起源于 20 世纪 70 年代末，它的前提是游客、资本和当地人共同创造一个人人受益的地方，环境和生态的可持续发展以及当地文化与利润同等重要。阿根廷、伯利兹、巴西、哥斯达黎加、厄瓜多尔、萨尔瓦多、墨西哥、秘鲁和其他许多国家通常以保护和展示异国情调的地点和脆弱的生态系统为目的，建立了迎合生态旅游者的地区。也许这类旅游目的地中最著名的是加拉帕戈斯群岛，因查尔斯·达尔文（1809—1882）在这里考察时产生进化论的灵感而闻名。群岛为厄瓜多尔所有，厄瓜多尔限制游客在岛上过夜，并且只允许小规模、有监督的团体参观。潜水在整个地区都很流行，专业人士和业余爱好者也通过这种方式寻找沉船，特别是殖民时代的西班牙宝船。大多数美洲国家政府通过了限制打捞权和移动历史文物的法律。

海军

二战后，在冷战的推动下，美国和英国向友好国家政府出售了多余的军舰。这些军舰一般比较老旧，但还是大大增强了购买国的海军实力。阿根廷、巴西和智利各自从美国获得两艘巡洋舰，1960 年秘鲁从英国购买了两艘巡洋舰。厄瓜多尔、墨西哥等国从美国获得了小型战舰和巡逻艇。80 年代随着这些老式军舰的磨损和旧的海军竞争的恢复，拉美大国向欧洲购买了新的军舰，并利用新技术对旧舰进行现代化改造。厄瓜多尔购买了德国潜艇和英国护卫舰，阿根廷、智利和秘鲁从法国、意大利、荷兰和英国购买了现代化军舰。阿根廷的海军是该地区的典型。到 1982 年马尔维纳斯群岛战争时，它拥有一艘巡洋舰和四艘驱逐舰，都是二战时期的老古董，还有几艘现代军舰，包括两艘驱逐舰、三艘轻型护卫舰和一艘潜艇，都是在欧洲购买的。

航运和海洋对大多数拉美国家的经济仍然至关重要。二战后，许多拉美国家发展或扩大了国内的船运公司，到 20 世纪 60 年代，这些公司主导了当地的航运业。然而，这些公司中有许多是政府拥有的，而且现代化进程缓慢，特别是在航运业引进集装箱船之后。大哥伦比亚公司（Grancolombiana）1985 年破产，但是，尽管有越来越多的大型外国公司的竞争，特别是在沿海航运方面，其他拉美公司仍在继续运营。同样，外国公司在中美洲和加勒比地区的游船业中占主导地位，但规模较小的本地航运仍在继续运营，例如许多小船负责将游客摆渡到加拉帕戈斯群岛和其他异国情调的目的地。

安德烈斯·海吉亚

拓展阅读

De La Pedraja，Rene. 1998. *Oil and Coffee：Latin American Merchant Shipping from the Imperial Era to the 1950s*.London：Greenwood Press.

De La Pedraja，Rene.1999.*Latin American Merchant Shipping in the Age of Global Com-petition*.London：Greenwood Press.

Honey，Martha.2008.*Ecotourism and Sustainable Development：Who Owns Paradise*? Washington：Island Press.

Scheina，Robert L. 1987. *Latin America：A Naval History*，1810—1987.Maryland：Naval Institute Press.

马尔维纳斯群岛战争

1982 年 4 月 2 日，阿根廷占领马尔维纳斯群岛后，马尔维纳斯群岛战争开始。1982 年 6 月 14 日，英国两栖远征队重新征服该群岛后，战斗结束。

马尔维纳斯群岛位于南大西洋，在南极圈以北 900 英里、麦哲伦海峡以东 300 英里处，群岛上有岩石山丘和松软湿润的土壤，上面长满了草和灌木。群岛从东到西 150 英里，从北到南 90 英里，围绕着东马尔维纳斯和西马尔维纳斯两个主要岛屿。该群岛在 16 世纪被欧洲人发现的细节仍不确定，但在 1833 年英国建立了统治。这些岛屿后来成为英国皇家海军的一个重要加煤站，到 1982 年前后，约有 1800 人居住在岛上，以放牧和捕鱼为生。大多数岛民居住在东马尔维纳斯岛的首府斯坦利港，此处在伦敦西南约 7800 英里，在布宜诺斯艾利斯以南 1200 英里。

阿根廷经常对马尔维纳斯群岛提出权利主张。1982 年，面对经济问题和侵犯人权行为引起的广泛反对，领导阿根廷执政军政府的莱奥波尔

位于马尔维纳斯群岛首都斯坦利港的马尔维纳斯战争纪念碑是为了纪念 1982 年 4 月开始的阿根廷和英国之间为争夺有争议的南大西洋群岛而进行的为期 10 周的马尔维纳斯群岛战争。（Corel 公司）

多·加尔铁里（Leopoldo Galtieri）将军决定攻击这些岛屿，认为夺取这些岛屿将挽回国内公众的支持。在他的盘算中，英国首相撒切尔夫人在冬季来临之际，宁可投降也不愿意打一场遥远而昂贵的战争。

3 月 19 日，一群阿根廷商人占领了南乔治亚岛，并升起了阿根廷国旗。虽然关于这次占领的谈判还在继续，但阿根廷还是在 4 月 1—2 日午夜执行了占领马尔维纳斯群岛的主要行动，在接下来的几周内有 1.3 万名士兵登陆，其中大部分人占领了斯坦利港。

加尔铁里错估了英国的反应。撒切尔夫人派遣了一支由竞技神号（Hermes）和无敌号（Invincible）航空母舰率领的海军特遣部队，于 4 月 30 日抵达战区。阿根廷领导人无视联合国安全理事会要求他们从马尔维纳斯群岛撤军的第 502 号决议，达成外交解决的努力失败了。

5 月 1 日，英国战机袭击了斯坦利港机场，阿根廷飞机袭击了英国海军。接下来的三周，海上战争持续不断。5 月 2 日，一艘英国潜艇用鱼雷炸沉了阿根廷的贝尔格拉诺将军号（General Belgrano）巡洋舰。两天后，阿根廷飞机用飞鱼（Exocet）反舰导弹击沉了谢菲尔德号（HMS Sheffield）轻巡洋舰。尽管阿根廷的空袭持续不断，英国人还是在 5 月 21 日开始了两栖登陆。在接下来的四天里，登陆海滩附近发生了激烈的海空交战。阿根廷的飞机击沉了几艘船，但自己的飞机却损失了三十多架。英军很快就集结了 9000 人左右迅速推进，5 月 28—29 日在达尔文港（Darwin）和古斯格林机场（Goose Green）取得胜利，俘虏了 1000 多名阿根廷人。两周后，英军攻占了俯瞰斯坦利港的重要阵地，6 月 14 日，阿根廷指挥官马里奥·梅内德斯（Mario Menendez）将军投降。战争期间，约有 650 名阿根廷人和 255 名英国人丧生。

拉里·A. 格兰特

拓展阅读

Freedman, Lawrence. 2005. *The Official History of the Falklands Campaign*, 2 vols.New York: Taylor and Francis.

Hime, Douglas N. 2010. *The 1982 Falklands - Malvinas Case Study*. Newport, RI: U.S.Naval War College.

Woodward, John.1992.*One Hundred Days: The Memoirs of the Falklands Battle Group Commander*.Annapolis, MD: Naval Institute Press.

中东，1945 年至今

第一次世界大战后西方列强的殖民化和 20 世纪 30 年代在该地区发现石油，极大地改变了中东的社会、政治和经济面貌。二战后这一地区的航海史绝大部分是由石油和战争形成的。埃及的棉花和纺织业随着资金流向更有利可图的石油工业而衰落。巴林、科威特和其他海湾国家的渔业和珍珠业——这些国家曾经是世界上的领头羊——也经历了类似的衰退，因为石油利润飙升。石油收入使许多阿拉伯国家得以维持装备现代武器的庞大军队，战争和小规模的暴力事件成为该地区的常态。世界对中东石油的依赖性越来越大，因此确保石油的流动（大部分石油是通过波斯湾的油轮运输的）成为美国、日本和欧洲的重要战略利益。

二战后，英国和法国开始放弃中东和北非殖民地，这一非殖民化进程一直持续到 20 世纪 60 年代，法国从阿尔及利亚撤退。但大多数阿拉伯国家在20世纪40年代末50年代初实现了独立。强烈的民族主义意识和宗教区隔挑起了斗争。冲突在该地区仍然很常见，并且与石油一起塑造了对海洋的使用，因为各国都在争夺对关键水道的控制权，特别是在红海和波斯湾，当然还有地中海等地区。

军事冲突

地中海（Bahr al-Rum）与红海（Bahr al-Qulzum）① 的连接对于中东与欧洲的互动仍然至关重要。1869年开通的苏伊士运河（Qanat al-Suways）通过苏伊士湾连接两海，成为埃及主权的象征和冲突的场所。第一次阿以战争（1948—1949年）后，埃及直接违反结束敌对行动的停战协定，关闭运河，禁止以色列船只以及和以色列开展贸易的船只进入。1949年11月，埃及解除了禁令，但在随后的30年里，埃及领导人多次关闭运河，禁止以色列船只进入。

运河由英国和法国合资的私营公司苏伊士运河公司负责运营，运河区由英国军方控制，控制区包括塞得港到苏伊士湾的运河沿线地区。迫于埃及总统贾迈勒·阿卜杜勒·纳赛尔（Gamal Abdel Nasser，1918—1970）的压力，英国1955—1956年从运河区撤军。1956年7月26日，埃及将运河国有化。纳赛尔希望用运河的收费来资助一系列的基础设施项目。运河收入迄今仍然是埃及政府的重要收入来源，2014年的收入共计53亿美元。1956年，埃及派兵占领运河沿线，同时关闭蒂朗海峡（Straits of Tiran）和亚喀巴湾（Gulf of Aqaba），禁止以色列航运，引发了与以色列的另一场战争。与以色列结成秘密同盟的法国和英国，以埃以战争为借口，入侵并占领运河区。以色列和英法联军都取得了胜利，但迫于美国的压力而撤出。

1967年，埃及再次对以色列关闭运河，并将其船只封锁在蒂朗海峡。谈判解决的努力失败后，以色列军队进攻埃及，发起了六天战争（1967年6月5日至10日）。以色列军队击败埃及、约旦和叙利亚，占领了约旦河西岸、戈兰高地和西奈沙漠，这也意味着以色列控制了运河东侧。纳赛尔对这次战败的回应是关闭运河，禁止所有航运，在运河两端用水雷和沉

① 译注：阿拉伯地理文献中把地中海称为Bahr al-Rum，意为“拜占庭海”，把红海称为Bahr al-Qulzum，即埃及古港及红海海域的名称“库尔祖姆”。

船设置路障。这一突如其来的行动，将 15 艘不同国籍的船舶困在运河中央的大苦湖（Great Bitter Lake）中。这支动弹不得并积满了沙漠飞沙的所谓“黄色舰队”，经过美国斡旋下的长期谈判，一直到 1975 年 6 月，埃及与以色列开始关系正常化进程并重新开放运河之后才解困。受困期间，船主定期轮换被困船舶的船员，船上的水手们相互扶持，还安排了包括救生艇比赛在内的娱乐活动。运河从 1967 年到 1975 年的长期关闭，迫使托运人改变航线，并刺激业内发展出越来越大的超级油轮，将中东石油运往欧洲、日本和其他市场。重新开放后埃及拓宽了运河，2014 年埃及再一次拓宽运河，以适应更大的船舶和增加的运输量。

虽然阿以战争主要是在陆地和空中进行的，但也有海军参与其中。埃及和以色列的军舰在 1948—1949 年战争和 1956 年战争中都发生了战斗。1967 年战争中，埃及军舰用制导导弹击沉了一艘以色列驱逐舰，这是反舰导弹首次应用于实战。1973 年战争中，装备导弹的以色列战舰在几次战斗中与埃及和叙利亚的导弹艇交火并将其击败。1973 年战争后，欧佩克（石油输出国组织）成员宣布在全球范围内实施石油禁运，希望惩罚那些支持以色列的国家，将石油价格从 3 美元/桶提高到 12 美元/桶。在两伊战争（1980—1988 年）中，两国都试图阻碍对方的出口，石油也同样成为战争的主角。伊朗试图控制伊拉克唯一的出海口——阿拉伯河。两国袭击了波斯湾的油轮，引发了油轮战争（1984—1987 年）。

中东的主要大国，特别是埃及、伊朗、伊拉克、以色列和沙特阿拉伯都保持着海军力量，其中包括大量的小型导弹武装战舰以及潜艇。虽然以色列制造了一些军舰，但大多数中东国家是从法国、德国、英国或美国的造船厂购买军舰。冷战期间，埃及、伊拉克和叙利亚从苏联获得了大量的小型战舰。该地区经常发生海事安全事件。1985 年 10 月 7 日，巴勒斯坦解放阵线（巴解阵）四名成员劫持了意大利阿基莱·劳罗号邮轮（Achille Lauro），并杀害了船上一名犹太乘客。伊朗经常企图向加沙地带的巴勒斯坦战士暗中输送武器，以色列军舰多次拦截。以色列还对加沙实施海上封锁。2010 年 5 月，来自土耳其的巴勒斯坦支持者试图打破这一封锁。几艘运载人道主义援助的土耳其船只遭到以色列军队的拦截。当一艘船的船员抵制以色列登船者时，发生了战斗，以色列士兵杀死了船上的一些人。

航运和渔业

对石油的依赖性增加，使油轮成为20世纪70年代公海上增长最快的一类船舶。波斯湾沿岸国家出口的石油比地球上任何其他国家都多，其中大部分石油通过霍尔木兹海峡运输，这让该海峡成为世界上最重要的海上卡口之一。20世纪70年代，许多欧佩克成员厌倦了对外国托运人的依赖，开始通过补贴私营公司或支持国家航运公司的方式扩大油轮船队。目前，波斯湾四国拥有规模不小的商船队。其中，伊朗有674艘，沙特阿拉伯有330艘，科威特有146艘，卡塔尔有131艘。阿拉伯联合酋长国（UAE）于1975年推出了国家航运公司。虽然阿联酋在1982年将该公司卖给了英国的P&O公司，但仍保持着紧密的海上联系。

自2003年起，迪拜主办了该地区最重要的航运和海事会议之一的中东海事会议（Seatrade Maritime Middle East）。迪拜港务局（DPA）在过去11年（2004—2015年）获得了中东最佳港口的称号。DPA的投资使迪拜成为全球第六大港口运营商和第十大集装箱港口。亚丁——也门最大的港口——也因交通量的增加而增长。

自第二次世界大战以来，海湾国家（伊朗、阿曼、阿拉伯联合酋长国、沙特阿拉伯、卡塔尔、巴林、科威特和伊拉克）的国民收入大部分来自石油工业。由于往来于该地区的船舶众多，船舶修理毫无悬念地成了当地的一个重要产业。每个海湾国家都拥有区域性的船舶修理设施。但除伊朗和巴林外，其他国家的造船设施都不太发达。伊朗的萨德拉造船厂有能力建造大型船舶、平台和钻井平台。各种独桅帆船的制造或维修则主要集中在科威特。

过去，捕鱼、捕虾和采捞珍珠是许多国家的重要产业。不幸的是，石油工业对环境的影响，从繁忙的船舶运输到石油泄漏，已经破坏了这些行业。尽管巴林政府为振兴国内渔业做出了努力，但石油工业造成的生态破坏似乎无法克服。巴林附近的海洋生物种群，包括珊瑚礁、海龟、牡蛎床和虾床，以及众多的鱼类物种，已经急剧减少，海洋生物学家不确定生态系统是否能恢复到1960年以前的状态。在20世纪上半叶，巴林、科威特和卡塔尔提供了世界上大部分的珍珠，紧随其后的是其他海湾国家。不过到了20世纪70年代，许多珍珠家族已经离开了这个行业。对珍珠床的生态破坏和来自养殖珍珠的竞争在很大程度上摧毁了该行业，尽管近年来阿联酋试图重振其珍珠业。巴林的捕鱼船队包括几百艘小船，每年渔获约 1 万吨。卡塔尔于 1966 年成立了一家国家渔业公司（卡塔尔国家渔业公司）来保护以多哈附近为中心的捕鱼和捕虾业。政府设立领海并成立从事冷冻加工的流水线工厂，由此成为日本的大供应商。20 世纪 80 年代，阿联酋开始对渔船、设备和修理厂进行补贴，以保护渔业并提高其产量，使年产量达到约 1 万吨。近年阿联酋禁止工业拖网渔船在捕虾季节进入其水域。

休闲

区域冲突、内战和恐怖主义经常干扰北非和中东的旅游业。例如，2001 年 9 月 11 日美国的恐怖袭击事件发生之后，本地区的旅游业下降了 30%。然而，旅游业仍然是一个重要的区域性产业，对于埃及和巴林来说尤其如此。埃及是地中海邮轮的固定停靠站，巴林是来自波斯湾的旅行者的热门目的地。提供该地区（主要是地中海）旅游的邮轮有多种类型，按规模从小到大分为远征型（Travel Dynamics）、豪华型（Regent Seven Seas）及热门景点型（Royal Caribbean）。不同类型的邮轮各有特色。热门目的地包括以色列的海法和阿什杜德以及埃及的亚历山大等。

埃及拥有两个常年吸引旅游者的海滨度假胜地，分别是红海的沙姆沙伊赫和地中海沿岸的马萨马特鲁。在最近十年里，波斯湾各国政府，主要是阿曼和阿联酋，也开始吸引邮轮业到本国发展业务。尽管阿曼的海岸有许多壮观的海滩，但大多数穆斯林并不把游泳作为一项娱乐活动，因此针对外国人的旅游业成为一个亟待增加的项目。

尽管中东国家与海上贸易有着紧密的历史联系，但这些国家中的许多国家一直在努力维持其海上事业的多样性，因为石油工业以及宗教和政治冲突已经破坏了这种多样性。该地区丰富的石油储备在 20 世纪最后几十年里极大地改变了当地的海上活动。到访当地港口的船只——特别是油轮——的规模和数量都有所增加，波斯湾的经济蓬勃发展，但石油工业的巨大增长损害了传统的海洋活动，特别是渔业和采捞业。地区冲突经常扰乱贸易和其他海上活动，还限制了许多中东国家旅游业的发展。

克里斯·布廷斯基

拓展阅读

Carter, Robert.2005. “The History and Prehistory of Pearling in the Persian Gulf." *Journal of the Economic and Social History of the Orient* 48 (2): 139-209.

Commins, David Dean. 2012. *The Gulf States: A Modern History*. New York, NY: I.B.Tauris.

Drysdale, Alasdair.1987. "Political Conflict and Jordanian Access to the Sea." *Geographical Review* 77 (1): 86-102.

El-Shazly, Nadia El-Sayed.2008.*The Gulf Tanker War: Iran and Iraq's Maritime Sword- play*.New York, NY: Palgrave Macmillan.

Greenberg, Michael D., Peter Chalk, Henry H. Willis, Ivan Khilko, and David S.Ortiz.

2006.*Maritime Terrorism: Risk and Liability*.RAND Corporation.

Hazbun, Waleed.2008.*Beaches, Ruins, Resorts: The Politics of Tourism in the Arab World.*

Minneapolis, MN: University of Minnesota Press.

Idarat Maritime.http://www.idaratmaritime.com/wordpress/.Oppenheim, V.H.1976. "Arab Tankers Move Downstream." *Foreign Policy* 23: 117-30. Rodrigue, Jean-Paul. 2013. *The Geography of Transport Systems*. New York, NY: Routledge.Suez Canal Authority.http://www.suezcanal.gov.eg/.

阿基莱·劳罗号邮轮劫持案

1985年意大利邮轮阿基莱·劳罗号（Achille Lauro）被劫持是一件标志性事件，被认为是当代发生的首次海上恐怖袭击。这一事件还促使联合国在1988年颁布了《制止危及海上航行安全非法行为公约》，该公约确立了打击海上犯罪的国际标准。

阿布·阿巴斯（Abu Abbas，1948—2004）是巴勒斯坦解放组织（巴解组织）主席亚西尔·阿拉法特（Yasir Arafat，1929—2004）的助手，也是巴勒斯坦解放阵线（巴解阵线）的领导人，他策划并在1985年10月7日发起了劫持阿基莱·劳罗号的行动。巴勒斯坦解放阵线的四名武装成员在该船离开埃及亚历山大港驶往以色列阿什杜德港途中控制了该船。他们要求以色列释放大约50名巴勒斯坦囚犯，以换取大约400名阿基莱·劳罗号船员和乘客，乘客中许多是美国游客。他们威胁称，如果自己的要求得不到满足，就要杀死乘客并毁掉这艘船。第二天，他们杀害了其中一位名叫莱昂·克林霍夫（Leon Klinghoffer）的乘客。该乘客是一名犹太裔美国公民，身有残疾，只能坐在轮椅上。劫持者杀害了他，并将他的尸体扔下船。

埃及总统胡斯尼·穆巴拉克（Hosni Mubarak）以及阿拉法特和阿巴斯通过谈判结束了危机。穆巴拉克安排邮轮停靠在埃及塞德港，同意将劫持者用商业客机从埃及搭载前往突尼斯，并将他们释放给巴解组织代表。1985年10月10日，美国海军战斗机拦截了这架客机，并迫使其降落在西西里岛的西戈内拉，北约人员将劫持者抓获。1986年，意大利政府将4名劫持者定罪并判刑。同年，意大利法院缺席判决阿布·阿巴斯策划劫持案，并判处他终身监禁。他最终迁往伊拉克，2003年被美军人员抓获。次年，他在美军关押期间自然死亡。1997年，巴解组织同意与克林霍夫的家人达成经济和解。

威廉·A. 泰勒

拓展阅读

Alexander, Yonah, and Tyler B. Richardson. 2009. *Terror on the High Seas: From Piracy to Strategic Challenge*. Santa Barbara, CA: Praeger Security International.

Bohn, Michael K. 2004. *The Achille Lauro Hijacking: Lessons in the Politics and Prejudice of Terrorism*. Washington, D.C.: Brassey's.

Holmes, John W. 1997. "The Achille Lauro Affair." *Mediterranean Quarterly* 8 (4) (Fall): 102–22.

Wills, David C. 2003. *The First War on Terrorism: Counter – Terrorism Policy During the Reagan Administration*. Lanham, MD: Rowman & Littlefield.

阿利雅贝特

阿利雅贝特（Aliyah Bet）是犹太复国主义组织发起的营救和偷渡行动的代号，该行动是为了应对英国对犹太人移民巴勒斯坦所施加的限制，此外，也是为了从纳粹德国和二战初期被纳粹德国征服的越来越多的国家中营救犹太人。Bet是希伯来语字母表的第二个字母，这里表示非法移民。Aleph是第一个字母，这里用来表示合法移民。1939年5月，英国发布的《麦克唐纳白皮书》把犹太人移居巴勒斯坦的人数限制在未来5年内7.5万人。考虑到欧洲犹太人很快面临的威胁，这个数字微不足道。

各犹太复国主义组织之间在很多方面达不成一致，并且各方的分歧往往是对抗性的，对阿利雅贝特行动的反应也是如此。1925 年成立新犹太复国主义组织（修正主义者）的泽伊夫·贾博廷斯基（Ze'ev Jabotinsky）和伊休夫（Yishuv，指居住在巴勒斯坦的犹太社区）的大众领袖大卫·本-古里安（David Ben-Gurion）之间，对此事就存在巨大争议。本-古里安建立了 Mossad Le Aliyah Bet（非法移民研究所），其业务由巴勒斯坦的犹太准军事部队哈加纳（Haganah）负责。贾博廷斯基则建立了 Mercaz Le Aliyah（移民中心），该中心由贾博廷斯基成立不久的贝塔里派（Betarists）管理，这是一个他在 1923 年建立的军事风格的青年组织。从 1939 年 9 月到 1941 年 3 月，Mercaz Le Aliyah 进行了 13 次航行，拯救了数千名犹太人。Mossad LeAliyah Bet 的规模更大、支持了更多行动，在 1937 年至 1945 年期间进行了 62 次成功的航行，拯救了 19000 多名犹太人。这些航行很危险。支持阿利雅贝特行动的团体所使用的难民船破败不堪，多艘发生了沉没。其中一艘斯特鲁马号（*Struma*），土耳其政府拒绝其入境停靠，其后被一艘俄罗斯潜艇击沉在黑海。

二战后，英国的移民限制依然有效，阿利雅贝特行动的领导人将注意力转移到解救欧洲的大屠杀幸存者上，其中许多人留在难民营中。从 1945 年 5 月 8 日欧洲战争结束到 1948 年 5 月 14 日以色列宣布独立期间，大约有 7 万名大屠杀幸存者被 66 艘船偷运到巴勒斯坦。不过，更多的船只被英国海军巡逻队抓获并拒之门外。其中包括“出埃及记 1947”号（Exodus 1947）的 4500 名乘客。这艘老旧蒸汽船被强行遣送回德国。该事件引起了全世界的关注，也加大了英国向犹太难民开放巴勒斯坦的压力。总的来说，阿利雅贝特及其他相关行动成功地将大约 10 万犹太人偷渡到了巴勒斯坦。

凯文·J·麦卡锡

拓展阅读

Edelheit，Abraham J.1988.*The Yishuv in the Shadow of the Holocaust：Zionist Politics and Rescue Aliyah，1933—1939*.Boulder，CO：Westview Press.

Friling，Tuvia.2005.*Arrows in the Dark：David Ben-Gurion，the Yishuv Leadership，and Rescue Attempts during the Holocaust*.Madison，WI：University of Wisconsin Press.

Halamish，Aviva. 1998. *The Exodus Affair：Holocaust Survivors and the*

Struggle for Palestine.Syracuse：Syracuse University Press.

Ofer，Dalia.1984. “The Rescue of European Jewry and Illegal Immigration to Palestine in 1940：Prospects and Reality.” *Modern Judaism* 4（2）.

以色列

作为一个被敌对邻国包围的小国，以色列依赖地中海和红海的港口作为出海口。为确保能从海外获得商品，以色列组建了一支小规模的海军来保护港口，还出资成立了自己的航运公司——以星综合航运服务公司（ZIM）。自从在 1948 年独立战争中击沉埃及旗舰埃米尔·法鲁克号（El-Emir Farouk）以来，海军在以色列的所有冲突中都发挥了重要作用，当前，以色列海军军舰仍在海岸线上巡逻，以防止哈马斯快艇的渗透。而 ZIM 则发展成为世界上最大的集装箱航运公司之一，目前全球排名第 18 位。

与以色列军队的其他部门一样，海军的根基也在其建国之前就建立了。帕利亚姆号（Palyam）曾帮助偷渡移民冲过英国的封锁。独立后，以海军从欧洲国家购买了几艘快速攻击艇，但在以色列军队中并不起眼。尽管如此，海军领导人还是发展了萨尔（Sa'ar）系列装备有导弹的快速攻击艇，其中许多是在以色列制造的。这些舰艇在 1973 年对埃及和叙利亚海军的战斗中证明了自己，击沉了几艘敌方舰艇，自身却没有损失。

以色列最大的航运公司 ZIM（希伯来语，意为“大船”）综合航运服务公司，已经发展成为世界上最大的航运公司之一。ZIM 成立于 1945 年，是在犹太人事务局（Jewish Agency）的要求下成立的，目的是出口产品和货物。然而，在随后十年的大部分时间里，它的主要功能是将犹太难民带到新建立的以色列国。直到 1953 年后，该公司才得以集中精力进行货物运输。在接下来的 15 年里，它购买了 36 艘客运、货运、散装货轮和集装箱船，成为一家主要的全球航运公司。在财政上获得成功后，政府于 1969 年 3 月开始了公司的私有化进程，出售了公司 50%的股份，从而推动了公司进一步向大型集装箱运输领域扩张。到 1970 年，ZIM 拥有一支由 77 艘船组成的船队，又租用了 70 艘船，每年平均运输 430 万吨货物，包括对以色列发展至关重要的伊朗石油。

和许多以色列企业一样，ZIM 也遭受了周期性的抗议和抵制，比如 2014 年 10 月加州奥克兰市因以色列打击加沙的哈马斯而发生的抗议活动，导致该港口暂时对以色列航运关闭。然而，尽管发生了这些事件，ZIM 的增长仍在继续，其私有化也在继续——2004 年，当大型投资公司奥弗兄弟（Ofer Brothers）集团获得公司控制权时，ZIM 的增长达到了顶峰。ZIM 目前在全球 180 个港口运营，拥有 89 艘船（363474 标准箱），其中大部分悬挂方便旗。

凯文·詹姆斯·麦卡锡

拓展阅读

Friedman，Norman.2001.*Seapower As Strategy*：*Navies and National Interests*.Annapolis MD：Naval Institute Press.

Greenfield，Murray S.，and Joseph M. Hochstein. 1987. *The Jews'Secret Fleet*：*The Untold Story of North American Volunteers Who Smashed the British Blockade of Palestine*.Jerusalem：Gefen Publishing House.

Rosenzweig，Rafael N. 1989. *The Economic Consequences of Zionism*. Leiden：E.J.Brill.ZIM International Shipping Services. www. zim. com. Accessed April 14，2015.

油轮战争

油轮战争是 1980—1988 年两伊战争的结果。1984 年初，由于伊拉克和伊朗边境的地面战争行动陷入僵局，伊拉克对停泊在波斯湾北部哈格岛伊朗码头的油轮发动了空袭。伊朗的回应是攻击通过波斯湾运送伊拉克石油的油轮。随着战争的继续，攻击不断升级。伊拉克飞机袭击了与伊朗进行贸易的船只，而伊朗的回应是，用空中力量和小型舰船袭击与伊拉克交易的船只。尽管双方经济发展都没有明显受到阻碍，但受到袭击的船只多达 500 多艘。这对地区航运和联盟关系产生了深远的影响，其中最著名的是美国为科威特油轮重新悬挂星条旗，这些油轮运送了伊拉克出口的大部分石油。

伊朗的袭击导致沙特阿拉伯——海湾合作委员会（GCC）最有影响力的成员——建立了一个包括当地国家及美国海军在内的非正式联盟。每支海军都独立行动，虽然他们的巡逻确实阻止了伊朗的一些攻击，但效果有限。伊朗和伊拉克都继续骚扰与对方交易的油轮。1986 年，伊拉克对哈格岛——拥有当时世界上最大的石油装卸设施——发动了大规模的攻击，摧毁了该设施，迫使伊朗人将石油终端业务南移至霍尔木兹海峡的拉拉克岛。伊拉克的飞机现在被迫在更远的距离上行动，继续攻击航运，这过程中有时会出现失误。1987年5月17日，一架伊拉克飞机误用飞鱼(Exocet）导弹袭击了美国斯塔克号护卫舰（FFG-31)，造成包括37名船员死亡在内的重大损失。伊拉克政府迅速为这一错误道歉。

伊朗人加大了攻击力度，科威特只能进一步寻求美国的保护。美国政府同意为科威特船只悬挂星条旗，这为美国海军直接保护科威特油轮提供了法律依据。在挚诚意志行动（Operation Earnest Will）中，美国军舰护送改挂美国国旗的油轮通过波斯湾。在高峰期，有50艘美国军舰在海湾活动。伊朗人的反应是埋设水雷，损坏了几艘油轮和美国海军塞缪尔·罗伯茨号（FFG-58）护卫舰。作为回应，美国军舰和飞机在螳螂行动(Operation Praying Mantis）中袭击了伊朗海军基地，击沉或打残了许多船只。1988年7月3日，正为受损的塞缪尔·罗伯茨号护航的文森尼斯号(CG-49）战舰误以一架伊朗客机为目标并将其击落，机上人员全部死亡。伊朗和伊拉克在八年的战争中疲惫不堪，1988年8月20日两国接受了联合国的停火协议。停火后两国对航运的攻击已经停止，但伊朗的水雷仍然是一种危险，直到两年后才完全清除。

凯文·J.德拉默

拓展阅读

Clemens, Peter. 1995. “Army Helicopters, Navy Ships, and Operation ‘Earnest Will’—the Gulf, 1987.” *Small Wars and Insurgencies* 6 (2): 209-33.

O’Rourke, Ronald. 1988. “The Tanker War.” U. S. Naval Institute Proceedings. May 1988. http://www.usni.org/magazines/proceedings/1988-05/tanker-war. Accessed April 14, 2015.

Symonds, Craig L. 2005. *Decision at Sea: Five Naval Battles That Shaped American History.* New York: Oxford University Press.

Zatarain, Lee Alan. 2009. *Tanker War: America’s First Conflict with Iran, 1987—88.* Haver-town, PA: Casemate.

东南亚，1945年至今

在东南亚，两个相互关联的历史事件的发展改变了1945年后这个地区的海洋环境：其一是当地海军的逐渐发展，其二是本地区渔船队的急剧扩张。这两个区域性事件都是在深刻的政治、经济和社会变革中发生的，因为这期间正值新独立的国家摆脱西方殖民主义和日本在二战期间的破坏性占领。

第二次世界大战（1939—1945 年）摧毁了东南亚的渔业，但对食品——特别是蛋白质——的高需求提高了战后几年的鱼价，也刺激了对船只和设备的投资。该行业迅速反弹，到 1950 年时渔获量恢复到战前水平。随着绿色革命繁荣带来的农业生产力的提高，海产品帮助养活了以前所未有的速度增长的人口。在这一时期，渔业迅速发展，竞争激烈，被称为“渔获大竞赛”，技术革新、资本的增加和新开辟的外部市场使渔获量空前激增。

冷战时期的政治对抗对印度尼西亚新组建的海军的形成起到了重要作用。尽管印尼拥有丰富多样的海洋文化，但新独立的印尼既缺乏现代化的军舰，也缺乏受过充分技术培训的军官。它在泗水建立了一所海军学院，并开始购置船只。荷兰转让了一些扫雷舰、海岸防卫舰和一艘驱逐舰（取名为加查马达号），但荷兰对未来与前殖民地对抗的恐惧限制了他们提供的弹药和技术援助。印尼海军最早的任务是打击走私和镇压叛乱，如 1950 年的安汶（Ambon）事件。

印度尼西亚富有远见的第一任总统苏加诺（1901—1970）的领土野心，鼓励了海军的扩张。荷兰人要求印尼放弃对西新几内亚的领土主张，在此压力下，苏加诺急于加强海军力量并向苏联求助。苏联在 20 世纪 50 年代末向印尼提供了 4 艘驱逐舰、2 艘潜艇和 8 艘追击舰。所有这些舰艇都需要进行大修，才能在温暖的热带水域作战。尽管如此，拥有这些舰艇本身就足以帮助苏加诺成功地实现对西新几内亚（印尼称“西伊里安查亚”）的领土要求。然而，苏加诺在 20 世纪 60 年代初向马来西亚施加压力的类似努力却失败了。改装后的苏军舰艇需要长期维护，这限制了它们的作战能力。在英国承诺支持马来西亚后，苏加诺退缩了。

国内政治动荡也阻碍了印尼的海军扩张。1965 年，一场政变和一场反政变将苏加诺赶下台。忠于苏哈托将军的印度尼西亚士兵屠杀了大约 50 万名共产党员、左派人士及其同情者。为了赢得美国的支持和投资，苏哈托总统的“新秩序”政权采取了亲西方的外交政策。苏哈托增加了对印度尼西亚的出口，特别是石油，但也利用这些出口来中饱其戈尔卡党

（Golkar Party）、家族和亲信。

在海上，印尼海军面临越来越大的挑战。致力于为亚齐省赢得独立的海盗滋扰着西苏门答腊的水路。其他海盗则攻击通过马六甲海峡和其他重要海上通道的商业交通。为了打击海盗，苏哈托与邻国新加坡及马来西亚的海军建立了合作关系，还从美国购买了 6 艘扫雷舰和 4 艘驱逐舰护航，又从澳大利亚购买了几艘巡逻艇。1975 年 12 月印尼入侵葡萄牙前殖民地东帝汶时，其新近现代化的海军表现良好。20 世纪 70 年代末，印尼海军继续振兴，从荷兰购买了 3 艘导弹护卫舰，从韩国购买了 4 艘导弹快速攻击艇，从联邦德国购买了 2 艘“209 型 ” 潜艇。到 20 世纪 90 年代中期，印尼海军包括 17 艘水面战舰（大部分是护卫舰）、100 艘海岸巡逻艇和数架侦察机。1997 年金融危机引发的民众抗议帮助推翻了苏哈托政权，开启了民主改革和减少军费的时期。

与菲律宾、泰国等其他东南亚国家形成鲜明对比的是，在印尼广阔的群岛上，渔船的数量仍然相对较少。但是，在 1945 年至 1965 年期间，由于方法和技术的改进，印尼的鱼获量翻了一番。20 世纪 60 年代，印尼试图通过在 1980 年宣布建立 200 海里的专属经济区（EEZ）来控制其领海内的捕捞活动。它要求外国围网渔船和拖网渔船公司——主要来自中国台湾省、日本和泰国——与印尼渔业利益集团组建合资企业，这有助于为印尼渔船队的现代化提供资金。然而，这种繁荣是短暂的，因为本地及合资渔船迅速耗尽了当地鱼类资源。

当印尼集中精力控制其专属经济区之时，泰国将其渔船派往离母港更遥远的地方。泰国的渔业经历了本地区最剧烈的扩张之一。二战结束时，泰国人捕捞的最大单类海产品是软体动物。泰国渔民从鱼床和鱼笼内的渔竿上捕捞。他们也集中在这些同样的鱼笼里捕捞鲭鱼。随着更多船只的引进——大多使用从日本仿制而来的对拖式拖网渔船系统——他们开始捕捞虾以获取更大的利润。到了 20 世纪 60 年代末，泰国政府在国内市场上力推底栖鱼（生活在海底的鱼），泰国渔民也集中捕捞这类渔获。20 世纪 60 年代，在泰国湾作业的泰国拖网渔船数量从 100 艘猛增到 2700 艘，这些渔船迅速减少了当地的鱼类资源。到 60 年代末，渔获量下降了一半。为了弥补捕获数量及收益的下降，渔民们只得开始捕捞所谓的“废鱼”，并将这种鱼作为动物饲料出售。

20 世纪 70 年代，泰国政府试图通过鼓励渔民退休来限制在泰国湾捕鱼的船只数量，但事实证明燃料价格的飙升在限制捕鱼方面更加有效，正是70年代初的油价上涨才暂时中止了泰国渔业的扩张。到20世纪70年代末，泰国渔民引进了“诱捕围网”之类的新技术，使用安装在泡沫塑料浮子上的液化石油气灯来吸引水体中上层的鱼类入网。20世纪80年代末，当水体中上层渔获量下降时，泰国人开始追逐鱿鱼，并将鱿鱼捕捞变成了一个主要产业。一些外国公司也采用了泰国的方法。

随着鱼类资源的减少，泰国渔业企业也转向水产养殖业。投资者将原来的沿海盐田改造成虾场。到20世纪80年代末，泰国虾农采用中国台湾省开发的集约化养殖方法来提高产量。在这一时期，对虾养殖场的面积扩大了3倍，利润激增了25倍。由于其他地区的鱼类资源减少，泰国的虾场需求和利润急剧上升。到20世纪90年代，泰国的虾类出口量居世界首位。

对虾养殖场的快速增长对生态环境造成了影响。在泰国，就像在印度尼西亚和菲律宾一样，虾农们为了扩大虾塘，破坏了大片的红树林。红树林的消失破坏了许多鳍鱼、甲壳类和软体动物的重要育苗区，因为这会减少水中碎屑的数量。而红树林碎屑是大型海洋生物赖之为食的浮游生物的必要营养物质。养虾场废水的排放进一步损害了剩余的红树林区域。

1946年菲律宾从美国控制下独立，这个过程几乎没有发生暴力事件，但一个小规模的精英家族网络控制了独立后的新政府。对于寻求改善生活条件的农民、工人和服务人员来说，渔业是为数不多的提供美好未来希望的经济部门之一。从二战中存留下来的船只、发电机到炸药等设备或物资，帮助启动了菲律宾的“渔获大竞赛”。在美国鱼类及野生动植物管理局的帮助下，菲律宾渔民将美国海军留下来的船只改装成了一支新的拖网船队。最初，他们把这些船改装成梁式拖网船（beam trawlers），后来又改装成水獭式拖网船（otter trawlers）。菲律宾渔民还使用战争中留下的炸药和手榴弹来杀死大量的海洋生物。这些炸药带来了大量的战利品，但破坏和摧毁了生态系统。这种破坏性的做法一直持续到费迪南德·马科斯总统（1917—1989）在20世纪70年代宣布戒严并禁止平民使用军用炸药的时候才停止。

战后10年，菲律宾渔民经历了最好的年景。此后，由于拖网渔船在相对较小的拖网区域过度捕捞，加上爆炸物破坏了鱼类的产卵周期，渔获量迅速下降。为了弥补损失，渔民在拖网船上加装了袋网。到了20世纪

70 年代，他们将船只改为刺网，以获得更大的渔获量。他们还使用经过改装的速度更快的美国海军遗存舰船，如鱼雷快艇（PT boats），以到达更远的捕鱼水域。20 世纪 70 年代燃料成本上升后，菲律宾渔民把许多拖网渔船改成了围网渔船，这种渔船采用深网帘，在捕获鱼群后用铁丝封底。利用围网船，船员们在巴拉望岛附近捕获了大量的水体中上层鱼类。然而，到了 20 世纪 80 年代，当地的生态系统就无法消弭捕鱼和爆炸物造成的损失了。

菲律宾的经济在 20 世纪 50 年代和 60 年代仅有小幅增长。尽管有日本的战争赔偿、美国的援助、丰富的自然资源、精力充沛的劳动力和国际化的视野，菲律宾还是落后于其他东南亚国家。一些评论家指出，原因在于殖民体制的持久性。具体原因包括与美元挂钩的货币和对美国公司的特殊优惠，以及制度化的腐败和价格控制。美国把菲律宾作为冷战时期的军事堡垒，在群岛上建立了许多军事基地，包括苏比克湾海军基地和克拉克空军基地，美国军事人员享有治外法权，这也是美菲庇护-被庇护关系（patron-client relationship）的体现。

美国的慷慨馈赠阻碍了菲律宾海军的发展。美国海军将其 92 艘舰艇移交给了新生的菲律宾海军，但美国在群岛的大规模军事存在，以及 1952 年签订的《共同防御条约》（美国承诺保卫菲律宾不受外国侵略），削弱了菲律宾发展舰队的必要性。菲律宾军队在军事规划和打击胡克叛乱（1942—1954 年）及穆斯林分离主义运动的斗争中的主导地位也是如此让渡给了美军。

在整个动荡的政治时期，菲律宾的财富仍然集中在少数几个显赫的家族中，但由于石油和其他进口品的高价，以及食品和其他菲律宾出口品的低价，城乡劳动者的贫困现象不断蔓延和加剧。许多菲律宾人到国外做女佣、艺人、劳工和水手。事实上，在世界各地的船上工作的菲律宾海员比任何其他国籍的海员都多。到 21 世纪初，他们占全部船员的 25%。他们的汇款——就像所有菲律宾海外劳工的汇款一样——帮助自己的家庭避免了破产，但对改变国家的整体经济状况却没有什么作用。

美国就其军事基地续租问题同菲律宾进行了艰难的谈判。1991 年皮纳图博火山爆发造成损害后，美国放弃了在菲律宾的军事基地，因为这次喷发使继续维持苏比克湾的海军基地的成本过高。越南战争（1955—1975 年）后，美国从东南亚稳步撤退。1991 年苏联解体。中国的海军、渔船和货船迅速向该地区扩张。东南亚各国卷入新的海上冲突，而鱼类资源的不断减少更加剧了这种冲突。

自 1975 年以来，几乎所有的东南亚海洋国家都在中国南海为争夺主权而争吵不休。印度尼西亚、马来西亚、菲律宾、新加坡、文莱和越南一直在这些具有战略意义的水域与中国以及彼此之间就海洋边界、捕鱼权和航道发生冲突。这些冲突——由于南沙群岛和西沙群岛下面疑似埋藏着储量巨大的石油和天然气而加剧——涉及对岛屿的军事占领和海上暴力冲突。21 世纪，在中国开始在南沙链上建造几个人工岛，菲律宾政府对中国对这些海域的主张提出异议后，南海的紧张局势急剧上升。2016 年 7 月，海牙的一个国际仲裁法庭做出了不利于中国的裁决，但中国政府拒绝接受这一裁决，争端仍未解决。

虽然政治暴力、战争、地缘政治竞争和生态破坏给该地区带来了持续的挑战，但东南亚人民的生活质量还是取得了一定的进步。东南亚各国在教育、卫生和人权意识方面都取得了长足的进步。他们发展了自己的工业基地和通信基础设施。他们还发展了成功的旅游业，吸引了大量的外汇。东南亚国家联盟（东盟，ASEAN）1967 年成立，并在 20 世纪 90 年代末扩大，促进了 10 个成员之间的区域合作。近年来，东盟已成为推动东南亚与其他国家——特别是中国、日本和韩国——进行对话的重要机制。

理查德·A. 露丝

拓展阅读

Beeson，Mark （ed.）. 2004. *Contemporary Southeast Asia：Regional Dynamics，National Differences*. New York：Palgrave Macmillan.

Butcher，John G. 2004. *The Closing of the Frontier：A History of the Marine Fisheries of Southeast Asia c. 1850—2000*. Leiden：KITLV Press.

Chandler，David et al.. 2005. *The Emergence of Modern Southeast Asia：A New History*.

Honolulu：The University of Hawai ‘i Press.

Goldrick，James，and Jack McCaffrie. 2013. *Navies of South-East Asia：A Comparative Study*. New York：Routledge Press.

Jacques，Peter. 2006. *Globalization and the World Ocean*. Oxford：AltMira Press.

Tarling，Nicholas. 1999. *The Cambridge History of Southeast Asia*.

Cambridge：Cambridge University Press.

船民

“船民”（boat people）一词是指 1975 年至 1992 年期间从海上逃离越南的 80 多万越南难民。他们代表了逃离越南、老挝和柬埔寨，以逃避专制政府、灾难性的经济计划和取得胜利的共产主义政权之报复的 200 万东南亚人的接近一半。这些人乘坐各种大小不一、适航程度不同的船只出海。当这支船队的惨痛照片出现在世界各地时，船民们成了东南亚冷战冲突造成的挥之不去的苦难的象征。

他们所经历的旅行是非常危险的。多达 40 万人在逃亡过程中丧生，虽然伤亡人数的准确统计永远无法得知。他们挤在拥挤的船上，冒着公海上的风暴，强烈的口渴和饥饿，并且一直担心被越南海岸巡逻队发现。汹涌的海面和暴露的环境夺走了许多难民的生命；其他人则成为海盗的受害者。随着这些逃亡的越南人携带黄金的消息传开，泰国渔民开始抢劫、强奸，有时甚至杀害这些脆弱的移民。到达外国海岸的船民面临着包含敌意的对待。泰国、马来西亚、新加坡和印度尼西亚政府声称缺乏足够的资源来收容难民，并经常把他们赶回海上。最后，联合国难民事务高级专员办事处（UNHCR）与这些国家政府谈判达成协议，为船民提供临时庇护，直到他们能在其他国家得到安置。绝大多数越南流亡者去了美国。小部分人则在法国、加拿大、澳大利亚、新西兰和英国定居。

越南人乘船出逃分为三波。第一波是 1975 年至 1978 年，河内战胜美国支持的西贡政权后，出现了恐惧和恐慌的气氛。其中包括许多与前政权或美军有关系的人。这些前官员、士兵和他们的家人在最后几个月的战斗所产生的恐怖势头中逃离了胜利的共产党军队。许多人确信，河内的征服军和新成立的警察机构会处决他们。他们乘坐任何可用的船只离开，包括被前士兵征用或偷窃的南越海军船只。第二波，即 1978 年至 1985 年，随着河内在南方实行新政策，这些人逃离了经济和政治骚扰。许多人是越南共产党严肃而可能有生命危险的再教育营的幸存者。其他的人则是为了逃离被迫重新安置在“新经济区”，这是政府的一项计划，目的是通过派遣政治上有嫌疑的南方人去清除森林，并在充满疾病和致命工作条件的偏远山区建立农场来扩大农业生产。其中相当多的人是中国人。随着河内和北京之间外交关系的恶化，这些中越商人发现自己成了官方怀疑和骚扰的目标。越南在1978年底入侵柬埔寨，几个月后中国发起对越自卫反击战。越南华裔的外逃有时是搭乘海外华商花大笔买路钱而得以派来的货船。

最后一次浪潮发生在1985年至1992年，主要是希望到国外寻求更好生活的经济移民。他们大多来自越南北部省份，在共产党领导下长大。他们乘坐相对安全的航船，沿着中国南部海岸前往香港。在英国统治日渐式微的日子里，他们被长期关押在集中营里，由于西方国家对同情心的疲劳和冷战的结束，很难找到愿意接纳他们的国家。他们中许多人变得绝望，有时甚至变得很暴力。不少人被强行遣返越南。在整个逃亡过程中，越南公安局的代表为难民的离开提供了便利。当地警察和政府官员索要高额的黄金贿赂后，对离境的船只视而不见。逃离越南的船只太多，以至于越南的渔船队缺乏足够的船只从事捕捞来养活民众。这加剧了河内农业集体化造成的饥荒，并鼓励更多的人逃亡。河内在联合国难民署、法国和邻国政府的压力下，最终打击了这种交易。

具有讽刺意味的是，越南20世纪90年代的经济繁荣部分是由归国的越南侨民的投资和专业技术所推动的，其中许多人在几年前才逃离越南。一个较好的例子是，一些船民的旅程具有奥德赛式的品质，1975年，洪巴利（Hung Ba Le）带着家人乘坐一艘拖网渔船逃亡。34年后，他驾驶美国海军拉森号驱逐舰驶入岘港，受到越南官员和平民的热烈欢迎。

理查德·A. 露丝

拓展阅读

Cargill，Mary Terrill，and Jade Ngoc Quang Huynh（eds.）.2001.*Voices of Vietnamese Boat People：Nineteen Narratives of Escape and Survival*.Jefferson，NC：McFarland & Co.

Robinson，Court.1998.*Terms of Refugee：Indochinese Refugees & the International Response*.New York：Zed Books

Vo，Nghia M. 2006. *The Vietnamese Boat People*，1954 *and* 1975—1992.Jefferson，NC：McFarland & Co.

大太平洋垃圾带

大太平洋垃圾带（Great Pacific Garbage Patch），又称太平洋垃圾漩涡，是覆盖在日本和北美之间的北太平洋大片区域的碎片集中地。该垃圾带是查尔斯·摩尔研究员在1997年发现的。这片垃圾带由北太平洋的亚热带回旋聚集而成，覆盖了大约 700 万平方英里的海域，不过它的确切大小很难确定，因为大约 70%的垃圾碎片在水下。

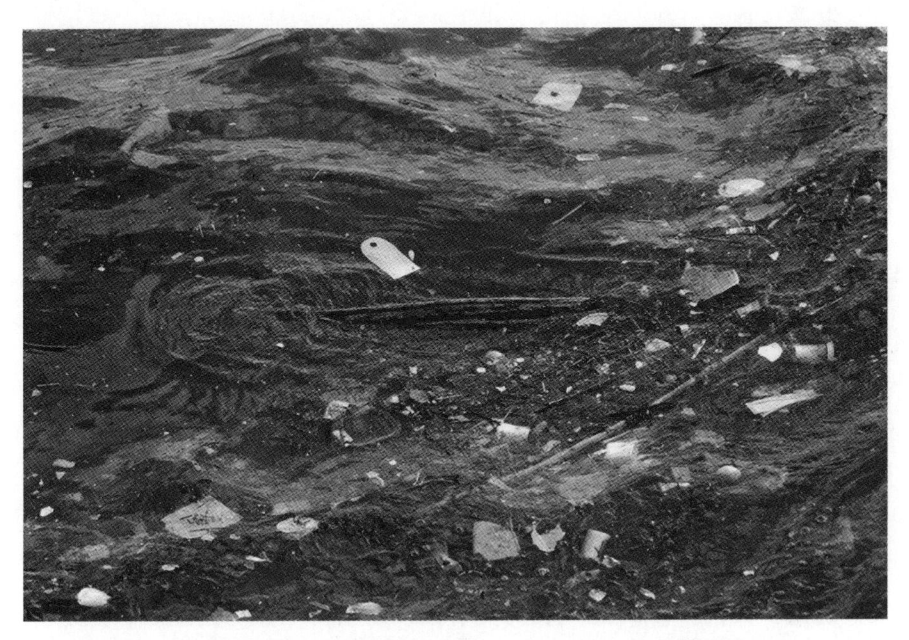

每年进入世界海洋的废弃物数量越来越多。如这张 2011 年的照片所示，其中超过四分之三的垃圾是塑料，有些垃圾太小，看不清楚。（Estike/Dreamstime.com）

尽管名字很好听，但大太平洋垃圾带并不是一个由大块垃圾组成的浮岛，而是一个由小碎片组成的广泛分散的区域。大多数垃圾由直径 0.01—0.25 英寸不等的小塑料颗粒组成，不过也发现过塑料瓶、玩具和其他大件物品。垃圾带很难用肉眼看到，也不会出现在卫星图像上。

当塑料降解时，它们会向水中释放出有害的化学物质，伤害摄入它们的海洋野生动物。幽灵网——漂浮在海中的渔网——也成为一个问题，这些渔网会缠绕并杀死海豚和其他物种。然而，对于一些生物来说，这片海域已经成了新的栖息地。太平洋中上层水黾等昆虫将卵产在微塑料的硬表面上。

试图清除这些垃圾并不符合成本效益，也没有简单的方法将塑料从海水中分离出来。如果使用渔网来清除海洋中的微塑料，那么在捞起垃圾的同时常常还会捕获海洋生物。目前，环保工作的重点是采取预防措施，防止垃圾进入海洋。

卡伦·S. 加文

拓展阅读

Hohn, Donovan.2012.*Moby-Duck*: *The True Story of* 28,800 *Bath Toys Lost at Sea and of the Beachcombers*, *Oceanographers*, *Environmentalists*, *and Fools*, *Including the Author*, *Who Went in Search of Them.* New York: Penguin.

Moore, Charles.2011.*Plastic Ocean*: *How a Sea Captain's Chance Discovery Launched a Determined Quest to Save the Oceans*.New York: Avery.

National Geographic. "Great Pacific Garbage Patch." http://education.nationalgeographic.com/encyclopedia/great-pacific-garbage-patch/. Accessed November 20, 2016.

太平洋地区的核弹试验

1945年7月16日，第一个核装置在新墨西哥州阿拉莫戈多附近被引爆。这次“三位一体试验”表明曼哈顿计划获得了成功。随后，原子弹分别于8月6日和9日在日本广岛和长崎市上空被引爆，这帮助结束了第二次世界大战。此后，随着其他国家——包括苏联、法国、中国和英国——开发和试验核武器，核武器的数量急剧增加。美国和法国都曾在太平洋地区选址进行过核武器试验。

核武器的数量从20世纪40年代的几十枚增加到60年代的约2.5万枚、1975年的5万枚、1985年的7万枚（不过，2015年这个数字下降至不到1万枚），其中绝大部分在美国和苏联的武库中。随着诸多核装置的扩散，核试验也随之增多。20世纪40年代全世界只进行了7次试验，但50年代增加到291次，60年代高达706次，此后试验次数缓慢下降，70年代为550次，80年代为439次，90年代为58次，21世纪头十年仅有2次。

最初的许多核试验都发生在陆地上，但也有一些试验在世界各大洋及其周围或上空开展，最著名的是太平洋和北冰洋。1946年至1962年期间，美国在马绍尔群岛比基尼环礁附近的太平洋试验场疏散当地居民，并引爆了103枚核武器。法国在南太平洋的试验中引爆了几十枚核武器，一直持续到90年代。苏联也在其北冰洋南部靠近其毗连陆地空间的新地岛

（Novaya Zemlya）核试验场进行了核试验。美国在 1954 年 3 月 1 日进行的代号为“喝彩城堡”（Castle Bravo）的试验，将危险的尘埃扩散到远远超出预期的区域，并污染了日本渔船幸运龙号（Lucky Dragon）。23 名船员的健康全部受损，其中几人死于辐射。

人们对核试验产生的放射性尘埃的恐惧越来越大，这促使人们通过外交努力来限制核试验。一些国际条约减少了世界各地的核试验。美国、英国和苏联于 1963 年签署的《部分禁止核试验条约》（PTBT）将核试验限制在地下设施，并结束了美国在太平洋的试验。然而，苏联继续在其位于北冰洋的新地岛试验场进行地下试验。法国进行了 200 多次核试验，但没有签署《部分禁止核试验条约》。1960 年至 1996 年期间，法国在南太平洋法属波利尼西亚的穆鲁罗瓦环礁和方加陶法环礁附近进行了几次核试验。1996 年，法国与其他大多数核大国签署了《全面禁止核试验条约》（CTBT），全世界大部分核试验至此终结。自 1996 年起，美国、法国和俄罗斯没有进行任何核装置试验。

许多开展过核试验的岛屿仍然受到污染，当地居民面临许多健康问题，包括癌症和出生缺陷的风险增加。不过，海洋中的辐射已经减弱。比基尼环礁曾是美国几次核试验的场地，现在是一个受欢迎的钓鱼胜地。

格伦·迈克尔·杜尔

拓展阅读

Comprehensive Test Ban Treaty Organization. http：//www.ctbto.org/. Accessed November 20，2016.

Smith-Norris，Martha. 1954. “Only As Dust in the Face of the Wind”：An Analysis of the BRAVO Nuclear Incident in the Pacific，1954.” *The Journal of American-East Asian Relations* 6（1）：1-34.

Waltz，Kenneth，and Scott D. Sagan. 2003. *The Spread of Nuclear Weapons：A Debate Renewed.* New York：W.W.Norton.

Wilson Center：Nuclear Proliferation International History Project. http：//wilsoncenter.org/program/nuclear-proliferation-international-history-project. Accessed November 20，2016.

东南亚的海盗问题

在整个历史上，海盗行为一直是东南亚水域的一个不变和决定性的特征。在关于该区域的最早书面记载中，5 世纪佛教朝圣者法显警告说，他在驶回中国的途中看到了残忍的海盗。几个世纪以来，海上强盗在这一地区掠夺货物和奴隶，并成为该地区沿海政体的政治、经济和社会体系的组成部分。伊班人、布吉人、马来人和依拉侬人（Iban，Bugis，Malay，and Iranun）在东印度群岛海域进行掠夺。中国和越南海盗对北部湾（northern areas of the Tonkin Gulf）和中国南部沿海地区进行恐吓。历史学家坎波（Joseph N.F.M.à Campo）在考虑殖民时代海盗活动的经济动机时，将所有活动归纳为两类：寄生性和掠夺性。寄生性海盗行为包括对过往船只的随机袭击。掠夺性海盗行为涉及有组织的突袭和掠夺，通常由已建立国家的统治者指挥。

在殖民时代，苏禄海地区的依拉侬人在整个东南亚岛屿的当地人和外国人中造成了恐怖，成为以凶猛大胆著称的奴隶掠夺者的代名词。依拉侬人的海上袭击和对定居点的劫掠几乎遍及群岛的每个海岸。他们乘坐大型的拉侬船（Lanongs）和快船（Perahus），带着多达 3000 人的突击队，分乘 50 艘船，配备了当时最先进和最强大的武器。到 19 世纪末，现代殖民海军已经大大减少了这些为了劫掠奴隶而发起的沿海袭击。

在 20 世纪后半叶，东南亚作为东西方制造业和贸易中心之间的航运纽带，其重要性与日俱增，这也使该地区成了对海盗更具吸引力的狩猎场。20 世纪 70 年代末和 80 年代，泰国海盗对越南船民实施的野蛮袭击，使东南亚成为海盗袭击的代名词。泰国湾燃料价格的上涨和渔业产量的下降，促使一些泰国渔民对乘船逃离越南的难民弱势群体进行捕杀。同期，东南亚海域也有类似的海盗团伙利用快艇、自动武器、手榴弹和大砍刀在偏远地区劫持货船和渔船。袭击者会用较小的船只运走尽可能多的货物和设备，包括渔获物和发动机。一次这样的袭击就可以提供足够维持一个渔村一年或更长时间的宝贵货物。

到 20 世纪 90 年代，该地区占全世界报告的所有海盗袭击事件的四分之三，每年约有 300 起袭击事件。到 20 世纪末，东南亚海域的海盗活动几乎占了世界海盗活动总量的一半。泰国湾、苏禄海区、马六甲海峡、新加坡海峡和中国南海是世界上海盗最猖獗的地区（Warren，2008：325）。袭击往往发生在国际水域或附近。精通技术的海盗利用现代科技和大威力武器，利用不明确的海洋边界抢劫货轮、集装箱船、油轮和豪华游艇。在某些情况下，这些海盗把自己的大船开到受困船舶旁边，以惊人的效率转移石油和货物。

在 20 世纪末，袭击中使用的暴力程度也有所上升。以前海盗们只是威胁或殴打被围困的船员，但现在这些袭击者会杀死他们。在一些臭名昭著的案件中，海盗处决了整船船员，被劫掠的船只最后成为漂流在繁忙航道上的空无一人的“幽灵船”。这种流血事件的增加使东南亚海域成为世界上最危险的海域。这些现代海盗的武器、组织和资金都比其殖民时代的前辈强得多。大多数东南亚海军缺乏必要的资源和合作协议来打击这些日益复杂和暴力的海盗。21 世纪，生活在国家边缘的海洋民族的经济状况非常糟糕，而努力为其维持治安的地区海军资金不足，这意味着在可预见的未来，海盗行为将困扰东南亚水域。

理查德 · A. 露丝

拓展阅读

Campo, Joseph N. F. M. à. 2003. “Discourse Without Discussion: Representations of Piracy in Colonial Indonesia 1816-25.” *Journal of Southeast Asia Studies* 34: 199-214.

Tagliacozzo, Eric. 2005. Secret Trades, Porous Borders: Smuggling and States Along a Southeast Asian Frontier, 1865—1915.Singapore: NUS Press.

Warren, James.2008.*Pirates, Prostitutes and Pullers: Explorations in the Ethno-and Social History of Southeast Asia*.Crawley, Western Australia: University of Western Australia Press.

Young, Adam J. 2007. *Contemporary Maritime Piracy in Southeast Asia: History, Causes and Remedies*.Singapore: ISEAS Publishing.

新加坡

1819 年，当托马斯 · 斯坦福 · 莱佛士爵士（Sir Thomas Stamford Raffles）第一次看到新加坡时，岛上只有几个人烟稀少的马来渔民和海盗的村庄。但莱佛士看到了这个距离马来半岛海岸仅一英里、位于马六甲海峡南端的岛屿的巨大潜力。对于那些足够精明的人来说，这个地方的开发能为他们提供巨大的利润，并且让他们拥有足够的实力来保卫开发的成果。莱佛士以英国与柔佛州统治者签订的条约为借口，为英国索取该岛，并将其置于东印度公司的控制之下，使其在 1826 年后成为英国在马六甲海峡定居点的一部分。

莱佛士的商行吸引了马来人和中国移民劳工到英国贸易公司的橡胶园

和船坞工作。19 世纪中叶，随着锡矿和橡胶种植园吸引越来越多的移民来到半岛，新加坡发展迅速。中国劳工为躲避太平天国之乱（1850—1864 年）及其后的混乱局面，以“七年劳工”（seven-year men）的身份来到新加坡岛。所谓“七年劳工”是一种定期合同工，他们在返回中国之前，主要作为种植园工人、矿工、码头工人、装卸工、人力车夫等从事低技能工作。然而，许多人在合同期满之后留了下来，这使新加坡具有强烈的华人文化特征。到 19 世纪 60 年代，新加坡一半以上的人口是华裔。在这一时期，英国行政人员与华人秘密社团领袖展开了对劳工人口的控制权的争夺。英国人主要通过对出售给新加坡亚裔劳动力的鸦片发放许可证和征税的方式来实现对殖民地的管理。新加坡发展成为英国在亚洲最大的海军基地和重要的贸易中心，特别是在 1869 年苏伊士运河开通后。

新加坡人民在第二次世界大战期间（1939—1945 年）遭受了可怕的痛苦。从 1941 年 12 月初开始，日本对这个具有战略地位的英国殖民地进行封锁和轰炸，造成数千平民伤亡。1942 年 2 月 14 日征服该岛后，宪兵队——日本的秘密警察——策划了对数万名抗日华人的屠杀。在整个占领期间，日本人一直残酷对待当地居民。

二战后的十年间，随着共产党游击队——其中大部分是华裔——与英国人争夺马来亚的控制权，新加坡卷入了马来亚紧急状态（1948—1960 年）。50 年代末共产党失利，新加坡仍然是英国的殖民地，此时几乎所有其他东南亚国家都独立了。1963 年，新加坡加入了马来亚联邦。该联邦是包括马来半岛、沙巴和沙捞越的一个政治实体。然而，各成员之间经过两年的持续政治摩擦之后，新加坡脱离联邦成为一个独立的岛国。面对岌岌可危的经济和不安全的基础设施状况，新加坡首任总理李光耀努力吸引外国投资。他的经济政策还鼓励发展制造业来补充已有的船坞相关产业。后来，他成功地推动新加坡成为国际金融和旅游中心。新加坡成了最有活力的亚洲新兴工业化国家、国际金融中心，以及世界第二繁忙的集装箱港口。2005 年，新加坡的货物吞吐量超过 4 亿吨。

理查德·A. 露丝

拓展阅读

Barber, Noel. 1968. A Sinister Twilight: The Fall of Singapore. Boston. Houghton Mifflin.Chew, Ernest C.T., and Edwin Lee (ed.).1991.*A History of Singapore*.Singapore: Oxford University Press.

Trocki, Carl A.1990.*Opium and Empire*: *Chinese Society in Colonial Singapore*, *1800—1910*.Ithaca, NY: Cornell University Press.

美国，1945 年至今

二战后，美国与外部世界的关系发生了重大变化。美国结束了孤立主义，美国海军在全球执行任务，为此生产了一系列先进的战舰，其中包括配备核武器（弹道导弹或巡航导弹）的舰艇和潜艇，以及第一批核动力舰艇。除了军事事务之外，美国的个人与海洋的关系也发生了变化，他们的度假时间越来越多地花在海洋和海滩休闲上。再加上战后美国人纷纷向温暖的阳光地带各州移民，沿海各州以海滩活动、钓鱼和划船为中心的旅游业务急剧增长。美国人也更加意识到人类对海洋的影响，开始付出一系列努力来保护海洋环境、物种和海岸。然而，虽然美国海军保持着世界上规模最大、力量最强的舰队的地位，但美国的商业航运却发生了巨大的转变。船舶变得更大，特别是在引入集装箱化之后，但从事海外贸易的美国所有或悬挂美国国旗的船舶数量却从战时的最高点急剧下降。

武装力量

第二次世界大战结束时，美国海军成了全世界最大的舰队。尽管舰队规模从 1945 年的 1000 多艘主力战舰（以及 200 万水兵）下降到 2016 年的 272 艘，但世界第一的称号一直保留至今。由于核武器的发展和美国空军作为独立军种的出现，在战后不久的几年里，海军的任务和经费都受到了挑战。大型航空母舰在二战中居功至伟，但并不适合核战争的模式。为了给美国空军轰炸机提供经费，决策者牺牲了对美国海军航空母舰的投入，这导致了 20 世纪 40 年代末一些海军领导人的抗议和辞职，史称“海军将领的反抗”。不过，海军在朝鲜战争（1950—1953 年）中证明了自己的作用。他们在岸上支援和维持部队，用舰载机攻击敌军，并在仁川成功地发动了两栖登陆。这些作用为海军获得了研发建造新一代大型航母的资金。在越南战争（1964—1975 年）和冷战期间（1947—1991 年）的各种较小规模的冲突中，美国海军采用了一系列新的武器系统，包括喷气式战斗机和巡航导弹，这显示了海上力量在支持和维持陆地战争方面的重要性仍然一直存在。此外，海军还展示了其快速应对人道主义危机和在世界各地提供援助的能力——最近几次是在太平洋海啸（2004 年）和海地地震（2010 年）之中。

直到 1991 年冷战结束前，美国海军在许多地方与苏联及其盟友对峙。尽管敌对舰队的舰艇、飞机和潜艇之间经常相互跟踪，但从未交战。最接近的一次是在 1962 年古巴导弹危机期间，美国军舰封锁了古巴，并逼退了驶往古巴岛的苏联舰船。冷战期间，美国军舰军事行动部署时间最长、规模最大的一次是在越南战争期间。当时，美国军舰在海岸和河流上巡逻，为陆上作战的美军和南越军队提供空中支援，航母上的飞机也经常攻击北越的目标。当南越政府在 1975 年崩溃时，美国军舰帮助疏散美国人员和越南难民。满载着绝望难民的直升机从美国大使馆升空，飞往沿海的航空母舰。1980 年在伊朗营救美国人质的努力，也是从尼米兹号航空母舰上发起的，不过这一行动最后失败了。美国海军还支持了在黎巴嫩和格林纳达的干预行动（1983 年），两次与利比亚飞机和军舰发生冲突（1981 年和 1986 年），并在两伊战争期间为波斯湾航运护航（1980—1988 年）。

古巴导弹危机

1962 年 10 月的古巴导弹危机是冷战期间美国和苏联之间发生的险些升级为核冲突的一次对抗。菲德尔·卡斯特罗（1926—）[①] 领导的共产主义革命者推翻古巴独裁者富尔根西奥·巴蒂斯塔（1901—1973）后，新政府没收了外国财产，并与苏联建立了密切的关系。1961 年 1 月，美国与古巴断交，并试图推翻卡斯特罗的政府。卡斯特罗的反应是允许苏联领导人在古巴部署核武器。1962 年 10 月 14 日，美国飞机发现了这些情况。1962 年 10 月 22 日，约翰·肯尼迪总统（1917—1963）公开警告说，美国将把来自古巴的攻击视为苏联发起的攻击，“要求对苏联作出全面报复性反应”。

肯尼迪下令对古巴进行海上隔离（quarantine）——避免使用“封锁”（blockade）一词，因为国际法将封锁与宣战联系在一起——并要求苏联领导人尼基塔·赫鲁晓夫（1894—1971）拆除武器。10 月 24 日，赫鲁晓夫称肯尼迪的隔离是“侵略行为”，并宣布前往古巴的苏联舰艇将继续航行。10 月 25 日和 26 日，美国军舰拦截并搜查了一

① 译注：菲德尔·卡斯特罗于 2016 年 11 月 25 日逝世，享年 90 岁。

艘黎巴嫩货轮和其他几艘驶往古巴的船只。10 月 27 日，一架美国 U-2 间谍机在古巴上空被击落，赫鲁晓夫命令 14 艘驶往古巴的苏军舰艇（可能载有核武器）回国，避免与美国军舰直接对抗。

美国的封锁起了作用，10 月 28 日，紧张的谈判解决了危机。苏联领导人公开同意从古巴撤走导弹，以换取美国保证不入侵古巴，还达成了美国从土耳其撤走其导弹的秘密协议。

拉里·A. 格兰特

美国海军的重要性并没有随着冷战的结束而消失。1990 年 8 月伊拉克入侵科威特后，包括两个航母战斗群在内的美国军舰部署到波斯湾，支持美国主导的解救科威特行动。海运运送了盟军 90%的物资。战后，美国海军飞机帮助在伊拉克上空的禁飞区巡逻，还支持了在索马里（1992—1993 年）、海地（1994—1995 年）、波斯尼亚（1995 年）和科索沃/塞尔维亚（1999—2000 年）的军事行动。2016 年，美国海军现役军人数量为 32.8 万人，军舰数量为 272 艘，其中包括 10 艘航空母舰、54 艘攻击型潜艇、14 艘装备核导弹的弹道导弹潜艇和 20 艘两栖战舰。目前正在建造一系列新的航空母舰——杰拉尔德·R. 福特级航空母舰，① 以及近岸作战的新型战舰——濒海战斗舰。

商业航运

得益于战时的扩张，美国在二战结束时拥有世界上最大的商船队，包括了 5500 多艘大小不一的船只，占世界航运吨位的 62%（Roland，2008：325）。然而，战后美国政府几乎没有支持本国航运业，事实上，美国政府以低廉的价格将战时的货船卖给了欧洲国家，让它们迅速重建自己的船队。第一次世界大战（1914—1918 年）后，许多美国船东开始在巴拿马注册船舶，以规避美国的税收，以及劳动、安全和环境法规。战后，由于其他国家——特别是利比里亚和后来的马绍尔群岛——也提供了廉价和便捷的船舶注册服务，这一趋势加速发展。这些方便旗受到美国和其他国家

① 译注：本级航空母舰的第一艘“福特”号于 2005 年 8 月 11 日开工建造，2013 年 11 月 9 日正式下水，2017 年 7 月 22 日服役，是美国乃至全世界最大的航空母舰。

航运公司的极大欢迎，很快就占据了世界商船运输量的四分之一。

集装箱化是由美国商人马尔科姆·麦克莱恩（Malcolm McLean）引入的，他对这一系统进行了实验，开创了后来称为“多式联运”——将海运、铁路和公路运输连接起来——的运输模式。这极大地改变了航运业，加速了货船规模越来越大的趋势。将货物装入标准尺寸的集装箱中，可以很容易地从船上搬到岸上，然后装上卡车或火车车厢。这一系统大大减少了装卸过程中的劳动力，同时也改变了港口，因为这样一来港口就需要足够的空间和设备来堆放和处理成千上万的集装箱。

日益增长的石油进口量鼓励美国建造更大的油轮来运输石油。由于自动化提高了船运和港口的效率，船舶运营商发现，大型船舶的运营成本比同等运载量的小型船舶要低。再加上集装箱化的鼓励，美国建造的船舶越来越大，例如宇宙阿波罗号（Universe Apollo）排水量高达104500吨。宇宙阿波罗号由丹尼尔·K. 路德维希（Daniel K.Ludwig）建造，是第一艘超过10万吨的油轮。虽然美国人在这些年开创了航运业的许多最重要的变革，但事实证明，外国竞争对手往往能更好地实施这些变革，或者至少能以更低的成本做到这一点。到2012年，美国商船队规模位居世界第21位，远远落后于英国、日本等传统对手，还被中国、韩国、新加坡等新对手超过。

渔业虽然没有过去那么大的行业规模，但仍然是美国重要的海上活动。战后该行业的变化反映了航运业的普遍变化，拥有只需更少船员即可操作的大型作业船的大公司取代了小规模从业者。沿海水域的过度捕捞加速了这一趋势，因为在较深的水域需要更大的船只和更复杂的设备来捕鱼和加工。

休闲

二战后，随着经济蓬勃发展，美国人开始热衷于各种休闲活动。20世纪初的海边度假活动主要集中在罗得岛的纽波特等精英专享的沿海地区。战后，更平等的度假观念出现，一些原本主要从事渔业和农业的沿海小城转变为日益壮大的中产阶级的度假目的地。佛罗里达州、加利福尼亚州和新泽西州的海岸成为旅游胜地，配套的酒店、海滩停车场和码头如雨后春笋般修建起来。很快，由于新的州际公路系统的出现，大多数美国人都能在开车可达的距离内（一到两天车程）找到一个提供海滩休闲、帆船、海岸木板路和钓鱼的沿海城市。

在第二次世界大战后的几十年里，大规模的旅游目的地改变了美国人规划和体验休闲的方式。以加州和佛罗里达州的阳光地带和海湾沿岸的南部各州为中心，这些地区的游乐园规模越来越大，并且它们不再以当地游客——往往是季节性的游客为主要服务对象，而致力于在全年中吸引各地游客。为此，除阳光海滩以外，它们还提供一系列其他休闲设施。较新的场馆（如 1955 年在加州阿纳海姆开业的迪士尼乐园），越来越多地取代了旧的场馆（如纽约的科尼岛）。迪士尼仍然是现代游乐园中被效仿的典范，它不仅为游客提供游乐设施和其他娱乐项目，而且还提供住宿、餐饮和各种活动。1995 年，迪士尼甚至推出了自己的邮轮航线，载着乘客前往传统的旅游岛或迪士尼自己拥有的岛屿旅游。随着州际公路系统的发展，航空旅行的扩张使美国人能够在更多的富有异国情调的地方度过海上休闲时光，比如夏威夷、各个加勒比海岛屿、墨西哥，以及那些以前只有富人或冒险家才会去的更远的地方。这些地方现在都成了海上旅游胜地，人们每年都可以在这里享受生活，从事海滩休闲、游泳、航海、深海捕鱼、潜水、浮潜等娱乐活动。

热门电视剧《爱之船》颂扬了邮轮业在 20 世纪 70 年代和 80 年代的迅速发展。以前载着乘客和移民横跨大西洋的船只，变成了在旅游和度假目的地之间短途载客的邮轮，加勒比海地区这样的邮轮尤其多。嘉年华邮轮等公司提供一系列船上活动和包括地中海和阿拉斯加在内的众多度假目的地可供选择。然而，定期从佛罗里达出发前往加勒比和中美洲目的地的邮轮仍然是最受欢迎的。随着船上活动的增加，邮轮本身越来越多地成为目的地。不用离船，乘客就可以博彩、购物、参加现场表演、打高尔夫球、射击、在淡水泳池中畅游、全天候享用几乎无穷无尽的各种食品和饮料。每年都有几百万美国人乘坐邮轮出海。

环境问题

20 世纪 50 年代以后，越来越多的科学家和社会活动家——如蕾切尔·卡逊（Rachel Carson）——试图引起人们对人类活动影响环境的关注。包括塞拉俱乐部和绿色和平组织在内的国内和国际组织，以及越来越多的小型组织（通常是地方组织）呼吁关注并经常抗议环境恶化。一些团体把重点放在深海和近岸的海洋地区。佛罗里达州的人们致力于保护海牛，因为高速行驶的船只经常伤害海牛，全国各地的人们组织起来清理和保护海滩和湿地。美国政府的各个部门都在努力保护濒危物种和栖息地，防止过度捕捞——这在大西洋成为一个严重的问题。例如，鲭鱼种群在1968年至1978年期间下降了96%（Bauer，1988：227）。1976年的《渔业保护和管理法》希望扭转这一局面，1972年的《海洋哺乳动物保护法》则试图保护经常被渔网捕获的海豚。

虽然媒体对环境损害的报道往往集中在诸如石油泄漏之类的重大事故上，但损害也在微观层面悄无声息地发生。例如，由于化肥中的大量氮和磷排入海洋，造成缺氧区缓慢扩展。这些区域的低氧含量造成多种海洋生物死亡。早在20世纪50年代，墨西哥湾的“死亡区”就已见诸报道。该区域由密西西比河流入的污染造成，经环保组织和政府机构测量，“死亡区”已经达到8000平方英里，从路易斯安那州的威尼斯一直延伸到得克萨斯州的加尔维斯顿。“死亡区”降低了鱼虾捕获量。2010年，英国石油公司“深水地平线”钻井平台上发生的爆炸进一步影响了捕鱼和捕虾业产量，该钻井平台泄漏了超过2亿加仑的石油，污染了1100英里的海岸线。在泄漏事件发生之前，海湾地区的海产品产量占美国海产品产量的四分之一。虽然一些鱼类种群在泄漏事件发生后有所恢复，但牡蛎、螃蟹和虾的产量仍然远远低于2009年的产量。

一个类似的环境问题涉及哥伦比亚河和汉福德核电站，该核电站40年来一直在生产核武器用钚。虽然能源部逐步改善了其废物储存设施，但一些材料还是泄漏到哥伦比亚河中，流入太平洋。环保主义者也对核动力潜艇的污染表示担忧。多年来，已有两艘美国核动力潜艇和六艘苏联（或俄罗斯）核动力潜艇沉没并留在海底。

然而，美国人将大部分注意力集中在地方事务或重大的、灾难性的环境事件上，如“深水地平线”事件和埃克森公司瓦尔迪兹油轮泄漏事件。后者在阿拉斯加海岸泄漏了1000多万加仑的石油。25年后，评估损害和恢复海洋及沿海生境的努力仍在继续。与最近的“深水地平线”泄漏事件一样，该事件引发了对美国能源政策、能源的安全开采和运输以及海上钻井的环境风险的持续讨论，并导致国会为解决这些问题进行了新的立法。

在过去70年里，美国人的生活的转变一言难尽。从太空旅行、数字革命到消费主义，科技重塑和再造了美国人的生活。然而，人类与海洋的长期关系仍在继续。从水手、渔民和商船的作业场所，到今天大多数美国人把海洋看作一个休闲场所。不过，海洋仍然是一条重要的生命线，美国维持着世界上最大的海军来保护它；尽管美国的商业舰队在二战后不断萎缩，但在 20 世纪结束时，其规模与一个世纪前大致相同。

本杰明 · J. 赫鲁斯卡

斯蒂芬 · K. 斯坦

拓展阅读

Barlow, Jeffrey. 1994. *Revolt of the Admirals: The Fight for Naval Aviation, 1945—1950.* Washington, D.C.: Naval Historical Center.

Bauer, K. Jack. 1988. *A Maritime History of the United States.* Charleston: University of South Carolina Press.

Beamish, Thomas. 2000. *Silent Spill: The Organization of an Industrial Crisis.* Cambridge: MIT Press.

Cudahy, Brian J. 2001. *The Cruise Ship Phenomenon in North America.* Baltimore, MD: Cornell Maritime Press, Inc..

Gibson, Andrew, and Arthur Donovan. 2001. *The Abandoned Ocean: A History of the United States Maritime Policy.* Charleston, SC: University of South Carolina Press.

Pedraja, Rene de la. 1993. *Rise and Decline of U. S. Merchant Shipping in the Twentieth Century.* New York: Twayne Publishers.

Popp, Richard K. 2012. *Tourism in Postwar America.* Baton Rouge, LA: Louisiana State University Press.

Roland, Alex, W. Jeffrey Bolster, and Alexander Keyssar. 2008. *The Way of the Ship: America's Maritime History Reenvisioned, 1600—2000.* Hoboken, NJ: John Wiley & Sons, Inc..

航空母舰

航空母舰的出现改变了整个 20 世纪，其重要性难以估量。在“海上浮动机场”概念出现后的 100 年历史中，航母的现实价值在二战中得到了充分的证明，并且至今依然很重要。在 20 世纪的前几十年，从首批航空母舰上起飞的是木质和帆布双翼飞机。第二次世界大战中，航空母舰主导了从珍珠港、中途岛到太平洋战场那些激动人心的重要战斗。如今，美国海军拥有十几艘排水量高达 9 万多吨的航母，可以搭载近百架喷气式飞机，让海军的力量投射到全球各地。包括英国、法国、中国在内的其他几个国家的海军都拥有规模稍小的航母，它们也提供类似的区域性的力量投射和海上航道保护。

在 1982 年的马尔维纳斯群岛战争中，英国的航空母舰编队穿越大西洋，击败了阿根廷。航母为美军在朝鲜战争（1950—1953 年）、越南战争（1965—1973 年）、海湾战争（1990—1991 年）以及包括击毙乌萨马·本-拉登的任务在内的其他冲突和行动中提供了重要的支持。虽然在过去的半个世纪里，武器系统发生了变化，但航母仍然是海军力量的决定性因素。除了在战争中的作用外，航母还经常在自然灾害发生后提供关键性的支持，如 2010 年海地地震和 2004 年印度洋地震和海啸。

受好莱坞影视的影响，航母在美国人的想象中占据了一席之地。在二战、冷战以及今天，不少电影都利用航母的平台作为背景，如《东京上空三十秒》（1944 年）、《中途岛》（1976 年）、《最后的倒计时》（1980 年）和《头号玩家》（1986 年）等。此外，一些退役的航母没有报废，而是被改造成漂浮的博物馆，其中一些如今在纽约、南卡罗来纳州的查尔斯顿和加州的圣地亚哥都能看到。

其他委托建造航母的国家包括阿根廷、巴西、荷兰和西班牙。如今，航母已经不仅仅是一种武器，更是一种身份的象征，包括中国和印度在内的国家都在研究新一代航母。另外，美国海军拟接受的新一代超级航母中的首艘“福特号”，将于 2016 年加入舰队。[①] 新一代航母上运用的改进措施包括用新型电磁弹射器取代蒸汽弹射器，这样可以更快地发射更重的飞机，并且需要的船员也更少。两个核反应堆可以为该舰提供 25 年的燃料，确保该航母在可预见的未来仍是一项重要的资产。

本杰明·J·赫鲁斯卡

拓展阅读

Chesneau, Roger.1984.*Aircraft Carriers of the World, 1914 to the Present, an Illustrated Encyclopedia*.Annapolis, MD: Naval Institute Press.

Kaufman, Yogi.1995.*City at Sea*.Annapolis, MD: Naval Institute Press.

Polmar, Norman.1969.*Aircraft Carriers: A Graphic History of Carrier Avia-*

① 译注：关于该航母的情况参见第 14 页译注。

tion and Its Influence on World Events. Garden City，NY：Doubleday & Company，Inc.

Reynolds，Clark.1968.*The Fast Carriers：The Forging of an Air Navy.* New York：McGraw-Hill Book Company.

蕾切尔·卡逊，1907—1964 年

蕾切尔·卡逊（Rachel Carson）最著名的作品是《寂静的春天》，该书旨在提醒世人注意合成杀虫剂的危险，但卡逊本人首先是一位海洋作家。作为一个有天赋的讲故事的人，卡逊在宾夕法尼亚州斯普林代尔乡下长大，从小对自然世界产生了终生的热爱。在学习海洋生物学之后，她开始了在美国渔业局担任科学家和编辑的生涯。在接下来的 15 年里，卡逊为政府撰写了许多科学文章。在私人时间里，她追求对写作的热爱，发表了一系列关于海洋的科普文章和书籍。

卡逊将明快抒情的散文与科学家的眼光和环保主义者的热情结合起来，启发读者更仔细地观察海洋。她的第一部作品《在海风下》（1941 年）开创了一种新的自然写作风格，将鱼类和其他海洋生物作为她叙述的中心人物，并引入了在她以后的书中再次出现的主题：海洋中的生与死的戏剧性，人类活动的影响，以及生物物种的相互依存。在她的第二本书《我们周围的海》（1951 年）中，她借助在迅速发展的海洋科学领域和二战期间从海底技术发展中获得的见解，激发起公众对深海探索故事日益增长的热情。她的第三本书《海洋边缘》（1955 年）为了解潮汐区的生物提供了实用指南。

卡逊鼓励成年人培养孩子们的好奇心——她本人儿时就深受这种好奇心的鼓舞，教他们观察岩石中和海岸线上的生命细节。1964 年，也即《寂静的春天》发表两年后，卡逊去世。她的生态观在塑造新兴的环境意识方面发挥了关键作用，并继续唤醒一代又一代人对我们所处的自然世界的神奇和脆弱性的认识。正如卡逊的传记作者琳达·李尔（Linda Lear）所言，“在大海和鸟儿的歌声中，她发现了生命的奇迹和奥秘。她对这些的见证，以及对所有生命共同构成一个整体的见证，将给世界带来改变”（李尔，2007：5）。

乔伊·麦肯

拓展阅读

Carson, Rachel L. 1941. *Under the Sea-Wind: A Naturalist's Picture of Ocean Life*. New York: Oxford University Press.

Carson, Rachel L. 1951. *The Sea Around Us*. New York: Oxford University Press.

Carson, Rachel. 1955. *The Edge of the Sea*. Boston: Houghton Mifflin Company.

Lear, Linda. 2007. *Rachel Carson: Witness for Nature*. Boston: Houghton Mifflin Harcourt.

埃克森·瓦尔迪兹号

1989年3月23日夜至24日凌晨，约瑟夫·哈泽尔伍德（Joseph Hazelwood）担任船长的埃克森·瓦尔迪兹号（Exxon Valdez）在阿拉斯加威廉王子湾与布利礁相撞。这次事故导致约1100万加仑的原油排出，随后污染了1500多英里的海岸线。这些石油造成了数十万只鸟类和其他野生动物的死亡。石油泄漏还破坏了该地区以商业捕鱼为中心的经济。这场灾难的责任主要在哈泽尔伍德，事实证明撞船发生时他处于醉酒状态。

事故发生后，埃克森公司花费20多亿美元清理泄漏的石油。此外，该公司还应诉了阿拉斯加和美国政府提出的民事诉讼，并支付了约9亿美元，试图将当地的生态系统恢复到泄漏前的状态。尽管该公司努力清理威廉王子湾及其周边地区的原油，但仍有残留物被发现。

美国联邦政府指控埃克森公司违反了《清洁水法案》（*Clean Water Act*）、《废弃物法案》（*the Refuse Act*）和《候鸟保护法案》（*Migratory Bird Treaty Act*）。该公司认罪并支付了1.25亿美元的罚款。为了解决相关私人诉讼，埃克森公司同意再向渔民、财产所有者和其他私人当事方支付10亿美元。环境保护局（EPA）和其他联邦实体开始调查事故并处理由此造成的损失，在此过程中，它们的权力局限性很快就显现出来。这导致国会起草并通过了《1990年石油污染法案》（OPA）。OPA扩大了联邦政府的能力，并提供了迅速应对石油泄漏所需的资金和资源。它还要求运输石油的船舶在2015年之前必须配备双层船体。分析人员认为，如果埃克森·瓦尔迪兹号采用双层船体，那么由此产生的漏油量将减少一半。该法案还要求任何持有航海执照的人都必须接受酒精和药物测试。

1989 年 3 月 24 日，埃克森·瓦尔迪兹号在威廉王子湾的一处礁石上搁浅，泄漏了 1100 万加仑的石油，这是美国历史上最大的石油泄漏事故。（美国海岸警卫队）

约翰·R. 伯奇

拓展阅读

Day, Angela.2014.*Red Light to the Starboard*: *Recalling the Exxon Valdez Disaster*.Pullman, WA: Washington State University Press.

Lebedoff, David.1997.*Cleaning Up*: *The Story Behind the Biggest Legal Bonanza of Our Time*.New York: Free Press.

Wiens, John A. (ed.).2013.*Oil in the Environment*: *Legacies and Lessons of the Exxon Valdez Oil Spill*.New York: Cambridge University Press.

欢乐之星号独木舟

目前太平洋地区的独木舟及传统的非仪器航行的复兴，始于 20 世纪 70 年代，其背景是夏威夷的实验性考古学以及当地文化觉醒运动兴起的交织影响。1973 年，人类学家本·芬尼（Ben Finney）、艺术家赫伯·凯恩（Herb Kane）和水手汤米·赫马士（Tommy Holmes）组建了波利尼西亚航海协会。他们使用传统和现代材料（胶合板—玻璃纤维—树脂），带领大家建造了一条性能精确复古的古代独木舟复制品，以研究其航行能力和古代太平洋人口迁移。当时，很少有西方学者认为古代太平洋航海家有能力进行有意图的探索航行，特别是向东而去的“逆风”航行。相反，流行的理论认为，在太平洋的岛屿上定居的，都是因为意外事件而漂流上岛的人。重新发现航海技术和重新制造独木舟（以及运用计算机模型）可以证明流行理论的谬误。这艘名为“欢乐之星”（Hokule'a，夏威夷语称为“大角星”，位于北纬 19 度的天顶的起点）双壳独木舟，1975 年下水并驶向塔希提岛，这个过程再现了最初定居夏威夷群岛者的双向航行。欢乐之星号的船员中有来自萨塔瓦尔岛的密克罗尼西亚航海家皮乌斯·毛·皮亚鲁格（Pius Mau Piailug），他在这次航行中分享了传统航海知识。

欢乐之星号是一艘开放甲板的双桅双壳航行独木舟（wa'a kaulua）的复制品，62 英尺长、15 英尺宽，有一个转向桨而不是舵。当满载补给品和 12—16 名水手时，它的排水量约为 27000 磅，并且没有用于推进的发动机。

自从首次航行以来，欢乐之星号已经在整个夏威夷群岛和密克罗尼西亚、波利尼西亚、日本和北美进行了无数次航行，在太平洋地区的总航程超过 15 万海里，所有这些航行都使用了非仪器寻路技术和传统的天体导航。如今，太平洋地区还建造了许多其他的航行独木舟，不少地方还保留着传统的航标知识。波利尼西亚航海协会作为一家总部位于檀香山的非营利性研究和教育公司，继续履行其使命。

2014 年，欢乐之星号与护航独木舟麦穗星号（Hikianalia）一起，开始了为期三年的环球航行——完成一个被称为“Malama Honua”（“关爱地球”）的项目。由此，最初的实验性研究已经演变为太平洋传统航海方式的广泛复兴，并成为文化认同和坚毅精神的有力象征。这才是航行中的独木舟欢乐之星号的真正意义所在。

汉斯·康拉德·范·蒂尔堡

拓展阅读

Finney，Ben. 1994. *Voyage of Rediscovery：A Cultural Odyssey Through Polynesia.* Berkeley：University of California Press.

Lewis，David. 1994. *We，the Navigators：The Ancient Art of Landfinding in the Pacific* (2nd ed.).Honolulu：University of Hawai ‘i Press.

Polynesian Voyaging Society.1999.*Closing the Triangle*，*a Quest for Rapa Nui*：*Educational Packet* 1999—2000.Honolulu：Polynesian Voyaging Society.

《爱之船》

《爱之船》是美国广播公司（ABC）播送的彩色画面电视剧，每集 1 个小时，连续播了 10 年。该剧第一集在 1977 年播出，全部播完时已经是 1987 年。《爱之船》由亚伦·斯普林（Aaron Spelling）制作，其浪漫兼喜剧性的故事情节在太平洋公主号（Pacific Princess）邮轮上展开，对邮轮业的推广居功至伟。

《爱之船》的每一集都和名人扮演的嘉宾乘客在富有异国情调之地——通常在热带——发生的爱情故事有关。船上的船员，包括船长梅里尔·斯塔宾（加文·麦克劳德饰）、船医亚当·布里克（伯尼·科佩尔饰）、邮轮主管朱莉·麦考伊（劳伦·特维斯饰）、调酒师艾萨克·华盛顿（泰德·兰格饰），构成了该系列剧的主要人物。作为展示 70 年代和 80 年代美国的一个窗口，该剧之中白人和黑人扮演的船员密切互动，女性在领导者的位置上与男性同事一起工作，并受到他们的尊重。拍摄地点主要在洛杉矶的 20 世纪福克斯工作室，其他地点包括意大利、墨西哥和中国。该剧在美国很受欢迎，也在法国、以色列、荷兰、韩国和联邦德国等其他国家播出。那个时代的电视节目很少有达到 100 集的里程碑，但《爱之船》在 10 季中播出了 250 集，这使它得以跻身《陆军野战医院》（MASH）、《大淘金》（Bonanza）和《荒野大镖客》（Gunsmoke）等最成功的电视节目的行列。

与美国广播公司在同时代播放的其他几个节目——如《三人行》（Three's Company）和《霹雳娇娃》（Charlie's Angels）——相比，《爱之船》把美国电视剧对性的表达带上了一个新的水平。该剧还帮助推广了邮轮业，全美邮轮业务在剧集播出期间急剧扩张。该系列电视剧集向观众介绍了邮轮上的设施及服务，如游泳池、夜间娱乐和豪华餐饮。此外，还有异国他乡的美景等待邮轮旅行者饱览。热带海滩、地中海城市和亚洲港口都可以轻松乘船拜访。

在 20 世纪初，只有那些既富且闲的人，才有可能乘邮轮休闲旅行。虽然穷人也可能搭乘过海船，不过他们乘船多是在颠沛流离的移民途中，只能挤在在甲板之下的统舱里。20世纪60年代邮轮业在佛罗里达州开始发展时，它还是主要与富人、退休人员和新婚夫妇联系在一起。1977年《爱之船》首映时，全球乘坐邮轮度假的乘客不到50万，而1990年则达到近400万。《爱之船》折射出这个行业的发展，并帮助推广了这个行业。越来越多的普通美国人能够体验邮轮，或至少邮轮已经成为他们度假的选项之一。

本杰明·J. 赫鲁斯卡

《大白鲨》

虽然电视剧《爱之船》吸引了人们去亲近大海，但1975年由史蒂文·斯皮尔伯格（Steven Spielberg）执导的电影《大白鲨》却让人们对大海心生怯意。《大白鲨》根据彼得·本奇利（Peter Benchley）的畅销小说改编，影片上映后的狂热减少了海滩旅游，并在社会中助长了鲨鱼是无情的杀人机器的观念。电影首映后的几年里，屠鲨比赛和猎杀鲨鱼的渔民造成鲨鱼数量急剧下降。这种对鲨鱼及其行为的误解促使海洋科学家进行研究，并努力教育公众了解鲨鱼袭击的罕见性。

这部电影耗资约700万美元，还衍生出三部续集和一个主题公园景点。影片所演的大白鲨，是大约400种大小不一的鲨鱼中的一种。但史蒂文·斯皮尔伯格表示，他的长25英尺、重达3吨的机械道具鲨鱼——绰号“布鲁斯”——的灵感来自史前的巨齿鲨（Megalodon）。其他一些电影和电视节目也在继续突出鲨鱼和鲨鱼攻击，如探索频道流行的“鲨鱼周”和科幻频道（SyFy）的电影《鲨鱼风暴》三部曲。

萨曼莎·J. 海因斯

拓展阅读

Cudahy，Brian J.2001.*The Cruise Ship Phenomenon in North America*.Baltimore，MD：Cornell Maritime Press，Inc..

MacLeod，Gavin. 2013. *This Is Your Captain Speaking：My Fantastic*

Voyage Through Hollywood, Faith & Life. Nashville, TN: HarperCollins Christian Publishing.

Sloan, Gene. 2013. "Famed 'Love Boat' Makes Final Voyage to Scrapyard." *USA Today* (August 8).

"Special Collectors' Issue: 100 Greatest Episodes of All Time." *TV Guide*. June 28-July 4, 1997.

丹尼尔·基思·路德维希，1897—1992 年

丹尼尔·基思·路德维希（Daniel Keith Ludwig）是一位神秘的商人和慈善家，他通过创办航运公司成为美国第一批亿万富翁之一。作为一个工作狂和著名的企业家，路德维希同时发展航运和石油业务，这使他拥有了世界上最大的船队之一，他还投资于各种全球利益。尽管在商业上取得了成功，但路德维希对公众来说仍然比较陌生，他很少接受采访或公开露面，所以后来被称为"隐形亿万富翁"。

1897 年 6 月 24 日，路德维希出生于密歇根州的南黑文，父母是丹尼尔·路德维希（1873—1960）和弗洛拉·贝尔·路德维希（1875—1961）。他先是娶了格拉迪斯·玛德琳·路德维希（Gladys Madeline Ludwig，1904—1978；1928 年结婚，1937 年离婚），后来又娶了格特鲁德·弗吉尼亚·希金斯（Gertrude Virginia Higgins，1897—1993，1928 年[①]结婚）。他的几个亲戚都在五大湖上当过船长。9 岁时，路德维希买下了人生的第一艘船。这是一艘打捞上来的沉船，路德维希把它修好后用于出租。在八年级毕业后离开学校，路德维希当了一名船舶机械师，直到 19 岁时，他开始了自己的航运业务，在五大湖区运输木材和糖浆。他通过与石油公司签订的租船协议为贷款提供担保，并向银行贷款，大量借款以扩大业务。他将利润投资到新的船舶上，又用船舶作为新贷款的抵押，最后将自己的公司——国家散货船公司（National Bulk Carriers）建成了美国最大的船队之一的拥有者，同时也是世界上最大的私营公司之一。

在第二次世界大战期间（1939—1945 年），路德维希的船厂开发了一种焊接技术，而不必再用铆接方式建造军舰的船体，这提升了建造效率并且节省了资金。战后，国家散货船公司继续发展，路德维希将业务扩展到

① 译注：原文有误，应为 1937 年。

日本，他的公司在吴市（一个前海军基地）设计和建造超级油轮。路德维希的业务日益多元化，投资于房地产、银行、存贷款、酒店和采矿业。1954 年，他成立了海盐出口公司（Exportadora de Sal，SA），该公司成为世界上最大的盐业公司。1960 年，他在巴拿马成立了奇里基柑橘公司（Citricos de Chiriqui），购买了 1 万英亩土地，种植橘树。然而，从 1971 年开始，路德维希——当时美国最富有的人之一——开始出售他的投资和公司，以资助路德维希癌症研究所，为癌症研究提供资金。1992 年 8 月 27 日，他因心脏衰竭在纽约曼哈顿去世。

肖恩·莫顿

拓展阅读

Page，Eric. 1992. “Daniel Ludwig，Billionaire Businessman，Dies at 95.” *New York Times.*

http：//www. nytimes. com/1992/08/29/us/daniel - ludwig - billionaire - businessman-dies-at-95.html.Accessed September 3，2015.

Shields，Jerry. 1986. *The Invisible Billionaire*：*Daniel Ludwig*. Boston：Houghton Mifflin.

马尔科姆·麦克莱恩，1913—2001 年

美国企业家马尔科姆·麦克莱恩（Malcom McLean）对航运业的贡献是发明了金属集装箱。麦克莱恩的设想看似简单，就是创造一个标准化的货柜，借以通过船舶、铁路和卡车来运输大宗货物。这一设计彻底改变了运输方式。麦克莱恩有时被称为“集装箱之父”，他重塑了 20 世纪末的航运业，并进而重塑了整个世界经济。

麦克莱恩出生于北卡罗来纳州的一个农场。他靠借来的 30 美元买了一辆二手卡车起家，在大萧条期间成立了麦克莱恩卡车公司（McLean Trucking）。1937 年，他从北卡罗来纳州运输一车棉花到新泽西州的霍博肯（Hoboken），在那里他看到了码头工人工作的场景。后来，麦克莱恩声称这启发了他的集装箱化的想法。然而，集装箱化史的权威作者马克·莱文森（Marc Levinson）却认为，除了麦克莱恩本人之外，没有任何证据证明这个故事，何况麦克莱恩也是在几十年后才这样说的。

实际上，众多公司和美国军方在 20 世纪 40 年代和 50 年代试验了不同的技术和方法，以更有效地运输货物。主导夏威夷群岛和美国西海岸之

间货物运输的美森轮船有限公司（Matson）和美国海军都探索了新的方法，包括“托盘化”和在船上使用卡车运输，以减少处理货物所需的劳动力。

1956年，为麦克莱恩工作的工程师们将二战时期的油轮“理想X”号（SS Ideal X）进行了改造，将58个集装箱从纽瓦克港运到了休斯敦。麦克莱恩的天才并不是突然顿悟一蹴而就的（a-ha moment），而是他早早地、迅速地拥抱了集装箱。在这次试运行后的几十年里，金属运输集装箱取代了传统的货物储存方式。

“理想X”号

第一艘集装箱船“理想X”号，最早是作为美国海军在二战期间建造的众多T2型油轮中的一艘开始了它的职业生涯。这艘524英尺长的油轮于1944年12月30日下水，战后经历了几个船主，直到被北卡罗来纳州的卡车运输公司总裁马尔科姆·麦克莱恩（1913—2001）收购。作为世界上第一艘集装箱船，“理想X”号首航时装载了58个集装箱，于1956年4月26日从新泽西州的纽瓦克出发，5月2日抵达得克萨斯州的休斯敦。专用集装箱船和集装箱很快就改变了航运业和卡车运输业的发展方向。1960年，“理想X”号被出售给了一家保加利亚公司。几年后，该船在一次风暴中受损，最终被拆毁。

戴维·L. 麦克米兰

集装箱化使船舶能够更快地运输更多的货物，极大地降低了岸上劳动力的成本——按吨计算可能便宜30或40倍——以及失窃成本。为了促进运输方式之间的无缝转换，麦克莱恩进一步推动了标准化。他的海陆联运公司（Sea-Land Service）继续推进集装箱化，很快发展出被称为“多式联运”的货运模式。海陆联运公司成为世界上最大的集装箱运输公司，1969年麦克莱恩以1.6亿美元的价格出售了这家公司。

无数工人特别是码头工人的生计受到集装箱化的威胁。1960年，太平洋海岸的国际码头工人和仓库工人工会（ILWU）通过谈判达成了一项具有里程碑意义的协议，希望工人至少能分享部分利润。随着时间的推移，尽管码头工会迄今确保了剩余成员的高工资，不过集装箱化还是使码头工人的数量急剧减少。

由于集装箱化，全球贸易急剧增加。通过从根本上降低运输成本，制造企业可以将工厂设在远离消费者的地方。相应地，美国和其他工业国家数百万工厂工人的工作也随之流失。简而言之，集装箱化为亚洲成为世界新的制造业中心和全球消费者购买大量低成本产品铺平了道路。

为了纪念麦克莱恩在集装箱化中的核心作用，国际海运名人堂将他评为“世纪人物”。1982 年，《财富》杂志将他列入商业名人堂。

彼得·科尔

拓展阅读

Bonacich，Edna，and Jake B.Wilson.2008.*Getting the Goods*：*Ports*，*Labor*，*and the Logistics Revolution*.Ithaca，NY：Cornell University Press.

Cole，Peter.2013. “The Tip of the Spear：How Longshore Workers in the San Francisco Bay Area Survived the Container Revolution.” *Employee Responsibilities and Rights Journal* 25（3）：201-216.

Evans，Harold. 2012. “How Containerization Shaped the Modern World.” https：//www.youtube.com/watch？v=Gn7IoT_WSRA.Accessed February 13，2015.

Levinson，Marc. 2006. *The Box*：*How the Shipping Container Made the World Smaller and the World Economy Bigger*. Princeton，NJ：Princeton University Press.

Mottley，Robert.1996. “The Early Years：Malcolm McLean.” *American Shipper* 48（4）：8-25.

海曼·里科弗，1900—1986 年

美国海军上将海曼·G. 里科弗（Hyman G.Rickover）领导创建了美国海军，他对设计、工程等技术问题以及人事、晋升等组织事项都有重要影响。1900 年 1 月 27 日，里科弗出生于波兰，在他小时候全家就移民到了美国。作为一名优秀的学生，里科弗被推荐至美国海军学院就读并于 1922 年毕业。里科弗在海军学院学习电子工程，后来又到哥伦比亚大学继续深造，并将所学知识应用到早期的潜艇部队中。

第二次世界大战期间和战后，海军将里科弗派往船舶局，他还在田纳西州的橡树岭国家实验室接受了核能培训。从 1949 年开始，里科弗在美国原子能委员会工作。他最终成为船舶局下属的海军反应堆处的主任。里科弗的直率、严格和顽强的管理风格与众不同，也颇具争议。他的非常规方式在传统的海军官僚体系中引起了许多阻力，包括海军领导人多次努力迫使他退休。里科弗与国会成员合作的偏好抵消了来自海军内部的反对意见，帮助他继续其职业生涯，并获得更多的晋升。

里科弗领导了世界上第一艘核动力潜艇鹦鹉螺号（SSN-571）的研制工作。在里科弗的小组完成设计和建造后，鹦鹉螺号在 1955 年首次展示了核动力推进的实例。之后里科弗扩大努力，发展了世界上第一支最强大的核海军，监督建造了更多的核潜艇、几艘核动力战舰和萨凡纳号（Savannah）核动力货轮。在这个过程中，他指导了几代海军军官，最著名的是（未来的）美国总统吉米·卡特（1924—）。

20 世纪 70 年代中期，里科弗对 1898 年发生在哈瓦那港的缅因号战舰（USS Maine）沉没事件展开了调查，该事件引发了美西战争。里科弗的调查确定，致命爆炸的来源是缅因号的内部，推翻了之前公认的地雷击沉该舰的理论。1976 年，里科弗出版了《缅因号战舰是如何被摧毁的》一书，概述了调查的结果。里科弗在海军服役 60 多年后于 1982 年退休，并于 1986 年 7 月 8 日去世。他的名字在许多地方被用来命名以表纪念，包括芝加哥的里科弗海军学院，核动力潜艇海曼·G. 里科弗号（SSN-709），以及美国海军学院工程项目所在的里科弗厅等等。

威廉·A. 泰勒

拓展阅读

Allen, Thomas B., and Norman Polmar. 2007. *Rickover: Father of the Nuclear Navy*. Washington, D. C.: Potomac Books.

Duncan, Francis. 2012. *Rickover: The Struggle for Excellence*. Annapolis, MD: Naval Institute Press.

Oliver, Dave. 2014. *Against the Tide: Rickover's Leadership Principles and the Rise of the Nuclear Navy*. Annapolis, MD: Naval Institute Press.

Rockwell, Theodore. 1995. *The Rickover Effect: The Inside Story of How Adm. Hyman Rickover Built the Nuclear Navy*. Hoboken, NJ: Wiley.

冲浪

大多数历史学家将现代冲浪运动的起源追溯到夏威夷，在18世纪70年代，詹姆斯·库克船长的欧洲随行人员目睹了当地人乘风破浪的乐趣（欧洲人还在塔希提岛目睹了冲浪）。然而，冲浪运动是在波利尼西亚以外的地方独立发展起来的，近代早期在今天秘鲁和西非的沿海地区就有人们冲浪的证据。事实上，关于冲浪的最早文字记载据信可以追溯到17世纪的黄金海岸。

然而，现代站立式冲浪的确是在夏威夷发展起来的，在那里，它是所有阶层的男女都喜欢的消遣方式。19世纪，由于基督教传教士不鼓励冲浪（他们中的许多人认为这是一种罪恶），夏威夷冲浪者的数量急剧下降，同时人口也发生了惊人的崩溃。随欧洲人和美国人进入的外来病原体，因本地居民没有免疫力，至少杀死了数以万计的夏威夷人，导致到19世纪90年代只剩下相对少数的冲浪者还活着。

冲浪运动在20世纪初经历了一场由夏威夷人主导的复兴，著名的本土冲浪者如杜克·卡哈纳莫库（Duke Kahanamoku，1890—1968）和乔治·弗雷斯（George Freeth，1883—1919）在国外展示他们的水上技能之前，在威基基普及了冲浪运动。1907年，沿海的开发商付钱给弗雷斯，请他在南加州冲浪，尽管他不是第一个在加州冲浪的人；几个夏威夷王子早在1885年就在圣克鲁斯冲浪了。1914年和1915年，卡哈纳莫库在澳大利亚和新西兰进行了冲浪表演。

尽管在20世纪上半叶，白人只是把冲浪当作一种异国情调的、男性化的追求，但到20世纪下半叶，冲浪的受欢迎程度却出现了爆炸性的增长。尤其是在南加州，这里成了全球冲浪文化的中心。好莱坞通过电影《冲浪板》（*Gidget*，1959年）和弗兰基·阿瓦隆（Frankie Avalon）和安妮特·弗奈斯洛（Annette Funicello）的海滩电影，将冲浪推许为美国青年文化的流行元素。布鲁斯·布朗（Bruce Brown）的《无尽的夏天》（*The Endless Summer*），从1964年开始在沿海的小型场所向冲浪者放映，1966年在全国范围内向普通观众放映，获得了巨大的好评，成为有史以来商业上最成功的纪录片之一。

到了20世纪60年代末和70年代，美国沿海和夏威夷、澳大利亚、秘鲁、南非、日本、英国、法国等世界各地都出现了活跃的冲浪社区。在

20 世纪 70 年代，竞技性的冲浪运动变得越来越职业化，到 1976 年，一个有奖金、评级点和世界冠军的国际巡回赛已经建立。

随着职业冲浪运动的发展，冲浪成为一个重要的产业，拥有价值数十亿美元的冲浪服装公司、数千家冲浪商店、数百家冲浪板和潜水衣制造商、各类冲浪媒体，冲浪者还花费数十亿美元到世界各地寻找海浪。尽管精确的统计数字各不相同，但从所有的统计数字来看，到 21 世纪，冲浪者的人数已经达到了数百万。

斯科特・拉德曼

拓展阅读

Comer，Krista. 2010. *Surfer Girls in the New World Order*. Durham，NC：Duke University Press.

Laderman，Scott. 2014. *Empire in Waves：A Political History of Surfing*. Berkeley：University of California Press.

Walker，Isaiah Helekunihi. 2011. *Waves of Resistance：Surfing and History in Twentieth-Century Hawai'i*. Honolulu：University of Hawai'i Press.

Warshaw，Matt. 2010. *The History of Surfing*. San Francisco：Chronicle Books.

Westwick，Peter，and Peter Neushul. 2013. *The World in the Curl：An Unconventional History of Surfing*. New York：Crown Publishers.

主要文献

雅克-伊夫・库斯托关于海洋环境破坏的证词，1971 年在美国参议院的讲述。

二战期间，法国海军军官雅克-伊夫・库斯托（Jacques-Yves Cousteau）研制出了水肺（Aqua-Lung），在战后掀起了潜水运动的革命，并迅速使水肺潜水成为一种流行的偏好。由于他大量的纪录片和电视亮相被很多人所熟知，库斯托本人也成为世界上最重要的水下探险家之一。在下面这段话中，他向国会做证，讲述了他在 30 年的探索过程中所目睹的海洋环境被破坏的状况。

主席先生，我非常荣幸地被邀请出席今天的会议，我对你负责任地谈论我毕生致力于的领域——海洋——印象深刻。

今天大家都知道，海洋受到了威胁。谈到海洋所面临的问题，我们一般只讲污染，这样就限制和缩小了问题的范围。事实上，我们面临的是污染和其他原因对海洋的破坏。

我们很难分析其来源，但如果我们想了解并作出反应，我们就必须这样做。

我在这个巨大的事业中的角色只是一个证人，一个谦卑的证人，他只有一件有价值的事情可以做证，我想，这就是 30 多年来水下搜寻的独特经验。我很幸运，在这 30 年里，我与志同道合者一起，经常探访同一个地方，我们会相隔 20 年去同一个地方考察，这样我们就可以进行比较，判断所造成的损害事实。我们认为，近 20 年以来海洋所受到的损害在 30%到 50%之间，这是一个可怕的数字。而且这种破坏还在以非常快的速度进行着。

……世界各地的珊瑚礁都在以极快的速度消失，我们不确定是否会看到像现在这样的情况。例如，在新喀里多尼亚，珊瑚礁的破坏部分是由于污染，部分是由于捕捞，部分是由于人工破坏。有一些塔希提岛潜水员小组，他们用撬棍平均每周破坏 10 公里长的珊瑚礁。他们在珊瑚里发现了贝壳，但今天他们必须破坏珊瑚才能找到活贝壳。捕获物被送到博物馆和商店，卖给世界各地的公众。……

……

人们可能会问，为什么过去很少关注海洋。原因很简单。人们一直认为，传说中海洋的浩瀚无边，以至于人类对这种巨大的力量无能为力。好了，现在我们知道了，海洋的面积虽然覆盖了大量的地表，但是海洋的真实体积和地球的体积相比是非常小的，而我们飞船上的这个水储量也不幸是非常少的。同样的道理，我们现在知道，生命的循环与水的循环有着错综复杂的联系，所以对水的任何行为都是对生命的犯罪。如果我们要在地球上生存下去，水系统就必须保持活力。……

……污染一般分为空气污染、土地污染和水污染。其实只有一种污染，因为每一种东西、每一种化学物质，无论是在空气中还是在陆地上，最终都会进入海洋。

……

另一个破坏海洋或使海洋恶化的原因是过度捕捞。……

……

应该采取的补救措施是加强研究。世界上的海洋经济活动总规模达4500亿美元，如果将其中1%的资金用于海洋研究，则意味着全世界每年将有45亿至50亿美元用于海洋研究。……

……

第二种补救措施是教育公众。显然，电视是最好的工具，但还有一个更好的工具，那就是儿童。今天的美国家庭受孩子的影响很大。儿童所受的教育比父母所受的教育要高得多，而青少年是当今美国普通家庭的教育者，关于污染、关于环境的事实正通过电视和学校这两个渠道渗透到家庭中。

……

第三点是说服生产商。我曾以为这很难。现在我不这么认为了。……

……

第四点……是制定严厉的国家和国际立法。政府的作用不是为清洁地球付费。政府的作用是资助研究和建立教育。

……

所以，我认为，美国应该在斯德哥尔摩会议后不久，邀请14或18个占世界污染82%或83%的工业化程度最高的国家，在华盛顿联合起来，讨论大家都能接受的紧急措施。……

资料来源：《雅克-伊夫·库斯托船长的声明》。“雅克-伊夫·库斯托船长在海洋污染问题国际会议上的发言，商业委员会海洋和大气小组委员会的听证会。美国参议院，第92届国会第2届会议”。华盛顿特区，GPO，1972，3-9。

《越南船民的经验》，1975年；《对裴荣景的访谈》，2012年

1975年共产党在越南战争中取得胜利后，数十万人逃离了该国。人们也同样逃离了柬埔寨和老挝。许多逃亡者乘坐拥挤、危险的超载船只出海。在下面这段话中，裴荣景（Ung Canh Bui，UCB）在裴七（Steven Bui，SB）2012年进行的采访中描述了他作为这些船民之一的经历，这是

一个关于这些难民的广泛口述历史项目的一部分。

SB：那么，1975 年 4 月 30 日西贡被攻陷时，你在哪里？

UCB：我当时住在西贡。那一天，那段时间，那段时期，我一生都不会忘记。在那一天，每个人都上了街，试图逃离越南。

SB：他们是如何试图逃跑的？

UCB：也许是乘船，也许是乘飞机，总之他们可以。小船。也许他们跑到泰国，因为泰国和越南很近。泰国和马来西亚。我们坐船大约几天时间，你知道。逃亡。不管怎么说还是要离开越南，每个人都要离开。

SB：你能告诉我你那天在做什么，是什么样子的吗？

UCB：我试图逃跑，但我没有办法离开越南。这就是为什么我选择在越南待了几年，所以几年后，我哥哥仍在营地里。我是坐小船逃出来的。那条船的长度，我记得是 10 米。我想大概是 10 米。10 米大约是 30 英尺，宽度大约是 5 英尺，你知道里面有多少人吗？船上有 133 人。每个人都像这样坐在船里。你知道，七天七夜，没有水，没有食物。下雨的时候，我们很幸运。水是非常珍贵的。

SB：那么当你离开房子的时候，你的家人是什么感觉？

UCB：我记得当我离开我的房子时，你知道，我拥抱了我的妈妈，亲吻了我的妈妈。在那个时候，我妈妈大概 70 多岁了。她很老了，你知道，每个人都看着我，然后我不回头看他们。我很伤心，我哭了。我不知道如果我这样走下去，是生是死我不知道。我哥和我姐为我牺牲了一切，告诉我，我一定要走。我必须走。然后她就给小船的主人钱。我想大概是两三千块钱。在那个时候，是很大一笔钱。然后呃，我很幸运，我去了美国。现在，我照顾他们。

SB：那么有没有人曾经死在那艘船上？

UCB：我的船非常幸运，没有海盗，但我们没有食物，很多人都饿了。他们生病了，也许经常昏倒。当我们遇到风暴和大浪时，女人和孩子们都哭了。很多人都哭了，只是祈求神灵。你知道，有些人在船上和裤子里拉屎尿尿。这很可怕。我记得那天我们很饿，但我们很幸运。其他人告诉我，其他船上有人吃人的情况。如果有人在船上去世了，其他人会吃掉他们。你记得如果你读相关书籍的描述，有些人吃了很多人肉。当我们登岸时，很多人都瘦骨嶙峋，只因为那航程有七天，而且像是非常冷。在船上，没有屋顶，很晒。那是非常可怕的。我们很幸运，我们可以去马来西亚的省岛。那是七天七夜，我们还是很幸运的，但是很多人都死了。

SB：很多人死在船上？

UCB：很多人死在船上，因为，你知道，风暴和海盗。

……

UCB：当我离开西贡时，我的兄弟们还在营地里。

SB：那其他兄弟呢？

UCB：他们在家里。

SB：他们在家里？所以他们看到你离开了？

UCB：是的，每个人都为我难过和害怕，因为他们不知道也许共产党会抓住我或者把我关进监狱，或者我会死在海上。但我很幸运，大概七八天后，我到了马来西亚。我打电话给我在加州的表哥，你知道我的表哥，赞助我吗？我让他给越南打电话，寄邮件，不是发电子邮件你知道吗？给越南寄邮件，告诉他们我到马来西亚来了？

SB：所以，你的船到了马来西亚，你告诉了你的表哥？

UCB：是的，我联系了我的表哥，他发了邮件，你知道的。他发了一封电报到越南。然后通知我的家人，我很幸运，我到了马来西亚。

SB：那你待了多长时间？

UCB：待了大约一个月。

SB：那你在马来西亚的一个月里做了什么？

UCB：……我在马来西亚营地住了六个月。6个月后，我要去菲律宾待6个月。

SB：所以你在马来西亚住了6个月？

UCB：对，我住在马来西亚六个月，然后我去菲律宾学习英语，六个月后去美国。

资料来源：“Interview of Ung Canh Bui by Steven Bui.” 2012.© Vietnamese American Oral History Project. University of California, Irvine. Used by permission of the UC Irvine Libraries Southeast Asian Archive.

《联合国海洋法公约》，1982 年

1982 年《联合国海洋法公约》（1994 年批准）是 10 年谈判的结果，它确立了关于环境、自然资源、航运和其他事项的海洋利用的基本原则。一个特别有争议的问题是，国家可以主张的领海是什么。该条约解决了这一问题，规定从海岸线起 12 海里为一国的领海，但允许各国将 200 海里以内的距离作为专属经济区。下面的官方摘要概述了该公约的主要内容。

> 《联合国海洋法公约》规定了一个全面的世界海洋法律和秩序制度，确立了管理海洋及其资源的所有用途的规则。它体现了这样一种理念，即海洋空间的所有问题都是密切相关的，需要作为一个整体来处理。
>
> 《公约》于 1982 年 12 月 10 日在牙买加蒙特哥湾开放供签署。这标志着超过 14 年的工作达到了顶峰，有 150 多个国家参加，代表了世界所有区域、所有法律和政治制度以及社会/经济发展的各个方面。在通过时，《公约》在一份文书中体现了利用海洋的传统规则，同时引入了新的法律概念和制度，并解决了新的问题。《公约》还为进一步发展海洋法的具体领域提供了框架。
>
> 根据《公约》第 308 条，《公约》在第 60 份批准书或加入书交存之日起 12 个月后于 1994 年 11 月 16 日开始生效。今天，它是全球公认的处理与海洋法有关的所有事项的制度。
>
> 《公约》由 320 条和 9 个附件组成，涉及海洋空间的所有方面，如划界、环境控制、海洋科学研究、经济和商业活动、技术转让和解决与海洋事务有关的争端。
>
> 《公约》的一些主要特点如下：
>
> - 沿海国对其领海行使主权，它们有权确定领海的宽度，但不得超过 12 海里；允许外国船只“无害通过”这些水域。
> - 允许所有国家的船只和飞机通过用于国际航行的海峡“过境通行”；海峡沿岸国可以对航行和其他方面的通行进行管制。
> - 群岛国由一组或多组关系密切的岛屿和相互连接的水域组成，对岛屿最外点之间划出的直线所围成的海域拥有主权；岛屿之间

的水域被宣布为群岛水域，各国可在这些水域建立航道和航线，所有其他国家均享有通过这种指定航道的群岛通行权。

- 沿海国对 200 海里专属经济区的自然资源和某些经济活动拥有主权权利，并对海洋科学研究和环境保护行使管辖权。
- 所有其他国家在专属经济区内享有航行和飞越自由，并可自由铺设海底电缆和管道。
- 内陆国和地理上处于不利地位的国家有权在公平的基础上参与开发同一区域或次区域沿海国专属经济区生物资源剩余的适当部分；高度洄游的鱼类和海洋哺乳动物物种受到特别保护。
- 沿海国对大陆架（国家海底区域）拥有勘探和开发的主权权利；大陆架可从海岸至少延伸 200 海里，在特定情况下可延伸更多。
- 沿海国与国际社会分享从其 200 海里以外的大陆架任何部分开采资源所得的部分收入。
- 大陆架界限委员会应就大陆架 200 海里以外的外部界限向各国提出建议。
- 所有国家均享有在公海上航行、飞越、科学研究和捕鱼的传统自由；各国有义务采取或与其他国家合作采取管理和养护生物资源的措施。
- 岛屿的领海、专属经济区和大陆架的界限按照适用于其他陆地领土的规定加以确定，但不能维持人类居住或其本身的经济生活的岩礁，不应有专属经济区或大陆架。
- 与封闭或半封闭海相邻的国家应合作管理生物资源、环境和科学研究政策及活动。
- 内陆国享有出入海洋的权利，并享有通过过境国领土的过境自由。
- 各国有义务防止和控制海洋污染，并对违反其防治海洋污染的国际义务所造成的损害负责。
- 在专属经济区和大陆架上进行的所有海洋科学研究都必须征得沿海国的同意，但在大多数情况下，如果研究是为和平目的进行的，并且符合特定的标准，沿海国有义务给予其他国家同意。
- 各国有义务“在公平合理的条件下”促进海洋技术的开发

和转让，并适当考虑所有合法利益。

- 缔约国有义务以和平方法解决它们之间有关《公约》的解释或适用的任何争端。
- 争端可提交给根据《公约》设立的国际海洋法法庭、国际法院或仲裁程序。还可以进行调解，在某些情况下，必须进行调解。该法庭对深海海底采矿争端拥有专属管辖权。

资料来源：Overview of the United Nations Convention on the Law of the Sea of 10 December 1982. http：//www. un. org/Depts/los/convention_agreements/convention_ overview_convention. htm. Accessed November 20，2016.

埃克森·瓦尔迪兹号石油泄漏的环境影响，在商船和渔业委员会上的证词，1993 年

1989 年埃克森·瓦尔迪兹号油轮石油泄漏事件——使 1100 万加仑的石油沿着阿拉斯加 1000 多英里的海岸扩散——仍然是美国历史上最严重的环境灾难之一。它对当地渔业社区的直接影响是毁灭性的，尽管进行了大量的清理工作，但漏油对当地野生动物和环境造成了多年的不利影响。在下面的摘录中，科学家里克·斯坦纳（Rick Steiner）和当地政治领袖埃勒诺勒·麦克马伦（Elenore McMullen）讨论了泄漏事件造成的持续环境问题。

阿拉斯加大学海洋咨询项目专家里克·斯坦纳的证词。

埃克森·瓦尔迪兹号石油泄漏是人类历史上破坏性最大的漏油事件，比有记录以来的其他漏油事件造成更多的鸟类和海洋哺乳动物死亡。慢性亚致死生物效应是深刻的，而且在许多情况下是持续的——脑部损伤、生殖失败、遗传损伤、脊柱弯曲、生长和体重下降、摄食习惯改变、卵量减少、肝脏损伤、眼部肿瘤、生理损伤。

这一切都不令人惊讶。每当 4 万吨有毒的持久性化学物泄漏到一个原始的、具有生物生产力的亚北极海洋环境中时，我们就应该预料到损害会很广泛。损害是广泛的，而且很可能会持续很多年。

油类最终蔓延到阿拉斯加沿海海域约 10000 平方英里的区域，并使世界上一些最壮丽、最美丽的海岸线（包括几个国家公园、野生动物保护区和一个国家森林）的 1200 英里长的海域受到污染。油类仍然滞留在贻贝垫（mussel mats）和一些海滩沉积物中。一些受损的物种（如秃鹰）的种群水平已经相当迅速地恢复，不过许多物种还没有恢复。一些种群，特别是海鸥，预计在 70 年内不会完全恢复。

格雷厄姆港村村长埃勒诺勒·麦克马伦的证词。

我的名字是埃勒诺勒·麦克马伦，我是格雷厄姆港村的村长。我感谢委员会邀请我代表我本人、格雷厄姆港的土著村民以及生活在威廉王子湾和受埃克森—瓦尔迪兹号石油泄漏事件影响的阿拉斯加中南部其他地区的阿拉斯加土著人作证。7000 多年来，威廉王子湾的阿拉斯加土著人，即阿鲁提克（Alutiiq）人，一直依靠该湾的资源生存。我想告诉委员会［关于］……。……埃克森·瓦尔迪兹号石油泄漏事件四年后威廉王子湾的状况，以及这种状况如何改变和危害我们的生活。……

居住在整个威廉王子湾的土著人依靠未受污染的可再生自然资源生存。几个世纪以来，我们一直生活在与世隔绝的社区中，靠土地生存。埃克森·瓦尔迪兹号石油泄漏事件对阿拉斯加中南部和威廉王子湾的土著人产生了深远的影响。石油污染了距离埃克森·瓦尔迪兹号搁浅的瓦尔迪兹海峡 500 多英里的海滩。在威廉王子湾，近 170 英里的海岸线被油污覆盖。据专家介绍，这次泄漏影响了数百英里海岸线的生态环境。尽管 1992 年夏天大部分海滩上的积油已被清理干净，但这些海滩的表面下仍有残油。据专家介绍，在某些地区，油类残留物可能会持续 12 年以上。在油污严重的地区，潮间带生物影响可能会持续八年以上。最近的研究表明，孤立的高污染沉积物斑块会继续渗出，产生更多的污染。对生物群的长期影响和延缓生物恢复的可能性很大。

专家认定，埃克森·瓦尔迪兹号石油泄漏事件影响了大量用于生活的自然资源。这些物种包括三文鱼、岩鱼、多利瓦登鱼、白鲑、鲱鱼、贻贝、海鳗、蛤蜊、海獭、港湾海豹、虎鲸、海雀、黑蛎鹬、海鸥和丑鸭等。据估计，泄漏事件发生后，有超过50万只鸟类和4000多只海獭立即死亡。对于许多物种来说，由于持续暴露在潮间带和潮下带的石油中，其种群恢复速度已经放缓。……

……自1989年以来，严重污染的贻贝床中的油类似乎相对没有变化，并将在未来三年甚至更长时间内继续危害环境。……

估计种群恢复到泄漏前水平的时间设定从几年到几十年不等。有些物种，如丑鸭，可能永远不会恢复。局部灭绝是非常可能的。

专家的评估只是证实了我们长期以来观察到的情况。自从泄漏事件发生后，威廉王子湾的生物就少了。鸭子很少被看到。海豹很难找到，甚至不可能找到。海獭也很少。即使是粉三文鱼的数量也变少了。……

……当埃克森·瓦尔迪兹号石油泄漏事件摧毁了野生动物，使海滩变黑时，这一人为灾难也破坏了人民的文化。我们对资源的安全性和我们收获它们的能力感到不确定。我们有史以来第一次怀疑自己对环境的认识。不仅自给自足的生产下降，最重要的是，自给自足的重要文化也弱化了，如自给自足的参与、合作狩猎、捕鱼和采集，自给自足食物的加工和准备、分享，知识的传授、从吃自制食物中获得的满足感，以及我们对地方完整性和自主性的感觉。石油泄漏破坏了阿鲁提克社区的结构，破坏了其核心要素：首先是自然资源，其次是自给性收获。这一剧变让人失去了从生活中获得秩序和意义的手段，损害了人们个体……

由于我们对资源的安全性非常不确定，我们不确定阿鲁提克文化和人民是否有能力从这次事件中恢复过来。正如一位土著人所说："如果水死了，也许我们也死了。"

资料来源："Testimony of Rick Steiner and Elenore McMullen on the Continuing Environmental Impact of the *Exxon Valdez* Disaster in U.S. Congress." *Prince William Sound: Hearing Before the Committee on the Merchant Marine and Fisheries*. 1993. 103rd Congress, 1st Session. Washington, D. C.: GPO, pp.146-52, 195.

附加说明的书目

随着在海上工作的人越来越少，人们越来越认识到海洋对人类历史和我们今天生活的重要性。学者们把越来越多的注意力转移到船舶、航运、贸易、旅游、探险和其他海洋事务的历史上，并产生了大量探索历史上的海洋的文献。本附加说明的书目重点介绍了其中最重要的内容。

林肯·培恩的《海洋与文明：世界海洋史》（*The Sea and Civilization: A Maritime History of the World*, 2013）是目前最好的航海史综述。较短的概述是菲利普·德索萨的《航海与文明：世界历史的海洋视角》（*Seafaring and Civilization: Maritime Perspectives on World History*, 2001），但它主要侧重于古代世界。威廉·J. 伯恩斯坦的《辉煌的交换：贸易如何塑造世界》（*A Splendid Exchange: How Trade Shaped the World*, 2009）对海洋事务给予了大量关注，是一本引人入胜的读物。彼得·J. 赫吉尔的《1431 年以来的世界贸易：地理、技术和资本主义》（*World Trade Since 1431: Geography, Technology, and Capitalism*, 1993）对海洋贸易的发展作了更详细的介绍。虽然重点放在其他问题上，但正是海上旅行将贾里德·戴蒙德备受争议的《枪炮、病菌与钢铁：人类社会的命运》（*Guns, Germs, and Steel: The Fates of Human Societies*, 1999）联系在了一起。

美国国内有很多关于航海的研究，其中有《岛屿民族：澳大利亚和海洋的历史》（*Island Nation: A History of Australia and the Sea*, 1998），作者是伟大的海洋历史学家之一弗兰克·布洛泽（Frank Broeze）。最近关于美国的研究最好的是亚历克斯·罗兰的《船之路：美国海事史重现，1600—2000 年》（*The Way of the Ship: America's Maritime History Reenvisioned, 1600—2000*, 2007），不过杰克·鲍尔的《美国海事史》（*A Maritime History of the United States*, 1989）仍然很值得一读，它比罗兰的作品更详细地涵盖了许多主题。格伦·奥哈拉的《1600 年以来的英国与海洋》

（*Britain and the Sea Since 1600*，2010）是极好的，N.A.M.罗杰的两卷本英国海权史也是如此，分别是《海洋的保障：英国海军史 660—1649 年》（*The Safeguard of the Sea*：*A Naval History of Britain 660—1649*，1999）和《海洋的指挥：英国海军史 1649—1815 年》（*The Command of the Ocean*：*A Naval History of Britain*，*1649—1815*，2004）。中国悠久的航海史详见邓钢（K.Gang Deng）的《中国海洋活动与社会经济发展，（约公元前 2100—1900 年）》（*Chinese Maritime Activities and Socioeconomic Development*，*c.2100 BC-1900 AD*，1997），新加坡——中国最重要的贸易伙伴——则详见约翰·密细（John N. Miksic）的《新加坡与海上丝绸之路（1300—1800 年）》（*Singapore and the Silk of the Sea*，*1300—1800*，2013），以及赫夫（W.G.Huff）的《新加坡的经济增长：二十世纪的贸易和发展》（*The Economic Growth of Singapore*：*Trade and Development in the Twentieth Century*，1994）。关于非洲航海的著作相对较少。良好的起点是杰弗里·C. 斯通（Jeffrey C. Stone）（编辑）的《非洲与海，1984 年 3 月阿伯丁大学座谈会记录》（*Africa and the Sea*：*Proceedings of a Colloquium at the University of Aberdeen*，*March 1984*，1984），以及卡丽娜·E. 雷（Carina E.Ray）和杰里米·里奇（Jeremy Rich）（编辑）《非洲航海史》（*Navigating African Maritime History*，2009 年）。雷内·德·拉·佩德拉哈（Rene de La Pedraja）撰写了两本宝贵的拉丁美洲航运史：《石油和咖啡：从帝国时代到 1950 年代的拉丁美洲商船运输》（*Oil and Coffee*：*Latin American Merchant Shipping from the Imperial Era to the 1950s*，1998）及其续集《全球竞争时代的拉丁美洲商船》（*Latin American Merchant Shipping in the Age of Global Competition*，1999）。

古代世界

然而，大多数海洋史集中在较窄的时间段或特定主题上。布莱恩·费根（Brian Fagan）的《超越蓝色的地平线：最早的航海家如何解锁海洋的秘密》（*Beyond the Blue Horizon*：*How the Earliest Mariners Un-locked the Secrets of the Ocean*）是一本精彩而令人回味的书，由一位经验丰富的水手和人类学家撰写，探讨了东南亚、爱琴海和世界其他地区的早期航海。在《中海的形成：从古典世界的开始到地中海的兴起的历史》（*The Making of the Middle Sea*：*A History of the Mediterranean from the Beginning to the E-*

mergence of the Classical World）中（2013），西普里安·布鲁德班克（Cyprian Broodbank）将这个故事贯穿于希腊人的出现。大卫·法布尔（David Fabre）在《古埃及的航海》（*Seafaring in Ancient Egypt*，2004）中对埃及进行了出色的概述，而谢莉·瓦赫斯曼（Shelley Wachsmann）的《青铜时代黎凡特的海船和航海技术》（*Seagoing Ships and Seamanship in the Bronze Age Levant*，2008）则是一部关于公元前二三千年航海的更详细、更全面——虽然仍是通俗易懂——的作品。塞缪尔·马克在《荷马史海》（2005）中讨论了希腊航海的发展。莱昂莱诺·卡森（Lionel Casson）在2009年去世前，是研究古代航海业的杰出学者。卡森的《古代航海家：古代地中海的海员和海斗士》（*The Ancient Mariners：Seafarers and Sea Fighters of the Mediterranean in Ancient Times*，1991）为这一主题提供了一个很好的介绍，他的《古代世界的船舶和航海》（*Ships and Seamanship in the Ancient World*，1995）则提出了更详细的学术论述。巴里·坎利夫（Barry Cunliffe）在《希腊人、罗马人和野蛮人：互动领域》（*Greeks，Romans and Barbarians：Spheres of Interaction*，1988）中探讨了地中海人和北大西洋人之间的联系。

中世纪

阿奇博尔德·R. 刘易斯（Archibald R. Lewis）和蒂莫西·J. 鲁尼恩（Timothy J.Runyan）的《欧洲海军和海事史，300—1500年》（*European Naval and Maritime History，300—1500*，1985）仍然是中世纪欧洲航海的标准论述，并对葡萄牙作为海上强国的出现进行了出色的讨论。更为详细且偶有技术性的是理查德·W. 温格（Richard W.Unger）的《中世纪经济中的船舶，600—1600年》（*The Ship in the Medieval Economy 600—1600*，2008）。约翰·H. 普赖尔（John H. Pryor）的《地理、技术与战争：地中海海事史研究，649—1571年》（*Geography，Technology，and War：Studies in the Maritime History of the Mediterranean，649—1571*，1988）提供了宝贵的见解，特别是关于地中海地理如何影响战争和贸易。在《财富之城：威尼斯如何统治海洋》（*City of Fortune：How Venice Ruled the Seas*，2013）一书中，罗杰·克劳利（Roger Crowley）探讨了威尼斯作为一个伟大的海上强国的五个世纪。查尔斯·D. 斯坦顿（Charles D. Stanton）的《中世纪海战》（*Medieval Maritime Warfare*，2015）对该主题进行了扎实的

概述，讨论了战术、技术和战略以及地中海和北欧水域。苏珊·罗斯（Susan Rose）的《中世纪海战，1000—1500年》（*Medieval Naval Warfare, 1000—1500*，2002）聚焦于西欧，包括了对船坞和造船的广泛讨论。奥利维亚·雷米·康斯特布尔（Olivia Remie Constable）在《地中海世界的中世纪贸易》（*Medieval Trade in the Mediterranean World*，2001）中介绍了贸易与和平利用海洋的情况。珍妮特 L. 阿布-卢戈德（Janet L. Abu-Lughod）在《在欧洲霸权之前：世界体系，1250—1350年》（*Before European Hegemony: The World System, A. D. 1250—1350*，1989）中介绍了印度洋和亚洲的贸易和经济。有几位学者研究了这个时代的伟大旅行家。其中较好的有罗斯·E. 邓恩（Ross E. Dunn）《伊本·白图泰的历险记：14世纪的穆斯林旅行家》（*The Adventures of Ibn Battuta: A Muslim Traveler of the Fourteenth Century*，2012），以及约翰·拉纳（John Larner）的《马可·波罗与世界的发现》（*Marco Polo and the Discovery of the World*，1999）。爱德华·L. 德雷尔（Edward L. Dreyer）的《郑和：明初的中国与海洋，1405—1433年》（*Zheng He: China and the Oceans in the Early Ming Dynasty, 1405—1433*，2006）是一部关于中国最伟大的海军将领的简短而精湛的著作，它整合了关于郑和的各种文献。

帝国、探索与航海时代

欧洲伟大的探索和扩张时代已经得到了相当多的学术研究的关注，并显示出一个明显的转变，早期的研究往往在为殖民主义和帝国主义辩护，近期的研究则采取了更平衡的方法，研究内容开始聚焦土著人民，并审查日益联系的人民之间的文化、经济、宗教和社会互动。关于整个时代的两本出色的概述是罗纳德·洛夫（Ronald Love）的《发现时代的海洋探索》（*Maritime Exploration in the Age of Discovery*，2006）和约翰·H. 帕瑞（John H. Parry）的《勘察时代：发现、探索和定居，1450—1650年》（*The Age of Reconnaissance: Discovery, Exploration, and Settlement, 1450—1650*，1963）。卡洛·西波拉（Carolo Cipolla）的《枪炮、风帆和帝国》（1965）仍然是对促进欧洲探索和扩张的技术发展得最好的简短调查，G. V. 斯卡梅尔（G. V. Scammell）的《第一个帝国时代：欧洲海外扩张，约1400—1715年》（1989）详细探讨了欧洲帝国的建设。在《旧世界与新世界，1492—1650》（*The Old World and the New, 1492—1650*，

1972）中，J. H. 埃利奥特（J. H. Elliott）探讨了新大陆的发现所带来的知识成果，以及这些成果是如何挑战欧洲传统的假设，不仅是对地理，而且是对哲学、科学和神学的挑战。扬·格莱特（Jan Glete）在《海上战争，1500—1650：海上冲突与欧洲的转变》（*Warfare at Sea, 1500—1650: Maritime Conflicts and the Transformation of Europe*）中把战争融入了欧洲发展和扩张的叙述。伊曼纽尔—沃勒斯坦（Immanuel Wallerstein）在《现代世界体系（第二卷）：重商主义与欧洲世界经济体的巩固（1600—1750）》（*The Modern World-System Ⅱ: Mercantilism and the Consolidation of the European World-Economy, 1600—1750*, 1980）中把这些帝国融入到他有影响力的经济理论中。

伟大的探险家和他们对未知世界的航行仍然令学者和读者着迷，本卷详细介绍了其中的许多探险家。费利佩·费尔南德斯·阿梅斯托（Felipe Fernandez-Armesto）的《开拓者：全球探索史》（*Pathfinders: A Global History of Exploration*, 2006）是一部很好的海洋探索通史。多年来，塞缪尔·埃利奥特·莫里森（Samuel Elliott Morison）的《哥伦布传》（*Admiral of the Ocean Sea*, 1942）[①] 以及西尔维奥·贝迪尼（Silvio Bedini）的《克里斯托弗·哥伦布百科全书》（*Christopher Columbus Encyclopedia*, 1992）是对克里斯托弗·哥伦布的标准描述，但在哥伦布首次航行500周年之际，引发了一系列重新审视这位探险家的作品。最好的作品是威廉D. 小菲利普斯和卡拉·拉恩·菲利普斯（William D. Phillips Jr. and Carla Rahn Phillips）的《克里斯托弗·哥伦布的世界》（*The Worlds of Christopher Columbus*, 1992），该书在广泛的背景下介绍了这位探险家，并全面讨论了他的航行以及他和其他探险家的成就的意义。吉安卡洛尔·卡萨勒（Giancarol Casale）在《奥斯曼帝国的探索时代》（*The Ottoman Age of Exploration*, 2011）一书中介绍了常常被忽视的奥斯曼人对海洋的探索。关于北极探险，见查尔斯·奥菲瑟（Charles Officer）和杰克·佩吉（Jake Page）的《一个美妙的王国》（*A Fabulous Kingdom*, 2012）。海伦·M. 罗兹瓦多斯基（Helen M. Rozwadowski）的《摸清海洋的底细：深海的发现和探索》（*Fathoming the Ocean: The Discovery and Exploration of the Deep Sea*, 2008）是对深海这一重要而又经常被忽视的主题的极好

① 译注：该书全名为Admiral of the Ocean Sea：A Life of Christopher Columbus。

处理。关于海图和地图的发展，见约翰·布雷克（John Blake）的《海图》（*The Sea Chart*，2009）。

已有文献对所有主要的海洋帝国都有出色的研究，其中大部分出现在本书的国家条目中。关于葡萄牙人，见查尔斯 R. 博克斯（Charles R. Boxer）的《葡萄牙海运帝国，1415—1825 年》（*Portuguese Seaborne Empire，1415—1825*，1969）和 A. J. P. 拉塞尔—伍德（A. J. P. Russell-Wood）的《葡萄牙帝国，1415—1808 年：移动中的世界》（*The Portuguese Empire，1415—1808：A World on the Move*，1992）。最近流行的研究是罗杰·克劳利（Roger Crowley）的《征服者：葡萄牙如何建立第一个全球帝国》（*Conquerors：How Portugal Forged the First Global Empire*，2015）。关于荷兰人的经典研究是尔斯·R. 博克瑟（Charles R. Boxer）的《荷兰海运帝国，1600—1800 年》（*The Dutch Seaborne Empire，1600—1800*，1965）。乔纳森·I. 伊斯雷尔（Jonathan I. Israel）在《荷兰在世界贸易中的首要地位》（*Dutch Primacy in World Trade*，1989）中提供了更广阔的视角。戴维·奥姆罗德（David Ormrod）在《商商业帝国的崛起：1650—1770 年重商主义时代的英国和荷兰》（*The Rise of Commercial Empires：England and the Netherlands in the Age of Mercantilism，1650—1770*，2003）中探讨了英荷战争对英国经济增长的重要性。关于西班牙帝国的良好历史包括约翰·H. 帕瑞（John H. Parry）的《西班牙海运帝国》（*The Spanish Seaborne Empire*，1966）；莱尔·麦卡利斯特（Lyle McAlister）的《新大陆的西班牙和葡萄牙，1492—1700 年》（*Spain and Portugal in the New World，1492—1700*，1984）；和约翰·H. 埃利奥特（John H. Elliott）的《大西洋世界的帝国：英国和西班牙在美洲 1492—1830 年》（*Empires of the Atlantic World：Britain and Spain in America 1492—1830*，2007）。关于法国人的两本好书是罗伯特·奥尔德里奇（Robert Aldrich）的《大法国：法国海外扩张史》（*Greater France：A History of French Overseas Expansion*，1996），以及詹姆斯·普里查德（James Pritchard）的《寻找一个帝国：法国人在美洲，1670—1730 年》（*In Search of an Empire：The French in Americas，1670—1730*，2004）。关于英国，见肯尼斯·安德鲁斯（Kenneth R. Andrews）的《贸易、掠夺和定居：海洋企业和大英帝国的起源，1480—1630 年》（*Trade，Plunder and Settlement：Maritime Enterprise and the Genesis of the British Empire，1480—1630*，

1985），以及马克·G. 汉娜（Mark G. Hanna）的《海盗窝和大英帝国的崛起，1570—1740 年》（*Pirate Nests and the Rise of the British Empire, 1570—1740*，2015）。

在《在魔鬼与深蓝海之间；商船海员、海盗和英美海洋世界，1700—1750 年》（*Between the Devil and the Deep Blue Sea：Merchant Seamen, Pirates, and the Anglo-American Maritime World, 1700—1750*，1987）中，马库斯·雷迪克（Marcus Rediker）将社会史的工具和方法应用于海洋事务，并启发了许多其他历史学家也这样做，他们研究了水手、码头工人和其他生活围绕着海洋的人的经历。最近的重要著作包括巴勃罗·E. 佩雷斯·马拉伊纳（Pablo E. Pérez-Mallaína）《西班牙的海上人：十六世纪印度洋舰队的日常生活》（*Spain's Men of the Sea：Daily Life on the Indies Fleets in the Sixteenth Century*，1998）；丹尼尔·维克斯（Daniel Vickers）的《年轻人与海：航海时代的美国佬海员们》（*Young Men and the Sea：Yankee Seafarers in the Age of Sail*，2007）；莱昂·芬克（Leon Fink）的《海上血汗工厂：从 1812 年至今，世界上第一个全球化产业中的商船海》（*Sweatshops at Sea：Merchant Seamen in the World's First Globalized Industry, from 1812 to the Present*，2011）；珍妮弗·克雷顿（Jennifer Creighton）的《旅程的仪式：美国捕鲸的经验，1830—1870 年》（*Rites of Passage：The Experience of American Whaling, 1830—1870*，2012）[①]；迈拉·C. 格伦（Myra C. Glenn）的《杰克·塔尔的故事：前美国水手的自传和回忆录》（*Jack Tar's Story：The Autobiographies and Memoirs of Sailors in Antebellum America*，2010），该书敏锐地审视了 19 世纪真实和虚构的水手自传，以确定水手的恐惧、愿望以及对尊重和公平待遇的日益增长的要求。在《海滨的自由：革命时代的美国海洋文化》（*Liberty on the Waterfront：American Maritime Culture in the Age of Revolution*，2004）一书中，保罗·A. 吉尔杰（Paul A. Gilje）将美国水手与革命思想的发展联系在一起，内森·佩尔-罗森塔尔（Nathan Perl-Rosenthal）在《公民水手：在革命时代成为美国人》（*Citizen Sailors：Becoming American*

① 译注：原文如此，查无此书。可能是玛格丽特·S. 克雷顿（Margaret S. Creighton）的《仪式和旅程：美国捕鲸的经验，1830-1870 年》（*Rites and Passage：The Experience of American Whaling, 1830-1870*，1995）的笔误。

in the Age of Revolution，2015）中也探讨了这一点。在《用帆涂白每一片海：航海家与美国海洋帝国的形成》（*With Sails Whitening Every Sea*：*Mariners and the Making of an American Maritime Empire*，2014）中，布赖恩·鲁尔奥（Brian Rouleau）将这些扬基海员与美国外交政策的发展联系起来。

蒸汽船与现代时代

戴维·B. 泰勒（David B. Tyler）的《蒸汽征服大西洋》（*Steam Conquers the Atlantic*，1939）虽然年代久远，但其对蒸汽船时代的工程师、发明家和托运人的详细讨论仍然很有用。最近关于蒸汽船时代的重要著作包括道格拉斯·伯吉斯（Dougless Burgess）的《帝国的引擎：蒸汽船和维多利亚时代的想象力》（*Engines of Empire*：*Steamships and the Victorian Imagination*，2016）；菲利普·道森（Philip Dawson）的《班轮：回顾与复兴》（*The Liner*：*Retrospective and Renaissance*，2006）；斯蒂芬·福克斯（Stephen Fox）的《跨大西洋：塞缪尔·库纳德、伊桑巴德·布鲁内尔和大大西洋轮船号》（*Transatlantic*：*Samuel Cunard*，*Isambard Brunel*，*and the Great Atlantic Steamships*，2004）；理查德·德·科布莱奇（Richard P. de Kerbrech）的《在黑帮之中：泰坦尼克号上斯托克人的世界和工作场所》（*Down Amongst the Black Gang*：*The World and Workplace of RMS Titanic's Stokers*，2014）；约翰·马克斯通-格雷厄姆（John Maxtone-Graham）的《唯一的穿越之路：大西洋快船的黄金时代——从毛里塔尼亚号到法国号和伊丽莎白女王号2号》（*The Only Way to Cross*：*The Golden Era of the Great Atlantic Express Liners—from the Mauretania to the France and the Queen Elizabeth 2*，1997）。威廉·罗森（William Rosen）的《世界上最强大的想法：一个关于蒸汽、工业和发明的故事》（*The Most Powerful Idea in the World*：*A Story of Steam*，*Industry*，*and Invention*，2010）是最近关于蒸汽机及其如何改变世界的最佳著作。在《帝国的工具：十九世纪的技术和欧洲帝国主义》（*The Tools of Empire*：*Technology and European Imperialism in the Nineteenth Century*，1981）一书中，丹尼尔 R. 海德里克（Daniel R. Headrick）展示了蒸汽船和其他新技术如何促进了欧洲帝国主义的最后一次大扩张。

一些学者研究了集装箱化对航运和物流的改造，包括弗兰克·布洛泽

(Frank Broeze) 的《海洋的全球化：1950 年代至今的集装箱化》(*The Globalisation of the Oceans*：*Containerisation from the 1950s to the Present*, 2002)；马克·列文森 (Mark Levinson) 的《箱里乾坤：集装箱如何让世界变小，让世界经济变大?》(*The Box*：*How the Shipping Container Made the World Smaller and the World Economy Bigger*, 2006)，以及亚瑟·唐诺文 (Arthur Donnovan) 和约瑟夫·邦尼 (Joseph Bonney) 的《改变世界的箱子：集装箱运输 50 年：图解历史》(*The Box That Changed the World*：*Fifty Years of Container Shipping*：*An Illustrated History*, 2006)，罗斯·乔治 (Rose George) 在《百分之九十的一切》(*Ninety Percent of Everything*, 2013) 中描述了她在集装箱船上的航行以及船的运作。迈克尔 B. 米勒 (Michael B. Miller) 在其不可缺少的研究报告《欧洲与海运世界：二十世纪历史》(*Europe and the Maritime World*：*A Twentieth Century History*, 2012) 中，记录了 20 世纪欧洲航运公司、港口及其所依赖的信息网络的转变。

克里斯托弗·A. 加林 (Kristoffer A. Garrin) 的《深蓝海上的魔鬼：建立美国邮轮帝国的梦想、计划和摊牌》(*Devils on the Deep Blue Sea*：*The Dreams*, *Schemes*, *and Showdowns That Built America's Cruise-Ship Empires*, 2005) 记载了过去 50 年邮轮业的急剧扩张，还重点介绍了泰德·阿里森 (Ted Arison) 和其他现代产业的先驱者。布莱恩·库达希 (Brian Cudahy) 在《北美的邮轮现象》(*The Cruise Ship Phenomenon in North America*, 2001) 中提供了更广阔的视角，鲍勃·迪金森 (Bob Dickinson) 和安迪·弗拉基米尔 (Andy Vladimir) 在《销售海洋：邮轮业的内幕》(*Selling the Sea*：*An Inside Look at the Cruise Industry*, 2008) 中也是如此；还有罗杰·卡特赖特 (Roger Cartwright) 和卡罗琳·贝尔德 (Carolyn Baird) 的《邮轮业的发展与壮大》(*The Development and Growth of the Cruise Industry*, 1999)。

船舶和造船

海事史必然涉及船舶和造船，有很多关于这些主题的优秀书籍。罗伯特·加迪纳 (Robert Gardiner) 的 12 卷本《康威船史》(1992—1995) 应该是研究船舶和航运史的人的首选。从古代世界开始，连续几卷的内容涵盖了船舶、航运、贸易、战争，一直到中世纪，以及帆船和蒸汽船时代，再到现代的超级油轮和集装箱船时代。肖恩·麦克格雷尔（Sean McGrail）的《世界之舟：从石器时代到中世纪时代》（2004）更详细地评估了船只和船舶的出现以及世界各地人民发展船舶的情况，阿索尔·安德森（Atholl Anderson）、詹姆斯·H. 巴雷特（James H. Barrett）和凯瑟琳 V. 博伊尔（Katherine V. Boyle）在《航海的全球起源和发展》（2010）中也是如此。J.S. 莫里森（J.S. Morison）、J.F. 科茨（J.F. Coates）和 N.B. 兰科夫（N.B. Rankov）所著的《雅典的三列桨战船》（*The Athenian Trireme*，2000）对来自不同领域的学者如何利用现有证据确定希腊时期三列桨战船的特征并进行构建展开了精彩的讨论。Trireme Trust（http：//triremetrust.org）提供了关于他们建造和航行的三列桨战船奥林匹亚斯号的额外报道。

一些书籍讨论了以后时代的造船，包括戴特莱夫·艾尔默斯（Detleve Elmers）的《帆船，1000—1650 年》（*The Sailing Ship*，*1000—1650*，1994）；温迪·冯·杜伊文沃德（Wendy van Duivenvoorde）的《荷兰东印度公司的造船业：巴达维亚和其他 17 世纪荷兰东印度公司船只的考古研究》（*Dutch East India Company Shipbuilding*：*The Archaeological Study of Batavia and Other Seventeenth-Century VOC Ships*，2015）；罗杰·C. 史密斯（Roger C. Smith）的《帝国的先锋：哥伦布时代的探险船》（*Vanguard of Empire*：*Ships of Exploration in the Age of Columbus*，1993）；约瑟夫·A. 戈登伯格（Joseph A. Goldenberg）的《美国殖民时期的造船业》（*Shipbuilding in Colonial America*，1976）；格伦·A. 克诺布洛克（Glenn A. Knoblock）的《美国快船，1845—1920 年：全面的历史，包括建造者和他们的船只的清单》（*The American Clipper Ship*，*1845—1920*：*A Comprehensive History*，*with a Listing of Builders and Their Ships*，2014）；威廉 H. 蒂森（William H. Thiesen）的《美国造船工业化》（*Industrializing American Shipbuilding*，2006）；弗雷德里克·查品·莱恩（Frederick Chapin Lane）的《胜利之船：二战中美国海事委员会的造船史》（*Ships for Victory*：*A History of Shipbuilding under the U.S. Maritime Commission in World War Ⅱ*，2001）；以及史蒂芬·乌吉富萨（Steven Ujifusa）的《一个人和他的船：美国最伟大的海军建筑师和他建造美国号的努力》（*A Man and His Ship*：*America's Greatest Naval Architect and His Quest to Build the S.S. United States*，2013）。关于创造客运班轮速度记录的竞争日益激烈，

见阿诺德·克鲁达斯（Arnold Kludas）的《北大西洋的破纪录者，蓝丝带班轮 1838—1952 年》（*Record Breakers of the North Atlantic, Blue Riband Liners 1838—1952*，2000）。

特定海洋和大洋

许多学者对特定的海洋进行了探索，特别是地中海和印度洋，不同文化的人们在其中进行互动、贸易和战争。关于地中海的重要研究包括戴维·阿布拉菲亚（David Abulafia）的《大海：地中海的人类历史》（*The Great Sea: A Human History of the Mediterranean*，2011）；佩雷格林·霍尔登（Peregrine Horden）和尼古拉斯·珀塞尔（Nicholas Purcell）的《腐败的海：地中海历史研究》（*The Corrupting Sea: A Study of Mediterranean History*，2000）；约翰·朱利叶斯·诺维奇（John Julius Norwich）的《中间之海：地中海的历史》（*The Middle Sea: A History of the Mediterranean*，2006）；当然还有费尔南·布罗代尔（Fernand Braudel）的开创性著作《菲利普二世时代的地中海和地中海世界》（*The Mediterranean and the Mediterranean World in the Age of Philip Ⅱ*，1966）。

印度洋作为众多文化的多样化交汇点，也得到了大量的研究。关于印度洋的两本很好的综述是艾德华·A. 艾尔柏斯（Edward A. Alpers）的《世界史中的印度洋》（*The Indian Ocean in World History*，2013）和迈克尔·皮尔森（Michael Pearson）的《印度洋》（*The Indian Ocean*，Routledge 2007）。肯尼斯·麦克弗森（Kenneth McPherson）的《印度洋：人民和海洋的历史》（*The Indian Ocean: A History of People and the Sea*，1993）对印度洋贸易进行了更详细的评估。K. N. 乔杜尔特（K. N. Chaudhurt）的《印度洋的贸易和文明：从伊斯兰教的兴起到 1750 年的经济史》（*Trade and Civilization in the Indian Ocean: An Economic History from the Rise of Islam to 1750*，1985）依然是欧洲人到来前夕对印度洋贸易和经济的最佳讨论。东南亚在林达·诺雷恩·沙弗（Lynda Norene Shaffer）的《1500 年以前的东南亚海域》（*Maritime Southeast Asia to 1500*，1996）和肯尼斯·霍尔（Kenneth Hall）的《早期东南亚史：海上贸易和社会发展，100—1500 年》（*A History of Early Southeast Asia: Maritime Trade and Societal Development, 100—1500*，2011）中得到了很好的阐述，这是一本针对普通读者的详细而又通俗易读的研究报告。

在《让大海发出声音：从麦哲伦到麦克阿瑟的北太平洋历史》（*Let the Sea Make a Noise*：*A History of the North Pacific from Magellan to MacArthur*，2004）中，沃尔特·麦克杜格尔（Walter McDougall）对现代太平洋历史进行了很好的概述，Nicholas Thomas 在《岛民：帝国时代的太平洋地区》（*Islanders*：*The Pacific in the Age of Empire*，2012）中也是如此。莱纳·F. 布施曼（Rainer F. Buschmann）、爱德华·R. 斯拉克（Edward R. Slack）和詹姆斯·B. 图勒（James B. Tueller）在《航行西班牙湖：伊比利亚世界的太平洋，1521—1898 年》（*Navigating the Spanish Lake*：*The Pacific in the Iberian World*，*1521—1898*，2014）中详细介绍了西班牙在该地区的重要影响，约翰·H. 肯布尔（John H. Kemble）的《通往太平洋海岸的巴拿马航线，1848—1869》（*The Panama Route to the Pacific Coast*，*1848—1869*，1943）则详细介绍了这条重要的海上航线，在淘金热期间，这条航线为加州带来了三分之一的移民，并一直是一条主要的货运和贸易路线，直到 1869 年横贯大陆的铁路竣工。关于运河建设的历史，一本非常可读的书是戴维·麦卡洛（David McCullough）的《海洋之间的道路：巴拿马运河的创建，1870—1914 年》（*The Path Between the Seas*：*The Creation of the Panama Canal*，*1870—1914*，1977）。戴维·伊格勒（David Igler）在《大洋：从库克船长到淘金热的太平洋世界》（*The Great Ocean*：*Pacific Worlds from Captain Cook to the Gold Rush*，2013）一书中提供了一种从文化上研究太平洋的方法，将美国对太平洋的扩张与美国西部的定居联系起来。

戴维·刘易斯（David Lewis）所著的《我们，导航者：太平洋地区古老的寻地艺术》（*We*，*The Navigators*：*The Ancient Art of Landfinding in the Pacific*，1994），迄今仍是对传统波利尼西亚导航技术的权威性描述。帕特里克·V. 科尔奇（Patrick V. Kerch）的《在风的道路上：欧洲人接触前的太平洋岛屿考古史》（*On the Road of the Winds*：*An Archaeological History of the Pacific Islands before European Contact*）（伯克利：加利福尼亚大学出版社，2000）则提供了最新和全面的描述。波利尼西亚人惊人的航行和他们在太平洋的定居也是 GMT 游戏公司的游戏《征服天堂》（Conquest of Paradise，2007）的主题。

大西洋史已经成为一个热门的研究领域——如此热门，以至于完整地介绍其主要作品会需要使用好几页的篇幅。该领域的良好起点是伯纳德·

拜伦（Bernard Bailyn）的《大西洋史：概念和轮廓》（2005），以及道格拉斯·R. 埃格顿（Douglas R. Egerton）、艾莉森·盖姆斯（Alison Games）、简·G. 兰德斯（Jane G. Landers）、克里斯·兰德（Kris Land）和唐纳德·R. 赖特（Donald R. Wright）的《大西洋世界：历史，1400—1888 年》（*The Atlantic World*：*A History*，*1400—1888*，2007）。大多数关于大西洋历史的著作侧重于殖民时代，但涵盖的主题从企业家和航运——如戴维·汉考克（David Hancock）的《世界公民：伦敦商人和英国大西洋共同体的一体化，1735—1785 年》（*Citizens of the World*：*London Merchants and the Integration of the British Atlantic Community*，*1735—1785*，1995），到特定作物的种植和传播——如朱迪思·A. 卡尼（Judith A. Carney）的《黑米：美洲水稻种植的非洲起源》（*Black Rice*：*The African Origins of Rice Cultivation in the Americas*，2001），都有涉及。W. 杰弗里·博尔斯特（W. Jeffrey Bolster）在《凡人之海：航海时代的大西洋捕鱼》（*The Mortal Sea*：*Fishing the Atlantic in the Age of Sail*，2014）中介绍了捕鱼的情况。丽莎·诺林（Lisa Norling）在《亚哈船长有一个妻子：新英格兰妇女和捕鲸业，1720—1870 年》（*Captain Ahab had a Wife*：*New England Women and the Whalefishery*，*1720—1870*，2000）中探讨了女性对捕鲸业的重要性。由玛格丽特·S'. 克雷顿（Margaret S. Creighton）和丽莎·诺林（Lisa Norling）编辑的《铁男人，木女人：大西洋世界的性别和航海，1720—1920 年》（*Iron Men*，*Wooden Women*：*Gender and Seafaring in the Atlantic World*，*1720—1920*，1996）论文集，为妇女和海洋提供了一个更广阔的视角，并探讨了与性别有关的重要问题以及作为男性专利的航海的发展。关于这一主题的较早著作是琳达·格兰特·德波夫（Linda Grant De Pauw）的《航海妇女》（*Seafaring Women*，1982）。

从殖民时代到 19 世纪，奴隶贸易是大西洋世界的核心，是许多研究的主题。休·托马斯（Hugh Tomas）的《奴隶贸易》（*The Slave Trade*，1999）面向普通读者，是对这一主题的详细和广受好评的观点。马库斯·雷迪克（Marcus Rediker）在《奴隶船：人类历史》（*The Slave Ship*：*A Human History*，2008）中探讨了使奴隶贸易成为可能的船只。奴隶和奴隶制历史最重要的学者是戴维·埃尔蒂斯（David Eltis），他的《非洲奴隶制在美洲的兴起》（*The Rise of African Slavery in the Americas*，2000）和 2001 年的文章《跨大西洋奴隶贸易的数量和结构，重新评估》（《威廉和玛丽季刊》第

58期，第17—46页）鼓励学者们重新考虑这一主题，并引发了评估奴隶贸易规模及其对欧洲人、非洲人及其社区的影响的新文献的浪潮。埃尔蒂斯本人帮助编纂了一个关于贩卖奴隶的庞大数据库，为《跨大西洋贩卖奴隶图集》（*Atlas of the Transatlantic Slave Trade*，2010）提供了数据。该书是与戴维·理查森（David Richardson）合著，利用35000多次奴隶航行的记录，详细重建了奴隶贸易。有几项研究审查了奴隶港口、其运作及其对当地社区的影响。最近的研究包括西尔克·斯特里克洛特（Silke Strickrodt）的《大西洋世界的非洲—欧洲贸易：西部奴隶海岸，约1550—1885年》（*Afro-European Trade in the Atlantic World：The Western Slave Coast，c. 1550-c. 1885*，2015），以及玛丽安娜·P. 坎迪多（Mariana P. Candido）的《一个非洲奴隶港和大西洋世界：本格拉及其腹地》（*An African Slaving Port and the Atlantic World：Benguela and Its Hinterland*，2013）。珍妮S. 马丁内兹（Jenny S. Martinez）在《奴隶贸易和国际人权法的起源》（*The Slave Trade and the Origins of International Human Rights Law*，2012）中把奴隶贸易与人权法的发展联系起来，该书还对奴隶贸易的最后几十年进行了剖析，讲述了非法奴隶主和试图阻止其卑鄙贸易的军舰的故事。

本附加说明的书目只是触及了大量并且还在不断增长的海洋史文献的表面。在本卷的个别条目中还参考了许多其他书籍。虽然年代久远，但罗伯特·G. 阿尔比恩（Robert G. Albion）的《海军和海事史：注释书目》（*Naval and Maritime History：An Annotated Bibliography*，1972）使它即使在今天也是一个宝贵的资源。它由本杰明·W. 拉巴里（Benjamin W. Labaree）在《罗伯特·G. 阿尔比恩的海军和海事史：一个带注释的书目》（*Robert G. Albion's Naval and Maritime History：An Annotated Bibliography*）的《补编》（*A Supplement*，1971—1986）中进行了更新。另一个有用的书目是苏珊·K. 肯内尔（Susan K. Kennell）和苏珊·R. 昂蒂维罗斯（Suzanne R. Ontiveros）的《美国航海史：参考书目》（*American Maritime History：A Bibliography*，1986）。勒内·德拉佩德拉哈（René De La Pedraja）的《美国商船和航运业历史词典》（*A Historical Dictionary of the U. S. Merchant Marine and Shipping Industry*，1994）是一本非常详细的参考书，涵盖了美国海事史上的重要人物、公司、立法、船舶和术语。最后，由约翰·哈滕多夫（John Hattendorf）主编的4卷本《牛津海事史百科全书》（Oxford Encyclopedia of Maritime History，2007）包含了对一系列海事主题的详细讨论。

关于编辑和撰稿人

阿迪卫塔·雷（Adwita Rai）是印度国家海事基金会的研究助理。

阿蒂利奥·科斯塔贝尔（Attilio Costabel）是佛罗里达州圣托马斯大学的法律讲师。

阿曼达·叶尔金（Amanda Yeargin）是佛罗里达州立大学亚洲研究专业的研究生。

阿米塔布·维克拉姆·德维迪（Amitabh Vikram Dwivedi）是印度什里·马塔·瓦伊什诺·德维大学（Shri Mata Vaishno Devi）的语言学助理教授。

艾伦·M. 安德森（Alan M. Anderson）最近从伦敦国王学院获得战争研究博士学位。

艾玛·祖罗斯基（Emma Zuroski）是新西兰奥克兰大学历史学博士候选人。

爱德华·D. 梅利略（Edward D. Melillo）是阿默斯特学院历史和环境研究的副教授。

爱德华·萨洛（Edward Salo）是阿肯色州立大学的历史学助理教授。

安德烈斯·海吉亚（Andres Hijar）是西伊利诺伊大学的助理教授。

本杰明·J. 赫鲁斯卡（Benjamin Hruska）是中国深圳贝赛思外籍人员子女学校的历史教师。

本杰明·格雷厄姆（Benjamin Graham）是孟菲斯大学历史学助理教授。

比尔吉特·特莱姆—沃纳（Birgit Tremml-Werner）是苏黎世大学的博士后研究员。

彼得·博斯伯格（Peter Borschberg）是马来西亚吉隆坡马来亚大学亚欧学院的访问教授。

彼得·科尔（Peter Cole）是西伊利诺伊大学的历史学教授。

布莱恩·N. 贝克尔（Brian N. Becker）是三角洲州立大学中世纪史助理教授。

布鲁斯·A. 埃勒曼（Bruce A. Elleman）是美国海军战争学院的William V. Pratt 国际历史教授。

戴维·L. 麦克米兰（David L. Mcmillan）是德鲁大学历史学博士候选人。

戴维·P. 斯特劳布（David P. Straub）是一位独立学者。

邓钢（K. Gang Deng）是伦敦经济学院经济史副教授。

蒂莫西·崔（Timothy Choi）是加拿大卡尔加里大学历史学博士候选人。

蒂莫西·丹尼尔斯（Timothy Daniels）是犹他州立大学的历史讲师。

法耶赫·豪斯凯尔（Fayah Haussker）是以色列特拉维夫大学的古典文学讲师。

费利克斯·舒尔曼（Felix Schürmann）是德国卡塞尔大学的历史教授。

格雷戈里·罗森塔尔（Gregory Rosenthal）是罗诺克学院公共历史助理教授。

格伦·迈克尔·杜尔（Glen Michael Duerr）是俄亥俄州塞达维尔大学的国际研究助理教授。

格罗夫·科格（Grove Koger）是一位独立学者。

哈尔·M. 弗里德曼（Hal M. Friedman）是密歇根州亨利-福特学院的现代史教授。

哈里·巴伯（Harry Barber）是孟菲斯大学历史学博士生。

汉斯·康拉德·范·蒂尔堡（Hans Konrad Van Tilburg）是国家海洋和大气管理局国家海洋保护区办公室的历史学家。

霍尔·卡纳塔拉（Holle Canatella）是宾夕法尼亚州洛克海文大学的历史学副教授。

基思·A. 莱蒂奇（Keith A. Leitich）是一位独立学者。

吉村幸二（Sakuji Yoshimura）是日本早稻田大学的考古学教授。

吉尔·M. 丘奇（Jill M. Church）是纽约迪由维尔学院（布法罗）的图书管理员。

吉娜·巴尔塔（Gina Balta）是英国格林尼治大学历史学博士候选人。

加文・詹姆斯・坎贝尔（Gavin James Campbell）是日本京都东史社大学的历史学教授。

贾斯汀・库辛（Justine Cousin）是巴黎索邦大学历史学博士候选人。

杰弗里・P. 伊曼纽尔（Jeffrey P. Emanuel）是哈佛大学希腊研究中心的爱琴海考古和史前史研究人员。

杰森・杰威尔（Jason E. Jewell）是福克纳大学人文系主任。

卡尔・M. 佩特鲁索（Karl M. Petruso）是德克萨斯大学阿灵顿分校的人类学教授。

卡伦・S. 加文（Karen S. Garvin）是一位独立学者。

卡罗琳・斯坦（Carolyn Stein）是一位独立学者和作家。

卡万・J. 法塔赫-布莱克（Karwan J. Fatah-Black）是荷兰莱顿大学历史学助理教授。

凯莉・P. 布什内尔（Kelly P. Bushnell）是伦敦大学英语专业的博士生。

凯文・J. 德拉默（Kevin J. Delamer）是美国海军战争学院的兼职教授。

凯文・道森（Kevin Dawson）是加州大学梅西分校的历史学助理教授。

凯文・詹姆斯・麦卡锡（Kevin James Mccarthy）是一位独立学者。

考特尼・鲁哈特（Courtney Luckhardt）是南密西西比大学的助理教授。

克劳迪娅・扎纳迪（Claudia Zanardi）是伦敦国王学院战争研究的博士生。

克里斯・布廷斯基（Christopher Butynskyi）是宾夕法尼亚州东方大学的历史学讲师。

克里斯・亚历山德森（Kris Alexanderson）是太平洋大学的历史助理教授。

克里斯蒂・怀特（Kristy White）是亚拉巴马州露琳・B. 华莱士（Lurleen B. Wallace）社区学院语言、人文和美术系主任。

克里斯汀・伊索姆-维哈伦（Christine Isom-Verhaaren）是杨百翰大学历史系助理教授。

克里斯托弗・豪（Christopher Howe）是伦敦大学东方和非洲研究学

院中国企业管理荣誉教授。

克里斯托弗·詹姆斯·达特（Christopher James Dart）是澳大利亚墨尔本大学的古代史研究员。

肯·泰勒（Ken Taylor）是新奥尔良浸信会神学院的城市宣教教授。

拉里·A. 格兰特（Larry A. Grant）是南卡罗来纳州军事学院 Citadel 的历史讲师。

兰德尔·佐佐木（Randall Sasaki）是九州国立博物馆的副研究员。

兰迪·帕帕多普洛斯（Randy Papadopoulos）是美国海军部秘书处历史学家。

劳尔·费尔南德斯-卡连纳斯（Raúl Fernández-Calienes）是佛罗里达州圣托马斯大学的访问副教授。

理查德·A. 露丝（Richard A. Ruth）是美国海军学院的历史副教授。

林赛·J. 斯塔克（Lindsay J. Starkey）是肯特州立大学-斯塔克分校的历史学助理教授。

M. 鲍勃·高（M. Bob Kao）是伦敦玛丽皇后大学商法研究中心的博士生。

马尔科姆·图尔（Malcolm Tull）是澳大利亚默多克大学的经济学教授。

马修·布莱克·斯特里克兰（Matthew Blake Strickland）是佛罗里达大学历史学博士候选人。

玛丽·K. 伯考·爱德华兹（Mary K. Bercaw Edwards）是康涅狄格大学英语副教授和海洋研究系教师。

迈克尔·W. 琼斯（Michael W. Jones）是加州蒙特利美国海军战争学院的战略和政策教授。

迈克尔·克雷斯威尔（Michael Creswell）是佛罗里达州立大学历史学副教授。

迈克尔·拉弗（Michael Laver）是罗切斯特理工学院的历史学副教授。

迈克尔·莱曼（Michael Lejman）是阿肯色州立大学中南分校的助理教授。

米利亚姆·维萨（Myriam Wissa）是伦敦大学高级研究学院的高级研究员。

米歇尔·达米安（Michelle M. Damian）是伊利诺伊州蒙茅斯学院的历史助理教授。

木村淳（Jun Kimura）是芝加哥菲尔德自然历史博物馆的研究员。

诺瑞恩·多伊尔（Noreen Doyle）是亚利桑那大学的研究助理。

皮尔斯·保罗·克里斯曼（Pearce Paul Creasman）是亚利桑那大学年代学和埃及考古学的副教授。

乔纳森·亨德森（Jonathan Henderson）是在乔治亚州亚特兰大的路德莱斯学院和神学院的历史兼职教授。

乔伊·麦肯（Joy Mccann）是澳大利亚国立大学环境史中心的名誉研究助理。

乔伊斯·桑普森（Joyce Sampson）是加州蒙特利美国海军战争学院的战略和政策教授。

乔治·赛德菲尔德（George Satterfield）是美国海军战争学院的战略教授。

睿琪·J. 米特尔曼（Rachel J. Mittelman）是乔治亚州哥伦布州立大学的客座教授。

萨拉·戴维斯-塞科德（Sarah Davis-Secord）是新墨西哥大学历史学副教授。

萨曼莎·J. 海因斯（Samantha J. Haines）是孟菲斯大学的研究生。

塞缪尔·马克（Samuel Mark）是德州农工大学加尔维斯顿分校的海洋研究教授。

史蒂芬·J. J. 皮特（Steven J. J. Pitt）是匹兹堡大学历史学博士候选人。

斯蒂芬·K. 斯坦（Stephen K. Stein）是孟菲斯大学的历史学副教授。他的作品包括：《从鱼雷到航空：华盛顿·欧文·钱伯斯与新海军的技术创新，1877—1913年》（2007）；《格里利救援远征和新海军》（“The Greely Relief Expedition and the New Navy”），《国际海军史杂志》第5期（2006年12月），该文获得海军少将欧内斯特·M. 埃勒（Ernest M. Eller）海军史奖，以及《实验时代：直至1916年的美国海军航空》（“The Experimental Era. U. S. Naval Aviation through 1916”），载于道格拉斯·V. 史密斯（Douglas V. Smith）编辑《海军空中力量一百年》（海军研究所出版社2010年版）。

斯蒂芬·考勒（Stephan Köhler）是曼海姆大学中世纪史的博士生。

斯科特·R. 迪马可（Scott R. Dimarco）是宾夕法尼亚州曼斯菲尔德大学的图书馆馆长和院长。

斯科特·拉德曼（Scott Laderman）是明尼苏达大学德卢斯分校的历史教授。

泰勒 D. 帕瑞（Tyler D. Parry）是加州州立大学富勒顿分校非洲裔美国人研究的助理教授。

唐纳德·P. 瑞安（Donald P. Ryan）是太平洋路德大学人文科学系研究员。

特拉维斯·布鲁斯（Travis Bruce）是加拿大麦吉尔大学历史学助理教授。

托尔斯泰·多斯桑托斯·阿诺德（Torsten Dos Santos Arnold）是德国奥德河畔法兰克福欧洲大学的博士研究员。

托马斯·尼尔森（Tomas Nilson）是瑞典哈尔姆斯塔德大学的历史学讲师。

托马斯·谢泼德（Thomas Sheppard）是华盛顿特区海军历史和遗产司令部的历史学家。

威廉·A. 泰勒（William A. Taylor）是德克萨斯州安吉洛州立大学安全研究的助理教授。

沃尔特·斯图克（Walter Stucke）是亚拉巴马州福克纳大学历史学博士生。

肖恩·鲁根南（Shaun Ruggunan）是南非德班的夸祖鲁-纳塔尔大学人力资源管理高级讲师。

肖恩·莫顿（Sean Morton）是加拿大布洛克大学的历史讲师。

谢利·本-多·埃维昂（Shirly Ben-Dor Evian）是耶路撒冷以色列博物馆埃及考古馆馆长。

玄闵基（Mingi Hyun）是韩国海洋战略研究所的研究员。

雅库布·巴斯塔（Jakub Basista）是波兰克拉科夫的雅盖隆大学的历史学教授。

亚历山大·贝洛夫（Alexander Belov）是俄罗斯科学院埃及学研究中心的教师。

扬尼斯·乔甘纳斯（Ioannis Georganas）是希腊艺术国际研究中心考

古学讲师。

叶夫根尼亚·阿尼琴科（Evgenia Anichenko）是史密森学会北极研究中心的研究员。

伊娃-玛丽亚·斯托伯格（Eva-Maria Stolberg）是德国杜伊斯堡大学埃森分校的历史学教授。

伊瓦·奇尔潘利瓦（Iva Chirpanlieva）是法国艾克斯·马赛大学的考古学讲师。

约翰·F. 布拉德福德（John F. Bradford）是天普大学日本校区当代亚洲研究所的兼职研究员。

约翰·M. 斯特普尔顿（John M. Stapleton）是美国西点军校军事史副教授。

约翰·R. 伯奇（John R. Burch Jr.）是康博斯威尔大学图书馆服务部主任和教授。

约翰·R. 海尔（John R. Hale）是路易斯维尔大学通识教育课程的主任。

扎卡里·雷迪克（Zachary N. Reddick）是佛罗里达州立大学历史学博士生。

詹姆斯·巴尼（James Barney）是孟菲斯大学历史学博士生。

珍妮弗·戴利（Jennifer Daley）是伦敦大学国王学院战争研究系的博士候选人。

朱莉娅·莱金（Julia Leikin）是伦敦大学学院斯拉夫和东欧研究学院的博士生。